21世纪高等学校计算机类课程创新规划教材·微课版

U0378018

PHP Web
程序设计与项目案例开发
微课版

◎ 马石安 魏文平 编著

清华大学出版社
北京

内 容 简 介

本书以案例为载体，详细介绍使用 PHP 进行 Web 应用开发的基础知识及关键技术。全书共 12 章，分为 4 个层次，第 1 章、第 2 章是第一层次，介绍开发前需要掌握的一些基础知识，包括 PHP Web 应用程序的体系结构、开发环境以及页面设计技术等；第 3～7 章是第二层次，介绍 PHP 的语言基础及程序设计方法，包括 PHP 基本语法、流程控制、函数、字符串与数组、结构化程序设计、面向对象程序设计等；第 8～10 章是第三层次，介绍 PHP Web 应用程序中的数据持久化技术，包括 MySQL 数据库、PHP 与 MySQL 数据库的交互以及 PHP 的文件处理等；第 11 章、第 12 章是第四层次，介绍 PHP Web 应用开发中常用的扩展技术，主要包括图像技术、邮件技术、PDF 文档技术以及 Smarty 模板技术等。

本书结构清晰、语言简练、实例丰富，具有知识性、实用性与系统性等特点。书中共配置了 196 个例题、360 道练习题、11 个综合实例以及一个实际运行的 PHP Web 应用项目（微梦网，网址为 http://www.wmstudio. net.cn）。

本书是 PHP Web 应用开发的入门级实例教程，适合具备基本计算机程序设计知识以及 Web 技术知识的读者，可作为高等院校计算机专业、网络技术培训等相关课程的教材或教学参考书，也可供软件开发人员进行项目开发、在校学生进行课程设计与毕业设计时参考。

图书在版编目（CIP）数据

PHP Web 程序设计与项目案例开发：微课版/马石安，魏文平编著. —北京：清华大学出版社，2019 （2023.2重印）

（21 世纪高等学校计算机类课程创新规划教材·微课版）

ISBN 978-7-302-51264-6

Ⅰ．①P…　Ⅱ．①马…　②魏…　Ⅲ．①网页制作工具－PHP 语言－程序设计　Ⅳ．①TP393.092 ②TP312

中国版本图书馆 CIP 数据核字（2018）第 214535 号

策划编辑：魏江江
责任编辑：王冰飞
封面设计：刘　键
责任校对：时翠兰
责任印制：杨　艳

出版发行：清华大学出版社
　　　网　　　址：http://www.tup.com.cn，http://www.wqbook.com
　　　地　　　址：北京清华大学学研大厦 A 座　　　　　　邮　　编：100084
　　　社 总 机：010-83470000　　　　　　　　　　　　　邮　　购：010-62786544
　　　投稿与读者服务：010-62776969，c-service@tup.tsinghua.edu.cn
　　　质量反馈：010-62772015，zhiliang@tup.tsinghua.edu.cn
　　　课件下载：http://www.tup.com.cn，010-83470236
印 装 者：三河市铭诚印务有限公司
经　　销：全国新华书店
开　　本：185mm×260mm　　　印　张：27.75　　　字　数：693 千字
版　　次：2019 年 7 月第 1 版　　　　　　　　　　　印　次：2023 年 2 月第 6 次印刷
印　　数：8501～9500
定　　价：59.80 元

产品编号：076538-01

前　　言

PHP 程序设计语言是目前国内外最普及、使用最广泛的 Web 应用开发语言之一，它不仅具有功能丰富、表达能力强、使用方便灵活、执行效率高及可移植性好等优点，而且由于它具有开放的源代码、多数据库支持、面向对象支持、容易学习、完全免费等特点，已越来越受到广大软件开发者的青睐和认同，正在逐渐成为 Web 应用开发的主流语言。

与一般 PHP 图书不同，本书不仅介绍了 PHP 语言的语法机制，更重要的是系统地讲解了 PHP Web 应用程序的体系结构、开发技术以及这些技术的应用技巧，层次清晰地建立了 PHP Web 应用开发的知识体系，使读者能够深入理解使用 PHP 进行 Web 应用开发的技术规范、关键技术以及这些技术之间的协同工作机制。因此，本书的教学目标是帮助读者深入、细致、系统地学习 PHP 语言，理解 PHP 语言的精髓，掌握使用 PHP 进行 Web 应用开发的基本技术，为开发出优质的 PHP Web 应用项目奠定基础。

本书注重知识性、实用性与系统性。在内容安排上，重点强调的是"项目"这个系统概念，而不是"页面"中的局部代码。也就是说，本书注重的是 PHP Web 应用开发的知识体系，而不仅仅是 PHP 语言本身。基于此，本书安排了专门的章节介绍网页页面的设计技术与 MySQL 数据库技术，当然，如果你已经具备了这些方面的知识，是可以忽略这些章节的。在知识讲解上，本书采用实例作为载体，将各个知识点融入实际的案例中，让读者先看到该技术的运用效果，也就是先展示其功能，再探究其内涵。为了实现这种"看得见、摸得着"的效果，全书共配置了 196 个例题、11 个综合实例，以及一个实际运行的真实项目——微梦网（http://www.wmstudio.net.cn）。本书每章后面的综合实例，不仅仅是对该章知识的总结与应用，同时也是微梦网这个真实项目的一个简单实现，我们想通过这种循序渐进、由浅入深、不断完善的方法，展示一个完整的 PHP Web 应用项目的开发流程，从而达到本书的教学目标。另外，为了进一步巩固对各知识点的理解，书中配置了大量的练习题，共计 360 道，这些习题都是作者精心设计的，既能帮助掌握知识，又具有启发性、拓展性与实用性。

本书共有 12 章，分为 4 个层次，第 1 章、第 2 章是第一层次，介绍开发前需要掌握的一些基础知识，包括 PHP Web 应用程序的体系结构、开发环境以及页面设计技术等；第 3～7 章是第二层次，介绍 PHP 的语言基础及程序设计方法，包括 PHP 基本语法、流程控制、函数、字符串与数组、结构化程序设计、面向对象程序设计等；第 8～10 章是第三层次，介绍 PHP Web 应用程序中的数据持久化技术，包括 MySQL 数据库、PHP 与 MySQL 数据库的交互以及 PHP 的文件处理等；第 11 章、第 12 章是第四层次，介绍 PHP Web 应用开发中常用的扩展技术，主要包括图像技术、邮件技术、PDF 文档技术以及 Smarty 模板技术等。

本书的主要特色：

1. 技术先进，使用广泛

本书介绍的 PHP Web 开发技术在目前业界的 Web 应用开发中被广泛使用，其中 PHP、

MySQL 数据库均采用了最新的版本。

2. 案例完整、实用性强

本书中的每一个例题都是作者精心设计的,它针对特定的知识点,但又不局限于该知识点;每一个应用实例都实现了真实项目"微梦网"的部分功能,是一个简化版本的真实 PHP Web 应用项目。

3. 讲解翔实、循序渐进

本书紧紧围绕真实的应用实例,从用户需求出发,按照项目开发的顺序,系统全面地介绍 PHP Web 应用程序开发规范和流程,可以使读者在很短的时间内掌握 PHP Web 应用开发的步骤与常用技术。

4. 重点突出、难点分散

本书以介绍 PHP Web 应用开发技术的后端技术为重点,主要介绍应用的业务处理逻辑的实现,对页面表现技术,比如 CSS 样式、JavaScript、JQuery 等进行了略化处理。每章突出一个技术难点,每种技术的介绍均以从应用到原理的顺序展开,让读者先看到效果,然后激发其探究"为什么"的兴趣。

5. 由浅入深、前后呼应

Web 应用的开发是一个基础理论知识的综合应用过程,会涉及很多方面。本书实例功能的实现采用了由浅入深、逐步完善的方式,将技术难点分散于各个章节,做到了叙述上的前后呼应及技术上的逐步加深。

6. 资源丰富、使用方便

为帮助读者学习,除提供源码及相关教学资源的下载(清华大学出版社网站 http://www.tup.tsinghua.edu.cn)外,还创建了技术支持网站 http://www.wmstudio.net.cn,在这里,读者不仅可以看到案例的运行效果,还可以与我们进行交流,对相关问题进行探讨。

本书是一本 PHP Web 应用开发的入门级实例教程,适合具备基本计算机程序设计知识以及 Web 技术知识的读者,可作为高等院校计算机专业、网络技术培训中心等相关课程的教材或教学参考书使用,也可供软件开发人员进行项目开发、在校学生进行课程设计与毕业设计时参考。

本书第 3～7 章由马石安编写,第 1 章、第 2 章、第 8～12 章由魏文平编写,所有图片的配置、代码的测试由魏文平完成。全书由马石安统一修改、整理和定稿。

在编写本书的过程中,参考和引用了大量的书籍、文献以及网络博客、论坛中的技术资料,在此向这些文献的作者表示衷心感谢。另外,江汉大学、清华大学出版社的领导及各位同仁对本书的编著、出版给予了大力支持与帮助,在此一并表示感谢。由于我们水平有限,加之时间仓促,书中难免存在疏漏与不妥之处,敬请广大师生、读者批评指正。

作 者

2019 年 4 月

目　　录

源码下载

第 1 章　PHP Web 开发环境

随着信息技术的发展,Web 应用也从早期的 1.0 时期进入了如今的 2.0 时代,即从"静态内容"的展示转向"动态内容"的传递。从技术上来说,这种转变的实现主要依靠的是动态网页生成技术以及数据库技术。PHP 是一种服务器端的计算机程序设计语言,它能够按照用户请求或者业务逻辑动态生成 Web 应用的网页页面。PHP Web 应用是一种基于数据库的、用 PHP 语言开发的动态 Web 应用程序。

本章主要介绍 Web 应用的体系结构、开发环境的搭建以及常用的开发技术和开发工具,为后续的学习做准备。

1.1　Web 应用的体系结构

Web(World Wide Web)即全球广域网,也称为万维网,是一种基于超文本和超文本传输协议(HTTP)的、全球性的、动态交互的、跨平台的分布式图形信息系统。Web 应用就是指使用通用的浏览器或者专用的客户端进行 Web 访问的网络应用程序。

视频讲解

目前,Web 环境下的软件开发一般采用两种基本的体系结构,即浏览器/服务器(B/S)结构与客户端/服务器(C/S)结构。Web 应用的体系结构也称为设计模式。对于采用这两种模式开发出来的 Web 软件系统,描述其程序结构时,也常常称它们为 B/S 架构与 C/S 架构。平常所说的 Web 应用,一般都是指以浏览器作为通用客户端进行 Web 访问的应用程序,也就是 B/S 架构的应用程序。

1.1.1　C/S 架 构

所谓 C/S 架构,即 Client/Server 架构,是指客户端与服务器的交互。采用这种架构的 Web 应用,需要使用专用的客户端来访问服务器上的资源,并与服务器进行交互,比如大家非常熟悉的 QQ、阿里旺旺等。使用这些 Web 应用之前,需要在用户的计算机上安装相应的客户端应用程序,而不是使用通用的浏览器进行操作。

1. 结构特点

C/S 架构是一种典型的两层架构,其客户端包含一个或多个在用户的计算机上运行的应用程序。这种架构的 Web 应用,其服务器端也有两种形式,一种是数据库服务器端,客户端通过数据库连接、访问服务器端的数据;另一种是 Socket 服务器端,服务器端的程序通过 Socket 与客户端的应用程序进行通信。

C/S 架构也可以看作"胖"客户端架构,因为客户端需要实现绝大多数的业务逻辑和界面展示。在这种架构中,作为客户端的部分需要承受很大的压力,因为数据的显示以及事务的处理都包含在其中。客户端通过与服务器端数据库的交互持久化数据,以此来满足实际业务逻辑的需要。

2. 功能特点

(1) C/S 架构的 Web 应用功能具有如下优点。

- 交互界面丰富、友好,操作方便、灵活。
- 安全性好,可以实现多层认证。
- 只有一层交互,响应速度快。
- 能充分利用客户端、服务器端硬件环境的优势,将任务合理分配到客户端与服务器端,从而降低系统的资源消耗。

(2) C/S 架构的 Web 应用也存在如下不足。

- 适用面窄,通常只用于局域网中。
- 软件用户群相对固定,不适合面向一些不可知的用户。
- 一般对客户端的操作系统会有一定的限制。
- 维护成本高,每次软件升级,所有客户端的应用程序都需要进行相应的改变。

基于这些特点,这种传统的体系结构常常用于小规模、用户数较少、单一数据库且有安全性和快速性保障的局域网环境中。

1.1.2 B/S 架构

与 QQ 及阿里旺旺这类 Web 应用不同,平常使用的大多数 Web 应用软件,在使用之前并不需要安装专用的客户端,而是直接通过各种通用的浏览器就可以进行操作,比如百度搜索、淘宝、京东商城等。像这样,只需要使用浏览器就可以使用的 Web 应用软件,称为 B/S 架构的 Web 应用,简称 Web 应用。

1. 结构特点

B/S 架构的全称为 Browser/Server 架构,即浏览器/服务器架构。Browser 指的是 Web 浏览器,Server 指的是 Web 服务器。这种架构的 Web 应用软件,只有极少的功能位于前端浏览器中,其主要业务逻辑均在后端的服务器端上实现。所以,它是一种"瘦"客户端 Web 应用软件。这种架构的应用软件运行时服务器会承受很大的压力。

B/S 架构的 Web 应用采用的是三层架构,它们分别是浏览器客户端、Web 与 App(应用)服务器端以及 DB(数据库)服务器端。在这种软件架构中,数据的显示逻辑交给了 Web 浏览器,业务处理逻辑则放在了 Web 和 App 服务器上。这样就避免了"胖"客户端的出现,减少了客户端计算机系统的压力。

2. 功能特点

(1) 与上述 C/S 架构的 Web 应用相比较,B/S 架构的 Web 应用具有如下优点。

- 使用方便。客户端无须安装专用的客户端软件,只需安装 Web 浏览器即可。
- 系统功能实现的核心部分集中在服务器上,简化了系统开发,节约了开发成本。
- 交互性强。可以将应用直接放在广域网上,并通过权限控制来实现多用户访问。
- 软件升级只需在服务器端进行,维护方便。

(2) B/S 架构的 Web 应用仍然存在如下不足。

- 存在浏览器兼容问题。

- 交互界面不够灵活。
- 在速度及安全性上需要花费巨大的设计成本。
- 交互采用请求/响应模式,需要刷新页面,用户体验不理想。

在 Web 应用的开发过程中,虽然采用 C/S 和 B/S 体系结构可以实现相同的业务逻辑,但是随着互联网技术的快速发展,B/S 架构相对于 C/S 架构来说优势越来越明显,主要表现在以下 4 个方面。

- 分布性。基于 B/S 架构,可以随时执行查询、浏览等业务。
- 业务扩展方便。基于 B/S 架构,增加网页即可增加服务器功能。
- 维护简单方便。基于 B/S 架构,改变网页,即可实现所有用户同步更新。
- 基于 B/S 架构,开发简单,共享性强,成本低,数据可以持久存储在云端,而不必担心丢失。

基于这些明显的优势,B/S 架构的 Web 应用获得了广大软件开发者的普遍青睐,成为主流的 Web 应用体系结构。在本教程的后续讲解中,涉及的所有 Web 应用,均指 B/S 架构体系,在此特别说明。

1.2　Web 应用开发技术

与其他计算机软件的开发不同,Web 应用的开发融合了多种技术,这些技术在功能上彼此独立,但在整个业务逻辑的处理环节上又相互依赖、相互配合。所以,想要开发出高性能的 Web 应用,必须对整个开发过程中可能会使用到的所有技术,都要有一个基本的认识。下面先介绍 Web 应用的必要组件。

视频讲解

1.2.1　Web 应用组件

从 Web 应用架构可以看出,对于一个相对完整的 Web 应用,其包含的组件主要有 Web 浏览器、Web 服务器、应用服务器以及数据库服务器。

1. Web 浏览器

浏览器属于 Web 应用的客户端组件,有时也把它称为 Web 设备。实际上,浏览器是一种可以显示远程服务器、局域服务器或本地文件系统中的 HTML 文件内容,并让用户与这些文件进行交互的一种计算机软件。

目前,常用的浏览器有 Internet Explorer、Firefox、Safari、Opera、Google Chrome、QQ 浏览器及百度浏览器等。浏览器是使用最广泛的 Web 客户端应用程序,选用时请注意区分 PC 设备、移动设备以及 Windows、Linux、Mac OS、Android 等不同操作系统。

2. Web 服务器

服务器也称伺服器,是提供计算服务的设备。由于服务器需要响应服务请求,并进行处理,因此,一般来说服务器应具备承担服务并且保障服务的能力。

服务器的硬件构成包括处理器、硬盘、内存、系统总线等,和通用的计算机架构类似。但是由于需要提供高可靠性的服务,因此在处理能力、稳定性、可靠性、安全性、可扩展性和可管理性等方面要求较高。

Web 服务器是服务器的一种,属于 Web 应用的服务器端组件,用来提供动态用户界面与业务逻辑。它实际上也是一种计算机软件,一种安装在服务器端,对客户端的请求能够做出响应的计算机程序。

4

Web 服务器主要负责传送网页给客户端的浏览器，以便让用户可以浏览其中的信息。再确切一点来说，Web 服务器专门处理 HTTP 请求、解析 HTTP 协议。当 Web 服务器接收到一个 HTTP 请求后，会返回一个 HTTP 响应，例如送回一个 HTML 页面。为了处理一个请求，Web 服务器可以响应一个静态页面、图片或者进行页面跳转，或者把动态响应的产生委托给一些其他应用程序，例如 PHP 脚本、CGI、JSP 脚本、Servlet、ASP 脚本或者一些其他服务器端技术。无论它们的目的如何，这些服务器端的程序通常都会产生一个 HTML 的响应来让浏览器可以显示。

目前使用的 Web 服务器种类非常多，常用的主要有 IIS、Apache、Tomcat、Jetty、GlassFish、JBoss、Resin、WebLogic 及 WebSphere 等，其中前 3 种是初学者必须要了解和熟悉的。

- IIS 服务器是 Windows 产品自带的一种免费的 Web 服务器，主要解析的是 ASP 程序代码，对于小型的、利用 ASP 开发的 Web 应用，可以采用其作为 Web 服务器。
- Apache 是 Apache HTTP Server 的简称，是一款目前最流行、免费的 Web 服务器软件。它是 Apache 软件基金会的一个开放源码的网页服务器，可以在大多数计算机操作系统中运行，支持大多数语言开发的 B/S 结构软件。一般情况下，Apache 与其他 Web 服务器整合使用时功能更强大，静态页面处理速度尤其优异。
- Tomcat 是 Apache 软件基金会下的一个核心子项目，它开源免费、功能强大，是目前使用量最大的 Java 服务器，主要处理的是 JSP 页面和 Servlet 文件。Tomcat 常常与 Apache 整合起来使用，Apache 处理静态页面，比如 HTML 页面，而 Tomcat 负责编译处理 JSP 页面与 Servlet。

需要注意的是，大部分服务器都不仅仅是单纯的 Web 服务器，它们大都集成了应用服务器的功能。也就是说，它们既是 Web 服务器，也是 APP(应用)服务器。比如 Tomcat 服务器，它既能够处理 HTTP 请求，又能够编译解析 Java 程序。

3. 应用服务器

应用服务器就是通过各种协议把复杂的业务逻辑提供给客户端应用程序的功能模块，也称为应用容器。它常常作为 Web 服务器的外挂模块，与 Web 服务器协同工作，为客户端应用程序访问业务逻辑提供服务。

如前所述，随着互联网的不断发展壮大，B/S 或 C/S 的传统 Web 应用系统模式已经不能适应新的应用环境，因此，新的分布式应用系统，即"浏览器/服务器"结构、"瘦客户端"模式，相应地成为了 Web 应用开发的主流模式。应用服务器便是实现这种模式的一种核心技术。

Web 应用程序驻留在应用服务器上，应用服务器为 Web 应用程序提供一种简单的、可管理的、对系统资源的访问机制。对于 PHP Web 应用来说，安装在服务器端的 PHP 就是能够解析 PHP 代码的 PHP 应用服务器。对于客户端浏览器来说，也可以简单地认为应用服务器就是 HTML 代码生成器，它能够将复杂的、用高级语言编写的代码转换成可以在浏览器上显示的网页文件，从而实现网页的动态显示，并实现与用户的交互。

4. 数据库服务器

目前的 Web 应用都是基于数据库的，任何应用的业务逻辑，实质上都是对数据的处理操作。数据库通过优化的方式，可以很容易地建立、更新和维护数据。

所谓数据库服务器，就是指服务器端的数据库管理系统，是 Web 应用开发的重要组件。数据库管理系统也是一种计算机软件，它可以和 Web 服务器安装在同一台服务器上，也可以与其分开安装,然后通过网络进行连接。

数据库服务器负责存储和管理 Web 应用所需的几乎全部数据,例如文字、图片、视频及声音等。当用户通过浏览器请求服务器端的数据时,服务器端应用程序接收到用户请求后,在程序中使用通用标准的结构化查询语言(SQL)对数据库进行添加、删除、修改及查询等操作,并将结果整理成 HTML 文档发回到浏览器上。

目前广泛使用的数据库管理系统有很多种,常用的主要有 Oracle、MySQL、Sybase、SQL Server 及 DB 2 等。

1.2.2 Web 前端技术

Web 前端是指在 Web 应用中用户可以看得见、碰得着的东西,包括 Web 页面的结构、外观视觉表现以及 Web 层面的交互,即设计、布局、特效与交互。

1. Web 前端开发技术

Web 前端开发技术侧重于网页页面性能与用户体验,具体包括 W3C 标准、视觉/交互设计、兼容性技术以及性能与安全 4 个方面。

1)W3C 标准

W3C 即万维网联盟(World Wide Web Consortium),又称 W3C 理事会,创建于 1994 年,是 Web 技术领域最具权威和影响力的国际中立性技术标准机构。到目前为止,W3C 已发布了 200 多项影响深远的 Web 技术标准及实施指南,有效促进了 Web 技术的互相兼容,对互联网技术的发展和应用起到了基础性和根本性的支撑作用。

W3C 标准分为如下 3 个部分。

- 结构标准:HTML、XHTML、XML。
- 表现标准:CSS。
- 行为标准:JavaScript。

HTML、CSS、JavaScript 俗称前端开发"三剑客",是 Web 前端开发的重要基础。

2)视觉/交互设计

视觉设计又称为 UI(User-Interface)设计,也就是 Web 应用的用户界面设计;而交互设计是设计人机对话方式,它以设计和改善产品的有用性、易用性和吸引性为目的。

UI 设计主要注重界面的样式及美观程度,但对于使用者来说,软件的人机交互、操作逻辑、界面美观的整体设计应是同等重要的。好的 UI 不仅会让软件变得有个性、有品位,能让软件的操作变得舒适、简单、自由,还能充分体现软件的定位与特点。

视觉/交互设计是前端开发的基础技能,需要前端开发人员精通美学,具有良好的创意和一定程度的审美观,能熟悉使用图形图像处理工具,比如 Photoshop、Fireworks、Flash 等,必要时还需要具有一定的策划能力。

3)兼容性技术

在访问 Web 应用时,用户会使用各种各样的浏览器,这种客户端环境的不可预知性,要求 Web 应用开发必须考虑兼容性技术问题。

各大浏览器对 W3C 标准的支持程序不尽相同,在 CSS 样式、DOM 操作、XML 解析、创建异步通信对象等操作上都存在很多兼容性问题。

4)性能与安全

Web 安全及性能优化与检测技术,也是属于 Web 前端开发技术的重要方面。对于网络安全技术方面,请参考 OWASP(Open Web Application Security Project,开放式 Web 应用程序安全项目)所发布的 Web 弱点防护规则;对于性能优化技术,请关注页面内容优化与服务器优化这两个方面。由于篇幅的关系,这里不再赘述。

2. 工程师需掌握的技术

总体来说,Web 前端开发工程师必须掌握的技术主要有如下 5 个方面。

- 精通 HTML,能够书写语义合理、结构清晰、易维护的 HTML 结构。
- 精通 CSS,能够还原视觉设计,并兼容业界承认的主流浏览器。
- 熟悉 JavaScript,了解 ECMAScript 基础内容,掌握 1～2 种 JS(JavaScript)框架,比如 jQuery 等。
- 对常见的浏览器兼容问题有清晰的理解,并有可靠的解决方案。
- 对性能有一定的要求,了解 Yahoo 的性能优化建议(12 条性能准则),并可以在 Web 应用中有效实施。

以上这些技术,都是读者今后进一步学习 Web 应用开发的目标之所在。

1.2.3　Web 后端技术

与前端不同,Web 后端更多的是与数据库进行交互,以处理相应的业务逻辑。它需要考虑的是如何实现业务逻辑、数据如何存取、平台的稳定性与兼容性等问题。这里暂且把 Web 后端开发技术简单地理解为动态网页技术。

1. Web 后端开发技术

目前,常用的动态网页技术主要有 4 种,即 PHP、JSP、ASP. NET 和 ASP。这 4 种技术各有自己的优缺点。

1) PHP

PHP(Hypertext Preprocessor,超文本处理器)是一种服务器端的 HTML 嵌入式脚本描述语言,其最强大和最重要的特征就是跨平台、面向对象。PHP 借鉴了 C 语言、Java 语言和 Perl 语言的语法,但同时也具有自己的一些独立特性。PHP 采用了开放源码的方式,可以不断地有新资源加入其中,逐渐成为一个庞大的函数及类库,从而能够实现更多的复杂功能。

PHP 几乎支持现有的所有数据库系统,且语法结构简单,易于入门,学习和掌握起来非常容易。自 1995 年起,经过二十多年的时间历练,PHP 已经成为全球最受欢迎的脚本语言之一。目前全球已有数千万个 Web 应用采用了 PHP 技术,包括 Google、百度、网易、新浪、阿里巴巴、腾讯及 Yahoo 等。

PHP 的不足之处是没能像 JSP 和 ASP 那样对组件提供支持,因而其扩展性比较差。

2) JSP

JSP(Java Server Pages)是基于 Java 的技术,用于创建可支持跨平台、跨 Web 服务器的动态网页。JSP 是在传统的静态页面中加入 Java 程序片段和 JSP 标记来构成 JSP 页面,然后由服务器编译和执行。

JSP 的主要优点如下所述。

- JSP 支持绝大部分平台,包括 Linux 系统,Apache 服务器也提供了对 JSP 的服务,使得 JSP 可以跨平台运行。
- JSP 支持组件技术,可以使用 JavaBeans 开发具有针对性的组件,然后添加到 JSP 中以增加功能。

- 作为 Java 开发平台的一部分，JSP 具有 Java 的所有优点，包括"一次编写，处处运行"等。

JSP 的主要缺点是程序编写相对复杂，要求开发人员对 Java 及其相关的技术都要比较精通。

3）ASP. NET

ASP. NET 是一种已经编译的、基于. NET 环境的语言，可以使用任何与. NET 兼容的语言（如 C♯、VB. NET 等）构造 Web 应用程序。ASP. NET 可以很好地与 HTML 编辑器和 VS. NET 编程语言一起工作。

ASP. NET 的主要优点如下所述。

- 先编译后运行。也就是第一次请求时会进行编译，之后的请求就可以在前面的编译结果上直接运行。
- 将业务逻辑代码与显示逻辑分开。ASP. NET 中引入了"代码隐藏"这一新概念，通过在单独的文件中编写表示应用程序的业务逻辑代码，使其与 HTML 编写的显示逻辑分开。
- 可扩展性。ASP. NET 是一项可扩展技术。为了提高 ASP. NET 应用程序的可扩展性，改进了服务器间的通信，可以在多台服务器上运行一个应用程序。

ASP. NET 的缺点是推出时间晚，大型应用较少，不可以跨平台操作，只能运行在 Windows 平台上。

4）ASP

ASP（Active Server Pages）是微软公司提供的开发动态网页的技术，具有开发简单、功能强大等优点。使用 ASP 技术，会使生成 Web 动态内容，以及构造功能强大的 Web 应用程序的工作变得十分简单。例如，只需要将一些简单的指令嵌入 HTML 文件中，就可以从表单中收集数据并进行分析处理。对于 ASP，还可以便捷地使用 ActiveX 组件来执行复杂的任务，比如连接数据库以检索和存储信息等。

ASP 自身带有 VBScript 和 JavaScript 两种脚本引擎。从软件的技术层面看，ASP 有如下优点。

- 无须编译。ASP 脚本嵌入 HTML 当中，无须编译即可直接解释执行。
- 易于生成。使用常规文本编辑器（如 Windows 下的记事本），即可进行 ASP 页面的设计。
- 独立于浏览器。客户端只要使用可解释常规 HTML 代码的浏览器，即可浏览 ASP 所设计的页面。ASP 脚本在 Web 服务器上运行，客户端的浏览器不需要支持它。
- 面向对象。在 ASP 脚本中可以方便地引用系统组件和 ASP 的内置组件，还能通过定制 ActiveX Server Component（ActiveX 服务器组件）来扩充其功能。

ASP 的主要缺点是不支持跨平台操作，和 ASP. NET 一样只能运行在 Windows 平台上。

2. 开发工程师需掌握的技术

归纳起来说，Web 后端开发工程师必须掌握的技术主要也有 5 个方面的内容，如下所述。

- 精通 PHP、JSP、Java 等开发语言，或者对相关的工具、类库以及框架非常熟悉，如 Zend Framework、Struts/Spring/Hibernate 等，对 Web 应用开发的模式有较深层次的理解。
- 熟练使用 Oracle、SQL Server、MySQL 等常用的数据库系统，对数据库有较强的设计能力。
- 熟悉 maven 等项目配置管理工具,熟悉主流的应用服务器。
- 精通面向对象分析和设计技术,包括设计模式、UML 建模等。
- 熟悉网络编程,具有设计和开发对外 API 接口的经验和能力,同时具备跨平台的 API 规范设计以及 API 高效调用的设计能力。

以上这些技术,也是读者今后要特别关注与学习的。

1.2.4　Web 应用开发平台

目前常见的 Web 应用开发平台有 3 种,即 ASP. NET、Java EE 和 LAMP。

1. ASP. NET 开发平台

基于 ASP. NET 的 Web 应用开发平台,是 Windows Server、IIS、SQL Server、ASP 的组合,所有组成部分均基于美国微软公司产品。

这种 Web 应用开发平台的兼容性、可扩展性比较好,不需要太多的配置,安装使用方便;平台技术简单易学,且学习文档丰富;另外,平台开发工具强大且多样、易用、简单、人性化,因而开发效率高,开发成本低。

但该开发平台也有很多不足之处。由于 Windows 操作系统本身存在的问题,ASP. NET 的安全性、稳定性、跨平台性都会因为与 Windows NT 的捆绑而明显不足;使用 ASP. NET 平台开发的 Web 应用,遭受外部攻击时,攻击者可以获取到很高的权限,所以导致应用瘫痪或数据丢失;由于平台全部采用微软公司的产品,无法实现跨操作系统的应用,也不能完全实现企业级业务逻辑,因而不太适合大型 Web 应用系统的开发。另外,Windows 操作系统和 SQL Server 数据库软件的价格偏高,致使平台的建设成本偏高。

2. Java EE 开发平台

Java EE 是一个标准,而不是一个现成的产品。它为采用 Java 技术开发服务器端应用提供了一个独立的、可移植的、多用户的、安全的和基于标准的企业级平台,从而简化了企业应用的开发、管理和部署。

Java EE 开发平台是 UNIX、Tomcat、Oracle、JSP 的组合。这个组合功能强大,基于 Java EE 的应用程序框架,比如 Struts、Hibernate、Spring 等,更是为大型 Web 应用的协同开发提供了极大的便利。该平台开发的应用系统功能强大,易维护,可重用性好,因此该平台特别适用于具有复杂业务逻辑的企业级应用系统的开发。

虽然 Java EE 开发平台功能强大,但环境搭建复杂,建设成本高昂。另外,Java 技术学习难度相对较大,因而应用开发速度也相对较慢,开发成本相对较高。所以,该平台不适合快速开发和对成本要求比较低的中小型 Web 应用系统。

3. LAMP 开发平台

LAMP 是 Linux、Apache、MySQL、PHP 的标准缩写。Linux 操作系统、Web 服务器 Apache、数据库 MySQL 和 PHP 程序模块的组合,形成了一个非常优秀的 Web 应用开发平台,这是一个开源、免费的自由软件组合,也是目前最受欢迎的 Web 应用开发平台之一。

LAMP 开发平台具有简易性、低成本、高安全性、开发速度快和执行灵活等特点。该架构的平台在全球发展迅速、应用广泛,越来越多的知名企业,都已将自己的网站或应用构建在了 LAMP 之上。

表 1.1 所示为上述 3 种 Web 应用开发平台的简单性能比较。

表 1.1　LAMP、Java EE、ASP. NET 开发平台性能比较

性　　能	LAMP	Java EE	ASP. NET
运行速度	较快	快	一般
开发速度	非常快	慢	一般
运行损耗	一般	较小	较大
难易程度	简单	难	简单
运行平台	Linux/UNIX/Windows	绝大多数平台均可	只能是 Windows 平台
扩展性	好	好	较差
安全性	好	好	较差
应用程度	较广	较广	一般
建设成本	非常低	非常高	较高

1.3　开发环境的搭建

视频讲解

前文对 Web 应用的运行组件、软件结构以及开发技术进行了较为全面的介绍,接下来要介绍的是本章的重点,就是搭建一个 PHP Web 应用的开发与测试环境。

1.3.1　运行环境

从表 1.1 可以看出,LAMP 平台具有明显的技术优势,尤其是对于初学者及中小型 Web 应用项目来说。鉴于初学者普遍使用的是 Windows 操作系统,所以这里采用 WAMP 技术平台,即 Windows 操作系统、Apache Web 服务器、MySQL 数据库服务器和 PHP 应用程序服务器的组合。

1. 安装 Apache

目前,Apache 有两个版本,即 2.2 版与 2.4 版。本教程开发环境选择使用 Apache 2.4 版。

1) 获取 Apache

打开 Apache 官方网站 http://httpd. apache. org,可以看到关于 Apache HTTP Server Project 的简单介绍,以及 Apache 的最新发布版本。

需要注意的是,Apache 官方提供了 Apache 服务器软件的多种形式的下载资源,包括源程序、编译版本、集成环境等。读者可以根据自己计算机的操作系统、C 语言编译器类型等选择合适的下载资源类型。Apache 服务器软件是用 C 语言开发的,所以软件需要用 C 语言编译器进行编译,运行中也需要相应运行库的支持。

根据笔者计算机配置及所安装的 C 语言编译环境,这里下载网站中的 httpd-2.4.25-win64-VC14.zip 版本。这里,httpd 表示 Apache httpd;2.4.25 为版本号;win64 表示 64 位 Windows 操作系统;VC14 是指该软件使用 Microsoft Visual C++ 2015 进行编译,也就是说,下载的 Apache 软件在安装前,需要先在 Windows 系统中安装 Microsoft Visual C++ 2015 运行库。

2) 解压文件

首先创建一个新的文件目录,例如 E:\Apache24,作为 Apache 的安装目录;然后打开 httpd-2.4.25-win64-VC14.zip 压缩包,将里面 Apache24 目录中的文件解压到该目录下,如图 1.1 所示。

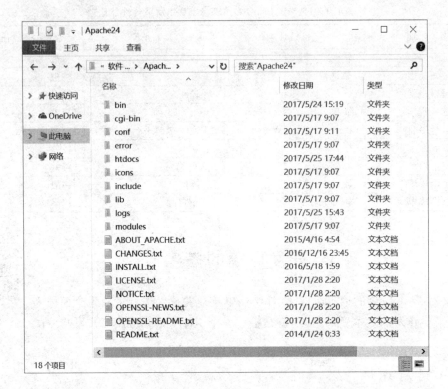

图 1.1　Apache 目录结构

Apache 目录中各文件夹的功能说明如表 1.2 所示。

表 1.2　Apache 目录说明

目　录　名	说　　　　明
bin	Apache 可执行文件目录,如 httpd. exe、ApacheMonitor. exe 等
cig-bin	CGI 网页程序目录
conf	Apache 配置文件
error	多语种环境下因语言不匹配而产生的错误信息
htdocs	默认的网页文档目录,也就是应用项目的存放目录
icons	Apache 软件图标
include	Apache 软件头文件
lib	Apache 软件库文件
logs	Apache 日志文件,包括访问日志 access. log 及错误日志 error. log
modules	Apache 动态加载模块

在表 1.2 所列出的目录中,htdocs 与 conf 目录是需要重点关注的。当 Apache 服务器启动后,若客户端通过浏览器对该 Apache 服务器发出访问请求,则请求的资源就是 htdocs 目录中的网页文件;conf 目录是 Apache 服务器的配置目录,包括主配置文件 httpd. conf 和 extra 目录下的若干辅配置文件。默认情况下,辅配置文件是没有开启的。

3) 配置 Apache

在安装 Apache 前,需要先完成一些配置工作。用文本编辑器打开 Apache 的配置文件 httpd. conf,该文件位于 Apache 安装目录的 conf 文件夹中。

（1）配置安装目录。

在配置文件中查找如下语句：

```
Define SRVROOT "/Apache24"
```

将其修改为：

```
Define SRVROOT "E:/Apache24"
```

这里的 E:/Apache24 为笔者计算机上 Apache 的安装目录，读者应根据自己的实际安装环境进行修改。

（2）配置服务器端口。

在配置文件中查找如下语句：

```
# Listen 12.34.56.78:80
Listen 80
```

在这里可以设置 Apache 服务器的 IP 地址及监听的端口号，读者可以根据自己的实际情况进行修改。这里保持默认值。

（3）配置服务器域名。

在配置文件中查找如下语句：

```
ServerName localhost:80
```

在这里可以设置 Apache 服务器域名，例如 www.myapache.com 等。这里保持默认值，localhost 表示本机，IP 地址为 127.0.0.1。

经过上述 3 步操作后，Apache 的配置工作就基本完成了。当然，这里只是介绍了一些主配置文件中最简单的操作，还有许多高级操作有待熟悉以后再去仔细研究，比如配置目录 conf 中文件夹 extra 下的一些辅助配置。

Apache 的配置相对比较复杂，读者可根据实际需要进行修改，但要注意的是，一旦修改错误，会造成 Apache 服务器无法安装或无法启动，建议在修改前先备份 httpd.conf 主配置文件以及其他一些需要修改的辅助配置文件。

4）安装 Apache

Apache 的安装是指将 Apache 设置为 Windows 系统的服务项，也就是要在 Windows 的系统服务中看到 Apache 服务实例。如图 1.2 所示为笔者计算机上的 Windows 系统服务，其中的 Apache2.4 就是安装的一个 Apache 服务器实例，实例名称是在安装过程中指定的。

Apache 的安装通过运行服务程序 httpd.exe 来完成，该程序位于 Apache 安装目录的 bin 文件夹中。

（1）启动命令行工具。

选择 Windows 10 系统的【开始】→【Windows 系统】→【命令提示符】菜单项，右击，选择【更多】→【以管理员身份运行】菜单项启动命令行窗口。

（2）在命令窗口中输入：

```
e:
```

按 Enter 键，切换到 E 盘。再输入：

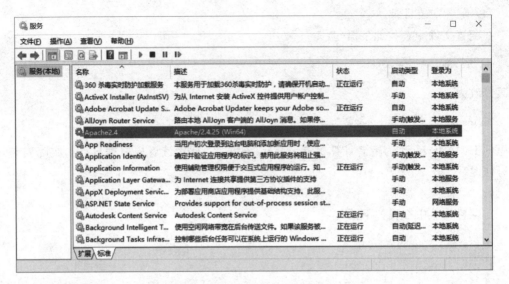

图 1.2　Windows 系统服务

```
cd apache24\bin
```

切换到 Apache 安装目录下的 bin 目录,继续输入:

```
Httpd.exe – k install – n Apache2.4
```

开始安装 Apache 服务器。

在上述命令代码中,Apache2.4 是这里为 Apache 服务器实例指定的名称,如图 1.3 所示。读者可以根据自己的喜好任意设置。

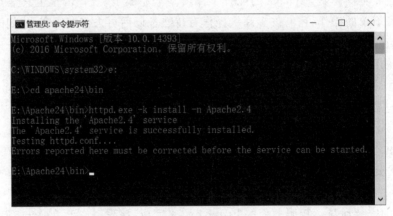

图 1.3　Apache 安装命令窗口

如图 1.3 所示,命令窗口的提示信息说明,名为 Apache2.4 的 Apache 服务器已经安装成功。此时,打开如图 1.2 所示的 Windows 系统服务窗口,就应该能够看到列表中的 Apache 2.4服务器。

5) 启动 Apache 服务

Apache 安装成功后,就可以把它作为 Windows 的服务项进行启动、关闭等相关操作了。对 Apache 服务的操作一般有两种方式,一种是直接使用 Windows 操作系统的服务管理器;另一种是使用 Apache 自带的服务监视工具。

（1）使用 Windows 系统服务管理器。

选择 Windows 系统的【开始】→【Windows 管理工具】→【服务】菜单项，打开 Windows 系统服务管理器，如图 1.2 所示。

选择服务列表中的 Apache2.4 服务，可以看到窗口工具栏中的服务操作按钮变换成可用状态，可以直接使用这些按钮进行服务的启动、停止、暂停、重启操作。当然，也可以通过右键快捷菜单命令来进行这些操作或设置服务的属性，如图 1.4 所示。

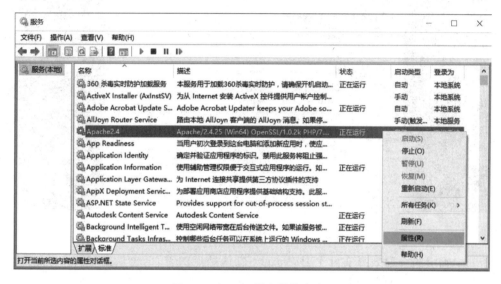

图 1.4　Apache 服务操作方法 1

（2）使用 Apache 服务监视工具。

Apache 提供了一个服务监视工具 Apache Service Monitor，用于管理 Apache 服务，该工具由位于 Apache 安装目录中的 bin\ApacheMonitor.exe 文件来启动。

双击运行 ApacheMonitor.exe 文件，在 Windows 系统任务栏右下角的状态栏中随即出现 Apache 服务管理小图标。单击小图标可弹出控制菜单，通过选择命令进行相应操作；也可以右击小图标打开 Apache 服务监视工具，如图 1.5 所示，然后通过工具窗口中的按钮进行相应操作。

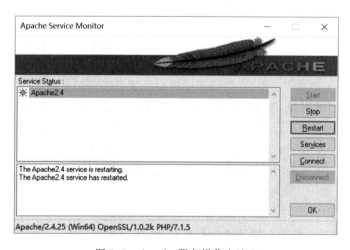

图 1.5　Apache 服务操作方法 2

6）验证 Apache 服务

打开浏览器，在地址栏中输入 http://localhost，并按 Enter 键。如果在浏览器中出现如图 1.6 所示的页面，则说明 Apache 服务器运行正常。

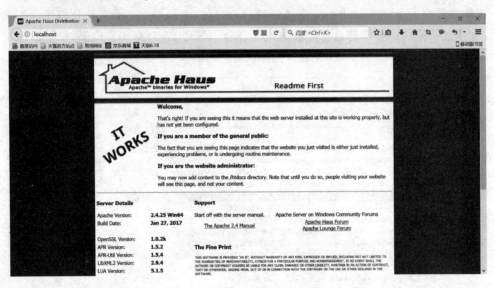

图 1.6　Apache 服务检测

图 1.6 所示的页面效果实际上是 Apache 默认站点的首页，也就是 Apache 安装目录下 htdocs\index.html 文件的显示结果。

2. 安装 PHP

Apache 安装成功，意味着 Web 服务器构建完成。接着安装 PHP 模块，也就是构建 PHP 应用服务器。

1）获取 PHP

PHP 的各种发布版本都可以在其官方网站上下载获取，地址为 http://php.net。这里选择的是 PHP 7.1.15 版本。

需要注意的是，PHP 提供了 Thread Safe（线程安全）与 Non Thread Safe（非线程安全）两种选择，在与 Apache 搭配时，建议选择 Thread Safe 版本。

2）解压文件

将下载到的 php-7.1.5-Win32-VC14-x64.zip 压缩包解压，保存到新的目录中。例如 E:\php7.1.5，其目录结构如图 1.7 所示。

在一些 Windows 操作系统中，往往需要设置一个明确的环境变量，以便让 PHP 正确运行。为了避免出现不必要的错误，建议将 PHP 主目录添加到计算机的系统环境变量 PATH 中。

在图 1.7 所示的 PHP 目录结构中，ext 为 PHP 扩展文件所在的目录；php.exe 为 PHP 的命令行应用程序；php7apache2_4.dll 是用于 Apache 的 DLL（动态链接库）模块；php.ini-development 与 php.ini-production 都是 PHP 预设的配置模板，分别适用于开发环境及 Web 应用的发布环境。

3）配置 PHP

PHP 提供了开发环境和上线环境的配置模板，模板中有一些内容需要手动进行配置，以避免以后使用过程中出现问题。具体步骤如下所述。

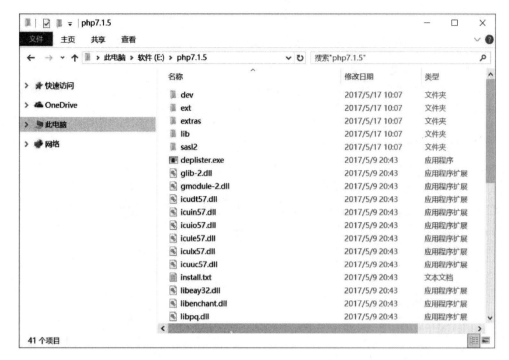

图 1.7　PHP 目录结构

（1）创建 php.ini。

在 PHP 的初学阶段，选择开发环境的配置模板。复制一份 php.ini-development 文件，并命名为 php.ini，该文件将作为 PHP 的配置文件。

（2）配置扩展目录。

使用"记事本"文本编辑器打开 php.ini 文件，搜索文本 extension_dir，找到下面一行配置：

```
; extension_dir = "ext"
```

将其修改为：

```
extension_dir = "e:\php7.1.5\ext"
```

从 PHP 的配置文件内容可以看出，里面预设的配置项非常多，这些配置项不仅相互联系，而且还受到外环境的约束。所以，要使 PHP 性能达到最优，还是有一定的难度的。为了简单起见，这里只做最简单的设置，在后续的开发过程中再针对具体的问题来修改配置文件。

PHP 的配置虽然复杂，但 php.ini 文件中的配置是可以随时改变的，这为 PHP 的项目开发提供了极大的方便。需要注意的是，改变配置之后，需要重新启动 Apache 服务器使改变生效。

4）配置 Apache

要确保 PHP 和 Apache 能协同工作，还需要对 Apache 的配置文件进行一些设置。

（1）加载 PHP 模块。

打开 Apache 配置文件 E:\Apache24\conf\httpd.conf，添加对 Apache 2.4 的 PHP 模块

15

第 1 章

PHP Web 开发环境

的引入,代码为:

```
LoadModule php7_module e:/php7.1.5/php7apache2_4.dll
```

(2) 加载 PHP 配置文件。

Apache 使用 PHP 模块时,需要加载 PHP 的配置文件 php.ini。在上一步添加的代码后面继续添加:

```
PHPIniDir "e:/php7.1.5"
```

配置项,指定 php.ini 配置文件的位置,以供 Apache 加载 PHP 模块时使用。

(3) 配置索引项。

索引项配置是设定访问一个目录时,自动打开哪个文件作为索引页。例如访问 http://localhost,实际上访问到的是 http://localhost/index.html,这是因为 index.html 是默认的索引页,所以可以省略索引页的文件名。

在 Apache 配置文件中找到如下代码:

```
< IfModule dir_module >
    DirectoryIndex index.html
</IfModule>
```

代码中的 index.html 即为默认索引页,将 index.php 也添加为默认索引页:

```
< IfModule dir_module >
    DirectoryIndex index.html index.php
</IfModule>
```

表示在访问目录时,首先检测是否存在 index.html,如果有,则显示该页面;否则继续检查是否存在 index.php。如果一个目录下不存在索引文件,Apache 会显示该目录下的所有文件和子目录,当然此时前提是允许 Apache 服务器显示目录列表。

5) 测试 PHP

通过以上设置,PHP 已经成为 Apache 服务器的一个扩展模块,并随 Apache 服务器一起启动。下面检测 PHP 是否安装成功。

(1) 打开"记事本"文本编辑器,编辑如下代码:

```
<?php
  phpinfo();
?>
```

保存文件到 Apache 服务器的文档目录 htdocs 下,文件名设为 phptest.txt。

(2) 打开 Apache 服务器的文档目录 htdocs,将文件 phptest 的扩展名修改为 php。

(3) 启动 Apache 服务器,并打开浏览器。

(4) 在浏览器的地址栏中输入 http://localhost/phptest.php,访问该页面。

如果出现如图 1.8 所示的页面,则说明 PHP 配置成功,否则需要检查上述配置操作是否有误。

该页面上显示了大部分 PHP 和 Apache 的配置信息,以及其他一些重要的系统信息,需仔细核对这些信息是否与上述配置相符合。在后续的项目开发过程中,如果修改了配置文件,也请打开该页面进行信息核对,以避免配置错误。

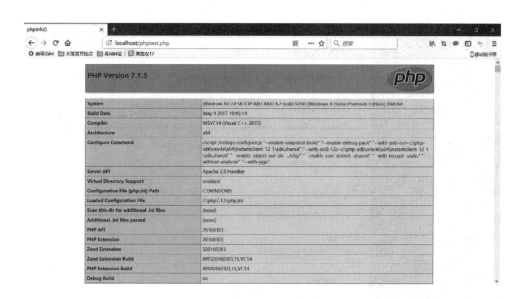

图 1.8　PHP 安装检测

3. 安装 MySQL 数据库

MySQL 是一款关系数据库管理系统，由瑞典的 MySQL AB 公司开发，目前归 Oracle 公司所有。MySQL 分为社区版和商业版，由于具有体积小、速度快、开源免费等特点，它是一般中小型 Web 应用开发的首选，也是公认的 PHP 的最佳搭配。

1）下载 MySQL

由于 MySQL 是开源软件，获取非常简单，直接在 MySQL 官方网站或镜像网站下载即可，地址为 https://dev.mysql.com/downloads/mysql/。

注意，MySQL 的下载有 MSI 与 ZIP Archive 两种版本，ZIP Archive 版不需要安装，只要将解压后的文件夹放到指定位置即可，但后期配置较为复杂。建议初学时选用 MSI 版本，利用安装向导，可以简化其配置。

这里我们选用最新的 5.7.20 社区版，下载的文件名为 mysql-installer-community-5.7.20.0.msi。

2）安装 MySQL

（1）双击下载的 MySQL 安装文件，打开安装向导。

（2）接受许可协议，单击 Next 按钮进入选择安装类型界面，如图 1.9 所示。注意，不同版本的安装向导界面会有些差别。

下载的安装包中包含了 MySQL 的系列产品，请根据实际开发需要进行合理选择，这里只安装 MySQL Server 产品。

（3）单击图 1.9 界面中的 Next 按钮，打开安装资源检查界面。在这里可以进行一些安装必需资源的检查，以避免安装失败。

（4）继续单击 Next 按钮，打开"安装"界面，单击该界面中的 Execute 按钮，安装 MySQL 服务器。

这里安装的仅仅是 MySQL Server 软件，还需要将 MySQL 注册为 Windows 系统的服务，同时为了安全起见，也需要设置访问 MySQL 数据库的用户名及密码。

PHP Web 开发环境

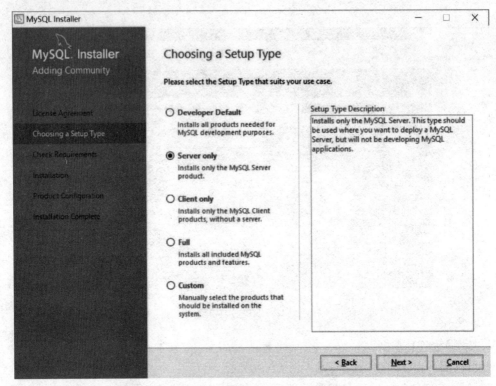

图 1.9 选择 MySQL 安装类型

（5）接着打开 MySQL 安装向导的配置界面，如图 1.10 所示。当然，也可以单击 Cancel 按钮关闭配置向导后采用其他方式进行配置。

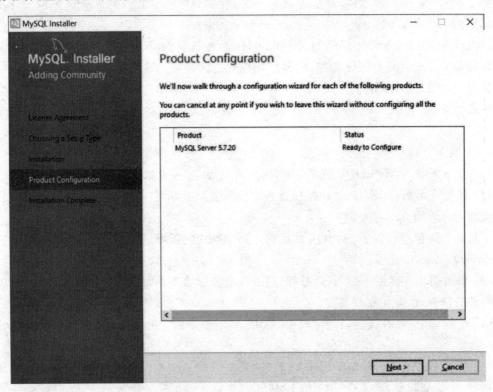

图 1.10 MySQL 安装配置

（6）继续单击 Next 按钮，打开类型及网络界面，选择标准类型后，进入服务器类型配置界面，如图 1.11 所示。

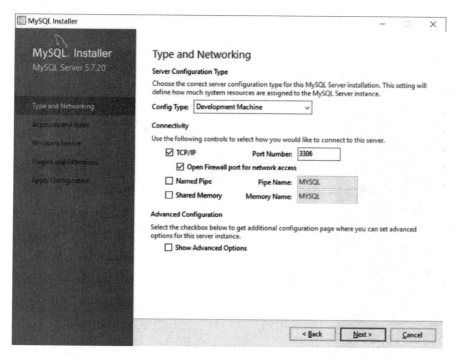

图 1.11　MySQL 服务器类型配置

注意，MySQL 数据库服务器的端口一般都为 3306。

（7）继续下一步，配置允许访问 MySQL 数据库的用户账号，如图 1.12 所示。

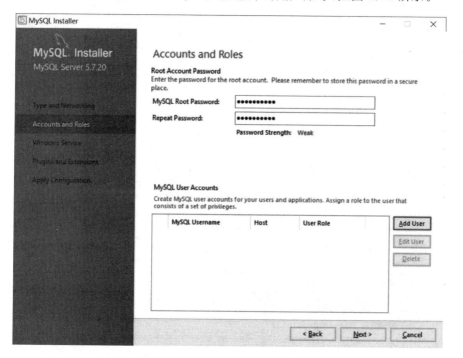

图 1.12　MySQL 数据库用户设置

PHP Web 开发环境

界面上部设置的是数据库的超级用户,即 root 用户的密码;下部创建 MySQL 数据库的其他用户,这里需要指定用户角色。对于数据库管理系统来说,不同角色的用户拥有对数据库的不同操作权限。

(8) 继续下一步,配置 MySQL 的 Windows 系统服务属性,如图 1.13 所示。

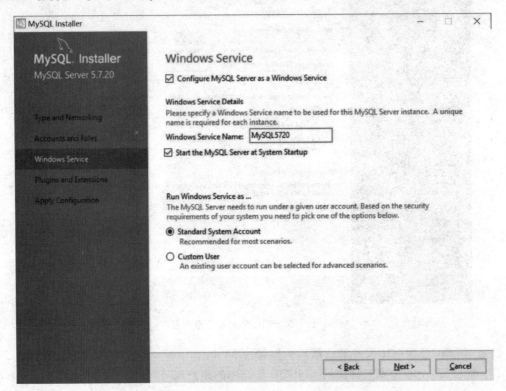

图 1.13　MySQL 的 Windows 系统服务配置

界面文本框中的文本 MySQL5720 是这里为 MySQL 的 Windows 系统服务起的名字,也就是 MySQL 服务实例名称。当 MySQL 服务器启动成功后,这个名称会在 Windows 系统的服务列表中显示,如图 1.14 所示。

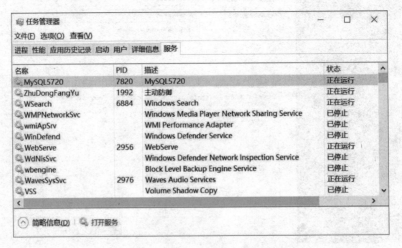

图 1.14　MySQL 的 Windows 系统服务

（9）根据安装向导给出的提示信息，完成余下的安装步骤。

在图 1.13 所示的界面中，勾选了 Start the MySQL Server at System Startup 复选框，表示 MySQL 服务器随 Windows 系统一起启动。当然，也可以通过 Windows 系统的服务管理器来操作，就像操作 Apache 服务器一样。

3）测试 MySQL

MySQL 安装完毕后，需要对其进行测试，检验它是否能提供数据库管理服务。

（1）启动 MySQL。

打开 Windows 系统的任务管理器，选择主菜单中的"服务"菜单项，在服务列表中找到 MySQL5720，查看其状态信息，确认其状态是否为"正在运行"，如图 1.14 所示。

（2）打开 MySQL 客户端窗口。

在 MySQL 的安装过程中，向导安装了操作数据库的命令行客户端，在 Windows 系统的启动菜单中找到它，并单击打开，如图 1.15 所示。

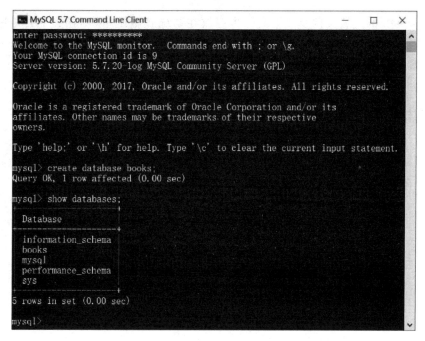

图 1.15　MySQL 命令行客户端窗口

（3）使用 MySQL 数据库。

在 MySQL 命令行客户端窗口中输入登录密码，这个密码在安装过程中设置，在接下来的 mysql>提示符下输入代码，创建一个名为 books 的数据库，并显示 MySQL 服务器上的所有数据库信息，如图 1.15 所示。

从图 1.15 显示的结果可以看出，MySQL 服务器能够进行正常的数据查询操作，说明上述安装是成功的。

4）MySQL 文件

通过 MySQL 安装向导安装的 MySQL，其主目录为 C:\Program Files\MySQL\MySQL Server 5.7，如图 1.16 所示。请特别注意 bin 目录中的文件以及 lib 目录中的动态链接库文件。

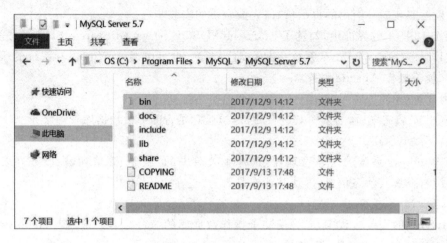

图 1.16　MySQL 主目录

另外,MySQL 的配置文件及数据文件也存放在系统 C 盘上,但不在其主目录中,而是位于 Windows 系统的数据目录 ProgramData 下,如图 1.17 所示。注意,ProgramData 目录一般情况下为隐藏状态。

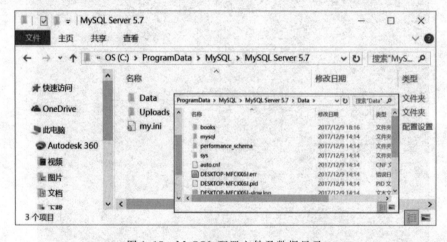

图 1.17　MySQL 配置文件及数据目录

图 1.17 中的 my.ini 文件为 MySQL 的配置文件,可以用文本编辑器打开,并修改文件中的配置项;Data 目录为 MySQL 的数据目录,也就是数据库的存放目录,在打开的 Data 目录中可以看到图 1.15 所示窗口中创建的 books 数据库。

1.3.2　集成软件包

对于初学者来说,上述独立安装过程显得较为复杂,即使按照以上步骤一步一步进行到最后,也难免会出现各种不成功的现象。为了简化 PHP 的 Web 应用开发环境搭建过程,出现了几款集成软件包,它们将多种安装软件集成在一起,统一安装,很好地解决了软件之间的协调问题,简化了配置。

1. Wampserver

Wampserver 是基于 Windows、Apache、MySQL 和 PHP 的集成开发环境,安装和使用都非常简单。

Wampserver 英文官方网址为 http://www.wampserver.com/en/，目前的最新版本为 Wampserver 3.1.0，其中包含的软件为 Apache 2.4.27，PHP 5.6.31、7.0.23、7.1.9 以及 MySQL 5.7.19、MariaDB 10.2.8、PhpMyAdmin 4.7.4、Adminer 4.3.1 和 PhpSysInfo 3.2.7。

2. AppServ

AppServ 也是一款 PHP Web 开发环境的常用软件组合包，包含的软件主要有 Apache、PHP、MySQL、phpMyAdmin 等。

AppServ 英文官方网址为 https://www.appserv.org/en/，目前的最新版本为 AppServ 8.6.0，所包含的软件为 Apache 2.4.25，PHP 5.6.30、7.1.1 以及 MySQL 5.7.17 和 phpMyAdmin 4.6.6。

3. XAMPP

XAMPP 即 Apache、MySQL、PHP 以及 Perl 的组合，是另外一款功能强大的 PHP 开发集成软件包。该软件包原来的名字为 LAMPP，为了避免误解为 Linux 操作系统，最新的几个版本改名为 XAMPP。

XAMPP 可以在 Windows、Linux、Solaris、Mac OS X 等多种操作系统下安装使用，支持多语言。其官方网址为 https://www.apachefriends.org。

以上这些集成软件包安装都比较简单，根据向导逐步完成即可。但需要注意的是，安装上述软件包时，必须保证系统中没有安装 Apache、PHP 和 MySQL 等软件，否则需要将这些软件停止（即关闭服务）或卸载。

1.3.3　常用开发工具

除了上面介绍的运行环境，用 PHP 开发 Web 应用项目时，还需要一个高效的 PHP 代码编辑与测试环境以及数据库设计环境，以大大提高项目的开发效率，缩短开发周期，降低开发成本。

1. PHP 开发工具

前面已经介绍过，PHP 是一种脚本语言，运行的时候是不需要编译的。因此，原则上任何文本编辑器都可以用来编写 PHP 代码。但在实际开发过程中，为了提高效率，往往选用一些具有智能提示、查找替换、搜索定位以及格式优化功能的代码编辑工具，例如 Vi、Vim、UltraEdit、EditPlus、Eclipse、PHPED、Zend Studio 及 Dreamweaver 等。

1) Vi 与 Vim 文本编辑器

Vi(Visual Interface)是 Linux 操作系统中最常使用的文本编辑器。Vi 是 Linux 的第一个全屏幕编辑工具，从诞生至今一直受到广大软件开发人员的青睐。但是，由于 Vi 操作复杂，用惯 Windows 编辑工具的用户可能无法适应 Vi 的操作环境。

Vim(Vi Improved)是一款与 Linux 下的 Vi 兼容的文本编辑器。Vim 可以运行在几乎所有操作系统上。Vim 支持语法着色，可以方便地识别出程序中的语法错误；支持正则表达式的查找与替换功能，可以更方便地进行查找与替换；还可以通过:help 命令随时查看帮助信息，更方便 Linux 用户的使用。

2) UltraEdit 文本编辑器

UltraEdit 是一款功能强大的文本编辑器，可以用来编辑普通文本、Hex 以及 ASCII 码等。UltraEdit 采用十六进制编辑模式，可以方便地在 Hex 模式下修改文件；支持拼写检查，可以方便地检查出文件中的拼写错误；支持宏功能，可以通过录制经常重复的操作，提高文本编辑效率；支持命令调用，可以调用外部命令实现程序的运行与调试；能够同时对多个文件进行替换操作，可以方便地对项目内所有文件中的关键字进行替换。

3）EditPlus 文本编辑器

EditPlus 与 UltraEdit 类似，也是一款功能强大的文本编辑器。EditPlus 可以无限制地对修改进行撤销，可以撤销对文件所做的所有修改；提供英文拼写检查操作，可以方便地检查出文件中的拼写错误；另外，它还具有非常完善的中文处理能力，在搜索、替换以及其他很多方面都能够准确地识别中文。

4）Eclipse 集成开发环境与 PHPEclipse 插件

Eclipse 是 Java 开发常用的集成开发环境，其与 PHPEclipse 插件的组合，也是一个 PHP 应用程序较为流行的开发工具。

Eclipse 集成开发环境具备一系列的优点，它是免费的，用户可以免费获取；语言支持性好，支持多种语言包，方便使用中文进行操作；可扩展性好，支持许多功能强大的外挂；平台跨越性好，支持多种操作系统，如 Windows、Linux 等；安装方便，下载后只需要解压缩就可以直接运行。

5）支持 PHP 的集成开发环境

近些年来，随着 PHP 技术的飞速发展，相应的集成开发环境大量涌现，其中比较常见的有 PHPED、Zend Studio 以及 Dreamweaver。

PHPED 是一款支持 PHP 语言创建应用系统的专业集成开发环境，并且在 HTML、XML 和 CSS 方面也提供了良好的支持，还提供了强大的 PHP 调试器、优化器以及配置工具等，是一款非常优秀的 PHP 集成开发环境。

Zend Studio 是一款目前公认最好的、专业级的 PHP 集成开发环境，它内置了功能强大的 PHP 编辑和调试工具，支持语法自动填充、自动排版、代码复制等诸多功能，并支持本地和远程两种调试模式，可以运行在多种环境下。Zend Studio 几乎包含了所有 PHP 组件，可以大大缩短项目的开发周期，使复杂的开发过程变得简单。Zend Studio 的缺点是速度比较慢，而且收费，不过可以下载其试用版本，其官方网址为 http://www.zend.com。本教程使用 Zend Studio 13.6，并辅以 EditPlus 文本编辑器作为开发工具。

Dreamweaver 是 Adobe 公司推出的专门用于网页排版的软件，提供了所见即所得的网页编辑工具。对于动态网站来说，Dreamweaver 提供了对 ASP、PHP、JSP 等多种脚本语言的支持，并且可以根据操作自动生成代码。

2. MySQL 数据库设计工具

数据库的设计与维护，会贯穿于 Web 应用开发与使用的全部生命周期，因此，在开发过程中，准备一款优秀的数据库图形管理工具是非常重要的。目前，常用的这类工具主要有 phpMyAdmin、Adminer 以及 SQLyog 等，其中前两种软件就包含在了上述 1.3.2 节所介绍的集成软件包中。

1）phpMyAdmin

phpMyAdmin 是众多 MySQL 图形化管理工具中应用最广泛的一种，它是基于 PHP 语言编写的。该工具是 B/S 结构、基于 Web 跨平台的管理程序，并且支持简体中文，可以免费下载使用。phpMyAdmin 为 Web 开发人员提供了类似于 Access、SQL Server 的图形化数据库操作界面，通过该管理工具可以进行绝大部分的 MySQL 操作，包括对数据库及数据表的操作与维护。

由于 phpMyAdmin 本身是一款 PHP Web 应用,所以其安装也非常简单。首先,将下载的 phpMyAdmin 压缩包解压后放入 Apache 的 htdocs 目录,并将目录名称修改为 phpmyadmin;然后,打开 phpmyadmin 目录,找到目录下的 config. sample. inc. php 文件,将其改名为 config. inc. php;最后,打开 config. inc. php 文件,找到给数组 cfg 的 blowfish_secret 元素赋值的语句,将原来的空值修改为任意字符串:

```
$cfg['blowfish_secret'] = 'phpmyadmin';
```

这个字符串可以理解为一个身份验证码,保存修改,结束 phpMyAdmin 的安装。上述操作完成后,在浏览器地址栏中输入 http://127.0.0.1/phpmyadmin/即可进入 MySQL 的管理界面。

本教程使用 phpMyAdmin 4. 7. 6 作为 MySQL 数据库设计工具,下载地址为 https://www. phpmyadmin. net/。

2) Adminer

Adminer 原名为 phpMinAdmin,是一款用 PHP 编写的轻量级的数据库管理工具。与 phpMyAdmin 不同的是,它由准备部署到目标服务器的单个文件组成。Adminer 可用于 MySQL、PostgreSQL、SQLite、MS SQL、Oracle、Firebird、SimpleDB、Elasticsearch 和 MongoDB 等的数据库管理。

Adminer 的官方下载地址为 https://www. adminer. org/,目前最新版本为 Adminer 4. 3. 1。

1.4　第一个 PHP Web 应用

视频讲解

通过上述一系列准备后,就可以开始开发第一个 PHP Web 应用项目了。为了方便课程的教学与学习,这里在 Apache 服务器的文档目录中新建了两个文件夹,一个是 example,用来存放各章中用到的例题文件;另一个是 exercise,用来存放各章中的应用实例。

【例 1.1】　新建一个 PHP Web 应用项目,在应用主页上显示本教程的封面信息,页面效果如图 1.18 所示。要求部分信息从数据库中读取。

图 1.18　例 1.1 页面效果图

(1) 创建项目数据库及数据表,并向数据表中插入测试数据。

启动 Apache、MySQL 服务器,打开浏览器,并在地址栏中输入 http://localhost/
phpmyadmin,登录到 phpMyAdmin 数据库管理工具。登录时用户名为 root,密码为 MySQL
数据库安装时设置的登录密码。

登录成功后,即可进入 phpMyAdmin 数据库管理工具主界面,如图 1.19 所示。

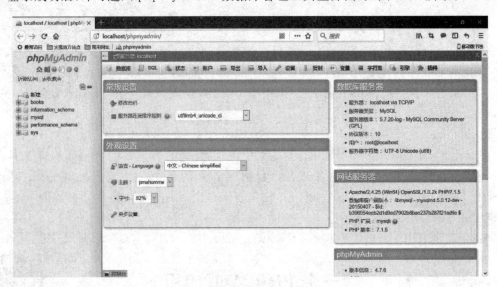

图 1.19　phpMyAdmin 数据库管理工具主界面

左侧窗格中为数据库列表,这里显示 MySQL 系统数据库及用户数据库,列表中的 books
即为图 1.19 中通过命令创建的数据库;中间窗格中为一些通用设置;右侧窗格中为数据库服
务器(MySQL)、Web 服务器(Apache)以及应用服务器(PHP 7.15)的相关信息。

接着,单击左侧窗格中 books 数据库下的【新建】命令,在 books 数据库中新建一张名为
book 的数据表,如图 1.20 所示,表中字段 id、title、author 以及 press 分别表示书籍的序号、书
名、作者和出版社数据。

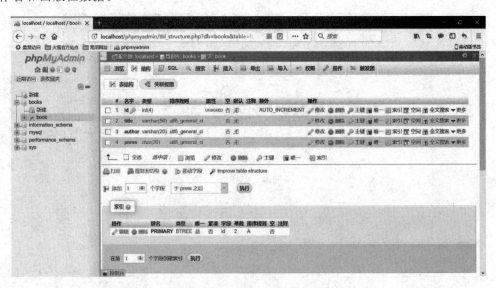

图 1.20　创建 book 数据表

单击图 1.20 所示窗口右侧主功能菜单中的【插入】子菜单项,为数据表添加数据,如图 1.21 所示。

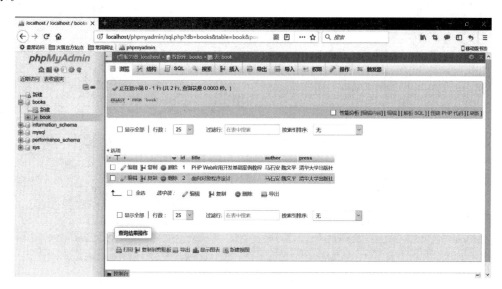

图 1.21 book 数据表中的数据

这里向 books 数据库的 book 数据表中添加了两条数据,也就是两本书籍的书名、作者及出版社信息。

(2) 启动 Zend Studio,并选择目录 E:\Apache24\htdocs\example 为其工作区(Workspace),如图 1.22 所示。

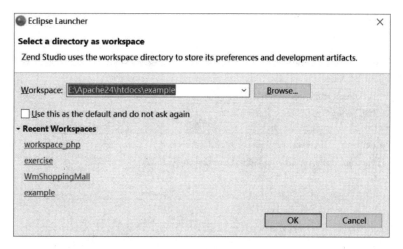

图 1.22 Zend Studio 启动界面

Zend Studio 集成开发环境构建于 Eclipse,以工作区的形式管理 PHP 应用项目。单击 OK 按钮,进入 Zend Studio 默认主界面,如图 1.23 所示。

左侧窗格为项目视图区,该区域显示当前工作区中的所有项目文件;中间窗格为代码编辑区,在此编辑项目中的各种文件,例如 PHP 文件、HTML 文件、CSS 文件以及 JavaScript 文件等;右上侧窗格为正在编辑的文件元素概览,可以在此查看文件中的变量、函数、类或对象等;右下侧窗格组合显示调试信息及出现的问题与错误等。

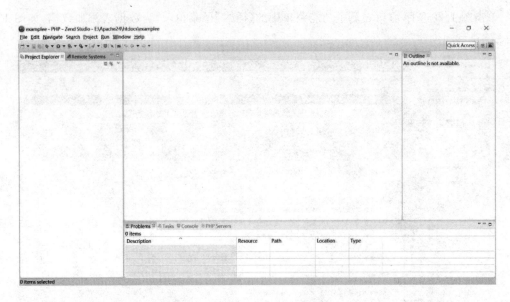

图 1.23　Zend Studio 主界面

需要说明的是，Zend Studio 的主界面是可以个性化设置的，读者可以根据自己的喜好选择显示的视图类型，并设置窗格位置。

（3）选择 File→New→Local PHP Project 菜单项，打开 New Local PHP Project 对话框，如图 1.24 所示。

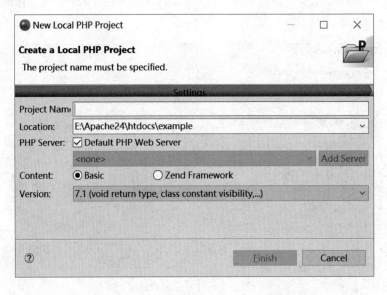

图 1.24　New Local PHP Project 对话框

（4）在对话框的 Project Name 文本框中输入项目名称 chapter01，Content 选项组中选中 Basic，Version 下拉列表中选择 PHP 7.1 版本。

Content 选项栏中的 Zend Framework 是 PHP 的官方 Web 应用框架，是读者以后进行大型 PHP Web 应用项目开发的优先选择。有关这方面的知识，请参考笔者的《PHP Zend Framework 项目开发基础案例教程》一书，该教材已由清华大学出版社出版发行。

（5）输入及选择完毕后，单击 Finish 按钮完成新项目的创建。

新项目的创建完成以后，接下来需要在项目中添加新的 PHP 文件。为了更好地使用 Zend Studio 集成开发环境提供的文件模板，这里先来做一些必要的设置。

（6）修改代码模板。

选择 Window→Preferences 菜单项，打开 Preferences 对话框，并定位到 PHP 的 Code Templates 设置界面，如图 1.25 所示。

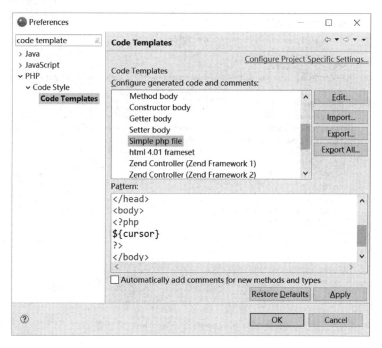

图 1.25　Preferences 对话框

在下拉列表中选择 Simple php file 选项，单击对话框右侧的 Edit 按钮，打开 Edit Template 对话框，并将 Pattern 文本框中的内容进行修改，如图 1.26 所示。

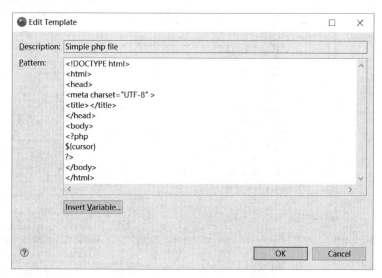

图 1.26　Edit Template 对话框

PHP Web 开发环境

当然，这里可以直接使用默认设置，也可以根据自己的需要进行其他个性化设置。

（7）回到 Zend Studio 主界面，在项目区选择 chapter01 项目，接着选择 File→New→PHP File 菜单项，打开 New PHP File 对话框。

（8）在 File name 文本框中输入文件名 example1_1.php，单击 Next 按钮，打开 Select PHP Template 界面，并选择 New simple PHP file 模板，如图 1.27 所示。

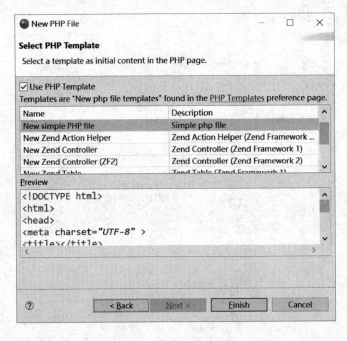

图 1.27　Select PHP Template 对话框

（9）单击 Finish 按钮，生成 example1_1.php 文件。接着双击该文件，在代码编辑器中添加代码，如图 1.28 所示。

图 1.28　example1_1.php 文件代码

上述编辑区中的第1~9行为PHP代码,定义了PHP变量,并对数据库进行了查询操作;第10~26行为HTML文档代码,其中的第23行中使用了PHP的变量数据,第24行使用了从数据库中获取到的数据;第15~19行是CSS代码。

（10）打开浏览器,在其地址栏中输入"http://localhost/example/chapter01/ example1_1.php",页面效果如图1.18所示。这里使用的是Firefox浏览器。

结合图1.28所示代码可以看出,页面中的书名、作者以及出版社名称分别采用了3种不同的数据获取方式。其中,"PHP Web应用开发基础案例教程"文本采用HTML的<h1>标签元素,属于静态内容;"马石安魏文平"文本使用了PHP的变量,属于动态内容;"清华大学出版社"文本则是从数据库中获取,也属于动态内容。

1.5　应用实例

学习Web应用开发,最终的目的是要开发出用户满意的软件产品,因此,在学习过程中,要更加重视基础理论的综合应用,强化实际的编程训练。

为使读者对每个知识点的应用效果都有一个感性的认识,本书使用PHP的面向对象技术重新改写了笔者的教学资源网站——微梦网页面,并将它作为本书的一个PHP Web应用项目的综合实例。网站地址为http://www.wmstudio.net.cn,其前台首页及后台首页分别如图1.29和图1.30所示。

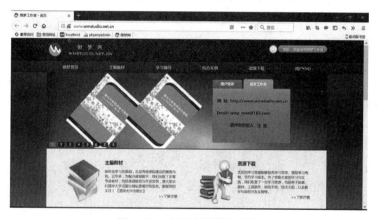

图1.29　应用实例前台首页

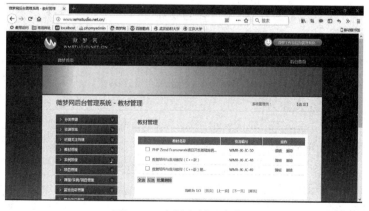

图1.30　应用实例后台首页

31

第1章

PHP Web 开发环境

对于该网站中的部分功能,本书将在后续章节中以应用实例的方式给予实现,读者可先体会一下这个 PHP Web 应用的功能。希望通过本书的学习,读者能够开发出比该笔者的网站更为优秀的 PHP Web 应用项目。

习　　题

一、填空题

1. 在 Web 应用开发中,通常使用两种软件架构,它们是(　　)和(　　)。

2. 在 C/S 与 B/S 设计模式中,C、B、S 分别代表(　　)、(　　)和(　　)。

3. Web 应用组件主要有(　　)、(　　)、(　　)和(　　)。

4. 目前使用的 Web 浏览器有(　　)、(　　)和(　　)等。

5. 在 Web 应用的开发中,一般使用 PHP 或 Java 程序设计语言,与之相对应的服务器通常为(　　)和(　　)。

6. 目前常用的数据库管理系统有(　　)、(　　)、(　　)和(　　)等。

7. 在 Web 前端开发技术中,(　　)、(　　)和(　　)是基础。

8. 目前常用的动态网页技术主要有(　　)、(　　)、(　　)和(　　)。

9. 目前常用的 Web 应用开发平台主要有(　　)、(　　)和(　　)三种。

10. 本书搭建的 Web 应用开发环境中,Web 服务器、应用服务器以及数据库服务器分别为(　　)、(　　)和(　　)。

二、选择题

1. 腾讯公司的 QQ 是一款(　　)架构的 Web 应用软件。
   A. B/S　　　　　　　B. C/S　　　　　　　C. C2C　　　　　　　D. B2B

2. 浏览器是 B/S 模式 Web 应用的(　　)。
   A. B　　　　　　　　B. S　　　　　　　　C. B 或 S　　　　　　D. 无法判断

3. 开发一个静态网站不需要安装(　　)。
   A. Web 服务器　　　B. 应用服务器　　　C. 数据库服务器　　D. 浏览器

4. 作为 Web 应用的前端开发技术人员,需要掌握的基础技术是(　　)。
   A. HTML　　　　　　B. CSS　　　　　　　C. JavaScript　　　　D. 以上三项

5. 作为 Web 应用的后端开发技术人员,需要掌握的编程语言是(　　)。
   A. PHP　　　　　　　B. Java　　　　　　　C. ASP. NET　　　　　D. 以上至少一门

6. PHP 是(　　)的功能模块,随之启动与关闭。
   A. 浏览器　　　　　B. MySQL 服务器　　C. Apache 服务器　　D. Windows 系统

7. Apache 服务器的主配置文件为(　　)。
   A. httpd. conf　　　B. httpd-vhosts. conf　C. hosts　　　　　　D. httpd. exe

8. 默认的 PHP 配置文件为(　　)。
   A. php. ini　　　　　B. php. conf　　　　　C. php_mysqli. dll　　D. php. exe

9. 默认的 MySQL 配置文件为(　　)。
   A. mysql. ini　　　　B. mysql. conf　　　　C. mysql　　　　　　D. my. ini

10. Apache 服务器的默认端口为(　　)。
    A. 8080　　　　　　B. 3306　　　　　　　C. 80　　　　　　　　D. 1433

三、简答题

1. 简要说明 PHP Web 的工作流程。

2. 使用 Windows 系统的任务管理器可以启动与关闭 Apache 服务器、MySQL 服务器,请分别说明其操作步骤。

3. 在开发环境搭建成功后,若访问例 1.1 中的 example1_1 页面出现错误,请简要说明可能的原因。

4. 在例 1.1 中,访问页面必须指定页面文件 example1_1.php,为什么访问百度主页时只需要在浏览器的地址栏中输入 http://www.baidu.com,而不需要指定具体的页面文件?

5. 在访问例 1.1 中的 example1_1 页面时,若要求给出网络协议、服务器 IP 地址以及端口号,完整的 URL 地址是怎样的? 请对其进行简要说明。

四、操作题

1. 在搭建好的开发环境中运行例 1.1 应用程序。

2. 创建一个新的 PHP Web 项目,在项目首页上显示本书封面信息,如图 1.22 所示。要求页面上的书名、作者以及出版社名称均从数据库中获取。

3. 通过浏览器查看本大题第 1、2 小题中页面的源代码,比较它们与 PHP 源文件的不同。

4. 使用 phpMyAdmin 数据库管理工具创建一个名为 db_phpweb 的数据库,并添加一张名为 books 的数据表,该数据表的字段及数据与例 1.1 中使用的 book 数据表相同。

5. 修改本大题第 1、2 小题中的 PHP 源代码,让其访问第 4 小题中所创建的新数据库中的数据。

PHP Web 开发环境

第2章　Web设计基础

用户每天面对的网页,实质上就是在网络环境下,实现了某种需求或业务逻辑的一些相关 Web 应用的页面。这些 Web 页面,有的用来展示特定的内容,有的用来与用户进行某种交互操作。所以,在所有的 Web 应用开发技术中,"网页的设计与制作"是基础,因此,开发人员的学习也理所当然地要从这里开始。

本章介绍网页设计的基本技术,包括 HTML 标记语言、CSS 层叠式样式表、JavaScript 脚本语言以及目前被广泛使用的 JavaScript 框架——jQuery。

2.1　HTML

视频讲解

HTML 的全称为 Hypertext Markup Language,是一种用来制作超文本文档的简单标记语言。HTML 由一套标签组成,这些标签可以用来描述文档的结构、文本的格式,也可以描述超链接、图像特征等信息。

2.1.1　HTML 文档结构

HTML 文档由 HTML 标签和纯文本组成,它被 Web 浏览器读取,并以网页的形式显示出来。浏览器不会显示 HTML 标签,只是使用 HTML 标签来解释页面的内容。

【例 2.1】　HTML 文档的基本结构。

使用 HTML 设计一个网页,页面标题为"HTML 文档结构",页面内容为"PHP Web 应用开发基础案例教程"文本,如图 2.1 所示。

图 2.1　页面效果

(1) 启动 Zend Studio 集成开发环境,在 example 工作区中新建一个名为 chapter02 的 PHP 项目。

(2) 在主界面左侧的项目视图 Project Explorer 中右击 chapter02 项目主目录,从弹出的快捷菜单中选择 New→HTML File 菜单项,打开 New HTML File 对话框,如图 2.2 所示。

(3) 在 File name 文本框中输入文件名称。这里为 example2_1.html。注意,对话框上部的文件存放目录应为 chapter02。

接下来单击对话框底部的 Next 按钮,打开 New HTML File 对话框的 Select HTML Template 界面,选择 HTML 的文档模板,如图 2.3 所示。

从该对话框中显示的内容可以看出,Zend Studio 集成开发环境预设了 7 种类型的

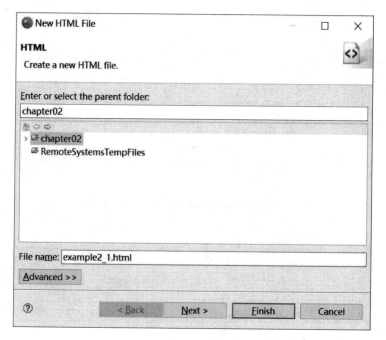

图 2.2　New HTML File 对话框

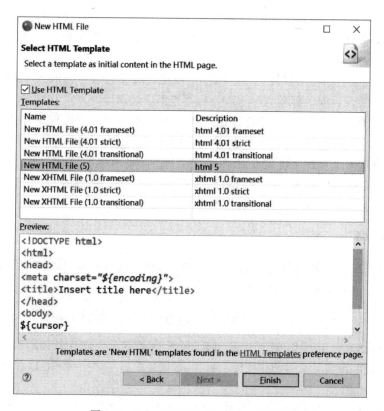

图 2.3　Select HTML Template 对话框

HTML 文档模板,包括 HTML 4.01、HTML5 版本以及 XHTML 1.0 版本。目前主流的浏览器均对这些类型的文档提供支持。

（4）选择 New HTML File（5）文档模板，单击 Finish 按钮，完成 example2_1.html 文件的初步创建。

（5）在 example2_1.html 文件中添加标签及相关文本，完善网页设计，如图 2.4 所示。

```
example2_1.html ⊠
1 <!DOCTYPE html>
2 <html>
3    <head>
4       <meta charset="UTF-8">
5       <title>HTML文档结构</title>
6    </head>
7    <body>
8       <h4>PHP Web应用开发基础案例教程</h4>
9    </body>
10 </html>
```

图 2.4　example2_1.html 文件

（6）打开浏览器，在其地址栏中输入 http://localhost/example/chapter02/example2_1.html，即可看到如图 2.1 所示的页面效果。

从图 2.4 所示的 HTML 文档代码可以看出，基本的 HTML 文档以< html >标签开始，以</html >标签结束，其他所有 HTML 代码都位于这两个标签之间。HTML 文档的中间包括两大部分，第一部分位于< head >与</head >之间，称为头部；第二部分位于< body >与</body >之间，称为体部。

在 HTML 文档的头部，可以使用一些标签来描述页面文档的相关信息。例如在< title >与</title >标签之间定义网页的标题，在< meta >标签里面通过属性的方式设置网页的字符集。

HTML 文档的体部描述了可见的页面内容，本例中的文本"PHP Web 应用开发基础案例教程"就是在这里设置的。这里的文本通过< h4 >标签设置成了标题格式。

从图 2.1 所示的页面效果可以看出，所有 HTML 标签本身都没有在页面中显示出来，而包含于不同标签之间的文本内容在页面中则以不同的样式呈现，这就说明 HTML 文件中的标签确实只是用来描述页面文档内容的。

2.1.2　HTML 元素

一个 HTML 元素包括标签和属性两个部分，标签决定要应用于 HTML 文档的格式种类，属性用来管理格式编排的需求。例如：

< h4 style = "color:red;text – align:center"> PHP Web 应用开发基础案例教程</h4 >

其中，< h4 >与</h4 >为 HTML 的 4 号标题标签，表示文本需要以 4 号标题的格式进行显示；style 为标签的属性，设置了文本的一些显示特性，这里要求文本居中对齐且以红色进行显示。

1. 标签

正如上述代码所示，HTML 元素的标签位于尖括号<>之间，每个开始标签< tag >通常都有对应的结束标签，即</tag >，元素的内容位于开始标签与结束标签之间。没有内容的 HTML 空元素，还可以直接在开始标签中进行关闭，例如用于控制文本换行的标签< br >，可以直接写成< br />的形式。

HTML 的标签是可以嵌套的。一个 HTML 元素可以在其内容部分包含其他 HTML 标签,整个 HTML 文档就是由相互嵌套的 HTML 标签构成的。

HTML 标签的嵌套需要注意以下两个问题。

(1) HTML 标签不能随意嵌套。例如,不能在< body >标签中嵌套< title >,也不能在< head >标签中嵌套< p >标签。

(2) 要正确书写嵌套格式。在 HTML 标签的嵌套结构中,里层的标签一定要完全包含在外层标签的开始标签和结束标签之间。例如下面的嵌套是无效的:

```
< h4 style = "color:red;text－align:center"><i>清华大学出版社</h4><i>
```

HTML 标签会随着版本的更新而有所变化,在开发中不要使用被废弃的标签,以免产生浏览器不支持的错误。

2. 属性

每个 HTML 元素都有一组与之关联的可能的属性,属性提供了有关 HTML 元素的更多信息,比如图片的宽度与高度、链接的 URL 地址等。

HTML 元素的属性在其开始标签内定义,属性之间使用空格进行分隔。其格式为:

属性名 = "属性值"

或者

属性名 1 = "属性值 1" 属性名 2 = "属性值 2" …

例如:

```
< a href = "https://www.baidu.com">百度</a>
< img src = "/i/mouse.jpg" height = "200px" width = "200px" />
```

其中,属性 href 定义链接所指向页面的 URL 地址;属性 src、height、width 分别定义图片的文件名、高度以及宽度大小。

需要注意的是,为了使网页的"内容"与"表现"相分离,HTML 元素的一些格式及布局属性已被 CSS 代替,在实际开发过程中,请尽量使用 CSS 来进行格式设置与页面布局设置。

2.1.3 常用的 HTML 标签

HTML 5 中定义了各种功能的标签,不仅数量多,而且使用也非常复杂。限于教程篇幅及写作重点,这里只介绍一些常用的 HTML 标签及其特有的属性。

下面按照 HTML 标签的功能分类,即基础、格式、表单、框架、图像、音频与视频、链接、列表、表格、样式与节、元信息以及编程,来进行简单介绍。

1. 基础标签

HTML 5 的基础标签如表 2.1 所示,它们定义了 HTML 文档的结构、文档内容中的标题、段落等基本信息。

表 2.1　HTML 5 基础标签

标　　签	描　　述
<!DOCTYPE>	定义文档类型
< html >	定义 HTML 文档

标 签	描 述
< title >	定义文档的标题
< body >	定义文档的主体
< h1 >~< h6 >	定义 HTML 标题
< p >	定义段落
< br >	定义简单的换行
< hr >	定义水平线
<!-- ... -->	定义注释

严格来说,<!DOCTYPE>并不属于 HTML 标签,它是文档类型声明,针对浏览器(或验证服务)给出文档匹配的 HTML 版本。

<!DOCTYPE>声明必须是 HTML 文档的第 1 行,位于< html >标签之前。该声明没有结束标签,对大小写也不敏感。常用的 DOCTYPE 声明如下所述。

1) HTML 5

```
<! DOCTYPE html >
```

2) HTML 4.01 Strict

```
<! DOCTYPE HTML PUBLIC " - //W3C//DTD HTML 4.01//EN" "http://www.w3.org/ TR/html4/strict.dtd">
```

声明中引用了 DTD,因为 HTML 4.01 是基于 SGML(标准通用标记语言)的,DTD 规定了标记语言的规则,这样浏览器才能正确地呈现内容。HTML 5 不是基于 SGML,所以不需要引用 DTD。

3) HTML 4.01 Transitional

```
<! DOCTYPE HTML PUBLIC " - //W3C//DTD HTML 4.01 Transitional//EN" "http://www.w3.org/TR/html4/
loose.dtd">
```

4) HTML 4.01 Frameset

```
<! DOCTYPE HTML PUBLIC " - //W3C//DTD HTML 4.01 Frameset//EN" "http://www.w3.org/TR/html4/
frameset.dtd">
```

5) XHTML 1.0 Strict

```
<! DOCTYPE html PUBLIC " - //W3C//DTD XHTML 1.0 Strict//EN" "http://www.w3.org/TR/xhtml1/DTD/
xhtml1 - strict.dtd">
```

6) XHTML 1.0 Transitional

```
<! DOCTYPE html PUBLIC " - //W3C//DTD XHTML 1.0 Transitional//EN" "http://www.w3.org/TR/xhtml1/
DTD/xhtml1 - transitional.dtd">
```

7) XHTML 1.0 Frameset

```
<! DOCTYPE html PUBLIC " - //W3C//DTD XHTML 1.0 Frameset//EN" "http://www.w3.org/TR/xhtml1/DTD/
xhtml1 - frameset.dtd">
```

8) XHTML 1.1

```
<!DOCTYPE html PUBLIC " - //W3C//DTD XHTML 1.1//EN" "http://www.w3.org/TR/xhtml11/DTD/xhtml11.
dtd">
```

在实际开发过程中,编写 HTML 代码通常都是使用预先准备好的模板,这样不仅可以节省时间,也不容易产生错误。如果是逐行编写代码,可以直接将上述这些 HTML 文档声明复制到 HTML 文件中。

【例 2.2】 HTML 基础标签的使用。

(1) 启动 Zend Studio,选择 example 工作区中的 chapter02 项目,添加一个名为 example2_2.html 的 HTML 文件。

(2) 双击打开 example2_2.html 文件,并添加代码,如图 2.5 左侧所示。

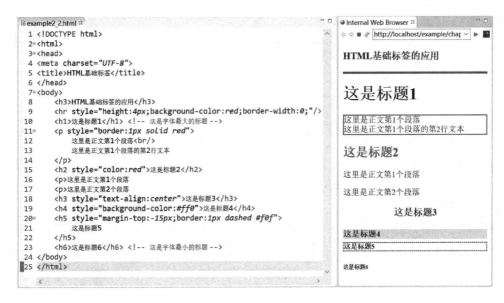

图 2.5　example2_2.html 文件

图 2.5 所示代码中的第 1 行是 HTML 文档版本声明,这里采用的是 HTML 5;第 2~25 行以标签<html>开始,以标签</html>结束,为全部文档。第 3~6 行以标签<head>开始,以标签</head>结束,为文档头部,其中第 5 行是页面标题;第 7~24 行以标签<body>开始,以标签</body>结束,是文档的主体部分。

(3) 打开浏览器,访问 example2_2.html 页面,效果如图 2.5 右侧所示。

图示示例中的标签格式都是由 style 属性进行设置的,这是 CSS 样式的一种内联形式。必须要强调的是,编写 HTML 代码,一定要将“内容”与“表现”分离,这是 Web 前端设计的基本原则。

2. 格式标签

常用的 HTML 5 格式标签如表 2.2 所示,它们定义了 HTML 元素的文本格式。HTML 的某些标签,例如<tt>、<i>、<b>等,所定义的字体样式可以用 CSS 样式来实现,所以在表中并没有列出。

表 2.2　HTML 5 格式标签

标　　签	描　　述
＜abbr＞	定义缩写
＜address＞	定义文档作者或拥有者的联系信息
＜bdo＞	定义文字方向
＜blockquote＞	定义长的引用
＜cite＞	定义引用(citation)
＜code＞	定义计算机代码文本
＜del＞	定义被删除文本
＜ins＞	定义被插入文本
＜mark＞	定义有记号的文本
＜meter＞	定义预定义范围内的度量
＜pre＞	定义预格式文本
＜progress＞	定义任何类型的任务的进度
＜sup＞	定义上标文本
＜sub＞	定义下标文本
＜time＞	定义日期或时间

【例 2.3】　HTML 格式标签的使用。

(1) 启动 Zend Studio,选择 example 工作区中的 chapter02 项目,添加一个名为 example2_3.html 的 HTML 文件。

(2) 双击打开 example2_3.html 文件,并添加代码,如图 2.6 左侧所示。

(3) 打开浏览器,访问 example2_3.html 页面,效果如图 2.6 右侧所示。

注意,使用不同的浏览器,显示效果会略有差异。为了排版的需要,图中的字体、行距以及＜p＞标签元素用 CSS 样式进行了处理。CSS 样式定义位于头部标签＜head＞内。

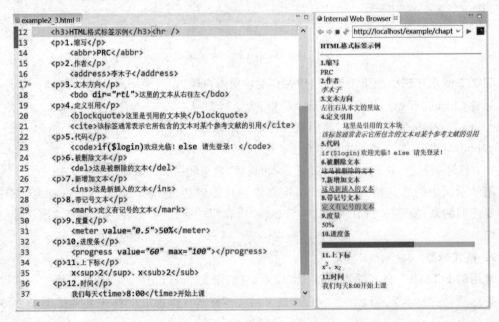

图 2.6　example2_3.html 文件

3. 列表标签

常用的 HTML 5 列表标签如表 2.3 所示，它们定义了 HTML 文档的列表样式。HTML 文档中的列表有 3 种形式，即无序列表、有序列表和定义列表。

表 2.3　HTML 5 列表标签

标　　签	描　　述
＜ul＞	定义无序列表
＜ol＞	定义有序列表
＜li＞	定义列表的项目
＜dl＞	定义定义列表
＜dt＞	定义定义列表中的项目
＜dd＞	定义定义列表中项目的描述
＜menu＞	定义命令的菜单/列表
＜menuitem＞	定义用户可以从弹出菜单调用的命令/菜单项目
＜command＞	定义命令按钮

【例 2.4】　HTML 列表。

（1）启动 Zend Studio，选择 example 工作区中的 chapter02 项目，添加一个名为 example2_4.html 的 HTML 文件。

（2）双击打开 example2_4.html 文件，并添加代码，如图 2.7 左侧所示。

（3）打开浏览器，访问 example2_4.html 页面，效果如图 2.7 右侧所示。

图 2.7 中列表的项目符号样式均采用默认值。实际使用时可以根据需要通过标签属性或 CSS 样式来改变项目符号的样式。

图 2.7　example2_4.html 文件

41

4. 超链接

超链接是指从一个到另一个目标页面的连接关系。这个目标页面可以是另一个网页页面（位于同一服务器或不同服务器），也可以是同一页面上的不同位置，还可以是一张图片、一个电子邮件地址、一个文件，甚至是一个应用程序。

HTML 的超链接标签为< a >，它拥有 href、target、id 等属性，用来表示链接的目标、目标页面的打开方式、唯一标识等信息。超链接的对象，也就是< a >元素的内容，可以是一段文本或者一张图片。

【例 2.5】 HTML 的超链接。

（1）启动 Zend Studio，选择 example 工作区中的 chapter02 项目，在项目中添加一个名为 image 的文件夹，用来存放项目中的图像文件。

（2）下载百度的 logo 图片，将其重命名为 baidu.jpg，并放入 image 文件夹中。

（3）在 chapter02 项目中添加一个名为 example2_5.html 的 HTML 文件，并添加代码，如图 2.8 左侧所示。

图 2.8 所示代码中的第 16 行定义链接同一服务器上的不同页面；第 17 行定义链接不同服务器上的网页页面；第 19 行定义在浏览器的新窗口中打开目标页面；第 21 行定义打开用户计算机上的邮件发送软件，向目标邮箱发送邮件；第 23、24 行定义用图片作为链接对象；第 13 行定义设置锚点，也就是同一页面上的目标位置；第 27 行定义链接到标识为 top 的目标位置。

（4）打开浏览器，访问 example2_5.html 页面，效果如图 2.8 右侧所示。单击页面中的各个超链接，观察页面效果。

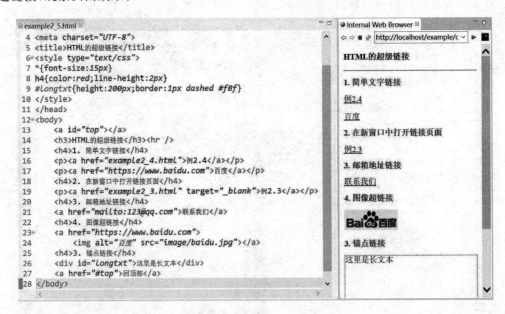

图 2.8 example2_5.html 文件

5. 表格

表格在网页中的用途十分广泛，它既可以显示数据、图片等，也可以用来对页面进行布局。HTML 的表格标签如表 2.4 所示。

表 2.4　HTML 5 表格标签

标　　签	描　　述
＜table＞	定义表格
＜caption＞	定义表格标题
＜th＞	定义表格中的表头单元格
＜tr＞	定义表格中的行
＜td＞	定义表格中的单元格
＜thead＞	定义表格中的表头内容
＜tbody＞	定义表格中的主体内容
＜tfoot＞	定义表格中的表注内容(脚注)
＜col＞	定义表格中一个或多个列的属性值
＜colgroup＞	定义表格中供格式化的列组

＜table＞标签的常用属性如表 2.5 所示。

表 2.5　table 标签的常用属性

属　　性	描　　述
border	设置表格的边框
width	规定表格的宽度
cellpadding	规定单元边沿与其内容之间的空白
cellspacing	规定单元格之间的空白
frame	规定外侧边框的哪个部分是可见的
rules	规定内侧边框的哪个部分是可见的
summary	规定表格的摘要
class	引用样式表中的类
id	规定元素的唯一标识符
style	规定元素的行内样式

＜tr＞、＜th＞、＜td＞标签的常用属性如表 2.6 所示。

表 2.6　tr、th、td 标签的常用属性

属　　性	描　　述
align	规定单元格内容的水平对齐方式
valign	规定单元格内容的垂直排列方式
colspan	规定单元格可横跨的列数
rowspan	规定单元格可纵跨的行数
char	规定根据哪个字符来进行文本对齐
charoff	规定第一个对齐字符的偏移量

【例 2.6】　HTML 表格。

（1）启动 Zend Studio,选择 example 工作区中的 chapter02 项目,添加一个名为 example2_6.html 的 HTML 文件。

（2）双击打开 example2_6.html 文件,并添加代码,如图 2.9 左侧所示。

（3）打开浏览器,访问 example2_6.html 页面,效果如图 2.9 右侧所示。

43

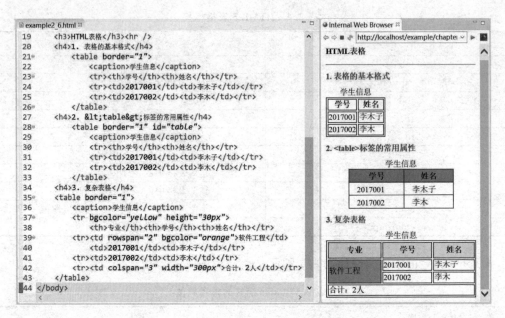

图 2.9　example2_6.html 文件

6. 表单

HTML 表单用于收集不同类型的用户输入，是 Web 应用获取数据的重要技术手段。HTML 表单是一个包含表单元素的容器，用户可以通过表单元素输入数据。例如，可以通过文本框输入用户名或账号，通过密码框输入登录密码，通过单选框输入性别等。

HTML 的表单标签如表 2.7 所示。

表 2.7　HTML 表单标签

标　签	描　述
< form >	定义表单
< input >	定义输入控件
< textarea >	定义多行的文本输入控件
< button >	定义按钮
< select >	定义选择列表
< optgroup >	定义选择列表中相关选项的组合
< option >	定义选择列表中的选项
< label >	定义 input 元素的标注
< fieldset >	定义围绕表单中元素的边框
< legend >	定义 fieldset 元素的标题
< datalist >	定义下拉列表
< keygen >	定义生成密钥
< output >	定义输出的一些类型

【例 2.7】　HTML 表单。

（1）启动 Zend Studio，选择 example 工作区中的 chapter02 项目，添加一个名为 example2_7.html 的 HTML 文件。

（2）双击打开 example2_7.html 文件，并添加代码，如图 2.10 左侧所示。

图 2.10 所示代码中的第 13 行使用< form >标签定义 HTML 表单,其中,属性 action 表示表单提交后服务器端接收数据的 URL 地址;属性 method 指定表单数据的发送方法,即 get 或 post。

(3) 打开浏览器,访问 example2_7. html 页面,效果如图 2.10 右侧所示。

图 2.10　example2_7. html 文件

7. 图像标签

图像是 Web 页面的重要媒体元素,在网页中使用图像,不仅能使页面更加美观大方,而且还会使其内容丰富多彩、生动形象。

HTML 的图像标签如表 2.8 所示。

表 2.8　HTML 图像标签

标　签	描　述
< img >	定义图像
< map >	定义图像映射
< area >	定义图像地图内部的区域
< canvas >	定义图形
< figcaption >	定义图像元素标题
< figure >	定义媒介内容的分组及其标题

【例 2.8】　HTML 图像及图形。

(1) 启动 Zend Studio,选择 example 工作区中的 chapter02 项目,在图像文件夹 image 中添加 3 个图像文件,文件名分别为 sun. jpg、planets. jpg 和 bridge. jpg。

(2) 在 chapter02 项目中添加一个名为 example2_8. html 的 HTML 文件,并添加代码,如图 2.11 左侧所示。

图 2.11 所示代码中的第 16~17 行使用< img />标签插入 sun. jpg 图像,并设置图片的显示大小;第 19~20 行在页面中插入 planets. jpg 图像,并将其定义为映像形式;第 21~26 行详细定义图像映射,包括映射区域的形状及坐标;第 28~30 行定义了一个图像组,其中包含有图像标题;第 32 行定义了一块画布,用以显示动态生成的图形;第 34~39 行是动态生成图

形的 JavaScript 代码,调用该代码将生成一个 80×40 的红色矩形。

(3) 打开浏览器,访问 example2_8.html 页面,效果如图 2.11 右侧所示。

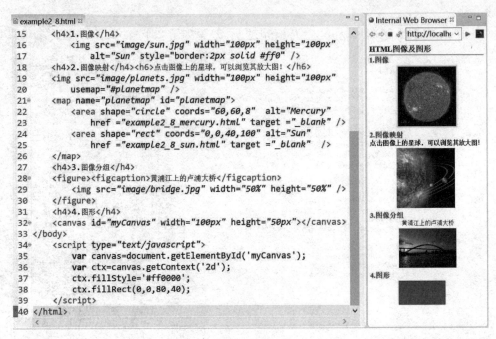

图 2.11 example2_8.html 文件

8. 音频/视频

音频与视频也是 Web 页面中不可或缺的媒体元素,其 HTML 标签及部分重要属性如表 2.9 所示。

表 2.9 HTML 音频/视频标签及常用属性

标　签	属　　　　性	描　　述
< audio >	controls、autoplay、loop、muted、preload	定义音频
< source >	media、src、type	定义媒介源
< track >	default、kind、label、src、srclang	定义用在媒体播放器中的文本轨道
< video >	controls、autoplay、loop、muted、preload、poster、src、width、height	定义视频

【例 2.9】 HTML 音频及视频。

(1) 启动 Zend Studio,选择 example 工作区中的 chapter02 项目,在项目中添加名为 audio 和 video 的 2 个文件夹,分别用来存放音频与视频文件。

(2) 将准备好的音频及视频文件资源复制到相应的文件夹中。这里用于测试的音频、视频文件分别是 audio.mp3、video.mp4。当然,也可以将音频及视频文件存放在专用的服务器上,直接使用其 URL 地址进行加载。

(3) 在 chapter02 项目中添加一个名为 example2_9.html 的 HTML 文件,并添加代码,如图 2.12 左侧所示。

图 2.12 所示代码中的第 15 行定义音频并设置播放控件;第 16~17 行定义音频、显示播放控件并设置自动播放功能;第 18~20 行使用< source >标签定义音频文件及类型;第 22 行

代码定义视频并显示播放控件,控件大小由第 9 行代码设置。

　　(4)打开浏览器,访问 example2_9.html 页面,效果如图 2.12 右侧所示,用户可以通过页面上播放控件中的相应按钮,来控制文件的播放、暂停以及音量等。

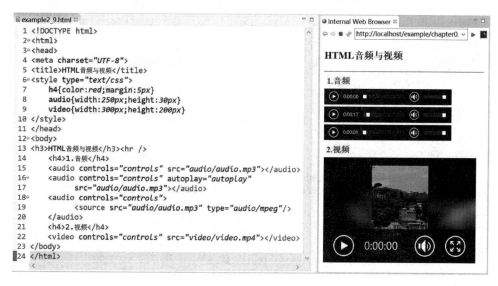

图 2.12　example2_9.html 文件

　　除上述介绍的八大类标签外,HTML 还包含框架、样式/节、元信息以及编程等类型的标签。限于篇幅及本书的写作重点,对于这些标签不做介绍,请读者借助相关资源自行学习,参考网址 http://www.w3school.com.cn/index.html。

2.1.4　常用的特殊符号

　　在 HTML 页面中,大部分内容都是普通的 ASCII 文本。然而,在这些文本中有时需要引用一些特殊的符号,比如数学符号、希腊字母、各种箭头等。这些特殊符号在 HTML 中的引用称为实体引用,实体引用以 & 符号开始,以分号(;)结束,如表 2.10 所示。

表 2.10　HTML 的部分特殊符号

实　　　体	实体引用	实体编码
∀	&forall;	&#8704;
∑	&sum;	&#8721;
∞	&infin;	&#8734;
∈	&isin;	&#8712;
∉	&notin;	&#8713;
∫	&int;	&#8747;
α	&alpha;	&#945;
￥	&yen;	
←	&larr;	&#8592;
©	&copy;	&#169;
®	&reg;	&#174;

【例 2.10】　HTML 特殊符号。

(1)启动 Zend Studio,选择 example 工作区中的 chapter02 项目,添加一个名为 example2_

10. html 的 HTML 文件。

（2）打开 example2_10. html 文件，添加代码，如图 2.13 左侧所示。

（3）打开浏览器，访问 example2_10. html 页面，效果如图 2.13 右侧所示。

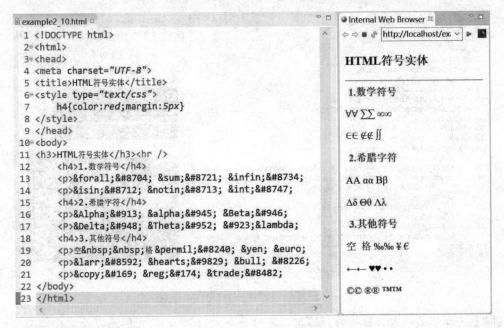

图 2.13　example2_10. html 文件

2.2　CSS 样式

视频讲解

　　CSS 是 Cascading Style Sheets 的缩写，表示层叠样式表，用于控制网页的样式和布局。在网页制作时，采用层叠样式表技术，可以有效地对页面的布局、字体、颜色、背景和其他效果实现更加精确的控制。CSS 由 W3C 的 CSS 工作组产生和维护，目前版本为 CSS 3。

2.2.1　CSS 样式的使用

　　在网页设计中，如果使用传统的 HTML 控制格式标签和属性，页面内容、结构、样式将会混杂在一起，不利于阅读、维护与修改。使用 CSS，可以将文档样式与内容分离，这样，对内容及样式的修改可以单独进行，页面内容也会更加简洁、明了。此外，CSS 对页面样式的设置更加灵活，属性更加丰富，能够实现很多 HTML 格式标签无法实现的样式设置。

　　那么如何在页面中定义、引入样式并使之生效呢？W3C 提供了如下 3 种方法。

1. 内联样式

内联样式又称为行内样式，它定义在 HTML 元素的开始标签里面，使用 style 属性设置样式规则，并且样式规则仅对当前 HTML 元素有效，如图 2.5 所示。

2. 内部样式

内部样式是指使用< style >样式标签，将页面中需要应用的所有样式规则集中定义在页面头部分，如图 2.12 和图 2.13 所示。

3. 外部样式

外部样式就是指在 Web 页面之外，以文件的形式定义的文档样式。存储样式定义的文件称为样式表文件。样式表文件是普通的文本文件，其后缀为.css，可以使用普通的文本编辑器对其进行编辑与修改。由于样式表文件与 Web 页面文件分开存储，因此，需要在 Web 页面文件的头部使用< link >标签将定义好的样式导入页面中。

4. 浏览器默认设置

如果没有为 HTML 元素定义任何样式，那么元素将按照浏览器的默认设置显示，如例 2.1所示。在网页开发过程中，允许同时以上述 3 种方式设置样式信息。也就是说，样式可以写在单个的 HTML 元素内，也可以在 HTML 的头部设置，或者定义于一个外部的 CSS 文件中。

如果对同一个 HTML 元素同时通过上述多种方式定义了样式，比如说对于一个标题文本，在内联样式中设置为居中显示，在内部样式中定义为居左显示，在外部样式中定义为居右显示，那么最终呈现在页面上的效果到底是哪一种样式呢？这涉及样式的优先级别问题。浏览器解析 Web 页面时，内联样式拥有最高的优先级，其次是定义于页面头部的内部样式，然后是外部样式表中的样式，优先级最低的是浏览器中的默认样式设置。

2.2.2　CSS 语法

CSS 的语法规则并不复杂，对于内联样式来说，只需在待定义样式的 HTML 元素开始标签中加入 style 属性即可。其中，样式之间以分号结束，属性与属性值之间用冒号分隔，如下：

```
Style = "属性 1:属性 1 值; 属性 2:属性 2 值"
```

对于内部样式及外部样式，CSS 的语法相同，如下：

```
选择器 1{
  属性 1: 属性 1 值;
  属性 2:属性 2 值
}
选择器 2{
  属性 3: 属性 3 值;
  属性 4:属性 4 值
}
```

其中，选择器用于指定选择哪个或者哪些 HTML 元素，对选择的 HTML 元素应用定义于大括号中的样式。

2.2.3　CSS 选择器

为了设计出美观实用的页面，需要给不同的 HTML 元素定义不同的样式。在 CSS 语法中，"选择器"指明了大括号中所定义的样式的作用对象，也就是样式对页面中的哪些元素起作用。

常用的 CSS 选择器如下所述。

1. 标签选择器

标签选择器就是对 HTML 元素标签应用相应的 CSS 样式。例如：

```
div{
  border:1px solid red;
```

```
    padding:5px
}
```

表示对页面中的所有<div>标签应用大括号中的样式。也就是,设置 div 标签内容块的边框为 1 个像素宽度的红色实线,块中内容与边框间隔为 5 个像素。

2. id 选择器

为 HTML 元素定义一个 id 属性,id 选择器可以根据元素的 id 来选择元素。HTML 元素的 id 名称是该元素的唯一标识符,不允许在一个页面中对多个 HTML 元素定义相同的 id 名称。CSS 样式的 id 选择器格式为 #id,例如:

```
#head{
    font-weight:bold;
    text-align:center
}
```

若将上述样式应用于 HTML 元素,则格式为:

```
<标签 id = "head"> … </标签>
```

例如:

```
< div id = "head"> Web 设计基础</div>
```

表示文本"Web 设计基础"以粗体、居中对齐的方式显示。

3. 类选择器

与上述 id 属性一样,还可以为 HTML 中的元素定义一个名为 class(类)的属性,根据该 class 属性值也可以选择 HTML 元素。与 id 属性不同的是,多个不同的 HTML 元素可以定义同一个类名,类名相同的元素可以由 CSS 类选择器选取并定义相同的样式。

CSS 类选择器的书写格式为.类名,例如:

```
.foot{
    font-weight:bold;
    text-align:center
}
```

若将上述样式应用于 HTML 元素,则格式为:

```
<标签 class = "foot"> … </标签>
```

例如:

```
< div class = "foot">清华大学出版社 2017 </div>
< p class = "foot">微梦工作室技术支持</p>
```

类选择器还可以和标签选择器结合使用,用于更精确地选择 HTML 元素。例如,选择器 p.foot 表示选择所有类名为 foot 的段落元素,选择器 div.foot 则表示选择所有类名为 foot 的块元素。例如:

```
p.foot{
    font-style:italic;
    text-align:left
}
```

该样式只作用于类名为 foot 的段落元素,对其他类名为 foot 的元素不起作用。

4. 分组选择器

当多种元素的样式相同时,可以共同调用一个样式声明,元素之间用逗号分隔。例如:

```
p,div,#head,.foot{
    font-size:12px
}
```

该样式声明表示页面中所有段落、div 块、id 名称为 head 的元素以及类名为 foot 的元素均具有相同的字体大小。

5. 通用选择器

通用选择器用符号 * 来表示,例如:

```
*{
    margin:2px;
    padding:2px
}
```

该样式作用于页面中的所有 HTML 元素。

6. 后代选择器

后代选择器也称为包含选择器,用来选择特定元素或元素组的后代。后代选择器用两个常用选择器中间加一个空格表示,前面的选择器用于选择父元素,后面的选择器用于选择子元素,样式最终会应用于选定的子元素上。例如:

```
div span{
    color:#ff0066;
    text-decoration:underline
}
```

该样式声明通过后代选择器选取所有 div 块中的 span 元素,只有 div 块中的 span 元素内的文本被加上下画线且以红色显示,其他元素中的 span 元素不会被选中。

【例 2.11】 CSS 选择器。

(1) 启动 Zend Studio,选择 example 工作区中的 chapter02 项目,添加一个名为 example2_11.html 的 HTML 文件。

(2) 打开 example2_11.html 文件,添加代码,如图 2.14 左侧所示。

图 2.14 所示代码中的第 6~20 行采用不同的 CSS 选择器定义样式,其中,第 7 行为通用选择器;第 8 行为标签选择器;第 9~11 行为 id 选择器;第 12~14 行为类选择器;第 15~16 行为分组选择器;第 17~19 行为后代选择器。

(3) 打开浏览器,访问 example2_11.html 页面,效果如图 2.14 右侧所示。

7. 伪类选择器

在网页设计过程中,有时还会需要在文档以外的其他条件下应用样式,如鼠标悬停、鼠标经过某个 HTML 元素等。这时就要用到伪类,例如:

```
a:link{…}
a:visited{…}
a:hover{…}
a:active{…}
```

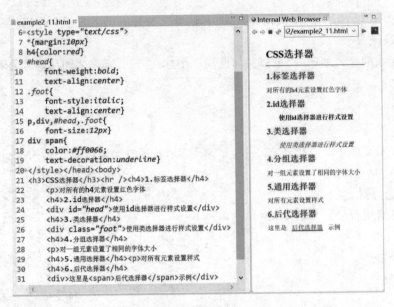

图 2.14　example2_11.html 文件

代码分别定义超链接未被访问时的链接样式、已访问过的超链接样式、鼠标移动到超链接上时的样式以及选定的超链接样式。之所以称为伪类,就是说它并不是一个真实的类。前文已经介绍过,正常的类格式是以点(.)开始,后面跟一个类名,而这里是以标签开始,后边跟一个冒号(:)。大括号中定义样式属性的格式与前述格式相同。

8. 高级选择器

除了上述基本选择器之外,CSS 中还提供了一些功能复杂的高级选择器,常用的主要有以下几种。

1) 子选择器

子选择器与后代选择器不同,子选择器仅选择它的直接后代,或者可以理解为作用于子元素的直接后代,而后代选择器是作用于所有后代元素。后代选择器通过空格来连接两个选择器,而子选择器是通过>连接两个选择器,即"选择器>选择器"。例如:

```
#nav > li{
    text-decoration:underline;
}
```

例如如下代码:

```
<ul id = "nav">
    <li>第 1 章</li>
        <ul>
            <li>第 1 节</li>
            <li>第 2 节</li>
        </ul>
    <li>第 2 章</li>
        <ul>
            <li>第 1 节</li>
            <li>第 2 节</li>
        </ul>
</ul>
```

仅作用于"第1章""第2章"元素,而对"第1节""第2节"无效。

2）相邻同胞选择器

除了子选择器与后代选择器的功能,有时可能还希望找到相邻两个元素当中的下一个。例如,一个标题 hl 元素后面紧跟了两个段落元素,想选择位于 h1 元素之后的第一个段落元素,并对它应用样式,此时就可以使用相邻同胞选择器。

例如:

```
h1 + p{
   font-size:12px
}
```

相邻同胞选择器中,使用符号＋来表示两个 HTML 元素之间的相邻关系。

3）属性选择器

属性选择器根据元素的属性来匹配选择元素。例如,通过判断 HTML 标签的某个属性是否存在,或者通过判断 HTML 标签的某个属性是否和某个值相等来选择元素。

例如要选择具有 title 属性的超链接,且要选择 title 属性值为 pic 的超链接,可以这样来定义样式:

```
a[title]{…}
a[title="pic"]{…}
```

大括号中省略的是样式属性定义。

【例 2.12】 CSS 伪类选择器及高级选择器。

（1）启动 Zend Studio,选择 example 工作区中的 chapter02 项目,添加一个名为 example2_12.html 的 HTML 文件。

（2）打开 example2_12.html 文件,添加代码,如图 2.15 左侧所示。

（3）打开浏览器,访问 example2_12.html 页面,页面效果如图 2.15 右侧所示。

图 2.15　example2_12.html 文件

2.2.4 常用 CSS 属性

上文简单介绍了常用的 CSS 选择器,本小节将分类介绍常用的 CSS 属性及其取值,为选定的 HTML 元素设置不同的样式。

1. 字体和文本

使用 CSS 可以定义任意的文字字体与文本样式,常用的如表 2.11 和表 2.12 所示。这里只列出了属性名称及其功能,要详细了解各属性的取值,请查阅 CSS 技术文档。

表 2.11　常用 CSS 文字属性

属 性 名 称	描　　述
font	在一个声明中设置所有字体属性
font-family	规定文本的字体系列
font-size	规定文本的字体尺寸
font-size-adjust	为元素规定 aspect 值
font-stretch	收缩或拉伸当前的字体系列
font-style	规定文本的字体样式
font-variant	是否以小型大写字母字体显示文本
font-weight	规定字体的粗细

表 2.12　常用 CSS 文本属性

属 性 名 称	描　　述
color	设置文本的颜色
direction	规定文本的方向/书写方向
letter-spacing	设置字符间距
line-height	设置行高
text-align	规定文本的水平对齐方式
text-decoration	规定添加到文本的装饰效果
text-indent	规定文本块首行的缩进
text-shadow	为文本添加阴影
text-wrap	规定文本的换行规则
text-outline	规定文本的轮廓

2. 背景

使用 CSS 背景属性可以为网页中不同的 HTML 元素设置背景颜色或者背景图像。CSS 背景图像和使用<img>标签在页面中插入图像不同,CSS 背景图像不占据正常的 HTML 文档位置,而使用<img>标签插入的图像会占据页面位置。

CSS 中常用的背景属性及其功能描述如表 2.13 所示。

表 2.13　常用的 CSS 背景属性

属 性 名 称	描　　述
background	在一个声明中设置所有背景属性
background-attachment	设置背景图像是否固定或者是否随着页面的其余部分滚动

属 性 名 称	描 述
background-color	设置元素的背景颜色
background-image	设置元素的背景图像
background-position	设置背景图像的开始位置
background-repeat	设置是否及如何重复背景图像
background-clip	规定背景的绘制区域
background-origin	规定背景图片的定位区域
background-size	规定背景图片的尺寸

3. 边框

通过使用 CSS 边框属性,可以创建出样式丰富的边框效果,并且可以将其应用于任何元素。常用的 CSS 边框属性如表 2.14 所示。

表 2.14　常用的 CSS 边框属性

属 性 名 称	描 述
border	在一个声明中设置所有边框属性
border-color	设置四条边框的颜色
border-style	设置四条边框的样式
border-width	设置四条边框的宽度
border-left	在一个声明中设置所有左边框属性
border-left-color	设置左边框的颜色
border-left-style	设置左边框的样式
border-left-width	设置左边框的宽度
border-radius	设置所有四个 border-*-radius 属性
border-top-left-radius	定义边框左上角的形状
border-image	设置所有 border-image-* 属性
border-image-source	规定用作边框的图片

4. 区块

HTML 元素可分为块元素和内联元素。块元素从新行开始,可以容纳内联元素,也可以嵌套其他块元素,常见的有< p >和< div >;内联元素一般都是基于语义的基本元素,它只能容纳文本或者其他内联元素,常见的有< a >和< span >。

如果没有 CSS 的作用,即在默认的情况下,块元素会按顺序每次另起一行的方式排列显示。通过 CSS 可以改变 HTML 的这种默认布局模式,把块元素摆放到任何位置上,当然通过 CSS 也可以改变其宽度与高度值。

块元素的常用属性如表 2.15 所示。

表 2.15　常用的 CSS 块元素属性

属 性 名 称	描 述
height	设置元素高度
width	设置元素的宽度
max-height	设置元素的最大高度
min-height	设置元素的最小高度

属 性 名 称	描　　述
margin	在一个声明中设置所有外边距属性
margin-left	设置元素的左外边距
padding	在一个声明中设置所有内边距属性
padding-left	设置元素的左内边距
float	规定框是否应该浮动
clear	规定元素的哪一侧不允许其他浮动元素
display	规定元素应该生成的框的类型
overflow	规定当内容溢出元素框时发生的事情

5. 列表

CSS 列表属性如表 2.16 所示。

表 2.16　常用 CSS 列表属性

属 性 名 称	描　　述
list-style	在一个声明中设置所有列表属性
list-style-image	将图像设置为列表项标记
list-style-position	设置列表项标记的放置位置
list-style-type	设置列表项标记的类型

6. 定位

CSS 有 3 种基本的定位机制,即普通流、浮动和绝对定位。在默认情况下,Web 页面中的所有 HTML 元素均在普通流中定位。也就是说,元素位置由该元素在 HTML 文档中的位置决定,所有元素从上至下顺序排列。

相对定位是指以一个元素本应该出现的位置为起点,然后通过设置垂直或水平距离,让这个元素"相对于"它的起点进行移动,元素仍然处在正常的 HTML 普通流中。而绝对定位则是将 HTML 元素从正常的普通流中隔离,通过设置具体的垂直或水平位置坐标来进行定位,定位时所参照的位置原点是离它最近的已定位祖先元素;如果没有已定位的祖先元素,那么它的原点位置就是浏览器的左上角。

CSS 定位属性如表 2.17 所示。

表 2.17　常用 CSS 定位属性

属 性 名 称	描　　述
position	规定元素的定位类型
left/top/right/bottom	设置相对位置或绝对位置
vertical-align	设置元素的垂直对齐方式
visibility	规定元素是否可见
z-index	设置元素的堆叠顺序

【例 2.13】　CSS 应用实例。

本实例仿照 W3School 主页而设计,读者可以先浏览一下原网页,地址为 http://www.w3school.com.cn/index.html。

(1) 启动 Zend Studio,选择 example 工作区中的 chapter02 项目,在 css 文件夹中添加一

个名为 example2_13_css.css 的 CSS 文件。

（2）打开 example2_13_css.css 文件，添加代码，如图 2.16 右侧所示。

由于该文件中代码比较多，图中只是示例性地展示了部分内容，详细信息请参考源码文件。样式中所采用的背景图片存放于 css 目录下的 ui2017 文件夹中。

（3）在项目中添加一个名为 example2_13.html 的 HTML 文件，并编写代码，如图 2.16 左侧所示。

```
example2_13.html
6 <link rel="stylesheet" type="text/css"
7            href="css/example2_13_css.css" />
8 </head>
9 <body id="homefirst">
10     <div id="wrapper">
11         <div id="header_index">□
22         <div id="navfirst">
23             <ul id="menu">□
27         </div>
28         <div id="navsecond">
29             <h2>HTML 教程</h2>
30             <ul>□
33             <h2>浏览器脚本</h2>
34             <ul>□
37             <h2 id="link_about"><a title="关于W3Sch
38             <h2 id="link_help"><a title="帮助W3Scho
39         </div>
40         <div id="maincontent">
41             <div class="idea" id="d1">□
44             <div class="idea" id="d2">□
48         </div>
49         <div id="sidebar">□
60         <div id="footer">□
66     </div>
67 </body>
68 </html>
```

```
example2_13_css.css
1 @CHARSET "UTF-8";
2 *{
3         margin: 0;
4         padding: 0;
5         border: 0;
6 }
7 body {
8         font-family: PingFangSC-Regular, Verdana, Ari
9         font-size: 14px;
10 }
11 strong {
12         font-family: '微软雅黑';
13         font-size: 18px;
14         color: #3f3f3f;
15         font-weight: 800;
16 }
17 div#maincontent h2 {
18         font-size: 18px;
19         color: #3f3f3f;
20 }
21 body#homefirst div#maincontent, div#maincontent h
22     div#sidebar div#ad h2 {
23         font-family: '微软雅黑';
24 }
25 pre, pre code, div#maincontent input, div#maincon
29
```

图 2.16　example2_13.html 文件

图 2.16 所示代码中的第 6～7 行引入定义好的 CSS 样式文件；第 9～67 行是页面的主体部分，应用了名为 homefirst 的 id 样式；第 11～66 行是页面主体部分的外框块，里面包含了 6 个部分；第 11～21 行是页面上部的 logo 及搜索部分；第 22～27 行是页面主菜单部分；第 28～39 行是页面左侧导航部分；第 40～48 行是页面中间的内容显示区；第 49～59 行是页面右侧导航部分；第 60～65 行是页面底部信息设置区。

（4）打开浏览器，访问 example2_13.html 页面，效果如图 2.17 所示。

图 2.17　例 2.13 页面运行效果

57

第 2 章

Web 设计基础

图 2.17 所示页面效果是在 Firefox 浏览器中的运行所得,鼠标指针指向主菜单的第 2 项(JavaScript)上。由于存在浏览器的兼容性问题,在不同浏览器中的运行效果可能会略有差别。

2.3 JavaScript 脚本语言

视频讲解

JavaScript 简称 JS,是由 Netscape 公司开发的一种基于对象的脚本语言。虽然名为 JavaScript,但除语法源自于 Java 语言以外,它与 Java 没有任何关系。在网页中使用 JavaScript,会大大提高 Web 应用与用户的交互性。

完整的 JavaScript 实现是由 3 个不同部分组成的,分别是 ECMAScript、文档对象模型(DOM)和浏览器对象模型(BOM)。JavaScript 脚本语言的核心是 ECMAScript,它描述了该语言的语法和基本对象;DOM 与 BOM 则分别描述处理网页内容、与浏览器进行交互的方法及接口。

本节主要讲解 JavaScript 在 Web 页面中的应用,且由于篇幅的限制,只简单介绍 JavaScript 基本语法及 DOM 基本操作。

2.3.1 JavaScript 的简单应用

在 Web 页面中使用 JavaScript 脚本语言,需要使用 HTML 的< script >标签,该标签既可以放置在 HTML 页面的< head >区域,也可以放置在< body >区域。如果页面加载前需要用 JavaScript 对数据进行初始化,则应将其放置在< head >区域;如果有大量数据需要加载,又不想影响页面加载的速度,则可以将其放置在< body >区域。

【例 2.14】 JavaScript 的简单应用。

(1) 启动 Zend Studio,选择 example 工作区中的 chapter02 项目,添加一个名为 example2_14.html 的 HTML 文件。

(2) 打开 example2_14.html 文件,添加代码,如图 2.18 左侧所示。

图 2.18 所示代码中的第 18～20 行直接用 JavaScript 代码向 HTML 文档中添加内容;第 23～25 行使用 JavaScript 更改 HTML 元素内容,这里更改了第 22 行中的段落文本;第 27 行 JavaScript 代码作为< button >标签的事件属性 onclick 的属性值,响应用户对按钮的单击事件,弹出提示框;第 29～32 行使用 JavaScript 更改 HTML 元素的样式,这里修改了第 22 行代码输出的文件颜色;第 34～45 行通过 JavaScript 的自定义方法来开关页面中的灯泡;第 47～57 行使用 JavaScript 来验证用户的输入,并给出相应的提示。

(3) 打开浏览器,访问 example2_14.html 页面,页面效果如图 2.18 右侧所示。

单击页面中的【点击】按钮,弹出标题为"来自网页的消息"、内容为"温馨提示"的窗口;单击页面中的灯泡图像,灯泡会在亮与熄灭之间切换;在页面下部的文本框中输入字母,单击【确定】按钮,会弹出内容为"您输入的不是数字!"的提示窗口。注意,不同的浏览器弹出的窗口样式会存在一定的差别。

2.3.2 JavaScript 基本语法

1. 语句

JavaScript 语句就是向浏览器发出的命令,告诉浏览器该做什么。例如,图 2.18 中的第 24 行语句:

图 2.18　example2_14.html 文件

```
document.getElementById("js03").innerHTML = "这里的文本由 JS 添加";
```

就是告诉浏览器,在输出页面中 id 为 js03 的 HTML 元素时,将文本内容更改为"这里的文本由 JS 添加"。

对于 JavaScript 语句,需要说明以下几点。

- 语句用分号";"来结束或分隔。
- 浏览器顺序执行每条语句。
- 可以通过大括号{…}来组合多条语句,形成代码块。
- 语句书写对大小写敏感。
- 语句中多余的空格会被忽略。
- 可以在文本字符串中使用反斜杠对代码行进行换行。

另外,为了增加程序的可读性,JavaScript 支持语句的注释,注释语句将不被执行。在 JavaScript 中可以添加单行注释和多行注释,单行注释由双斜线"//"开始,多行注释需要写在 "/ * … * /"中。

2. 变量

变量是存储数据的容器。在 JavaScript 中,使用关键词 var 来声明变量,格式:

```
var variableName;
```

或者:

```
var variableName = value;
```

或者:

```
var variableName1, variableName2;
```

或者:

```
var variableName1 = value1, variableName2 = value2;
```

Web 设计基础

其中,variableName 为变量名,value 为变量的值。JavaScript 的变量名必须以字母、符号 $ 或下画线_开头,且对大小写敏感;JavaScript 对变量的赋值数据类型并没有严格限制,可以动态地根据赋值类型来确定变量的数据类型。

3. 数据类型

在 JavaScript 中,常用的数据类型有 7 种,它们是字符串、数字、布尔、数组、对象、null 以及 undefined,如表 2.18 所示。

表 2.18 JavaScript 数据类型

数 据 类 型	示 例	说 明
字符串	"China"、"123"、'a'	任何用引号括起来的字符序列
数字	0、10、−2.5、1.2e5、1.2e−5	任何十进制正数、负数或零
布尔	true、false、0、非 0 数字	逻辑真或逻辑假
数组	books[0]、books[1]、students[2]	数据的集合。下标从 0 开始
对象	person、student、instructor	具有属性和方法的任何实体
null	null	表示变量的值为空
undefined	undefined	表示变量不含有值

4. 运算符

JavaScript 中可以采用的运算符与普通编程语言中的基本一致,有算术运算符、赋值运算符、比较运算符和逻辑运算符等。

5. 控制语句

JavaScript 的控制语句与一般编程语言中的控制语句一样,主要也是分支语句和循环语句。分支语句包括 if 和 switch 两种形式,循环语句则有 for、while 和 do…while 三种形式。

1) if 语句

语句的基本形式如下:

```
if(条件){
    …
}
```

这里为单分支结构,当条件成立时,执行大括号中的语句。如果大括号中只有一条语句,则大括号可以省略。

二分支结构采用 if…else 的形式,其格式如下:

```
if(条件){
    …
}else{
    …
}
```

该结构可以实现更加全面的判断,条件成立时如何操作,条件不成立如何操作。

多分支结构使用多层 if…else if 的形式,根据不同的条件选择不同的代码块来执行,基本形式如下:

```
if(条件 1){
    …
}else if(条件 2){
```

```
    …
}else{
    …
}
```

2）switch 语句

switch 语句属于多分支语句,根据表达式的值选择要执行的多个代码块之一,基本形式如下:

```
switch(表达式){
    case value1:
     …
    break;
    case value2:
     …
    break;
    default:
     …
}
```

执行 switch 语句时,首先求取表达式的值,随后将表达式的值与结构中的每个 case 之后的值进行比较,如果存在匹配,则执行与该 case 关联的代码块;如果没有匹配,则执行 default 后面的代码块。

使用 switch 需要特别注意的是,case 之后的语句执行完之后,程序不会停止,会继续下一个 case 之后的语句,不管这个 case 之后的值是否匹配。所以,如果需要执行完匹配的 case 后就跳出,需要使用 break 语句来阻止代码自动运行下一个 case。

3）for 语句

for 循环控制语句用于重复执行同一块代码,直到循环控制条件不再成立。for 循环的基本形式如下:

```
for(语句1; 语句2; 语句3){
    …
}
```

for 循环中各语句执行有一定的顺序。第 1 步执行"语句 1",一般为循环变量的初始化;第 2 步执行"语句 2",判断条件是否成立,如果条件成立,则执行循环体,不成立则跳出循环;第 3 步执行"语句 3",这里一般为循环变量的增/减操作;第 4 步再次执行第 2 步操作;……,如此循环往复。

4）while 循环

while 循环会在指定条件为真时循环执行代码块,基本形式如下:

```
while(条件){
    …
}
```

执行该结构时,首先判断条件是否成立,若条件成立,则执行一次循环体;若条件不成立,则跳过循环体。每执行一次循环体后都会重新判断条件,根据判断结果来决定循环是否继续。

Web 设计基础

5) do…while 循环

do…while 循环可以看作 while 循环的变体,基本形式如下:

```
do{
    …
}while(条件)
```

与 while 循环不同的是,该循环会先执行一次循环体,然后再检查条件是否成立,如果条件成立,就会重复该循环体。也就是说,do…while 循环无论条件如何,至少会执行一次循环体。

6) break 与 continue

这两条语句属于辅助语句,break 用于跳出循环或用在 case 之后;continue 用于跳过一次循环,开始下一次循环。

6. 函数

函数是执行某些功能的一组代码语句。JavaScript 的函数由事件驱动,可以接收一个或几个输入参数并返回结果。

JavaScript 中的函数有两种类型,分别是内置函数与自定义函数。

1) 内置函数

内置函数就是 JavaScript 语言预先定义的函数,可以直接使用。JavaScript 的内置函数有很多,常用的有 eval(string)、isNaN(value)、parseInt(string)、parseFloat(string)等,它们的功能及使用方法请参考相关的技术文档,由于篇幅的限制,这里不再赘述。

2) 自定义函数

JavaScript 的自定义函数使用关键词 function 来声明,基本格式如下:

```
function functionName(arg1,arg2, … ){
    …
    [return … ;]
}
```

其中,functionName 为函数名;arg1、arg2 为函数的形式参数,简称"形参"。如果函数需要返回结果,则需要在函数体中使用 return 语句。

例 2.14 中的第 35~45 行代码:

```
< script >
    function changeImage() {
        element = document.getElementById('myimage')
        if (element.src.match("bulbon")) {
            element.src = "image/bulboff.gif";
        } else {
            element.src = "image/bulbon.gif";
        }
    }
</script>
< img id = "myimage" onclick = "changeImage()" src = "image/bulboff.gif">
```

其中的 changeImage()即为自定义的 JavaScript 函数,该函数通过图像的单击事件来调用,完成灯泡的开/关操作。

2.3.3　JavaScript 事件

JavaScript 能够操作 HTML 文档中的元素，这依赖于 HTML DOM，它使得 JavaScript 有能力对 HTML 事件做出反应，执行相应的功能函数。

JavaScript 支持的事件非常多，常用的有 onClick、onDblClick、onMouseOver、onMouseOut、onChange、onSelect、onFocus 以及 onBlur 等，它们的使用方法请参考相关的技术文档，由于篇幅的关系，这里不展开叙述。

2.3.4　JavaScript 对象

JavaScript 是一种基于对象的脚本语言。JavaScript 中预先定义了一些对象，这些对象作为 JavaScript 语言的一部分，实现了某些特定的功能。

JavaScript 对象大致可以分为 3 大类，即本地和内置对象、Browser 对象、HTML DOM 对象。本地和内置对象也称为语言对象，包括 Boolean、String、Array、Math 等，与 Java 语言中的对象类似；Browser 对象也称为浏览器对象，是对浏览器及其组件的抽象，如 Window、Navigator、Document、History 等；HTML DOM 对象则是对 HTML 文档中的组件进行的封装。

JavaScript 的对象体系较为复杂，由于篇幅的限制，这里不做展开讨论，请参考相关教材与技术文档。

2.4　JavaScript 框架

视频讲解

在 JavaScript 的高级程序设计中，为了提高 Web 页面的兼容性以及运行性能，或者为了得到友好的交互界面，常常需要编写大量的重复代码，而且对于一些棘手的问题，比如对浏览器差异的复杂处理，通常都会耗费很多的时间与精力。为了应对一些常见的问题，开发出了许多 JavaScript 库，这些库提供了针对常见 JavaScript 任务的函数或对象，包括动画、DOM 操作以及 Ajax 处理等，在实际的开发过程中使用这些资源会大大提高工作效率。

JavaScript 框架即 JavaScript 库。目前使用的 JavaScript 框架主要有 jQuery、Prototype 以及 MooTools 等，下面对 jQuery 进行简单介绍。

2.4.1　jQuery 简介

jQuery 是一个目前被广泛使用、能够兼容多种浏览器的 JavaScript 框架，它使用 CSS 选择器来访问和操作网页上的 HTML 元素（DOM 对象），同时提供大量的 companion UI（用户界面）以及功能插件。其模块化的使用方式，可以让开发者轻松地设计出功能强大的静态或动态网页页面。

jQuery 于 2006 年 1 月由美国人 John Resig 首次发布，目前使用的最新版本为 3.2.1。jQuery 作为 JavaScript 的框架，可以看作是一个封装好了很多功能的类库。因此，在使用 jQuery 之前，需要引入相关文件，这些资源文件可以在 jQuery 的官方网站下载，其网址为 http://jquery.com/。

2.4.2　jQuery 基本语法

jQuery 框架有一套自己的语法规则，使用 $ 作为语句的开始，功能的实现借助函数的回调，基本格式：

```
$(selector).action()
```

其中，符号 $ 表明该语句为 jQuery 语句；selector 为选择器，用于“查询”和“查找”HTML 元素；action()执行对元素的操作。例如：

```
$(document).ready(function(){
    $(this).hide()           //隐藏当前元素
    $("p").hide()            //隐藏所有段落
    $(".test").hide()        //隐藏 class = "test"的所有元素
    $("#test").hide()        //隐藏所有 id = "test"的元素
})
```

另外，jQuery 语句一般都位于一个 document ready 函数中，这是为了防止文档在完全加载（就绪）之前就运行 jQuery 代码，以免操作失败。

2.4.3　jQuery 选择器与事件

jQuery 要对指定 HTML 元素添加功能函数，首先需要查找到该元素，这要借助“选择器”来完成。jQuery 的元素选择器和属性选择器可以通过标签名、属性名或内容对 HTML 元素进行选择，选取的 HTML 元素可以是单个，也可以是多个。

jQuery 具有非常丰富的选择器语法，比较常用的如表 2.19 所示。

表 2.19　jQuery 的常用选择器

选　择　器	示　　例	功　　能
*	$(" * ")	所有元素
element	$("p")	所有< p >元素
#id	$("#head")	所有 id 为 head 的元素
.class	$(".redtxt")	所有 class 为 redtxt 的元素
:first	$("p:first")	第 1 个< p >元素
:last	$("p:last")	最后一个< p >元素
:even	$("tr:even")	所有偶数< tr >元素
:odd	$("tr:odd")	所有奇数< tr >元素
［属性］	$("[href]")	所有具有 href 的元素
［属性＝值］	$("[href='#']")	所有 href 属性值为 # 的元素

在 jQuery 中，事件处理方法是其核心函数。jQuery 事件与 JavaScript 事件类似，可以响应 HTML 中元素所发生的全部事件。jQuery 的事件比 JavaScript 事件多，比较常用的如表 2.20 所示。

表 2.20　jQuery 的常用事件

事　　件	描　　述
$(document).ready(function)	文档就绪事件(当 HTML 文档就绪可用时)
$(selector).click(function)	鼠标单击事件

事　件	描　述
$(selector).dbclick(function)	鼠标双击事件
$(selector).focus(function)	获得焦点事件
$(selector).mouseover(function)	鼠标悬停事件
$(selector).keydown(function)	按键事件
$(selector).change(function)	元素内容改变事件
$(selector).toggle(function)	多事件绑定,当发生轮流的单击事件时执行
$(selector).trigger()	所有匹配元素的指定事件
$(selector).scroll(function)	滚动条滚动事件

2.4.4　jQuery 操作 CSS 样式

　　jQuery 框架的强大之处还体现在,它拥有若干进行 CSS 操作的方法,直接使用这些方法可以完成对 HTML 元素样式的操作。

　　jQuery 常用的操作 CSS 样式的方法有 addClass、removeClass、toggleClass、css 四种,它们的功能分别是向被选元素添加一个或多个样式类、从被选元素中删除一个或多个样式类、对被选元素进行添加/删除样式类的切换操作、设置或返回样式属性。

1. 使用 css() 获取样式

　　如需返回指定元素的 CSS 属性值,可采用如下格式:

```
css("属性名称")
```

例如:

```
$("♯head").css("background-color")
```

可以得到 id 为 head 元素的背景颜色。

2. 使用 css() 设置样式

　　如需设置指定元素的 CSS 属性,则采用如下格式:

```
css("属性名称","属性值")
```

例如:

```
$("♯head").css("background-color","yellow")
```

可以将 id 为 head 元素的背景颜色设置为黄色。

2.5　应用实例

视频讲解

　　需求:创建一个以"微梦网"为模板的 PHP Web 应用项目,完成项目前台页面设计。

　　目的:熟悉 Web 应用的网页开发技术,掌握 HTML 标签、CSS 样式以及 JavaScript 脚本语言的应用。

2.5.1　创建项目

　　进行 PHP Web 应用项目的开发,需要遵循特定的开发流程与技术规范,这里为了简单,把重点放在了项目的编码,也就是程序设计上面。

(1) 启动 Zend Studio,在 exercise 工作区中创建一个名为 pro02 的 PHP Web 项目。

项目的创建步骤请参考例 1.1。

(2) 将项目字符集修改为 UTF-8。

在 Zend Studio 的左侧窗格中选择 pro02 目录,选择 Project→Properties 命令打开项目属性设置对话框,将默认的 GBK 字符集更改为 UTF-8。

(3) 在 pro02 项目中新建 image、css 和 js 3 个文件夹,分别用来存放图像、CSS 样式以及 JavaScript 代码文件。

(4) 打开微梦网,将主页上的图像文件,包括背景图像,下载到 image 文件夹中。

(5) 新建项目主页文件 index.html。

在 Zend Studio 的左侧窗格中选择 pro02 目录,右击该目录,在弹出的快捷菜单中选择 New→HTML File 命令,创建一个 HTML 5 网页文件。

2.5.2 设计前台页面

这里只实现微梦网前台首页的部分设计,首页的其余部分以及网站的其他页面留作练习。实现的页面效果如图 2.19 所示。

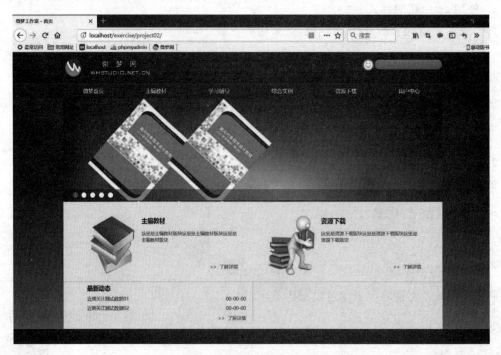

图 2.19 实例页面效果

(1) 编写 index.html 文件代码。

这里采用 DIV+CSS 的页面布局方式,具体代码如图 2.20 所示。

(2) 编写 CSS 样式。

在 Zend Studio 的左侧窗格中选择 pro02 项目下的 css 文件夹,右击该文件夹,在弹出的快捷菜单中选择 New→CSS File 命令,创建一个名为 wmstyle.css 的样式文件。

双击打开该文件,添加页面样式。设计 Web 页面的样式非常麻烦,需要对每个样式逐一

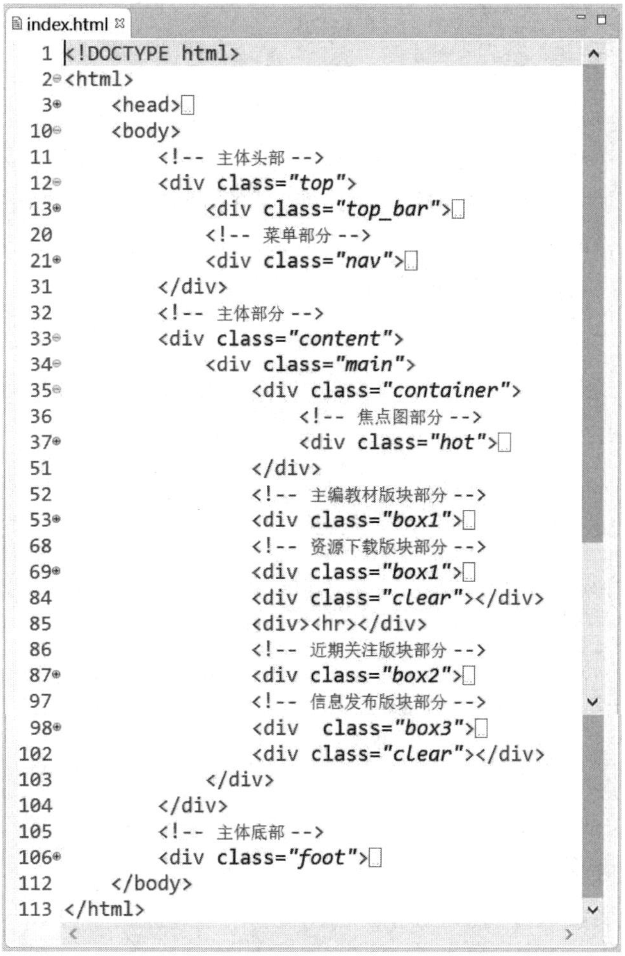

```
index.html ☒
 1  <!DOCTYPE html>
 2  <html>
 3      <head>☐
10      <body>
11          <!-- 主体头部 -->
12          <div class="top">
13              <div class="top_bar">☐
20              <!-- 菜单部分 -->
21              <div class="nav">☐
31          </div>
32          <!-- 主体部分 -->
33          <div class="content">
34              <div class="main">
35                  <div class="container">
36                      <!-- 焦点图部分 -->
37                      <div class="hot">☐
51                  </div>
52                  <!-- 主编教材版块部分 -->
53                  <div class="box1">☐
68                  <!-- 资源下载版块部分 -->
69                  <div class="box1">☐
84                  <div class="clear"></div>
85                  <div><hr></div>
86                  <!-- 近期关注版块部分 -->
87                  <div class="box2">☐
97                  <!-- 信息发布版块部分 -->
98                  <div   class="box3">☐
102                 <div class="clear"></div>
103             </div>
104         </div>
105         <!-- 主体底部 -->
106         <div class="foot">☐
112     </body>
113 </html>
```

图 2.20　首页 index. html 文件代码

测试,并且要在不同的浏览器中运行测试。下面只展示部分代码,其余请参考教材源码文件。

```
@CHARSET "UTF-8";
* {
    margin:0;
    padding:0;
}
a{
    text-decoration:none;
    color:#454545
}
body{
    font-size:12px;
    background:#909090 url("../image/bg.jpg") repeat-x left bottom;
    font-family:"微软雅黑",Arial, Helvetica, sans-serif;
    color:#454545
}
.clear{
    clear:both;
    width:100%;
    height:0;
```

```
    overflow:hidden;
    }
    ...
```

（3）编写 JavaScript 代码。

首页的顶部有一个图像自动切换的功能模块，这个模块功能使用 jQuery 来实现。

在 Zend Studio 的左侧窗格中选择 pro02 项目下的 js 文件夹，右击该文件夹，在弹出的快捷菜单中选择 New→File 命令，创建一个名为 wmjs_index.js 的 JavaScript 脚本文件。下面是部分代码，完整文件请查看教材源码资源。

```
$(function(){
    var height = 261;                         //每张图片的高度
    var speed = 800;                          //图像切换速度
    var delay = 5000;                         //自动切换的间隔时间
    var now = 0;                              //当前显示的图像索引
    var $picsUl = $('.hot - pics ul');        //获取对象
    //复制列表中的第一张图像,追加到列表最后
    $picsUl.find('li:first').clone().appendTo( $picsUl);
    var $picsLi = $picsUl.find('li');         //获取对象
    var $barLi = $('.hot - bar li');          //获取对象
    var max = $picsLi.length - 2;             //图像的最大索引
    var timer = null;                         //计时器
    //设置周期计时器,实现图像自动切换
    timer = setInterval(change_auto,delay);
    //鼠标滑过时暂停移动,移出时恢复移动
    $('.hot').on({
        mouseenter:function(){
            clearInterval(timer);
        },
        mouseleave:function(){
            clearInterval(timer);
            timer = setInterval(change_auto,delay);
        }
    });
...
```

（4）将 CSS 及 JavaScript 文件引入 index.html 页面。

在 index.html 文件的头部添加如下代码，将上面设计好的 CSS 样式及 JavaScript 代码导入页面中。注意，由于在 JavaScript 中使用了 jQuery，需要将 jQuery 库文件导入页面中，并且要先加载该库文件，然后再加载编写的 wmjs_index.js 文件。代码如下：

```
< link rel = "stylesheet" type = "text/css" href = "./css/wmstyle.css" />
< script src = "./js/jquery.min.js"></script>
< script src = "./js/wmjs_index.js"></script>
```

代码中的 jquery.min.js 是下载的 jQuery，存放在项目的 js 文件夹中。

2.5.3 效果测试

其实，在进行 Web 页面设计时，运行效果的测试是贯穿于整个设计过程的，为了使程序最优，需要反复运行测试。

图 2.19 展示了实例项目 pro02 在 Firefox 浏览器上的运行效果。

习　　题

一、填空题

1. HTML 及 CSS 分别是（　　　）和（　　　）的缩写。

2. HTML、CSS、JavaScript 文件都是（　　　）文件，可以使用文本编辑器（如记事本）来编辑其内容。

3. HTML 文档包含 HTML（　　　）和（　　　），它需要用（　　　）来运行。

4. 在 HTML 文件中，HTML 标签用于定义文档的（　　　），CSS 样式用于控制文档的显示（　　　）。

5. Web 应用分为（　　　）端和（　　　）端，JavaScript 是运行于（　　　）端的脚本语言。

6. 目前被广泛使用的 jQuery，实际上是一个（　　　）框架。

7. HTML 文件的扩展名为（　　　），也可以为（　　　）。

8. HTML 元素是指从（　　　）标签到（　　　）标签的所有代码，包括（　　　）、（　　　）与（　　　）。

9. CSS 样式的定义有 3 种方式，分别是（　　　）、（　　　）和（　　　）。

10. 在 Web 页面中引入外部定义的 CSS 样式与 JavaScript 脚本文件，需要使用 HTML 的（　　　）标签与（　　　）标签。

二、选择题

1. 下列（　　　）标签所包含的文档信息中包括了文档的标题、使用的脚本文件、样式定义和文档的描述。

    A. ＜head＞　　　　　B. ＜body＞　　　　　C. ＜html＞　　　　　D. ＜title＞

2. 下列（　　　）标签表示的标题文本具有最大的字体尺寸。

    A. h1　　　　　　　B. h7　　　　　　　C. h6　　　　　　　D. h

3. 下列（　　　）标签用来在 HTML 表格中创建一行。

    A. ＜tr＞　　　　　　B. ＜r＞　　　　　　C. ＜tablerow＞　　　D. ＜row＞

4. 在 CSS 的样式定义语句＃p{color:red}中，使用的是（　　　）选择器。

    A. 标签　　　　　　B. id　　　　　　　C. 类　　　　　　　D. 分组

5. 对同一 HTML 元素同时以下列 4 种方式定义样式规则，则该元素最终呈现在页面上的效果是（　　　）。

    A. 内联样式　　　　　B. 内部样式　　　　　C. 外部样式　　　　　D. 浏览器默认设置

6. 下列（　　　）不是 JavaScript 的特点。

    A. JavaScript 对事件驱动模型进行操作　　　B. 它是面向对象的语言

    C. 它是基于对象的脚本语言　　　　　　　　D. JavaScript 是独立于平台的

7. JavaScript 中声明函数的语法是（　　　）。

    A. myFunction(){…}　　　　　　　　　　B. function myFunction(){…}

    C. function myFunction;　　　　　　　　　D. 以上都不是

8. 在 JavaScript 中，History 对象属于（　　　）。

    A. 浏览器对象　　　B. 语言对象　　　　C. 表单字段对象　　　D. 以上都不是

9. 在 JavaScript 代码中，如果出现（　　　）符号，则说明这是 jQuery 语句。

    A. ＃　　　　　　　B. &　　　　　　　C. $　　　　　　　　D. {}

10. 在 JavaScript 语句 $('p').hide()中，（　　　）表示 HTML 元素。

    A. $　　　　　　　　B. p　　　　　　　　C. hide　　　　　　　　D. 以上都不是

三、简答题

1. HTML 文档的基本结构是什么？都使用了哪些标签？这些标签是如何嵌套的？

2. 若按功能进行分类，HTML 标签可以分成哪些类型？

3. 为什么要使用 CSS 样式文件？

4. CSS 样式的语法结构是什么，如何定义一条样式规则？

5. JavaScript 常用的系统对象有哪些？

四、操作题

1. 以"微梦网"的网页页面样式为模板，完成本章应用实例项目 pro02 中相应的网页页面设计。

2. 在应用实例的主页中，页面顶部的图像切换采用的是"滑入"的形式，修改相应的 JavaScript 代码，将其修改为"淡入"的方式，就像微梦网的首页中所呈现的那样。

3. 在上述第 1 小题实现的"用户登录"页面中，使用 JavaScript 代码完成对用户输入数据的初步检验，比如输入不能为空、密码字符长度大于位数限制等。

4. 将本章应用实例项目 pro02 中的菜单修改为二级导航菜单。

5. 在本章实例项目 pro02 首页的左、右侧空白部分添加一个广告窗口，并在窗口中显示商品信息。

第3章　PHP 基本语法

前面学习了 Web 页面设计的一些基础技术,利用这些技术,可以设计出界面精美、内容丰富、交互友好的 Web 页面。但是,HTML、CSS 以及 JavaScript 均属于 Web 应用的前端技术,只能开发静态的 Web 页面。Web 应用的主要特征是其内容的动态性,为了实现这种特性,在Web 应用的开发过程中必须使用某种动态网页技术。从本章开始,将介绍 Web 应用的后端开发技术——PHP 程序设计语言,即一种目前被广泛使用的动态网页技术。

本章介绍 PHP 的基本语法,包括词法结构、数据类型、常量与变量、运算符与表达式,以及数据类型的转换等。

3.1　PHP 简介

视频讲解

PHP 原为 Personal Home Page 的缩写,后来重新描述为 Hypertext Preprocessor,意为超文本预处理语言。PHP 是一种服务器端的、嵌入 HTML文档的脚本描述语言。

3.1.1　PHP 的发展

1994 年,加拿大人 Rasmus Lerdorf 为了维护个人网页,使用 Perl 语言编写了一个小程序,用来显示个人履历以及统计网页浏览量。由于使用效果并不理想,后来 Rasmus Lerdorf又用 C 语言重新开发了一些 CGI 工具程序,并将这些程序和一些表单直译器整合起来,称为PHP/FI。PHP/FI 可以和数据库连接,产生简单的动态网页。

1995 年,PHP 1.0 版本正式发布,提供了 Web 访问留言本、访客计数器等简单功能。随着PHP 使用量的增加,PHP 功能上的一些缺陷开始显现,用户强烈要求扩充其特性,如增加循环语句、数组等。在新的成员加入开发行列之后,Rasmus Lerdorf 于 1995 年 6 月 8 日发布 PHP 2 版本。

PHP 2 版本已经有了如今 PHP 的一些特性,类似 Perl 的变量命名方式、表单处理功能以及嵌入 HTML 文档中执行的能力;程序语法上也类似于 Perl,有较多限制,不过更简单,更有弹性。该版本的 PHP 加入了对 MySQL 数据库的支持,从此建立了 PHP 在动态网页开发中的地位。

1997 年,任职于 Technion IIT 公司的两位以色列程序设计师 Zeev Suraski 和 AndiGutmans 重写了 PHP 的剖析器,成为 PHP 3 的基础。而 PHP 也就是在这个时候被改称为Hypertext Preprocessor。PHP 3 于 1998 年 6 月正式发布。

Zeev Suraski 和 Andi Gutmans 在 PHP 3 发布后开始改写 PHP 的核心,并于 1999 年发布新的 PHP 剖析器 Zend Engine,此时,他们也在以色列的 RamatGan 成立了 ZendTechnologies 公司来管理 PHP 的开发及维护。

在 2000 年 5 月 22 日,以 Zend Engine 1.0 为基础的 PHP 4 正式发布。

2004 年 7 月 13 日发布 PHP 5。PHP 5 使用了 Zend Engine 2.0,它包含了很多新的特性,比如强化了面向对象功能、引入了 PDO(PHP Data Objects,一个存取数据库的扩展函数库),并对许多效能进行了增强。

目前,PHP 已发展到 PHP 7 版本,并且还在不断地开发中。

3.1.2 PHP 的特点

目前,PHP 的发展势头迅猛,已逐步超越了. NET 和 JSP,这都要归功于它拥有众多强大的特性。

1. 免费开源

PHP 及其服务器 Apache、MySQL 数据库和 Linux 操作系统都是免费的软件产品,因而,使用这一组合,用户不需要花费任何软件费用,即可构建一个中小型的 Web 应用系统。另外,PHP 属于自由软件,源代码对外开放,这对于项目开发、软件升级等都非常方便。

2. 快捷易学

PHP 项目开发周期短,且运行速度快;学习 PHP 技术相对简单、入门容易。PHP 可以被嵌入 HTML 文档中,相对于其他语言来说,编辑简单,实用性强,非常适合 Web 应用开发的初学者应用。

3. 跨平台

由于 PHP 是运行在服务器端的脚本,同一个 PHP 应用程序,无须修改任何源代码,就可以运行在 UNIX、Linux、Windows 等绝大多数操作系统环境中。

4. 功能全面

PHP 几乎涵盖了 Web 应用系统所需的所有功能。例如,使用 PHP 可以进行图形处理、编码与解码、文件压缩、XML 解析、HTTP 身份认证、Session 和 Cookie 等操作。

5. 多数据库支持

PHP 支持的数据库非常广泛,包括 MySQL、Oracle、Sybase、Access 以及 SQL Server 等大部分数据库管理系统。此外,通过 ODBC 技术的发展应用,其应用范围还会更加宽泛。

6. 面向对象

PHP 提供了类和对象,因此,在进行 Web 应用开发的过程中,可以采用面向对象的程序设计方法。目前发布的 PHP 版本,在面向对象技术方面都有了很大的改进,现有的 PHP 完全可以用来开发大型的商业应用。

7. 多网络协议支持

PHP 支持现今大量的网络协议,例如 HTTP、LDAP、POP3、IMAP、SNMP、COM 和 NNTP 等。PHP 还支持 Java 对象的即时连接,使用 CORBA 扩展库来访问远程对象。

8. 可扩展性

PHP 提供了多种方式来扩展其功能,比如,加载外部模块、调用内置模块以及修改 Zend 引擎等。在编写 PHP 程序时,可以通过这些方法扩展 PHP 的附加功能。

3.2 词法结构

视频讲解

一种编程语言的词法结构,就是一套如何利用该语言编写程序的基本规则。它是语言的语法。

3.2.1 字符集

学习一门计算机程序设计语言,首先要清楚该语言的字符集,这些字符是在使用该语言编写程序代码时使用的字符,每一个都具有特殊的含义。

字符集是构成 PHP 语言的基本元素。用 PHP 语言编写程序时,除字符型数据外,其他所有成分都只能由字符集中的字符构成。PHP 语言的字符集由下述字符构成。

英文字母:A~Z,a~z。

数字字符:0~9。

特殊字符:空格、~、!、$、%、^、@、·、&、|、_(下画线)、+、-、*、=、<、>、/、\、''、" "、,、;、:、?、(、)、[、]、{、}。

3.2.2 词法记号

词法记号是某种计算机程序设计最小的词法单元,包括保留字、标识符、文字、运算符、分隔符和空白符等。

1. 保留字

保留字是计算机程序设计语言为了其核心功能而预留或定义的单词,在对变量、函数、类或常量命名时,不能定义与这些保留字相同的名字。PHP 的保留字包括关键词、预定义类、预定义常量等,如表 3.1 所示。

表 3.1 PHP 的部分保留字

类　　　型	保　　留　　字
关键词	__halt_compiler() abstract、and、array()、as、break、callable、case、catch
	class、clone、const、continue、declare、default、die()、do、echo、else、elseif
	empty()、enddeclare、endfor、endforeach、endif、endswitch、endwhile、eval()
	exit()、extends、final、finally、for、foreach、function、global、goto、include
	if、implements、include_once、instanceof、insteadof interface、isset()、list()
	namespace、new、or、print、private、protected、public、require、return、xor
	require_once、static、switch、throw、trait、try unset()、use、var、while、yield
	__CLASS__、__DIR__、__FILE__、__FUNCTION__、__LINE__
	__METHOD__、__NAMESPACE__、__TRAIT__
预定义类	Directory、stdClass、__PHP_Incomplete_Class、exception、ErrorException
	php_user_filter、Closure、Generator、ArithmeticError、AssertionError、
	DivisionByZeroError、Error、Throwable、ParseError、TypeError
	Self、static、parent
预定义常量	PHP_VERSION、PHP_OS、PHP_INT_MAX、DEFAULT_INCLUDE_PATH
	E_ERROR、E_WARNING、LOG_ERR、LOG_WARNING 等

PHP 的保留字非常多,有关它们的意义和用法,本书将在后续内容的使用中逐个进行讲解。除保留字之外,在编写 PHP 代码时,也不能使用与 PHP 内置函数一样的标识符。有关 PHP 完整的内置函数,请查阅 PHP 帮助或其他技术文档。

2. 标识符

标识符是在程序开发过程中,由开发人员自定义的单词,用来命名程序中的一些实体。例如函数名、变量名、类名、对象名等。PHP 标识符的构成规则如下。

- 以大写字母、小写字母或下画线_开头。
- 由大写字母、小写字母、下画线或数字组成。
- 变量标识符区分大写字母与小写字母。
- 不能使用 PHP 的保留字或内置函数名。

例如,Rectangle、draw_line、_N01 都是合法的标识符,而 No. 1、1st、for 则是不合法的标识符。

3. 文字

文字也称为字面量,是程序中直接使用符号来表示的数据,包括数字、字符、字符串和布尔文字。

4. 运算符

运算符也称为操作符,是在程序中用于实现各种运算的符号。

5. 分隔符

分隔符用于分隔各个词法记号或程序正文,PHP 分隔符有( )、{ }、,、:、; 等,这些分隔符不表示任何实际的操作,仅用于构造程序。

6. 空白及换行

空白是空格、制表符、换行符、回车符和注释的总称。空白符用于指示词法记号的开始和结束位置,但除了这一功能之外,其他空白将被忽略。因此,PHP 程序可以不必严格地按行书写,凡是可以出现空格的地方,都可以换行。例如:

```
$author = '李木子';
```

与

```
$author = '李木子';
```

或与

```
$author
=
'李木子';
```

是等价的。尽管如此,在书写程序时,仍要力求清晰、易读。因为一个 PHP 程序不只是要让 PHP 的解析器分析,还要给技术人员阅读,以便于修改、维护。

3.2.3 语言标记

PHP 是一种嵌入式的脚本语言,其代码常常嵌入 HTML 内容中。与 HTML 不同的是,PHP 代码不是由 Web 服务器来执行,而是由 PHP 应用程序服务器负责解析,因此,需要使用特定的标记来标识 PHP 代码。PHP 7 支持以下两种标记风格。

1. XML 风格

标记形式:

```
<?php
…
?>
```

当解析一个文件时,PHP 会寻找起始和结束标记,也就是<?php 与?>标记,它们标示

PHP 开始和停止解析二者之间的代码。此种解析方式使得 PHP 可以被嵌入各种不同的文档中去,而任何起始和结束标记之外的部分都会被 PHP 解析器忽略。

2. 简短风格

标记形式:

```
<?
...
?>
```

或

```
<? = ... ?>
```

PHP 允许使用上述两种短标记,默认配置情况下,第 1 种形式标记是关闭的,使用时需要激活 php.ini 中的 short_open_tag 配置指令,这种标记一般不鼓励使用;第 2 种形式的标记,自 PHP 5.4 以后,总会被识别并且合法,而不管 short_open_tag 的设置是什么。

注意,在以下情况下应避免使用简短风格标记,一是开发需要再次发布的程序或库,再就是在用户不能控制的服务器上进行开发或发布。因为目标服务器可能不支持短标记,所以,为了代码的移植及发行,确保不要使用短标记。

除以上两种风格的标记之外,以前的 PHP 版本还支持脚本风格及 ASP 风格的标记,关于它们的形式及配置方法,请查询相关的技术文档,这里不再赘述。

【例 3.1】 使用不同风格的 PHP 语言标记在网页中显示相应的文本信息。

(1) 打开 Zend Studio,选择 example 工作区,创建名为 chapter03 的 PHP 项目,并添加一个 PHP 文件,文件名称为 example3_1.php。

在 PHP 项目中添加文件,也可使用复制/粘贴的方法。这种方法在开发中经常使用。

(2) 展开 chapter01 项目文件夹,选择 example1_1.php 文件,复制该文件并将其粘贴到项目 chapter03 中。

(3) 右击 chapter03 项目中的 example1_1.php 文件,选择快捷菜单中的 Refactor→Rename 菜单项,将文件名修改为 example3_1.php。

(4) 双击打开 example3_1.php 文件,并修改其中的代码,如图 3.1 左侧所示。

图 3.1 所示代码中的第 10 行使用 XML 风格标记 PHP 代码;第 13、第 14 行使用简短风格标记 PHP 代码。代码中的 echo 为 PHP 的字符串输出语言结构,也可以把它理解为 PHP 的一个内置输出函数。

(5) 启动服务器,打开浏览器访问 example3_1.php 文件,页面效果如图 3.1 右侧所示。

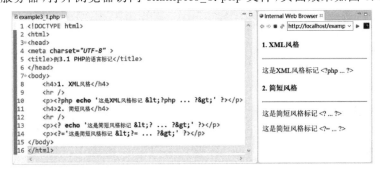

图 3.1 例 3.1 文件代码及页面运行效果

3.2.4　语句及注释

1. 语句

语句是执行某些操作的 PHP 代码集合。它可以是一个简单的变量赋值，也可以是复杂的有多个退出点的循环。

语句的书写需要遵循一定的规范，关于字符的大小写问题，PHP 是这样规定的：用户定义的类和函数、内置的结构以及关键字（如 echo、while、class 等）是不区分大小写的；而变量是区分大小写的。也就是说，类似 \$name、\$NAME、\$Name 表示 3 个不同的变量。

2. 注释

注释在程序设计中是相当重要的一部分，在代码中合理书写注释，不仅可以提高程序的可读性，还有利于开发人员之间的交流与沟通，对软件的调试与后期维护也非常重要。程序中的注释内容会被 Web 服务器忽略，不会被解释执行，当然也就不会影响软件的运行效率。因此，在软件开发过程中，大家一定要养成书写注释的良好习惯。

PHP 支持 C、C++ 和 UNIX Shell 风格（Perl 风格）的注释，其注释符号有以下 3 种。

1）单行注释//

这是 C、C++ 风格的注释，注释内容位于该注释符号的右面，如下所示。

```php
<?php
    echo '这里是单行注释';          //echo 是 PHP 内置的字符串输出函数
?>
```

2）单行注释 ♯

这是 UNIX Shell 风格的注释，注释内容同样位于该注释符号的右面，如下所示。

```php
<?php
    print '这里是单行注释'; ♯print 是 PHP 的内置函数
?>
```

3）多行注释/ * … * /

这是 C、C++ 风格的多行注释，也称为块注释。注释内容位于注释符/ * 与 * /之间，整个注释块一般写在被注释代码的上面，如下所示。

```php
<?php
/ *
    function addCache( $tabName, $sql, $data){
    …
    }
* /
echo '这里是多行注释';
?>
```

注意，多行注释不能嵌套使用。

4）多行文档性注释/ ** … * /

文档性注释是指那些放在特定关键字前面的多行注释，可以由 PHPDocumentor 工具快速生成 API 帮助文档，如下所示。

```php
<?php
```

```
/**
    向memcache中添加数据
    @param string $tabName        需要缓存数据表的表名
    @param string $sql            使用 SQL 作为 memcache 的 key
    @param mixed $data            需要缓存的数据
    @return mixed                 返回缓存中的数据
*/
function addCache( $tabName, $sql, $data){
    ...
}
?>
```

【例 3.2】 PHP 注释的使用。

(1) 启动 Zend Studio,在 example 工作区的 chapter03 项目中添加一个名为 example3_2.php 的 PHP 文件。

(2) 双击打开 example3_2.php 文件,并添加代码,如图 3.2 所示。

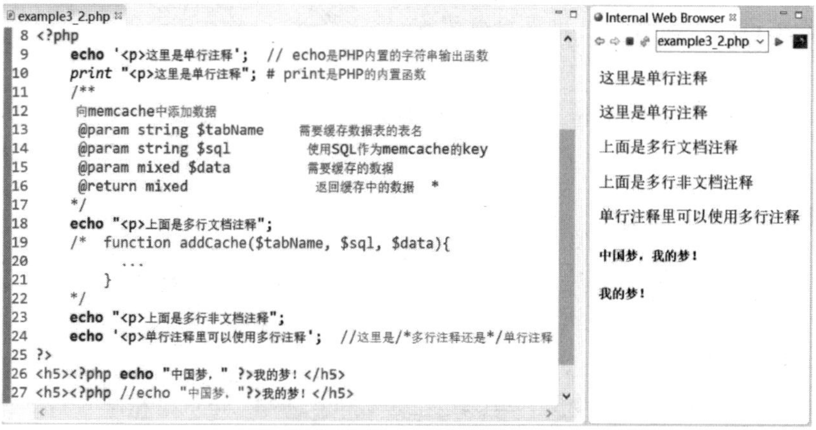

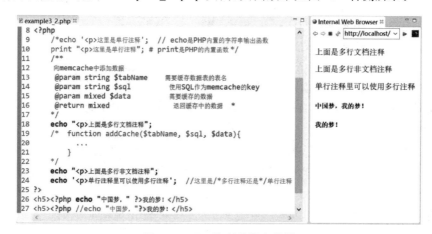

图 3.2 PHP 注释的使用及页面效果

图 3.2 所示代码中的第 9、第 10 行使用两种形式的单行注释;第 11~17 行使用文档注释;第 19~22 行使用多行注释;第 24 行在单行注释中使用多行注释;第 27 行在具有 HTML 内容的行中使用 PHP 的单行注释。

(3) 打开浏览器,访问 example3_2.php 页面,页面效果如图 3.2 右侧所示。

图 3.3 PHP 注释的嵌套效果

从运行结果可以看出,在 PHP 的单行注释里可以包含多行注释;PHP 的单行注释只在 PHP 模式中有效,位于注释符//右面的 HTML 模式文件不受影响。图 3.3 中的文本"中国梦,"被注释,而文本"我的梦!"正常显示。

(4) 对图 3.3 所示代码中的第 9、第 10 行使用块注释,保存文件并刷新浏览器页面,观察运行效果,如图 3.3 所示。

从运行结果可以看出,在 PHP 的多行注释里是可以包含单行注释的。

视频讲解

3.3 数据类型

数据是计算机程序处理的对象,数据可以依据其本身的特点进行分类。在数学中有整数、实数等概念,在日常生活中需要用字符串来表示人的姓名和地址,有些问题的回答只能是"是"或"否"(即逻辑"真"或"假")。对不同类型的数据有不同的处理方法,例如,整数和实数可以参与算术运算,但实数的表示又不同于整数,要保留一定的小数位;字符串可以拼接;逻辑数据可以参加与、或、非等逻辑运算。

编写计算机程序,目的就是为了解决客观世界中的现实问题。所以,计算机的高级语言中也提供了丰富的数据类型与运算。PHP 的数据类型分为三大类,即标量数据类型、复合数据类型和特殊数据类型。

3.3.1 标量数据类型

在 PHP 中,标量数据类型只能包含单一数据信息,如包含了整型数据,就不能包含字符串信息。常见的标量数据类型有整型、浮点型、布尔型和字符串型。

1. 整型(integer)

整型数据类型用来表示整数。它可以由二进制、十进制、八进制和十六进制来表示,在其前面加上+或−符号,可以表示正数或负数。其中,二进制整数使用 0、1 表示,数字前必须加上 0b;八进制整数使用 0~7 表示,数字前必须加上 0;十六进制整数使用 0~9 与 A~F 表示,数字前必须加上 0x。

整型数据的字长和计算机操作系统有关,对于 32 位的操作系统来说,其有效范围是 −2147483648~+2147483647。PHP 不支持无符号整型,其字长用常量 PHP_INT_SIZE 表示,自 PHP 4.4.0 和 PHP 5.0.5 后,最大值用常量 PHP_INT_MAX 表示,最小值在 PHP 7.0.0 及以后的版本中用常量 PHP_INT_MIN 表示。

在 PHP 程序中,如果给定的数超出了 PHP 的 integer 值的范围,将会被解释为 float。同样,如果执行的运算结果超出了 integer 值的范围,也会返回 float。

【例 3.3】 PHP 的整型数据。

(1) 启动 Zend Studio,在 example 工作区的 chapter03 项目中添加一个名为 example3_3. php 的 PHP 文件。

(2) 双击打开 example3_3. php 文件,并添加代码,如图 3.4 左侧所示。

图 3.4 所示代码中使用了 PHP 的内置调试输出函数 var_dump(),它可以输出变量的数据值及类型。注意,代码中 3 个 PHP 预定义常量的值。

(3) 打开浏览器,访问 example3_3. php 页面,运行效果如图 3.4 右侧所示。

代码中的第 32 行是输出变量 x10 的值的语句,由于该变量的值超出了 PHP 的最大整型

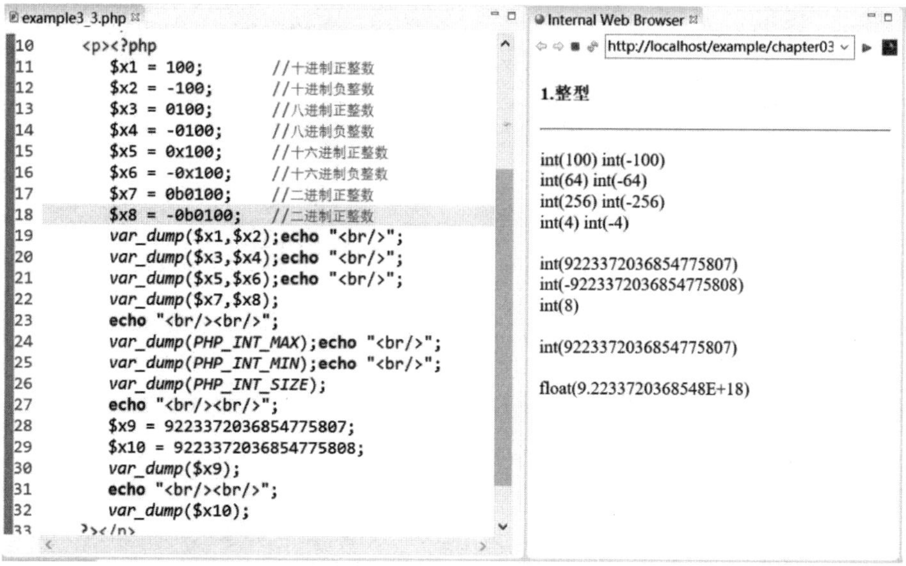

图 3.4　PHP 的整型数据

值,可以看到,返回的结果被自动转换成了浮点型,即 float。

2. 浮点型(float/double)

浮点型数据用来表示包括小数的数字,是一种近似的数值,字长与平台有关。在 32 位的操作系统中,浮点型数据的有效范围是 $1.7E-308\sim1.7E+308$,精确到小数点后 15 位。在 PHP 4.0 以前的版本中,浮点型数据的标识为 double,也叫作双精度浮点数,在使用过程中,float 与 double 没有区别。

PHP 中的浮点型数据有两种表示格式,即标准格式(如 3.1415926、-3.14)以及科学计数法格式(如 9E18、$1.7E-308$)。

浮点数也称为实数,它表示数的方法是近似的,例如要用浮点数表示 10,其内部表示其实类似于 9.999999999…,所以不要认为浮点数结果精确到了最后一位。在程序设计中比较两个浮点数是否相等,或者将一个很大的数与一个很小的数相加减,都可能会产生不正确的结果。

【例 3.4】　PHP 的浮点型数据。

(1) 启动 Zend Studio,在 example 工作区的 chapter03 项目中添加一个名为 example3_4.php 的 PHP 文件。

(2) 双击打开 example3_4.php 文件,并添加代码,如图 3.5 左侧所示。

图 3.5 所示代码中的第 26～28 行测试浮点数的相等比较操作;第 29、第 31 行测试大浮点数与小浮点数的运算。

(3) 打开浏览器,访问 example3_4.php 页面,运行效果如图 3.5 右侧所示。

从结果可以清楚地看出,PHP 的浮点类型确实是一种近似的数值表示方法,在某些情况下的运算结果明显是不正确的。所以在实际编程中,要避免上述状况的发生。

3. 布尔型(boolean)

布尔型是 PHP 中较为常用、也最简单的数据类型之一,通常用于逻辑判断。它只有 true 或 false 两个值,表示逻辑真或逻辑假。true 和 false 是 PHP 的内部关键字,没有大小写之分。

```php
10      <p><?php
11          $x1 = 3.1415926;          //标准格式
12          $x2 = 3.14e10;            //科学记数法格式
13          $x3 = 3.14e-3;            //科学记数法格式
14          $x4 = 3.14E10;            //科学记数法格式
15          $x5 = 3.14E-10;           //科学记数法格式
16          var_dump($x1);
17          echo "<br/>";
18          var_dump($x2);
19          echo "<br/>";
20          var_dump($x3);
21          echo "<br/>";
22          var_dump($x4);
23          echo "<br/>";
24          var_dump($x5);
25          //浮点数的相等测试
26          if ($x1 == 3.1415926000000001) {
27              echo "<br/>比较结果明显不正确！<br/>";
28          }
29          var_dump($x4 + $x5);     //浮点数相加
30          echo "计算结果明显不正确！<br/>";
31          var_dump($x4 - $x5);     //浮点数想减
32          echo "计算结果明显不正确！<br/>";
33      ?></p>
```

2. 浮点型

```
float(3.1415926)
float(31400000000)
float(0.00314)
float(31400000000)
float(3.14E-10)
比较结果明显不正确！
float(31400000000) 计算结果明显不正确！
float(31400000000) 计算结果明显不正确！
```

图 3.5　PHP 的浮点型数据

在 PHP 中,不是只有 true 才表示真,非 0 或非空也都可以表示真,这一点与 C 或 C++ 是一致的;相应地,也不是只有 false 才表示假,整数 0、浮点数 0.0、空字符串和字符串 0、没有成员的数组、特殊类型 NULL 等,都可以表示假。

【例 3.5】　PHP 的布尔型数据。

(1) 启动 Zend Studio,在 example 工作区的 chapter03 项目中添加一个名为 example3_5.php 的 PHP 文件。

(2) 双击打开 example3_5.php 文件,并添加代码,如图 3.6 所示。

图 3.6 所示代码中的第 23 行输出布尔值 true,测试 PHP 的布尔值是否区分大小写;第 24~26、第 28~33 行将非布尔型数据进行强制类型转换,然后输出,测试是否零、空为假,而非零、非空为真。

(3) 打开浏览器,访问 example3_5.php 页面,运行效果如图 3.6 右侧所示。

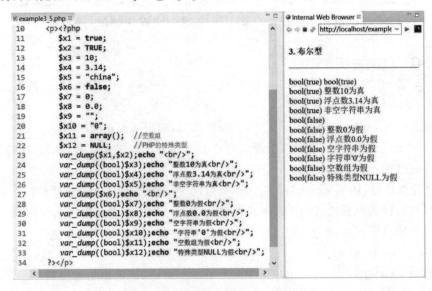

```php
10      <p><?php
11          $x1 = true;
12          $x2 = TRUE;
13          $x3 = 10;
14          $x4 = 3.14;
15          $x5 = "china";
16          $x6 = false;
17          $x7 = 0;
18          $x8 = 0.0;
19          $x9 = "";
20          $x10 = "0";
21          $x11 = array();    //空数组
22          $x12 = NULL;       //PHP的特殊类型
23          var_dump($x1,$x2);echo "<br/>";
24          var_dump((bool)$x3);echo "整数10为真<br/>";
25          var_dump((bool)$x4);echo "浮点数3.14为真<br/>";
26          var_dump((bool)$x5);echo "非空字符串为真<br/>";
27          var_dump($x6);echo "<br/>";
28          var_dump((bool)$x7);echo "整数0为假<br/>";
29          var_dump((bool)$x8);echo "浮点数0.0为假<br/>";
30          var_dump((bool)$x9);echo "空字符串为假<br/>";
31          var_dump((bool)$x10);echo "字符串'0'为假<br/>";
32          var_dump((bool)$x11);echo "空数组为假<br/>";
33          var_dump((bool)$x12);echo "特殊类型NULL为假<br/>";
34      ?></p>
```

3. 布尔型

```
bool(true) bool(true)
bool(true) 整数10为真
bool(true) 浮点数3.14为真
bool(true) 非空字符串为真
bool(false)
bool(false) 整数0为假
bool(false) 浮点数0.0为假
bool(false) 空字符串为假
bool(false) 字符串'0'为假
bool(false) 空数组为假
bool(false) 特殊类型NULL为假
```

图 3.6　PHP 的布尔型数据

从输出结果可以看出，在 PHP 中，"零、空为假，非零、非空为真"的结论是成立的。

4. 字符串（string）

字符串是由连续的字母、数字或字符组成的字符序列。在 PHP 中通常使用单引号、双引号或定界符表示字符串，下面是其简单应用。

【例 3.6】 PHP 的字符串数据。

（1）启动 Zend Studio，在 example 工作区的 chapter03 项目中添加一个名为 example3_6.php 的 PHP 文件。

（2）双击打开 example3_6.php 文件，并添加代码，如图 3.7 左侧所示。

图 3.7 所示代码中的第 11 行用双引号表示字符串；第 12、第 13 行用单引号表示字符串；第 15～18 行用定界符表示字符串。

（3）打开浏览器，访问 example3_6.php 页面，运行效果如图 3.7 右侧所示。

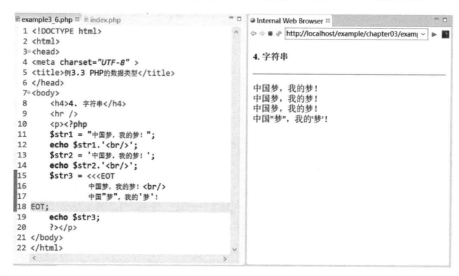

图 3.7　PHP 的字符串数据

字符串是 Web 应用中非常重要的数据类型之一，可以说，在 PHP Web 应用项目的开发过程中，有 30% 以上的代码都是在操作字符串。鉴于字符串数据应用的广泛性、处理的重要性，本书将其独立出来，在后续的第 5 章中将对其进行详细介绍。

3.3.2　复合数据类型

前面介绍的 4 种数据类型是 PHP 的数据类型中最简单、最基本的。若将这些简单数据类型的数据组合起来，就会形成一组特殊的数据类型，称为复合数据类型。PHP 提供了两种复合数据类型，即数组（array）与对象（object）。

1. 数组

数组是一系列相关数据以某种特定的方式进行排列形成的集合，是一个整体。数组中的数据称为元素，元素的值可以是基本数据类型，也可以是复合数据类型；元素的数据类型可以相同，也可以不同。所以，PHP 中的数组使用起来非常灵活。

作为 PHP 的重要数据类型，和字符串一样，本书也把它独立出来，并将在后续的第 5 章详细介绍。

【例 3.7】 PHP 的数组。

(1) 启动 Zend Studio,在 example 工作区的 chapter03 项目中添加一个名为 example3_7.php 的 PHP 文件。

(2) 双击打开 example3_7.php 文件,并添加代码,如图 3.8 左侧所示。

图 3.8 所示代码中的第 11 行使用 PHP 的关键字 array 定义数组;第 12～16 行使用赋值的方式定义数组;第 17 行定义关联数组;第 18、第 19 行给关联数组元素赋值;第 20、第 22、第 24 行使用 PHP 的内置函数 print_r 输出数组。

(3) 打开浏览器,访问 example3_6.php 页面,运行效果如图 3.8 右侧所示。

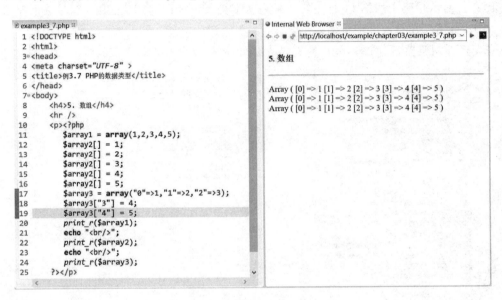

图 3.8　PHP 的数组

2. 对象

对象是面向对象程序设计中的核心概念,在 PHP 中,被看成一种复合数据类型。与数组不同的是,对象是一种更高级的数据类型,也可以把它理解成一种用户自定义的数据类型。

鉴于面向对象技术的重要性,本教程会在后续的讲解中,将用整章的篇幅详细介绍类、对象以及 PHP 的面向对象程序设计方法。

【例 3.8】 PHP 的对象。

(1) 启动 Zend Studio,在 example 工作区的 chapter03 项目中添加一个名为 example3_8.php 的 PHP 文件。

(2) 双击打开 example3_8.php 文件,并添加代码,如图 3.9 左侧所示。

图 3.9 所示代码中首先定义了一个名为 Country 的类,该类定义了两个私有的数据成员 name 和 area,两个公有的成员函数_construct 和 say,其中_construct 为类的构造函数;然后创建了一个 Country 类的对象 china;最后用 china 对象调用成员函数 say。为了看清楚对象结构,代码的结尾用函数 print_r 对 china 对象进行了输出。

(3) 打开浏览器,访问 example3_8.php 页面,运行效果如图 3.9 右侧所示。

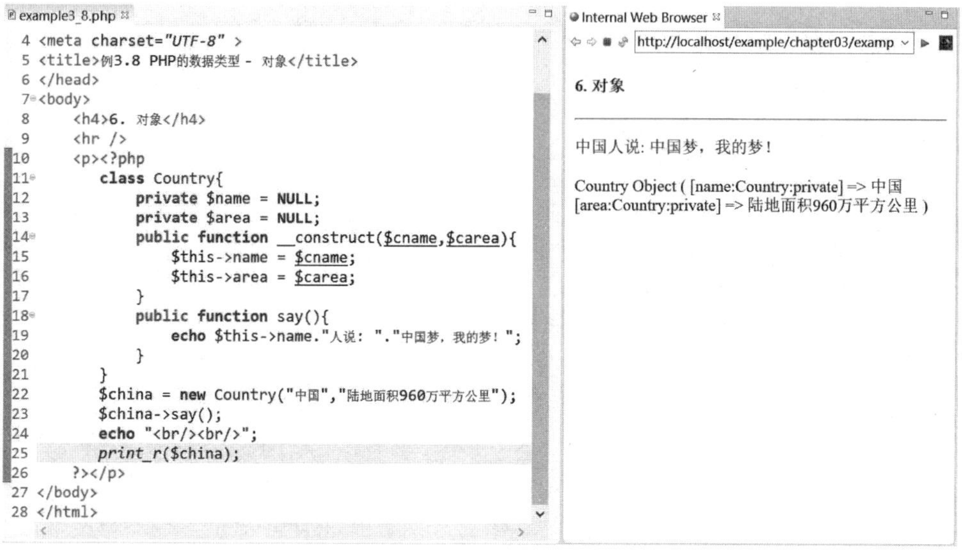

```
 4 <meta charset="UTF-8" >
 5 <title>例3.8 PHP的数据类型 - 对象</title>
 6 </head>
 7 <body>
 8     <h4>6. 对象</h4>
 9     <hr />
10     <p><?php
11         class Country{
12             private $name = NULL;
13             private $area = NULL;
14             public function __construct($cname,$carea){
15                 $this->name = $cname;
16                 $this->area = $carea;
17             }
18             public function say(){
19                 echo $this->name."人说: ".中国梦, 我的梦! ";
20             }
21         }
22         $china = new Country("中国","陆地面积960万平方公里");
23         $china->say();
24         echo "<br/><br/>";
25         print_r($china);
26     ?></p>
27 </body>
28 </html>
```

6. 对象

中国人说: 中国梦, 我的梦!

Country Object ([name:Country:private] => 中国
[area:Country:private] => 陆地面积960万平方公里)

图 3.9　PHP 的对象

3.3.3　特殊数据类型

PHP 还提供了一些特殊用途的数据类型,包括资源类型(resource)和 NULL 类型等。

1. 资源类型

资源类型是一种特殊的变量类型,它保存着对外部数据源的引用,如文件、数据库连接等,直到通信结束。

只有 PHP 脚本中负责将资源绑定到变量的函数才能返回资源,无法将其他数据类型转换成资源类型。资源变量里并不真正保存一个值,实际只保存了一个指针。在使用资源时,系统会自动启用垃圾回收机制,释放不再使用的资源,避免内存的无效消耗。

【例 3.9】　PHP 的资源类型。

(1) 启动 Zend Studio,在 example 工作区的 chapter03 项目中添加一个名为 example3_9.txt 的文本文件。

(2) 在 chapter03 项目中添加一个名为 example3_9.php 的 PHP 文件。

(3) 双击打开 example3_9.php 文件,并添加代码,如图 3.10 左侧所示。

图 3.10 所示代码中的第 11 行以只读方式打开一个文件;第 14 行创建了一个 MySQL 数据库服务器连接。这里变量 file 以及 conn 表示的数据即为 PHP 的资源类型。

(4) 打开浏览器,访问 example3_9.php 页面,运行效果如图 3.10 右侧所示。

2. NULL 类型

PHP 中的 NULL 数据表示什么也没有,既不表示 0,也不表示空格,也不是空字符串,它常常用来表示一个变量没有值。PHP 中的 NULL 数据类型只有一个值,这个值可以通过不区分大小写的关键字 NULL 获得。

PHP 中的变量在以下 3 种情况下均被认为是 NULL 类型。

- 被赋值为 NULL。
- 没有被赋值。
- 使用 unset 进行类型转换后的返回值。

```
  example3_9.php 
1  <!DOCTYPE html>
2  <html>
3  <head>
4  <meta charset="UTF-8" >
5  <title>例3.9 PHP的数据类型 - 资源</title>
6  </head>
7  <body>
8     <h4>7. 资源</h4>
9     <hr />
10    <p><?php
11       $file = fopen("example3_9.txt", "r");
12       var_dump($file);
13       echo "<br/><br/>";
14       $conn = mysqli_connect("localhost","root","root");
15       var_dump($conn);|
16    ?></p>
17 </body>
18 </html>
```

Internal Web Browser

http://localhost/example/chapter03/exa

7. 资源

resource(3) of type (stream)

object(mysqli)#1 (19) { ["affected_rows"]=> int (0) ["client_info"]=> string(79) "mysqlnd 5.0.12-dev - 20150407 - $Id: b396954eeb2d1d9ed7902b8bae237b287f21ad9e$" ["client_version"]=> int(50012) ["connect_errno"]=> int(0) ["connect_error"]=> NULL ["errno"]=> int(0) ["error"]=> string(0) "" ["error_list"]=> array(0) { } ["field_count"]=> int(0) ["host_info"]=> string(20) "localhost via TCP/IP" ["info"]=> NULL ["insert_id"]=> int(0) ["server_info"]=> string(6) "5.7.17" ["server_version"]=> int(50717) ["stat"] => string(135) "Uptime: 714562 Threads: 1 Questions: 15 Slow queries: 0 Opens: 105 Flush tables: 1 Open tables: 98 Queries per second avg: 0.000" ["sqlstate"]=> string(5) "00000" ["protocol_version"]=> int(10) ["thread_id"]=> int(10) ["warning_count"]=> int (0) }

图 3.10　PHP 的资源类型数据

【**例 3.10**】　PHP 的 NULL 数据类型。

（1）启动 Zend Studio，在 example 工作区的 chapter03 项目中添加一个名为 example3_10.php 的 PHP 文件。

（2）双击打开 example3_10.php 文件，并添加代码，如图 3.11 左侧所示。

图 3.11 所示代码中的第 11、第 12 行直接赋 NULL 值；第 14 行强制转换为 NULL 类型数据；第 27 行对象的数据成员只有定义没有赋值。

（3）打开浏览器，访问 example3_10.php 页面，运行效果如图 3.11 右侧所示。

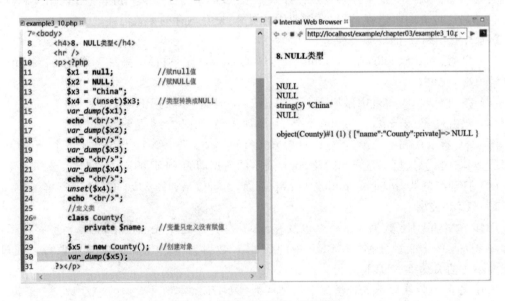

图 3.11　PHP 的 NULL 类型数据

从输出页面中可以看出，PHP 的 NULL 类型数据输出结果符合预期。

3. 回调（Callable）类型

PHP 中的回调类型数据一般表示需要回调的函数。

【例 3.11】 PHP 的回调数据类型。

（1）启动 Zend Studio，在 example 工作区的 chapter03 项目中添加一个名为 example3_11.php 的 PHP 文件。

（2）双击打开 example3_11.php 文件，并添加代码，如图 3.12 左侧所示。

图 3.12 所示代码中的函数 my_callback_function 是一个回调函数，它以函数名作为形式参数。注意观察代码中的关键词 callable，它位于变量 funName 的前面，说明了该变量的数据类型。

（3）打开浏览器，访问 example3_11.php 页面，运行效果如图 3.12 右侧所示。

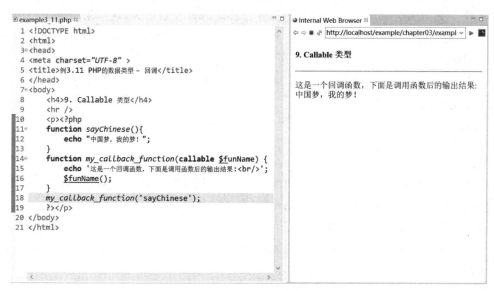

图 3.12　PHP 的回调类型数据

4. 其他数据类型

除上述数据类型外，PHP 7 还支持以下数据类型。

* 可空（Nullable）类型。
* 函数返回值的 void 类型。
* 伪类型 iterable 等。

3.4　常量与变量

视频讲解

上面介绍的 PHP 数据类型实质上是 PHP 预定义的一些数据结构，包括数据的逻辑结构与存储结构。计算机程序中的数据，除少数的字面量之外，大部分都是通过常量或变量来表示的，常量与变量是构成计算机程序的基础。

3.4.1　常量

所谓常量，是指在程序运行的整个过程中其值始终不可改变的量，一般表示一些固定的数值。例如在数学计算中，圆周率 π 是始终保持不变的，就可以把它定义为一个常量。

PHP 中的常量,就是表示一个简单固定值的标识符,它只能是标量数据类型。常量必须先定义、再使用,并且与值只能绑定一次。

1. 常量的定义

常量用 PHP 的标识符来命名,所以必须遵循 PHP 的标识符命名规范。在默认情况下,常量名称对大小写敏感,但习惯上一般使用具有某种含义的大写英文单词。

在 PHP 中,通过下面两种方式来定义常量。

1) 使用 define()函数

该函数原型如下:

```
function define ( $name, $value, $case_insensitive = null)
```

其中,第 1 个参数为常量的名称;第 2 个参数为常量的值或表达式,这两个参数为必选参数;第 3 个参数是可选参数,表示常量名称是否区分大小写,如果设置为 true,表示不区分大小写,默认为 false。

使用该函数定义常量,不用考虑作用域的问题,任何地方都可以定义和访问常量。

2) 使用 const 关键词

语法格式如下:

```
const 常量名称 = 常量值;
```

与使用 define()函数定义常量不同,使用 const 关键字定义常量,声明语句必须处于最上层的作用域内。也就是说,不能使用该方法在函数、循环以及 if 语句内定义常量。

【例 3.12】 常量的定义与使用。

(1) 启动 Zend Studio,在 example 工作区的 chapter03 项目中添加一个名为 example3_12.php 的 PHP 文件。

(2) 双击打开 example3_12.php 文件,并添加代码,如图 3.13 左侧所示。

(3) 打开浏览器,访问 example3_12.php 页面,运行效果如图 3.13 右侧所示。

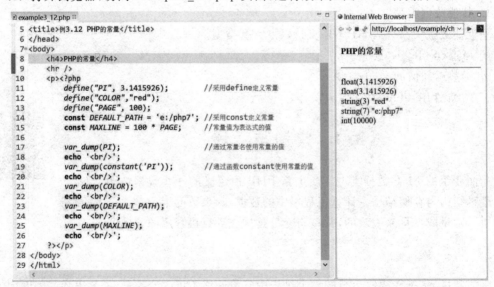

图 3.13　PHP 常量的定义与使用

2. 预定义常量

PHP 的系统预定义常量包括内核预定义常量与标准预定义常量,它们可以在程序中直接使用。需要注意的是,系统预定义常量往往由不同的扩展库定义,因此,只有加载了相应的扩展库,某些常量才可以使用。常用的预定义常量如表 3.2 所示。

表 3.2　常用的预定义常量

常 量 名	功 能
__FILE__	文件的完整路径和文件名
__LINE__	当前行号
__CLASS__	类的名称
__METHOD__	类的方法名
PHP__VERSION	PHP 版本
PHP__OS	运行 PHP 的操作系统
DIRECTORY__SEPARATOR	操作系统分隔符
PHP_INT__MAX	整型数据最大值
PHP__EXTENSION__DIR	PHP 扩展目录
__DIR__	文件所在的目录
E__ERROR	最近的错误之处
E__WARNING	最近的警告之处
E__PARSE	解析语法存在潜在问题之处
E__NOTICE	发生不同寻常的提示之处,但不一定是错误处

【例 3.13】　预定义常量的使用。

(1) 启动 Zend Studio,在 example 工作区的 chapter03 项目中添加一个名为 example3_13.php 的 PHP 文件。

(2) 双击打开 example3_13.php 文件,并添加代码,如图 3.14 左侧所示。

(3) 打开浏览器,访问 example3_13.php 页面,运行效果如图 3.14 右侧所示。

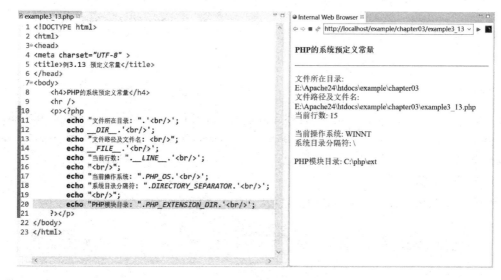

图 3.14　PHP 的预定义常量

3.4.2 变量

变量是指在程序运行过程中随时可以发生变化的量。若从数据存储的角度来理解,变量就是程序中数据的临时存放场所,是保存可变数据的容器。变量在任何编程语言中均处于核心的地位。

1. 变量的定义

PHP 有两种类型的变量,一种是变量名不变的普通变量,另一种是变量名可以动态设置的变量,即可变变量。

1) 普通变量

PHP 的普通变量由符号 $ 与变量名组成,变量名的命名规则与标识符相同,格式如下:

```
$var_name = value;
```

例如:

```
$x1 = 3.14;
$userName = 'tomcat';
$Age = 20;
$_debugging = true;
$class = 'Country';
```

与 C、C++、Java 等强类型语言不同,PHP 属于弱类型语言,它的变量不需要事先声明,也无须指定数据类型。同时,在定义变量时,也可以不用初始化,变量会在使用时自动声明。

另外,PHP 的变量名允许使用关键字,这一点也是与其他编程语言不相同的。但是这样做容易产生混淆,所以最好不要这样做。变量名一般要具有某种含义,以便能很好地了解其所存储的内容,尽量使用小写形式,多个单词构造时,应符合匈牙利命名法,如 $userName、$studentAge 等。

2) 可变变量

PHP 的可变变量由符号 $ 与普通变量组成,其格式为:

```
$$var_name = value;
```

例如:

```
$$userName = 'java web 服务器';
```

这里,$$userName 为可变变量,它的名称随 $userName 值的变化而变化。若 $userName 的值为 tomcat,则 $$userName 与 $tomcat 等价;若 $userName 的值为 apache,则 $$userName 与 $apache 等价。

2. 变量的赋值

PHP 的变量赋值方式有两种,一种是默认的传值赋值,另一种是引用赋值。

1) 传值赋值

传值赋值方式使用赋值运行符=直接将数据或表达式的值赋给另一个变量,例如:

```
$x1 = 3.14;
$x2 = $x1;
$x1 = 3.1415926;
```

这里,变量 $x2 的赋值方法即为传值。变量 $x2 只是得到了变量 $x1 的值,它们分属不同的存储单元,赋值以后 $x1 的值如果发生变化,不会影响到变量 $x2。

2) 引用赋值

所谓引用,就是"别名"或"指向"。PHP 的变量的引用赋值,就是给原有变量定义一个别名,或者说让新变量指向原变量。此时两个变量的值会相互影响,一个变量发生变化,另一个变量也会随之改变。

PHP 中变量的引用赋值,需要在赋值运算符＝右边的变量前加上一个 & 符号。例如:

```
$x1 = 3.14;
$x3 = & $x1;
$x1 = 3.1415926;                        //此后 $x3 的值会变成 3.1415926
$x3 = 3.1415927;                        //此后 $x1 的值会变成 3.1415927
```

这里,变量 x3 的赋值方法即为引用赋值。变量 x3 是变量 x1 的别名,它们的值会相互关联。上述代码中,在引用赋值后,变量 x1 与 x3 的变化会同步进行。

需要注意的是,PHP 的引用并不像 C 语言中的地址指针,通过引用赋值定义的变量与原变量并不表示同一个内存单元,而仅仅是其值相互关联而已。所以,若对原变量使用销毁(unset)操作,不会导致引用变量的消失。例如:

```
$x1 = 3.14;
$x3 = & $x1;
unset( $x1);                            //销毁变量 x1
var_dump( $x3);                         //仍然会正常输出变量 x3 的值
```

在执行变量的销毁操作后,仅仅是取消了两个变量值的关联,变量 x3 并没有因为 x1 的释放而消失。

【例 3.14】 PHP 的变量。

(1) 启动 Zend Studio,在 example 工作区的 chapter03 项目中添加一个名为 example3_14.php 的 PHP 文件。

(2) 双击打开 example3_14.php 文件,并添加代码,如图 3.15 左侧所示。

(3) 打开浏览器,访问 example3_14.php 页面,运行效果如图 3.15 右侧所示。

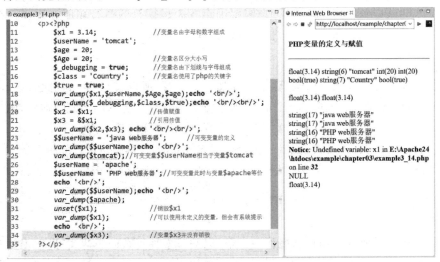

图 3.15　PHP 的变量

3. 变量的作用域

PHP 的变量虽然可以在程序的任何地方声明,但是,声明位置会大大影响可以访问变量的范围,这个可以访问变量的范围称为变量的作用域。变量只在其作用域内有效。

在 PHP 中,按照作用域不同,可以将变量分为局部变量、全局变量和静态变量。由于变量的作用域涉及 PHP 的函数,所以本书把它放到后续第 4 章的函数中进行讲解。

3.5　运算符与表达式

前文介绍了 PHP 的各种数据类型及其表示方式,那么如何对这些数据进行处理和计算呢? 通常当要进行某种计算时,都要首先列出计算式,然后求解其值。在计算机程序中,计算功能的定义是由运算符来实现的,运算符与运算量(或称操作数)组成的计算式称为表达式。

3.5.1　基本概念

1. 运算符

运算符也称为操作符,用于对数据进行计算和处理,或改变特定对象的值。其使用形式如下:

```
操作数 操作符;                    // $x++
操作符 操作数;                    // !$x
操作数 1 操作符 操作数 2;          // $x1 + $x2
操作数 1 操作符 操作数 2 操作数 3;  // $x1 ? $x2 : $x3
```

1) 运算符的分类

按不同的标准,可以将运算符分成如下所述不同的类型。

- 按照操作数的数目分为一元(单目)运算符、二元(双目)运算符和三元(三目)运算符。例如,逻辑非(!)只需要一个操作数,为单目运算符;加法(+)操作需要两个操作数,为双目运算符。PHP 的大部运算符均为双目运算符。
- 按照运算符的功能分为算术运算符、赋值运算符、关系运算符、逻辑运算符、位运算符、字符串运算符、数组运算符及类型运算符等。

2) 运算符的优先级

当一个表达式中包含多个运算符时,需要确定各个运算符的执行顺序。运算符在表达式中进行计算的顺序取决于它们的相对优先级。例如表达式:

$$2 + 4 \times 3$$

正常的执行顺序是先计算乘(×)运算,再计算加(+)运算,所以结果为 14。此时,遵循的原则是,乘(×)运算的优先级比加(+)运算高。如果将乘运算与加运算的优先级逆转,则上式的计算顺序变成先计算加(+)运算,再计算乘(×)运算,此时计算结果不为 14,而为 18。

当一个表达式中包含多个运算符时,先进行优先级高的运算,再进行优先级低的运算。要强制改变一个特定的顺序,可以用括号将相应的操作数与运算符组合起来。如上述表达式可写成:

$$(2 + 4) \times 3$$

来调整计算顺序。

根据优先级高低放置操作符与操作数,就可以编写各种复杂的表达式,进而根据它们的相对优先级得到想要的结果。然而,按照优先级放置的表达式不利于理解,大家应该按照易于理解的顺序放置操作符,在需要调整操作符顺序时再使用括号进行组合。

对于 PHP 运算符的优先级,请参考本书 3.5.9 节。

3) 运算符的结合性

如果表达式中有多个运算符,且这些运算符的优先级相同,表达式的计算顺序又该如何确定呢? 这时就要看运算符的结合性了。

所谓结合性,是指当一个操作数左右两边的运算符优先级别相同时,按什么样的顺序进行运算,是自左向右,还是自右向左。例如表达式:

$2/2 \times 2$

除法和乘法操作符具有相同的优先级,但表达式的结果取决于先做哪个操作:

```
2/(2×2)                    //表达式的值为 0.5
(2/2)×2                    //表达式的值为 2
```

除法和乘法操作符是左结合的,这就意味着操作符由左到右计算,所以,上述表达式的正确结果应该是 2。

2. 表达式

表达式就是操作符与操作数的组合。在程序中,表达式就是一段可以求值的代码块,所求出来的这个值便是表达式的值。

使用表达式时,还应该注意如下事项。

- 一个常量或标识变量(或对象)的标识符,是最简单的表达式,其值是常量或变量(或对象)的值。例如 5、$x,均为表达式。
- 一个表达式的值可以用来参与其他操作,即用作其他运算符的操作数,这就形成了更复杂的表达式。
- 包含在括号中的表达式仍是一个表达式,其类型和值与未加括号时相同。

表达式是计算求值的基本单位,也是 PHP 的重要基石。在 PHP 中,几乎编写的任何代码都可以看成是一个表达式。

3.5.2 算术运算符与算术表达式

PHP 中的算术运算符用于实现数学运算,包括基本算术运算和自增/自减运算,如表 3.3 所示。算术运算符的操作数必须是数值类型。

由算术运算符、操作数(或表达式)和括号构成的表达式称为算术表达式。

表 3.3 PHP 的算术运算符

算术运算符	名　称	实　例	结　果
—	取负	— $a	$a 的负数
＋	加法	$a ＋ $b	$a 与 $b 的和
—	减法	$a — $b	$a 与 $b 的差
*	乘法	$a * $b	$a 与 $b 的积
/	除法	$a / $b	$a 与 $b 的商
**	乘方	$a ** $b	$a 的 $b 次方
%	取余	$a % $b	$a 除以 $b 的余数
++	自增	$a++或++$a	$a 的值加 1
——	自减	$a——或——$a	$a 的值减 1

PHP 算术运算符的意义与数学中相应符号的意义是一致的,它们的用法也非常简单,这里不再赘述。下面重点介绍自增与自减运算符。

【例 3.15】 PHP 的算术运算符与算术表达式。

(1) 启动 Zend Studio,在 example 工作区的 chapter03 项目中添加一个名为 example3_15.php 的 PHP 文件。

(2) 双击打开 example3_15.php 文件,并添加代码,如图 3.16 左侧所示。

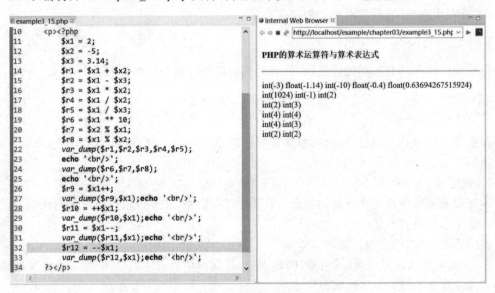

图 3.16 PHP 的算术运算符与算术表达式

图 3.16 所示代码中,首先以传值的方式声明了 3 个变量,然后用以字母 r 开头的变量存储各个算术表达式的值。

(3) 打开浏览器,访问 example3_15.php 页面,运行效果如图 3.16 右侧所示。

仔细观察图 3.16 右图所示的输出结果,可以弄清楚以下几个问题。

- 算术表达式值的数据类型与其操作数的数据类型的区别:从变量 r1、r2、r3、r4、r5 的数据类型可以看出,算术表达式值的数据类型与其操作数的数据类型有关,计算过程中存在操作数数据类型的隐式转换(或称自动转换)。
- 取余运算(%)后,运算结果的正负号与操作数的联系:代码中的第 20、第 21 行是取余运算,从输出结果可以看出,运算结果的正负与被除数(%运算符前面的表达式)的正负相同。
- 自增/自减运算的后缀形式的执行顺序:代码中的第 26、第 30 行是自增/自减运算的后缀形式表达式,这种形式的表达式的执行顺序是先取值、再加 1(或减 1)。

例如第 26 行代码:

```
$r9 = $x1++;
```

先执行:

```
$r9 = $x1;
```

再执行:

```
$x1 = $x1 + 1;
```

所以运行结果为：$r9＝2,$x1＝3。

- 自增/自减运算的前缀形式的执行顺序：代码中的第 28、第 32 行是自增/自减运算的前缀形式表达式，这种形式的表达式的执行顺序是先加 1(或减 1)、再取值。

例如第 28 行代码：

```
$r10 = ++ $x1;
```

先执行：

```
$x1 = $x1 + 1;
```

再执行：

```
$r10 = $x1;
```

注意,经过第 26 行的计算,变量 x1 的值为 3,所以运行结果为 $r10＝4,$x1＝4。

读者可以自己验证第 30 行与第 32 行代码的运行结果。

3.5.3 赋值运算符与赋值表达式

赋值运算符用于实现变量的赋值操作,是一个二元运算符,左边的操作数必须是变量,右侧可以是一个值或表达式。PHP 中的赋值运算符如表 3.4 所示。

表 3.4 PHP 的赋值运算符

赋值运算符	实　　例	展　开　形　式
=	$x = 10	$x＝10
+=	$x += 10	$x＝$x + 10
—=	$x —= 10	$x＝$x — 10
*=	$x *= 10	$x＝$x * 10
/=	$x /= 10	$x＝$x / 10
%=	$x %= 10	$x＝$x % 10
.=	$str . 'china'	$str＝$str . 'china'

由赋值运算符、操作数(或表达式)、括号构成的表达式称为赋值表达式,赋值表达式的值就是赋值运算符左边的变量的值。例如：

```
$x1 = 2
```

即为一个赋值表达式,值为 2。注意,这里没有分号,如果在赋值表达式的后面加上分号,即成为赋值语句。

既然是表达式,当然可以参与运算,例如：

```
$x2 = 10 + ( $x1 = 2);
```

执行该语句后,变量 x1 的值为 2,变量 x2 的值为 12。

【例 3.16】 PHP 的赋值运算符与赋值表达式。

(1) 启动 Zend Studio,在 example 工作区的 chapter03 项目中添加一个名为 example3_16.php 的 PHP 文件。

(2) 双击打开 example3_16.php 文件,并添加代码,如图 3.17 左侧所示。

(3) 打开浏览器,访问 example3_16.php 页面,运行效果如图 3.17 右侧所示。

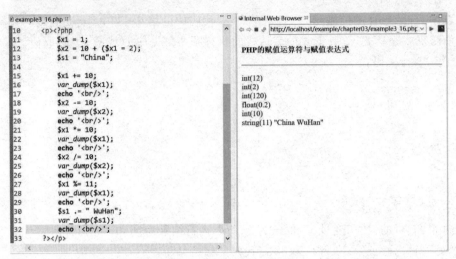

图 3.17 PHP 的赋值运算符与赋值表达式

3.5.4 关系运算符与关系表达式

关系运算符也称比较运算符,用于测试两个操作数(变量或表达式)之间的关系。关系运算符、操作数、括号组合可形成关系表达式。关系表达式的值是一个布尔类型的数据,常常用于控制结构的判断条件中。PHP 定义的关系运算符如表 3.5 所示。

表 3.5 PHP 的关系运算符

关系运算符	名 称	实 例	表达式的值
==	等于	$x1==$x2	如果 $x1 与 $x2 的值相等,结果为 true;否则为 false
===	全等于	$x1===$x2	如果 $x1 与 $x2 的值相等,且它们的数据类型也相同,结果为 true;否则为 false
!=或<>	不等	$x1!=$x2 $x1 <> $x2	如果 $x1 与 $x2 的值相等,结果为 true;否则 false
!==	不全等	$x1!==$x2	如果 $x1 与 $x2 的值不相等,或者它们的数据类型不同,结果为 true;否则为 false
>	小于	$x1 > $x2	如果 $x1 的值小于 $x2 的值,结果为 true;否则为 false
<	大于	$x1 < $x2	如果 $x1 的值大于 $x2 的值,结果为 true;否则为 false
<=	小于或等于	$x1 <=$x2	如果 $x1 的值小于或等于 $x2 的值,结果为 true;否则为 false
>=	大于或等于	$x1 >=$x2	如果 $x1 的值大于或等于 $x2 的值,结果为 true;否则为 false
<=>	组合比较	$x1 <=> $x2	当 $x1 小于、等于、大于 $x2 时分别返回一个小于、等于、大于 0 的整型值
??	NULL 合并	$x1 ?? $x2 ?? $x3	从左往右第一个存在且不为 NULL 的操作数。如果都没有定义且不为 NULL,则返回 NULL

【例 3.17】 PHP 的关系运算符与关系表达式。

（1）启动 Zend Studio,在 example 工作区的 chapter03 项目中添加一个名为 example3_17.php 的 PHP 文件。

（2）双击打开 example3_17.php 文件,并添加代码,如图 3.18 左侧所示。

（3）打开浏览器,访问 example3_17.php 页面,运行效果如图 3.18 右侧所示。

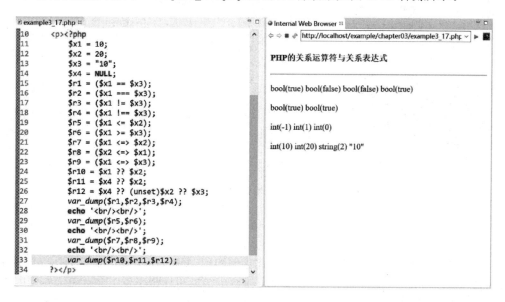

图 3.18 PHP 的关系运算符与关系表达式

3.5.5 逻辑运算符与逻辑表达式

在解决许多问题时都需要进行情况判断,并对复杂的条件进行逻辑分析。和 C、C++ 及 Java 语言一样,PHP 也提供了用于逻辑分析的逻辑运算符,如表 3.6 所示。

逻辑运算符提供了创建复杂逻辑表达式的方法,逻辑运算符把它的操作数当成布尔变量,并返回一个布尔结果。

表 3.6 PHP 的逻辑运算符

逻辑运算符	名　称	实　例	表达式的值
&&、and	逻辑与	$x1 && $x2	如果 $x1 和 $x2 都为 true,则返回 true
||、or	逻辑或	$x1|| $x2	如果 $x1 和 $x2 其中一个为 true,则返回 true
xor	逻辑异或	$x1 xor $x2	如果 $x1 和 $x2 一真一假时,返回 true
!、not	逻辑非	!$x1	如果 $x1 的值为 false,则返回 true

【例 3.18】 PHP 的逻辑运算符与逻辑表达式。

（1）启动 Zend Studio,在 example 工作区的 chapter03 项目中添加一个名为 example3_18.php 的 PHP 文件。

（2）双击打开 example3_18.php 文件,并添加代码,如图 3.19 左侧所示。

（3）打开浏览器,访问 example3_18.php 页面,运行效果如图 3.19 右侧所示。

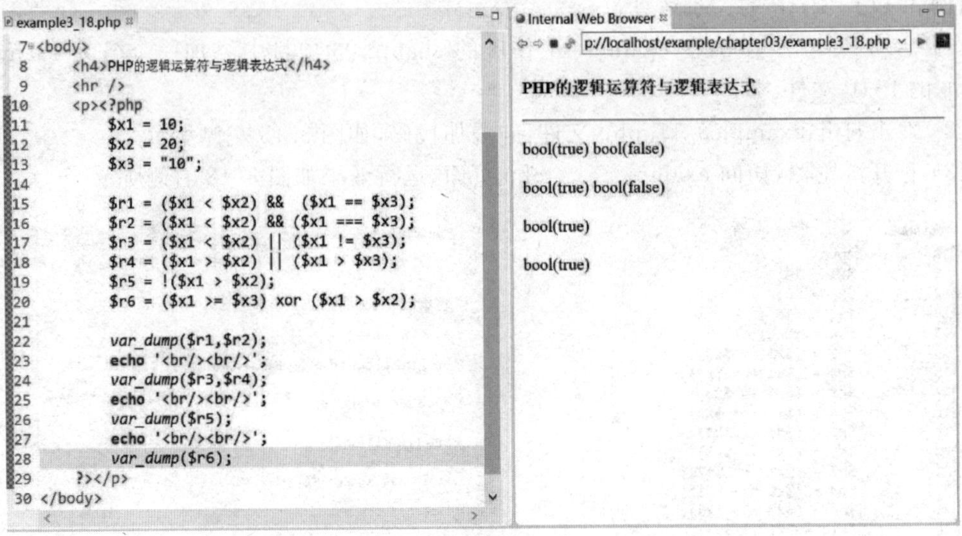

图 3.19　PHP 的逻辑运算符与逻辑表达式

3.5.6　位运算符

计算机中的各种信息都是以二进制的形式存储的,与 C、Java 语言类似,PHP 也支持位运算。PHP 语言中的位运算总体来说分为两类,即按位运算与移位运算。相应地也就提供了两类运算符,即按位运算符和移位运算符,如表 3.7 所示。位运算符的操作数只能是整型数据。

表 3.7　PHP 的位运算符

位 运 算 符	名　　称	实　　例	说　　明
&	按位与	$x1 & $2	将两个操作数对应的每一位分别进行逻辑与操作
|	按位或	$x1| $2	将两个操作数对应的每一位分别进行逻辑或操作
^	按位异或	$x1 ^ $2	将两个操作数对应的每一位分别进行逻辑异或操作
~	按位取反	~ $x1	对操作数按位取反
<<	左移	$x1 << 1	按指定的位数将操作数的二进制值向左移动
>>	右移	$x1 >> 1	按指定的位数将操作数的二进制值向右移动

【例 3.19】 PHP 的位运算符。

(1) 启动 Zend Studio,在 example 工作区的 chapter03 项目中添加一个名为 example3_19.php 的 PHP 文件。

(2) 双击打开 example3_19.php 文件,并添加代码,如图 3.20 左侧所示。

为了代码简洁,这里设计了一个名为 myprint 的函数,用于输出操作数及计算结果。

(3) 打开浏览器,访问 example3_19.php 页面,运行效果如图 3.20 右侧所示。

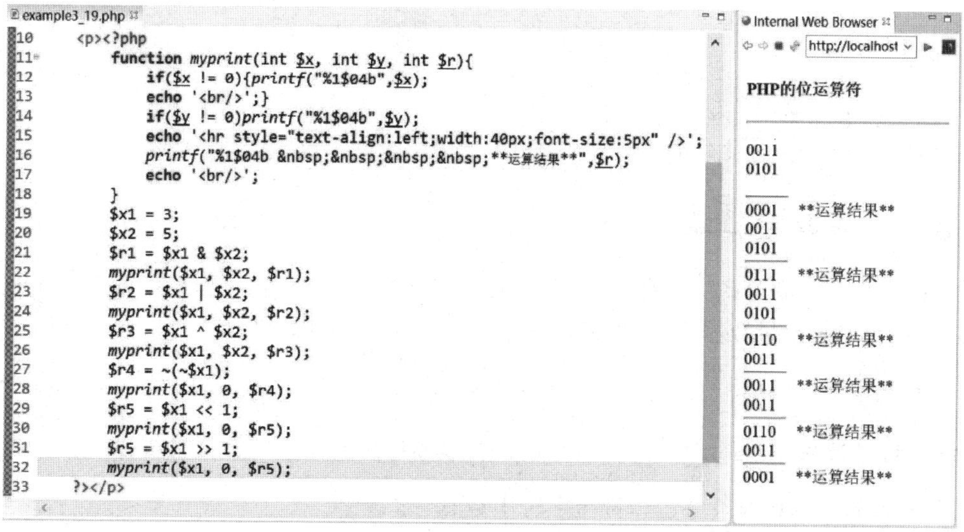

```
example3_19.php

10      <p><?php
11          function myprint(int $x, int $y, int $r){
12              if($x != 0){printf("%1$04b",$x);
13              echo '<br/>';}
14              if($y != 0)printf("%1$04b",$y);
15              echo '<hr style="text-align:left;width:40px;font-size:5px" />';
16              printf("%1$04b     **运算结果**",$r);
17              echo '<br/>';
18          }
19          $x1 = 3;
20          $x2 = 5;
21          $r1 = $x1 & $x2;
22          myprint($x1, $x2, $r1);
23          $r2 = $x1 | $x2;
24          myprint($x1, $x2, $r2);
25          $r3 = $x1 ^ $x2;
26          myprint($x1, $x2, $r3);
27          $r4 = ~(~$x1);
28          myprint($x1, 0, $r4);
29          $r5 = $x1 << 1;
30          myprint($x1, 0, $r5);
31          $r5 = $x1 >> 1;
32          myprint($x1, 0, $r5);
33      ?></p>
```

图 3.20　PHP 的位运算符

3.5.7　条件运算符

条件运算符(? :)是一个三元运算符,可以用来代替 if～else 选择结构。由条件运行符与操作数构成的表达式,称为条件表达式,其形式如下:

布尔表达式 ? 表达式 1 : 表达式 2

相当于:

```
if(布尔表达式)
    表达式 1;
else
    表达式 2;
```

例如:

```
$x1 = '变量 x1 有值';
$x2 = NULL;
$r1 = $x1 ? $x1 : '变量 x1 没有值';
$r2 = $x2 ? $x2 : '变量 x2 没有值';
```

这里,变量 r1、r2 接收到的就是条件表达式的值,代码运行后,变量 r1 的值与 x1 的值相同,即为字符串"变量 x1 有值",因为变量 x1 存在且不为 NULL;而变量 r2 的值为字符串"变量 x2 没有值",因为变量 x2 为 NULL 数据。

除了上述形式外,条件运算符还有一种简写形式:

(操作数存在且不为 NULL) ?: 表达式

相当于:

```
if(操作数存在且不为 NULL)
    操作数;
else
```

PHP 基本语法

表达式;

例如:

```
$r3 = $x1 ?: '变量 x1 没有值';
$r4 = $x2 ?: '变量 x2 没有值';
```

3.5.8 字符串运算符

PHP 中的字符串运算符只有一个,即英文的句点".". 它的作用是将两个字符串相连接,或者是将字符串与标量数据相连接,组成一个新的字符串. 例如:

```
$r5 = 'WuHan' . 'China';
$r6 = 'China' . 520;
$r7 = $x1 . '                  // $x1 为字符串数据类型,这里取其值';
```

【例 3.20】 PHP 的条件运算符与字符串运算符.

(1) 启动 Zend Studio,在 example 工作区的 chapter03 项目中添加一个名为 example3_20.php 的 PHP 文件.

(2) 双击打开 example3_20.php 文件,并添加代码,如图 3.21 左侧所示.

(3) 打开浏览器,访问 example3_20.php 页面,运行效果如图 3.21 右侧所示.

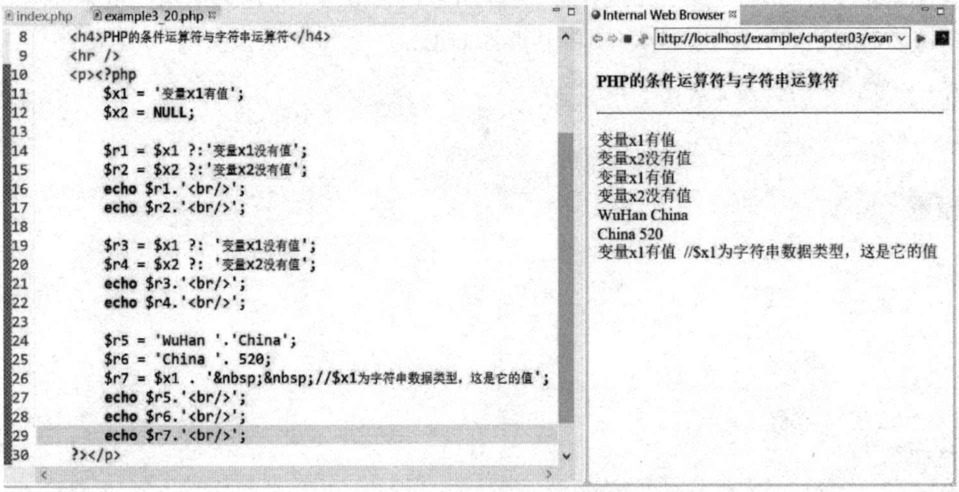

图 3.21 PHP 的条件运算符与字符串运算符

3.5.9 其他运算符

除了上述运算符外,PHP 还有一些其他运算符,这里介绍以下 3 种.

1. 类型运算符

PHP 的类型运算符 instanceof 用于判断一个对象是不是某个类的对象.

例如:

```
class A { }
class B { }
$obj = new A();
```

```
$r1 = $obj instanceof A;
$r2 = $obj instanceof B;
```

这里,先定义了两个类 A 和 B,然后创建 A 类的对象 obj。用类型运算符判断对象是否属于类 A 和类 B,并将结果放置在变量 r1 与 r2 中。

2. 执行运算符

PHP 的执行运算符使用反引号(`),尝试将反引号中的字符串内容作为操作系统的系统命令来执行,并返回该系统命令的执行结果。

例如:

```
$cmd = `cmd`;
echo $cmd;
```

注意,执行运算符不是单引号,它位于键盘上 Esc 下面的按键下方。上述执行运算符中的 cmd 就是打开 Windows 系统的命令行(DOS 命令行)窗口时在运行栏中输入的命令,此时实现了相当于启动 DOS 命令行窗口。返回的系统信息如图 3.22 所示,图中的文本在显示时出现了编码不匹配的情况,这个问题留到以后再解决。

3. 错误抑制运算符

当 PHP 表达式产生错误而又不想将错误信息显示在页面上时,可以使用错误抑制运行符@来对错误信息进行屏蔽。将运算符@放置在 PHP 的表达式之前,该表达式产生的任何错误信息都将不会被输出。这样可以大大增强应用系统的安全性以及用户页面的美观性。

【例 3.21】 PHP 的错误抑制运算符。

(1) 启动 Zend Studio,在 example 工作区的 chapter03 项目中添加一个名为 example3_21.php 的 PHP 文件。

(2) 双击打开 example3_21.php 文件,并添加代码,如图 3.22 左侧所示。

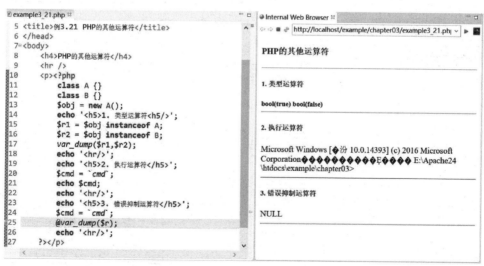

图 3.22　PHP 的错误抑制运算符

图 3.22 所示代码中的第 15、第 16 行使用了类型运算符;第 20、第 21 行使用了执行运算符;第 25 行使用了错误抑制运算符。

（3）打开浏览器，访问 example3_21.php 页面，运行效果如图 3.22 右侧所示。

图 3.22 所示代码中的第 25 行输出未声明的变量 r，正常情况下会在页面中显示错误提示信息。使用错误抑制运行符@后，这些提示信息就被屏蔽掉了。

3.5.10 运算符的优先级与结合性

PHP 的运算符是非常丰富的，并且随着版本的更新仍在不断地充实中。丰富的运算符，给予了 PHP 强大的数据处理能力。

当表达式中出现多个运算符，且这些运算符的优先级别不相同时，表达式求值的计算顺序由运算符的相对优先级决定，遵循先高后低的原则；当表达式中有多个运算符，但这些运算符处于同一个优先级别时，按它们的结合方向进行计算。在实际编程过程中，一般使用括号（）来强制提高运算符的优先级别。

PHP 运算符的优先级及结合性如表 3.8 所示。

表 3.8　PHP 运算符的优先级与结合性

结 合 方 向	运　　算　　符	优　先　级
没有结合性	new　clone	1
左→右	** [	2
右→左	~	3
右→左	++　--	3
右→左	（bool）（float）（int）（string）（array）（object）（unset）@	3
没有结合性	instanceof	4
右→左	!	5
左→右	*　/　%	6
左→右	+　-　.	7
左→右	<<　>>	8
没有结合性	<　<=　>　>=	9
没有结合性	==　!=　<>　===　!==	10
左→右	&	11
左→右	^	12
左→右	|	13
左→右	&&	14
左→右	||	15
左→右	? :	16
右→左	=	17
右→左	+=　-=　*=　/=　.=　%=　&=　|=　^=　~=　<<=　>>=	17
左→右	and	18
左→右	xor	19
左→右	or	20
左→右	,	21

3.6　数据类型转换

PHP 是弱类型检查语言,其变量在定义时不需要指明数据类型,而由运行时的上下文来确定,也就是由赋给变量或常量的值自动确定。从前文讲解运算符及表达式时给出的实例可以看出,当同一表达式中包含不同类型的常量或变量时,在计算前需将这些不同类型的数据转换成相同类型,然后才能计算出具有确定数据类型的结果。

PHP 中的数据类型转换有隐式转换和显式转换两种方式。

3.6.1　隐式转换

PHP 中数据类型的隐式转换,也称为自动转换,是由 PHP 语言引擎自动解析完成的。这种数据类型的转换通常发生在如下两种情形下。

1. 直接对变量赋值操作

直接对变量赋予不同类型的数据,就可以自动改变变量的值,这是隐式转换最简单的方式。在直接赋值操作过程中,变量的数据类型由赋予的值的类型决定。

例如:

```
$x1 = 100;
$x2 = 'China';
$x1 = $x2;
```

变量 x2 给变量 x1 赋值,变量 x1 的数据类型由整型自动转换成字符串类型。

2. 运算过程中的类型转换

双目运算符要求两个操作数的数据类型相同,如果参与运算的操作数类型不相同,PHP 会自动对数据进行转换,转换的基本原则是将低精度类型数据转换为高精度类型数据。类型精度越高,数据的表示范围越大,存储精度也越高。

变量在运算过程中发生的类型转换,并没有改变变量本身的数据类型,改变的仅仅是这些操作数如何被求值。运算过程中的类型转换与运算符的种类有关。

【例 3.22】 PHP 数据类型隐式转换。

(1) 启动 Zend Studio,在 example 工作区的 chapter03 项目中添加一个名为 example3_22.php 的 PHP 文件。

(2) 双击打开 example3_22.php 文件,并添加代码,如图 3.23 左侧所示。

图 3.23 所示代码的第 10～16 行实现了赋值运算中的类型转换;第 21、第 22 行中,布尔数据参与算术运算时,true 与 false 分别被转换为整数 1 与 0;第 23 行中,NULL 参与运算时,被转换为 0;第 25 行中,浮点数与整数进行算术运算时,将整数转换成浮点数;第 29 行中,整数字符串参与算术运算时,字符串被转换为整数;第 30、第 31 行中,浮点数字符串参与算术运算时,字符串被转换为浮点数;第 32 行中,在进行字符串连接运算时,整数被转换为字符串数据;第 33 行中,在进行字符串连接运算时,布尔数 true 与 false 被转换为字符串"1"与空字符串" ",null 数据与 false 布尔数相同;第 34 行中,在进行逻辑运算时,空字符串、字符串 0、整数 0、浮点数 0.0、NULL 被转换为布尔数 false;第 35 行中,在进行逻辑运算时,字符串"0.0"、非零数字、非空字符串等被转换为布尔数 true。

(3) 打开浏览器,访问 example3_22.php 页面,运行效果如图 3.23 右侧所示。

请仔细对比页面中输出结果的数据类型与源代码中各操作数的数据类型之间的差别。

图 3.23　PHP 数据的隐式转换

3.6.2　显式转换

PHP 中数据类型的显式转换,也称为强制类型转换,其实现有 3 种方式。第 1 种是使用 PHP 的通用类型转换函数 setType();第 2 种是使用类型转换函数 intval()、floatval()、strval();第 3 种是使用强制类型转换运算符。

1. 使用函数 setType()

该函数的原型为:

```
function settype (&$var, $type)
```

其中,参数 var 表示变量,type 表示目标数据类型。

【例 3.23】　PHP 数据类型显式转换。

(1) 启动 Zend Studio,在 example 工作区的 chapter03 项目中添加一个名为 example3_23.php 的 PHP 文件。

(2) 双击打开 example3_23.php 文件,并添加代码,如图 3.24 左侧所示。

图 3.24 所示代码中的第 14 行实现了将整数转换为字符串;第 16 行实现了将字符串转换为整数;第 20 行实现了将整数转换成对象;第 22 行实现了将字符串转换成数组。

(3) 打开浏览器,访问 example3_23.php 页面,运行效果如图 3.24 右侧所示。

2. 使用函数名以 val 结尾的函数

PHP 内置了许多函数名以 val 结尾的函数,比如 boolval()、intval()、floatval() 以及 strval() 等。使用这些函数,可以返回变量或常量相应类型的数据,如例 2.24 所示。

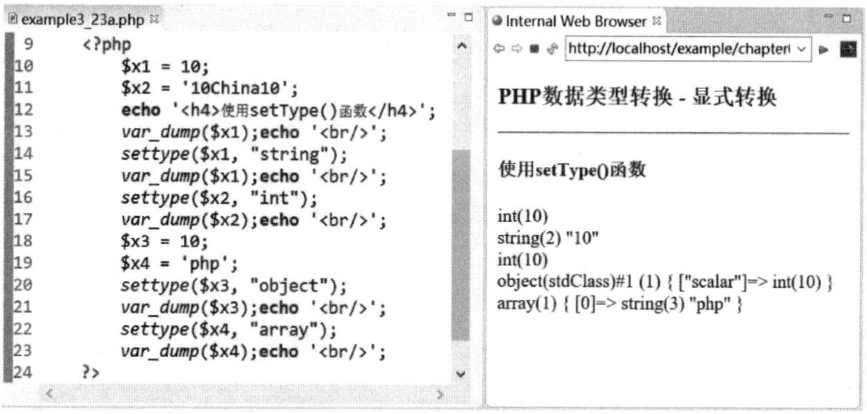

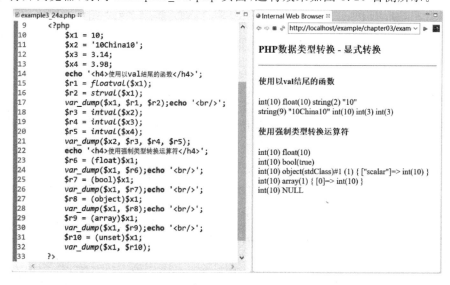

图 3.24　PHP 数据的显式类型转换之一

　　应用中应注意它们与函数 setType() 的区别。对变量使用函数 setType() 后,变量本身的数据类型发生了变化;而使用以 val 结尾的函数,只是得到了新类型的数据,变量本身的类型不变。

3. 使用强制类型转换运算符

　　PHP 中的强制类型转换运算符是指用小括号包围起来的某些 PHP 数据类型名称,主要有 boolean、bool、string、integer、int、float、double、array、object 以及 unset。使用这些强制类型转换运算符,可以返回相应类型的数据。

　　【例 3.24】　PHP 数据类型显式转换。

　　(1) 启动 Zend Studio,在 example 工作区的 chapter03 项目中添加一个名为 example3_24.php 的 PHP 文件。

　　(2) 双击打开 example3_24.php 文件,并添加代码,如图 3.25 左侧所示。

　　图 3.25 所示代码中的第 15～21 行使用以 val 结尾的函数得到相应类型的数据;第 23～32 行使用强制类型转换运算符获取相应类型的数据。

　　(3) 打开浏览器,访问 example3_24.php 页面,运行效果如图 3.25 右侧所示。

图 3.25　PHP 数据的显式类型转换之二

3.7 应 用 实 例

视频讲解

需求：继续第 2 章的 pro02 项目开发，实现项目的前端控制以及用户信息的显示。

目的：熟悉 PHP Web 应用的系统架构，掌握 PHP 程序设计语言的基本语法。

3.7.1 项目架构设计

第 2 章中创建了实例项目并完成了部分页面的设计，下面继续对项目进行开发，首先进行软件的架构设计。

一个具有一定功能的 PHP Web 应用项目，往往都会涉及很多的页面文件及 PHP 的程序代码文件，如果将项目的所有文件都存放在同一个文件夹中，势必会造成后期软件维护及扩展的严重障碍。所以，在项目开发的初始阶段，必须要进行软件的架构设计，也就是项目文件的组织结构设计。

本项目拟采用前端控制的系统架构形式，也就是目前普遍使用的 MVC 设计模式。所谓前端控制，就是将访问项目的所有请求全部提交到前端控制器上，然后由前端控制器根据参数来对请求进行分发，从而实现访问不同资源的目的。

具体的操作步骤如下所述。

（1）启动 Zend Studio，进入 exercise 项目工作区，复制、粘贴 pro02 项目，将名称更改为 pro03。

（2）在 pro03 项目中添加新目录 view，用来存放项目的页面文件，并在 view 目录下新建子目录，存放项目各个功能模块的页面文件。比如，子目录 view/index 存放项目首页，子目录 view/user 存放项目"用户中心"模块中的页面文件。

（3）将原来的首页文件 index.html 移动到 view/index 目录中，在项目根目录下重新创建 index.php 文件。

（4）打开新创建的 index.php 文件，并编写如下代码。

```php
<?php
    /**
     * 本文件为项目的前端控制器,其主要作用是接收用户请求并分发
     * @ ROOT_PATH 常量,表示项目根目录
     * @ VIEW_PATH 常量,表示视图文件目录
     * @ action 为请求参数,表示用户请求的操作
     *
     * */
    define('ROOT_PATH', '/exercise/pro03/');
    define('VIEW_PATH', ROOT_PATH.'view/');
    $action = 'index/index';
    // $action = 'user/index';
    header('Location:'.VIEW_PATH.$action.'.php');
?>
```

（5）选择 view/index/index.html 文件，将文件名更改为 index.php，修改并添加代码，如下所示。

```php
<?php
    define('ROOT_PATH', '/exercise/pro03/');
    define('VIEW_PATH', ROOT_PATH.'view/');
    define('IMG_PATH', ROOT_PATH.'image/');          //图像文件目录
    define('CSS_PATH', ROOT_PATH.'css/');            //CSS 样式文件目录
    define('JS_PATH', ROOT_PATH.'js/');              //JavaScript 文件目录
?>
<!DOCTYPE html>
<html>
    <head>
        <meta charset = "UTF-8">
        <title>微梦工作室 - 首页</title>
        <link rel = "stylesheet" type = "text/css"
            href = "<?php echo CSS_PATH.'wmstyle.css';?>" />
        <script src = "<?php echo JS_PATH.'jquery.min.js'?>"></script>
        <script src = "<?php echo JS_PATH.'wmjs_index.js'?>"></script>
    </head>
    ...
```

注意,当项目中的文件存放位置发生变化后,文件中所引用的资源地址都要相应改变。上述代码中的 CSS 样式、JavaScript 代码以及图像文件的引用地址都与 pro02 项目中不同。完整代码请参考教材源码。

(6) 首页效果测试。打开浏览器,在其地址栏中输入 URL 地址 http://localhost/exercise/pro03,访问到的页面效果与项目 pro02 相同。

注意,此时浏览器地址栏中的 URL 地址为 http://localhost/exercise/pro03/view/index/index.php,说明访问的确实是项目 pro03 中视图目录 view 下的页面文件。

3.7.2　用户信息显示

下面实现用户信息的显示功能,操作步骤如下所述。

(1) 在项目 pro03 的 view/user 目录中添加一个名为 index.php 的文件,并编写代码。如下所示为页面文件中的部分代码,完整内容请参考教材源码。

```php
<?php
    define('ROOT_PATH', '/exercise/pro03/');
    define('VIEW_PATH', ROOT_PATH.'view/');
    define('IMG_PATH', ROOT_PATH.'image/');
    define('CSS_PATH', ROOT_PATH.'css/');
    define('JS_PATH', ROOT_PATH.'js/');
    //页面数据
    $title = '用户基本信息';
    //用户数据
    $name = '李木子';
    $birth = '1990-10-10';
    //计算用户年龄
    $user_y = '1990';
    $user_m = '10';
    $user_d = '10';
```

```
$cur_y = date('Y'); //当前时间的年
$cur_m = date('n'); //当前时间的月
$cur_d = date('j'); //当前时间的日
$age = $cur_y - $user_y;
$c = $cur_m < $user_m || $cur_m == $user_m && $cur_d < $user_d;
//用户数据
$age = $c ? $age++ : $age;
$const = '天秤座';
//用户星座图像参数
$lev = 9;
?>
<! DOCTYPE html >
< html >
...
```

（2）打开项目 pro03 的 view/index/index.php 页面文件，将【用户中心】菜单项的 HTML 修改为如下形式。

```
< a href = "<?php echo ROOT_PATH.'?action = user/index';?> ">用户中心</a>
```

（3）页面效果测试。打开浏览器，在其地址栏中输入 URL 地址 http://localhost/exercise/pro03 访问项目首页，然后修改项目的前端控制器文件 index.php 中的代码如下。

```
// $action = 'index/index';
$action = 'user/index';
```

保存文件，回到浏览器，单击首页中的【用户中心】菜单项，页面效果如图 3.26 所示。

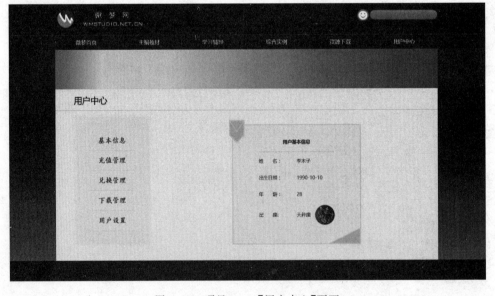

图 3.26　项目 pro03【用户中心】页面

由于到现在为止只介绍了 PHP 的基本语法，所以上述测试会显得有些笨拙，随着学习的深入，项目的开发会越来越顺畅。

习　题

一、填空题

1. PHP 是一种（　　　）端的、嵌入 HTML 文档的脚本语言。

2. PHP 7 支持两种风格的标记，分别是（　　　）和（　　　）。

3. PHP 的单行注释有两种，分别用符号（　　　）和（　　　）来表示。

4. PHP 的标量数据类型有（　　　）、（　　　）、（　　　）和（　　　）。

5. PHP 提供了两种复合数据类型，即（　　　）和（　　　）。

6. 在 PHP 中，常量可以用函数（　　　）或关键词（　　　）来定义。

7. 在 PHP 中，变量是由符号（　　　）与变量名组成的，但常量名前面没有该符号。

8. 与 C、C++ 及 Java 语言的强类型检查不同，PHP 属于（　　　）类型检查语言，声明变量时不需要指定变量的（　　　）。

9. PHP 代码"$x＝5"与"$x＝5；"分别为（　　　）和（　　　）。

10. 在 PHP 中，如果同一表达式中包含不同类型的常量或变量，求值时会进行数据类型的（　　　）。

二、选择题

1. 以下代码（　　　）不符合 PHP 语法。
   A. $_10　　　　　　B. $10_tv　　　　　C. ${"var"}　　　　　D. & $tv

2. 下列（　　　）和（　　　）表示的是 PHP 的常量。
   A. PI　　　　　　B. $PI　　　　　　C. $$PI　　　　　　D. pi

3. 执行以下 PHP 代码后，$y 的值为（　　　）。

   ```php
   <?php $x = 1; ++ $x; $y = $x + 1;echo $y; ?>
   ```

   A. 1　　　　　　B. 2　　　　　　C. 3　　　　　　D. 0

4. 以下代码的执行结果为（　　　）。

   ```php
   <?php @ $x = "10apple" + 10;echo $x; ?>
   ```

   A. 10　　　　　　B. 20　　　　　　C. 10apple10　　　　　　D. 20apple

5. PHP 的全等运行符＝＝＝如何比较两个数据？（　　　）
   A. 将两个数据转换成相同的数据类型再比较转换后的值
   B. 只有在两个数据的数据类型和值都相同时才返回 TRUE
   C. 将两个数据都转换成字符串再进行比较
   D. 其规则与等于运行符＝＝相同

6. 执行以下代码后，$x 的数据类型为（　　　）。

   ```php
   <?php $x = 10; $y = (float) $x; ?>
   ```

   A. 整型　　　　　　B. 浮点型　　　　　　C. 字符串型　　　　　　D. 不确定

7. 若变量 $web 的值为 apache，变量 $apache 的值为 web，则变量 $$web 的值为（　　　）。
   A. apache　　　　　　B. web　　　　　　C. apacheweb　　　　　　D. 不确定

PHP基本语法

8. 表达式 $10+(5>4)$ && ($x=10$)是一个( )表达式。

    A. 算术   B. 关系   C. 逻辑   D. 赋值

9. 若变量 $x 与变量 $y 的值都为 10,则表达式 $x. $y 与表达式 10.10 的值( )。

    A. 相同   B. 不相同

    C. 与 PHP 版本有关   D. 不确定

10. PHP 变量的引用与变量本身的内存地址( )。

    A. 相同   B. 不同   C. 相邻   D. 无法判断

三、程序阅读题

1. 下列程序是否能够正常运行？输出结果为多少？

```php
<?php
    const pi = 3.14;
    $r = 10;
    $area = $pi * $r * $r;
    echo $area;
?>
```

2. 写出下列程序的输出结果。

```php
<?php
    $x = 10;
    $y = & $x;
    unset( $x);
    echo $y;
?>
```

3. 执行下列程序,会出现什么结果？

```php
<?php
    $str = "<script>location.href = 'http://www.baidu.com'</script>";
    echo $str;
?>
```

4. 写出下列程序的输出结果。

```php
<?php
    $x = 10;
    1 > 0 || $x++;
    echo $x.'<br />';
    1 > 0 && $x++;
    echo $x;
?>
```

5. 写出下列程序的输出结果。

```php
<?php
    $web = 'apache';
    $apache = 'web';
    echo $$web.'<br />';
    $$web = 'tomcat';
    echo $apache;
?>
```

四、操作题

1. 定义一个变量 title，赋值为"PHP Web 应用开发基础案例教程"，输出这个变量。要求以 1 号标题(< h1 >)格式输出，文本颜色为红色。

2. 定义 3 个变量，并分别赋值为 2、4、6，编写程序求出这 3 个数中的最大值。

3. 定义一个表示时间"年"的变量 year，赋值为 2018，判断其是否为闰年。要求使用条件运算符进行判断。

4. 定义一个常量 PI 及变量 r，分别赋值为 3.1415926 和 10，编写程序求圆的面积 area。要求输出结果的文本格式为"半径为 $r 的圆的面积为 $area。"，其中的半径与面积数字采用红色粗体样式。

5. 调试第三大题中的程序。

第4章　流程控制及函数

计算机程序是由一系列语句构成的,为了实现某种特定的算法,需要对这些语句的执行顺序进行控制,从而控制程序的执行流程。函数存在于大多数程序设计语言中,用于分隔一些能够完成独立且明确任务的代码段,是一个具有调用接口的功能模块。使用函数可以增强代码的重用性,也便于软件系统的维护。

本章介绍 PHP 程序的流程控制方法及函数的应用,包括基本控制结构、流程控制语句、自定义函数以及 PHP 的典型内置函数。

4.1　基本控制结构

视频讲解

PHP 的基本控制结构有 3 种,即顺序结构、选择结构和循环结构。顺序结构就是按照程序中语句出现的先后顺序依次执行,如赋值语句、输入输出语句等;选择结构和循环结构需要一定的流程控制语句来控制程序的执行顺序。

4.1.1　选择结构

和其他语言一样,PHP 的选择结构也分为单分支选择结构与多分支选择结构。单分支选择由 if else 语句实现;多分支选择由 if else 语句的嵌套或 switch case 语句来实现。

1. 单分支选择结构

if else 语句是专门用来实现选择结构的语句,其语法形式为:

```
if (表达式) 语句 1
else 语句 2
```

执行顺序是首先计算表达式的值,若表达式的值为 true,则执行语句 1;否则,执行语句 2,如图 4.1 所示。

其中,语句 1 和语句 2 不仅可以是一条语句,而且可以是被大括号包围的多条语句,即复合语句。例如:

```
if ( $x > $y)
        echo $x;
else
        echo $y;
```

实现了从变量 x 和变量 y 中选择较大的一个输出。

if else 语句中的语句 2 可以为空,当语句 2 为空时,else 可以省略,成为如下形式:

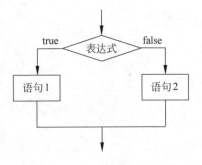

图 4.1　if else 语句流程图

if（表达式）语句

例如：

```
if( $x > $y) echo $x;
```

【例 4.1】 判断某年是否闰年。

所谓闰年，就是年份数值可以被 4 整除而不能被 100 整除或者能被 400 整除的年份。

（1）启动 Zend Studio，在 example 工作区中创建一个名为 chapter04 的 PHP 项目。

（2）在 chapter04 项目中添加一个名为 example4_1.php 的 PHP 文件，并添加代码，如图 4.2 左侧所示。

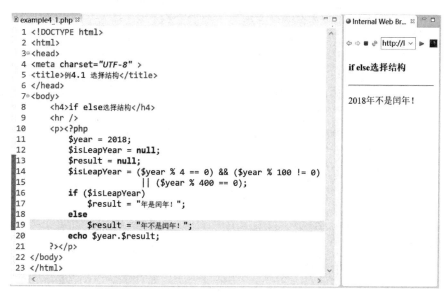

图 4.2 例 4.1 代码及运行效果

图 4.2 所示代码中的第 14 行为判断某年是否闰年的条件表达式；第 16～19 行使用选择结构获取数据处理结果；第 20 行定义结果的输出。

（3）打开浏览器，访问 example4_1.php 页面，运行效果如图 4.2 右侧所示。

修改图 4.2 所示代码第 11 行中的年份，保存文件并刷新浏览器页面，观察输出的结果信息。

2. 多分支选择结构

有很多问题是一次简单判断所解决不了的，而需要进行多次判断选择。这就需要使用多分支选择结构，也叫作多重选择结构。PHP 中有以下 3 种方法可以实现这种结构。

1）嵌套 if else 语句

语法形式为：

```
if（表达式 1）
    if（表达式 2）语句 1
    else 语句 2
else
    if（表达式 3）语句 3
    else 语句 4
```

这里的语句 1、2、3、4 可以是复合语句；每层的 if 要与 else 配对，如果省略某一个 else，便要用大括号{}括起该层的 if else 语句来确定层次关系。

【例 4.2】 使用嵌套语句判断某年是否闰年。

（1）启动 Zend Studio，在 example 工作区的 chapter04 项目中添加一个名为example4_2.php 的 PHP 文件。

（2）双击打开 example4_2.php 文件，并添加代码，如图 4.3 左侧所示。

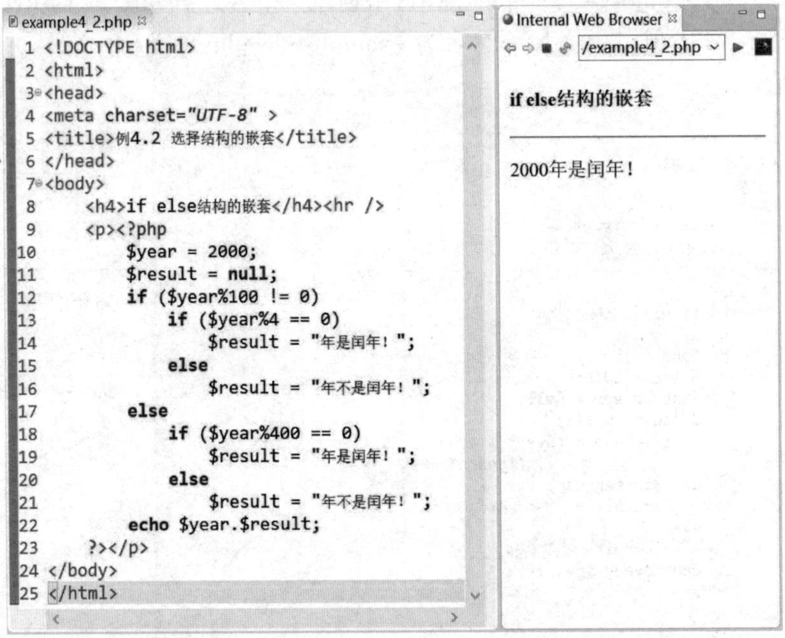

```php
1  <!DOCTYPE html>
2  <html>
3  <head>
4  <meta charset="UTF-8" >
5  <title>例4.2 选择结构的嵌套</title>
6  </head>
7  <body>
8      <h4>if else结构的嵌套</h4><hr />
9      <p><?php
10         $year = 2000;
11         $result = null;
12         if ($year%100 != 0)
13             if ($year%4 == 0)
14                 $result = "年是闰年! ";
15             else
16                 $result = "年不是闰年! ";
17         else
18             if ($year%400 == 0)
19                 $result = "年是闰年! ";
20             else
21                 $result = "年不是闰年! ";
22         echo $year.$result;
23     ?></p>
24 </body>
25 </html>
```

if else结构的嵌套

―――――――――

2000年是闰年！

图 4.3 例 4.2 代码及运行效果

图 4.3 所示代码中的第 12~21 行为嵌套的 if else 语句，其中第 13~16 行和第 18~21 行均为内嵌的选择结构。

（3）打开浏览器，访问 example4_2.php 页面，运行效果如图 4.3 右侧所示。

修改图 4.3 所示代码第 10 行中的年份，保存文件并刷新浏览器页面，观察输出的文本信息。

2) if ··· elseif 语句

如果 if else 语句的嵌套都发生在 else 分支中，还可以使用 if ··· elseif 语句来实现流程的控制。其语法格式如下：

```
if (表达式 1) 语句 1
elseif (表达式 2) 语句 2
elseif (表达式 3) 语句 3
    …
else 语句 n
```

其中，语句 1、2、3、···、n 既可以是简单语句，也可以是复合语句。if ··· elseif 语句的执行顺序如图 4.4 所示。

3) switch 语句

在有的问题中，虽然需要进行多次判断选择，但是每一次都是判断同一表达式的值，这样

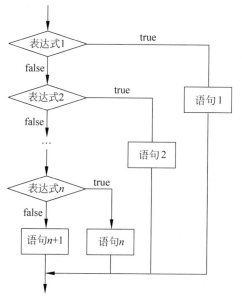

图 4.4 if … elseif 语句流程图

就没有必要在每一个嵌套的 if 语句中都计算一遍表达式的值。为此,PHP 提供了 switch 语句,专门用来解决这类问题。其语法形式如下:

```
switch (表达式)
{
    case 常量表达式 1: 语句 1
    case 常量表达式 2: 语句 2
    …
    case 常量表达式 n: 语句 n
    default: 语句 n + 1
}
```

switch 语句的执行顺序是首先计算 switch 语句中表达式的值,然后在 case 语句中寻找值相等的常量表达式,并以此为入口标号,由此开始顺序执行。如果没有找到相等的常量表达式,则从 default 开始执行。

使用 switch 语句应注意下列问题。

(1) switch 语句后面的表达式可以是整型或字符串。

(2) 每个常量表达式的值不能相同,但次序不影响执行结果。

(3) 每个 case 分支可以有多条语句,但不必用{ }包围。

(4) 每个 case 语句只是一个入口标号,并不能确定执行的终止点,因此每个 case 分支最后应该加 break 语句,用来结束整个 switch 结构,否则会从入口点开始一直执行到 switch 结构的结束点。

(5) 当若干分支需要执行相同操作时,可以使多个 case 分支共用一组语句。

(6) default 子句不是必需的,可以省略。

【例 4.3】 输入一个 0～6 的整数,将其转换成星期输出。

数字 0～6 分别对应 Sunday、Monday……7 种情况,因此需要运用多重分支结构。这里每次判断的都是星期数,所以选用 switch 语句来实现星期的转换输出功能。

(1)启动 Zend Studio,在 example 工作区的 chapter04 项目中添加一个名为 example4_3.php 的 PHP 文件。

(2)双击打开 example4_3.php 文件,并添加代码,如图 4.5 左侧所示。

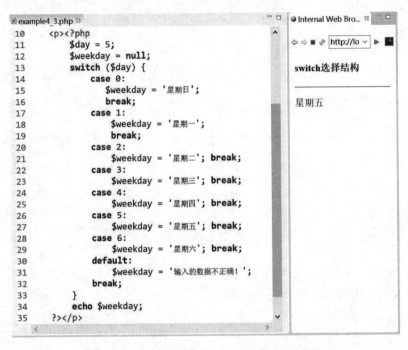

图 4.5 例题 4.3 代码及运行效果

图 4.5 所示代码中的第 13~33 行为 switch 多分支选择结构。注意每一个 case 分支中都有一个 break 语句,其作用将在下面详细介绍。

(3)打开浏览器,访问 example4_3.php 页面,运行效果如图 4.5 右侧所示。

修改图 4.5 所示代码第 11 行中的变量值,保存文件并刷新浏览器页面,观察输出的星期文本。

4.1.2 循环结构

在程序执行过程中,有时候需要将一段代码反复地执行,这时就要用到循环结构。PHP 提供了以下 4 种形式的循环控制结构。

1. while 循环

语法格式:

while (表达式) 语句

执行顺序:先判断表达式(循环控制条件)的值,若表达式的值为 true,再执行循环体(语句),如图 4.6 所示。

应用 while 语句时应该注意,在循环体中,一般应该包含改变循环条件表达式值的语句,否则会造成无限循环(死循环)。

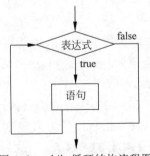

图 4.6 while 循环结构流程图

【例4.4】 求1～100中所有自然数之和。

求多个数的和需要用累加算法,累加过程是一个循环过程,下面用while循环结构来实现。

（1）启动Zend Studio,在example工作区的chapter04项目中添加一个名为example4_4.php的PHP文件。

（2）双击打开example4_4.php文件,并添加代码,如图4.7左侧所示。

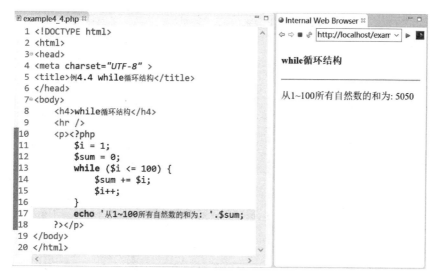

图4.7　while循环结构实例

图4.7所示代码中的第15行执行变量i的自加操作,以此来改变循环条件表达式的值。

（3）打开浏览器,访问example4_4.php页面,运行效果如图4.7右侧所示。

2. do…while循环

语法形式:

```
do 语句
while(表达式)
```

执行顺序:先执行循环体语句,然后判断循环条件表达式的值,表达式的值为true时,继续执行循环体,表达式的值为false时结束循环,如图4.8所示。

比较图4.6与图4.8所表示的流程不难看出,do…while循环与while循环的主要区别在于,do…while循环的循环体至少会被执行一次。

与使用while循环结构一样,应该注意,do…while循环的循环体中也要包含改变循环条件表达式值的语句,否则也会造成死循环。

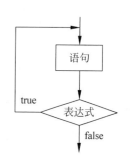

图4.8　do…while循环流程图

【例4.5】 使用do…while循环结构求1～100中所有自然数之和。

（1）启动Zend Studio,在example工作区的chapter04项目中添加一个名为example4_5.php的PHP文件。

（2）双击打开example4_5.php文件,并添加代码,如图4.9左侧所示。

图4.9所示代码中的第16行执行变量i的自加操作,以此来改变循环条件表达式的值。

（3）打开浏览器，访问 example4_5.php 页面，运行结果如图 4.9 右侧所示。

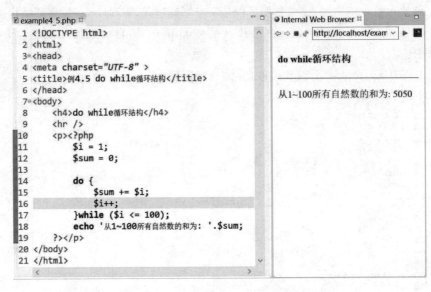

图 4.9 do…while 循环结构实例

3. for 循环

for 循环结构的使用最为灵活，既可以用于循环次数确定的情况，也可以用于循环次数未知的情况。其语法形式如下：

```
for(初始语句; 表达式 1; 表达式 2)
    语句
```

执行流程如图 4.10 所示。

由图 4.10 可以看到，for 循环结构的执行流程：首先执行初始语句，再计算表达式 1（循环控制条件）的值，并根据表达式 1 的值判断是否执行循环体。如果表达式 1 的值为 true，则执行一次循环体；如果表达式 1 的值为 false，则退出循环。每执行一次循环体，计算表达式 2 的值，然后再计算表达式 1，并根据表达式1 的值决定是否继续执行循环体。

关于 for 循环结构的说明如下。

（1）初始语句、表达式 1、表达式 2 都可以省略，分号不能省略。

如果初始语句、表达式 1、表达式 2 都省略，则成为如下形式：

```
for(;;)语句           //相当于 while(true)语句
```

将无终止地执行循环体（死循环）。

（2）表达式 1 是循环控制条件，如果省略，循环将无终止地进行下去。

一般在循环控制条件中包含一个在循环过程中会不断变化的变量，该变量称为循环控制变量。例如，对于循环

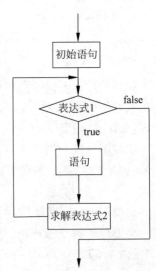

图 4.10 for 循环结构执行
流程图

```
for( $i = 0; $i <= 100; $i++) $sum = $sum + $i;
```

这里的循环控制条件 $i<=100 中的变量 i 就是循环控制变量。

（3）初始语句可以是一个表达式语句或声明语句。若它是一个表达式语句,该表达式一般用于给循环控制变量赋初值,也可以是与循环控制变量无关的其他表达式。如果初始语句省略或者是与循环控制变量无关的其他表达式,则应该在 for 语句之前给循环控制变量赋初值。

（4）表达式 2 一般用于改变循环控制变量的值,如果省略或者是其他与循环条件无关的表达式,则应该在循环体中另有语句改变循环条件,以保证循环能正常结束。

（5）如果省略表达式 1 和 3,只有表达式 2,则完全等同于 while 循环结构。

for 结构是功能极强的循环结构,它完全包含了 while 结构的功能。除了可以给出循环条件以外,还可以赋初值、使循环变量自动增值等。用 for 循环结构可以解决编程中的所有循环问题,建议读者认真掌握。

【例 4.6】 使用 for 循环结构求 1～100 所有自然数之和。

（1）启动 Zend Studio,在 example 工作区的 chapter04 项目中添加一个名为example4_6.php 的 PHP 文件。

（2）双击打开 example4_6.php 文件,并添加代码,如图 4.11 左侧所示。

图 4.11 所示代码中使用了两种格式的 for 循环结构,其中第 11～14 行使用的是标准格式,循环变量在结构内赋初值;第 17～20 行中循环变量在循环结构外赋初值。

（3）打开浏览器,访问 example4_6.php 页面,运行结果如图 4.11 右侧所示。

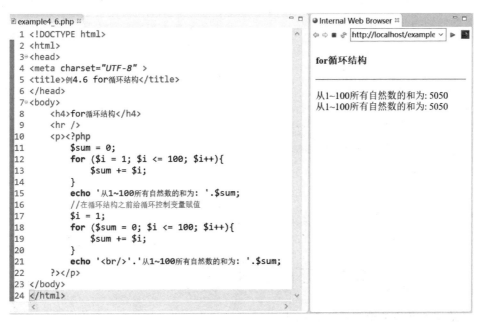

图 4.11 for 循环结构实例

4. foreach 循环

foreach 是针对数据集合的循环,比如数组、列表等,下面以数组为例来说明它的用法。假设数组名称为 arr,数组元素的值用 value 表示,数据元素的键用 key 表示,语法格式如下:

```
foreach( $arr as $value) 语句
```

或者：

```
foreach( $arr as $key = > $value) 语句
```

foreach 针对数组的循环实际上就是对数组的遍历，每次循环时，都将当前数组元素的值赋给变量 value，如果是第 2 种方式，还需要将当前数组元素的键赋给变量 key，直到数组的最后一个元素。

【例 4.7】 使用 foreach 循环结构求 1～100 所有自然数之和。

（1）启动 Zend Studio，在 example 工作区的 chapter04 项目中添加一个名为 example4_7.php 的 PHP 文件。

（2）双击打开 example4_7.php 文件，并添加代码，如图 4.12 左侧所示。

图 4.12 所示代码中的第 14～18 行将 100 个自然存储在名为 arr 的数组中；第 19～20 行使用 foreach 从 arr 数组中取出数组元素进行累加。

（3）打开浏览器，访问 example4_7.php 页面，运行效果如图 4.12 右侧所示。

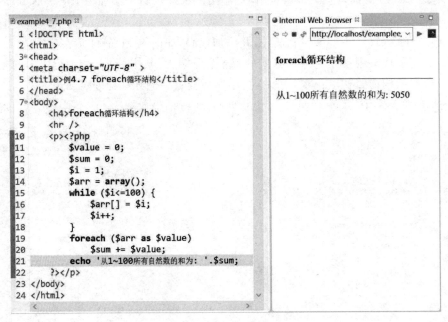

图 4.12　foreach 循环结构实例

4.2　流程控制语句

选择结构与循环结构本质上都属于流程控制的范畴，除此之外，PHP 还提供了其他几个程序流程控制语句。

视频讲解

4.2.1　break 语句

前文的 switch 中使用了 break 语句，它的作用是跳出 switch 语句。除用于 switch 语句外，break 语句还可以用在循环结构内，实现跳出循环的功能。在多层循环嵌套的时候，还可以通过在 break 后面加上一个整形数字 n 来终止当前循环体向外计算的 n 层循环。

4.2.2　continue 语句

continue 语句用于循环结构中,用于中断本次循环,进入下一次循环。在多重循环中也可以通过在 continue 后面加上整型数字 n,跳过 n 层循环中 continue 后面的语句。

注意,在循环结构中,break 语句的作用是跳出循环;而 continue 语句的作用是结束本次循环。

4.2.3　goto 语句

goto 语句的语法格式为:

goto 语句标号

其中,"语句标号"是用来标识语句的标识符,放在语句的最前面,并用冒号与语句分开。例如:

goto END;

…

END:

echo '这是文件结尾!';

…

这里,END 为语句标号,执行 goto 语句后,程序会跳转到由该标号标记的语句开始往下执行。

goto 语句的作用是使程序的执行流程跳转到语句标号所指定的语句。goto 语句的使用会破坏程序的结构,应该少用或不用。

由于 goto 语句不具有结构性,它的频繁使用会使程序变得混乱,因此 goto 语句被广为诟病。然而,也有适宜使用 goto 语句的地方,例如在一个多重循环的循环体中,要使执行流程跳出这个多重循环,用 break 语句难以直接做到,这时使用 goto 语句就可以很方便地实现。

4.2.4　exit 语句

PHP 中还可以使用 exit 语句强行退出代码的运行,而不管它在代码的什么位置。

【例 4.8】　使用双重循环求 1～100 所有自然数之和。

(1) 启动 Zend Studio,在 example 工作区的 chapter04 项目中添加一个名为 example4_8.php 的 PHP 文件。

(2) 双击打开 example4_8.php 文件,并添加代码,如图 4.13 左侧所示。

图 4.13 所示代码采用双重循环求值,只是为了演示 break 及 continue 语句的用法,实际编程中建议不要这样使用。

(3) 打开浏览器,访问 example4_8.php 页面,运行效果如图 4.13 右侧所示。

```
10    <p><?php
11        $sum = 0;
12        $i = 1;
13        $j = 2;
14        for (; $i<=100; $i+=2){
15            for (; $j <= 100; ) {
16                $sum += $j;
17                $j += 2;
18                break;
19            }
20            $sum += $i;
21        }
22        echo '1~100中所有自然数的和为: '.$sum.'<br/>';
23        $sum = 0;
24        for ($i = 1; $i<=100; $i+=2){
25            for ($j = 2; $j <= 100; $j += 2) {
26                if (($j-$i) != 1)
27                    continue;
28                $sum += $j;
29            }
30            $sum += $i;
31        }
32        echo '1~100中所有自然数的和为:'.$sum;
33    ?></p>
```

Internal Web Browser

http://localhost/exampl

其他流程控制语句

1~100中所有自然数的和为: 5050
1~100中所有自然数的和为:5050

图 4.13　break 及 continue 语句应用

4.3　PHP 函数

视频讲解

函数是一种可以在任何需要的时候执行的代码块,在程序开发过程中,使用函数可以提高代码的重用性,减少系统错误,缩短开发周期,从而提升系统开发效率,并增强其可维护性及可靠性。

在 PHP 中,函数可以分为用户自定义与系统内置两种类型。PHP 提供了大量的内置函数,这些函数成就了 PHP 的强大功能。

4.3.1　函数的定义

在 PHP 中,由于版本的更新,函数定义的语法格式会有一些差别,这里使用 PHP 7 的函数定义格式:

```
function 函数名(含类型说明的形式参数表)：类型说明符
{
    函数体
}
```

1. function

函数定义关键词,只要是自定义函数,不管是普通函数还是类的成员函数,都必须使用这个关键词。

2. 函数名

函数的名称,其编码应符合 PHP 的标识符规则。与变量不同的是,函数名不区分大小写,如 myprint、MyPrint、myPrint、MYPRINT 表示的是同一个函数。

3. 形式参数表

形式参数简称形参,函数可以不定义形参,当函数定义形参时,形式参数表的格式有如下4种形式:

```
type1 $name1, type2 $name2, … ,typen $namen
```

或者:

```
$name1, $name2, …, $namen
```

或者:

```
type1 $name1, type2 $name2, … $params
```

或者:

```
$name1, $name2, … $params
```

其中,type1、type2、…、typen 是数据类型标识符,表示形参的类型。name1、name2、…、namen 是形参变量名称。第1、第2两种格式中的符号…为普通的省略号,表示这个位置还可以存在多个形参;第3、第4两种格式中的符号…是 PHP 的变长参数定义符,表示该函数在调用的时候可以带入不同个数的实参。也就是说,函数形参的数量是可变的。

形参的作用是实现主调函数与被调函数之间的联系,通常将函数所处理的数据、影响函数功能的因素或者函数的处理结果作为形参。

函数在没有被调用的时候是静止的,此时的形参只是一个符号,它标志着在形参出现的位置应该有一个什么类型的数据(当然也可以不说明数据类型)。函数在被调用时才执行,也是在被调用时才由主调函数将实际参数(简称实参)赋予形参。这与数学中的函数概念是相似的,例如数学中的函数:

$$f(x) = \sin(x) + \cos(x) + 1$$

只有当自变量被赋值以后,才能计算函数的值。

4. 类型说明符

在形参列表的后面可以有一个用冒号:连接的类型说明符,它指明了函数返回值的数据类型。

函数可以有一个返回值,函数的返回值是需要返回给主调函数的处理结果。类型说明符规定了函数返回值的类型。函数的返回值由 return 语句给出,格式如下:

```
return 表达式;
```

一个函数也可以不将任何值返回给主调函数,这时它的类型标识符为 void,可以不写return 语句,但也可以写一个不带表达式的 return 语句,用于结束当前函数的调用,格式为:

```
return;
```

5. 函数体

函数体是实现函数功能的语句序列,可以是任何有效的 PHP 代码,当然也可以是其他函数或类的定义。

【例 4.9】 函数的定义。

（1）启动 Zend Studio，在 example 工作区的 chapter04 项目中添加一个名为 example4_9.php 的 PHP 文件。

（2）双击打开 example4_9.php 文件，并添加代码，如图 4.14 左侧所示。

图 4.14 所示代码中定义了 4 个函数，形参列表采用了不同的定义格式；代码中的第 33 行输出函数 myprint4 被调用后的返回值。

（3）打开浏览器，访问 example4_9.php 页面，运行效果如图 4.14 右侧所示。

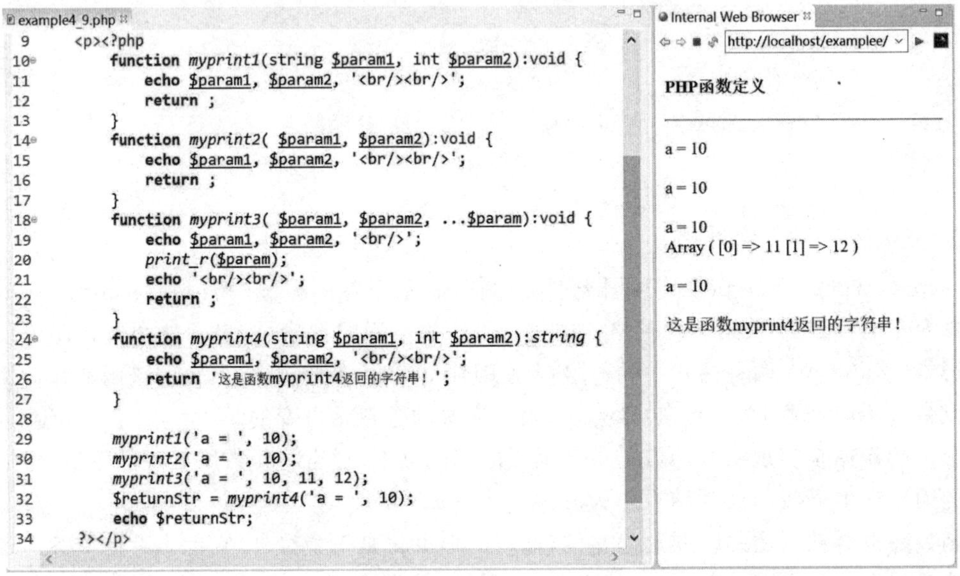

图 4.14　函数的定义

从函数调用的结果可以看出，当采用变长形参定义格式时，"变长的参数"实际上是被放入了一个数组中，可以在函数体中通过数组的操作取出这些参数来使用。代码中的第 18 行定义了 myprint3 函数，注意观察它被调用后的输出结果。

4.3.2　函数的调用及参数传递

1. 函数的调用

函数定义以后，就可以调用该函数了。其语法格式为：

函数名(实参列表);

实参列表应与函数定义中的形参列表相对应，包括参数的个数与数据类型。当形参列表中有明确的数据类型说明时，实参列表中对应的参数必须与之有相同的数据类型，就像 C 语言。虽然 PHP 允许函数参数不带类型说明，但在实际开发过程中，仍建议采用强类型的定义方式，因为这样能够避免很多不必要的麻烦。

函数调用可以作为一条语句，此时函数调用可以没有返回值。函数调用也可以出现在表达式中，这时就必须有一个明确的返回值，例如图 4.14 中的第 29~32 行代码。

调用一个函数时，首先计算函数的实参列表中各个表达式的值，然后主调流程暂停执行，开始执行被调函数流程，被调函数中形参的初值就是主调流程中实参表达式的求值结果。当被调函数执行到 return 语句或执行到函数末尾时，被调函数执行完毕，继续执行主调流程。

PHP 函数的调用方式主要有下述 5 种。

1) 使用函数名

这是最基本的函数调用方式,其调用格式符合基本语法。

2) 使用函数名变量

PHP 支持变量函数,也就是可以声明一个变量,通过变量来访问函数。如果一个变量名后出现小括号( ),PHP 就会寻找与变量的值同名的函数,并且尝试调用它。

【例 4.10】 PHP 的变量函数。

(1) 启动 Zend Studio,选择 example 工作区中的项目 chapter04,并在该项目中添加一个名为 example4_10.php 的 PHP 文件。

(2) 双击打开 example4_10.php 文件,并添加代码,如图 4.15 左侧所示。

这里定义了一个名为 functionName 的变量,用来表示函数的名称。不同函数的调用是通过改变这个变量的值来实现的。代码中的第 30、第 33、第 36 和第 39 行中,变量 functionName 的后面都出现了小括号,说明这 4 行都是函数调用语句,由于变量的值不一样,所以它们调用的是 4 个不同的函数。

(3) 打开浏览器,访问 example4_10.php 页面,运行效果如图 4.15 右侧所示。

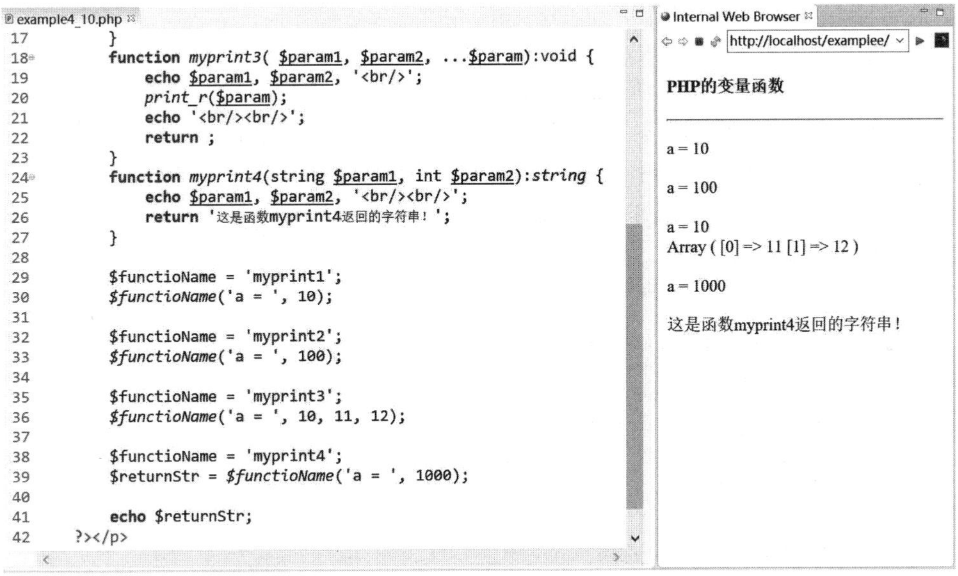

图 4.15 PHP 的变量函数

注意比较与例 4.9 中函数调用方式的不同之处。

3) 内部函数的调用

所谓内部函数,就是定义在某个函数内部的函数。对内部函数的外部调用,其调用语句与主函数的调用语句之间存在顺序依赖。

【例 4.11】 PHP 的内部函数。

(1) 启动 Zend Studio,选择 example 工作区中的项目 chapter04,并在该项目中添加一个名为 example4_11.php 的文件。

(2) 双击打开 example4_11.php 文件,并添加代码,如图 4.16 左侧所示。

这里在函数 myprint 内部定义了一个名为 inmyprint 的函数,如图中的第 11~13 行代码。

（3）打开浏览器，访问 example4_11.php 页面，运行效果如图 4.16 右侧所示。

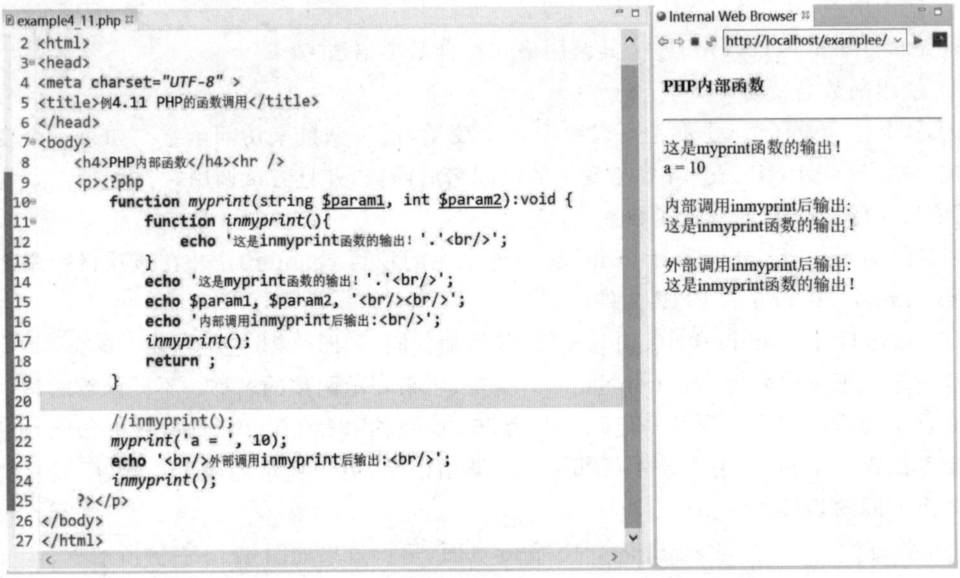

图 4.16 PHP 的内部函数

图 4.16 所示代码中的第 21 行尝试调用这个内部函数，出现了致命错误，系统提示找不到函数 inmyprint 的定义；注释掉第 21 行代码，添加第 22 行代码调用函数 myprint，然后再尝试调用 inmyprint 函数，如第 24 行代码所示，此时系统正确输出结果。

例程的演示清楚地说明，PHP 的内部函数在主函数外面进行调用时，调用语句必须位于主函数调用语句之后。

4）函数的嵌套

PHP 的函数允许嵌套调用，如果函数 1 调用了函数 2，函数 2 再调用函数 3，便形成了函数的嵌套调用。

【例 4.12】 PHP 函数的嵌套调用。

（1）启动 Zend Studio，选择 example 工作区中的项目 chapter04，并在该项目中添加一个名为 example4_12.php 的 PHP 文件。

（2）双击打开 example4_12.php 文件，并添加代码，如图 4.17 左图所示。

这里定义了 3 个函数，在第 2 个函数中调用了第 1 个函数，如代码的第 18 行；在第 3 个函数中调用了第 2 个函数，如代码的第 25 行。最后在主流程中调用了第 3 个函数，如代码的第 28 行所示。

（3）打开浏览器，访问 example4_12.php 页面，运行效果如图 4.17 右侧所示。

请仔细分析图中的输出结果，弄清楚每一句输出分别来自于哪个函数。

5）递归调用

函数的递归调用，就是在函数的内部直接或间接地调用其自身。PHP 也支持函数的递归调用。

【例 4.13】 PHP 函数的递归调用。

（1）启动 Zend Studio，选择 example 工作区中的项目 chapter04，并在该项目中添加一个名为 example4_13.php 的 PHP 文件。

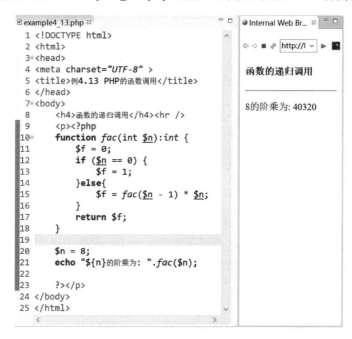

```
example4_12.php ⊠
 6 </head>
 7 <body>
 8     <h4>函数的嵌套</h4><hr />
 9     <p><?php
10     function myprint1(string $param1, int $param2):void {
11         echo '这是myprint1函数的输出结果！';
12         echo $param1, $param2;
13         return ;
14     }
15     function myprint2( $param1, $param2):void {
16         echo '这是myprint2函数的输出结果！';
17         echo $param1, $param2, '<br/>';
18         myprint1($param1, $param2);
19         return ;
20     }
21     function myprint3( $param1, $param2, ...$param):void {
22         echo $param1, $param2, '<br/>';
23         print_r($param);
24         echo '<br/>';
25         myprint2($param1, $param2);
26         return ;
27     }
28     myprint3('a = ', 100, 20, 30);
29     ?></p>
30 </body>
31 </html>
```

Internal Web Browser ⊠
http://localhost/examplee/cha ∨

函数的嵌套

a = 100
Array ([0] => 20 [1] => 30)
这是myprint2函数的输出结果！ a = 100
这是myprint1函数的输出结果！ a = 100

图 4.17　PHP 函数的嵌套调用

（2）双击打开 example4_13.php 文件，并添加代码，如图 4.18 左侧所示。

这是一个经典的函数递归调用的例子，求一个自然数的阶乘。代码的第 10～18 行定义了一个名为 fac 的函数，在这个函数的内部，也就是代码的第 15 行，又调用了该函数本身；代码的第 21 行又进行了该函数的调用。

（3）打开浏览器，访问 example4_13.php 页面，运行效果如图 4.18 右侧所示。

```
example4_13.php ⊠
 1 <!DOCTYPE html>
 2 <html>
 3 <head>
 4 <meta charset="UTF-8" >
 5 <title>例4.13 PHP的函数调用</title>
 6 </head>
 7 <body>
 8     <h4>函数的递归调用</h4><hr />
 9     <p><?php
10     function fac(int $n):int {
11         $f = 0;
12         if ($n == 0) {
13             $f = 1;
14         }else{
15             $f = fac($n - 1) * $n;
16         }
17         return $f;
18     }
19
20     $n = 8;
21     echo "${n}的阶乘为: ".fac($n);
22
23     ?></p>
24 </body>
25 </html>
```

Internal Web Br... ⊠
http://l ∨

函数的递归调用

8的阶乘为: 40320

图 4.18　PHP 函数的递归调用

函数递归调用时，一定要有使递归结束的条件语句，否则递归过程会无限进行下去，这是编程中一定要避免的。

2. 函数的参数传递

在函数未被调用时,函数的形参并不占用实际的内存空间,也没有实际的值。只有在函数被调用时才为形参分配存储单元,并将实参与形参结合。每个实参都是一个表达式,其类型必须与形参相符。函数的参数传递指的就是形参与实参结合的过程,PHP 支持的传递方式有值传递、引用传递和默认参数 3 种。

1) 值传递

值传递是指当发生函数调用时,给形参分配内存空间,并用实参来初始化形参,即直接将实参的值传递给形参。这一过程是参数值的单向传递过程,一旦形参获得了值,便与实参脱离关系,此后无论形参发生了怎样的改变,都不会影响到实参。

【例 4.14】 编写函数,完成两个整型变量值的交换。

(1) 启动 Zend Studio,选择 example 工作区中的项目 chapter04,并在该项目中添加 example4_14.php 的 PHP 文件。

(2) 双击打开 example4_14.php 文件,并添加代码,如图 4.19 左侧所示。

图 4.19 所示代码中的第 10~17 行定义了函数 swap,实现了两个整型变量值的交换。

(3) 打开浏览器,访问 example4_14.php 页面,运行效果如图 4.19 右侧所示。

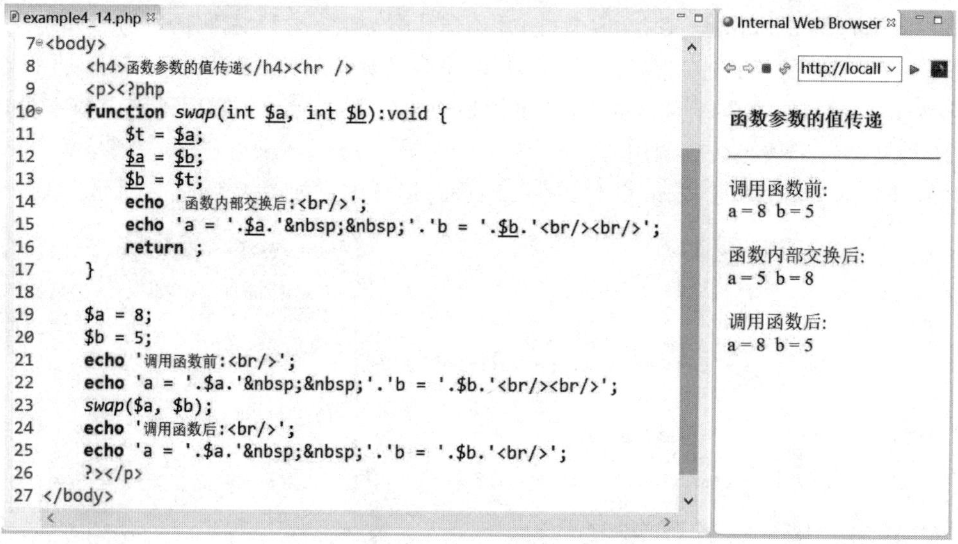

图 4.19 函数参数的值传递

从浏览器的输出结果可以看出,代码中的函数 swap 确实实现了两个整型变量值的交换,但这种改变没有被带到主流程中。因为这里采用的是值传递的参数传递方式,函数调用时传递的是实参的值,是单向传递过程。此时,实参与形参的结合相当于执行了如下两个的赋值语句:

```
$a = $a;
$b = $b;
```

赋值语句的左边是函数的形参,即代码第 10 行中的变量 a 和 b;右边是函数调用时带入的实参,即代码第 23 行中的变量 a 和 b。很明显,在函数调用时这些变量是彼此独立的。

函数调用完毕并进入主流程后,函数中的变量 a 和 b 的存储空间被释放,所以,函数调用采用值传递方式时,形参值的改变对实参是不起作用的。

2）引用传递

引用是一种特殊的变量，可以被认为是另一个变量的名字，通过引用名与通过引用的变量名访问变量的效果是一样的。

用引用作为形参，在函数调用时发生的参数传递称为引用传递。

【例 4.15】 通过函数调用，完成两个整型变量值的交换。

（1）启动 Zend Studio，选择 example 工作区中的项目 chapter04，并在该项目中添加一个名为 example4_15.php 的 PHP 文件。

（2）双击打开 example4_15.php 文件，并添加代码，如图 4.20 左侧所示。

图 4.20 所示代码与例 4.14 几乎是一样的，只是在第 10 行定义函数形参时采用了引用方式。

（3）打开浏览器，访问 example4_15.php 页面，运行效果如图 4.20 右侧所示。

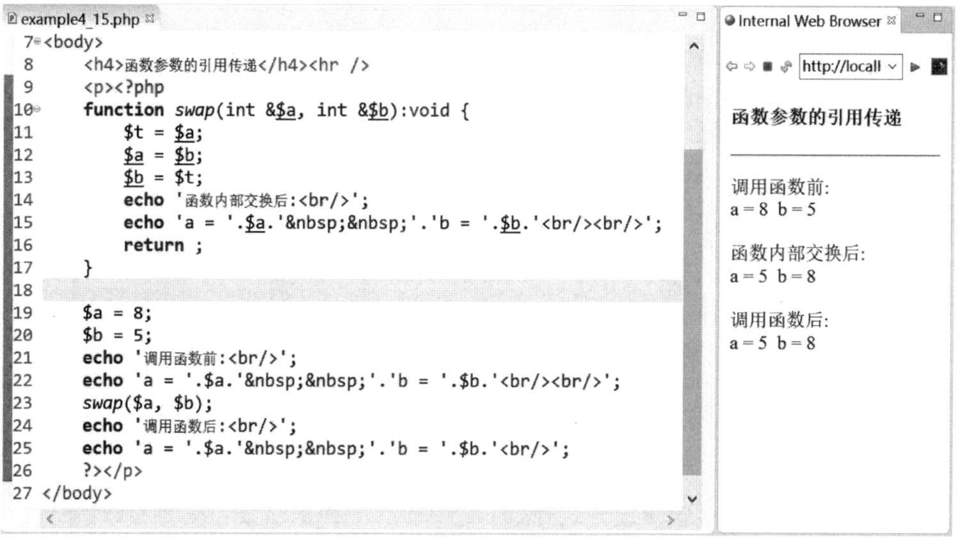

图 4.20　函数参数的引用传递

从浏览器的输出结果可以看出，函数 swap 成功实现了两个整型变量值的交换。引用传递与值传递的区别只是函数的形参写法不同，如代码的第 10 行所示，主流程中的调用表达式是完全一样的。

采用引用传递方式，函数调用时传递的是实参的引用，是双向传递过程。此时，实参与形参的结合相当于执行了如下两个引用赋值语句：

```
$a = & $a;
$b = & $b;
```

赋值语句的左边仍然是函数的形参，即代码第 10 行中的引用 a 和 b；右边是函数调用时带入的实参，即代码第 23 行中的变量 a 和 b。很明显，在函数调用时函数中的引用与主流程中的变量是彼此关联的。也可以说，函数中的 a 和 b 就是主流程中的 a 和 b。

3）默认参数

PHP 中的函数在定义时，还可以为一个或多个形参指定默认值。默认值必须是常量表达式，也可以是 NULL，并且当使用默认参数时，任何默认参数必须放在非默认参数的右侧。

【例 4.16】 带默认参数的函数调用。

(1) 启动 Zend Studio,选择 example 工作区中的项目 chapter04,并在该项目中添加一个名为 example4_16.php 的 PHP 文件。

(2) 双击打开 example4_16.php 文件,并添加代码,如图 4.21 左侧所示。

这里,第 10 行代码中,函数形参列表中的第 2 个参数被赋予了默认值 10。所以,在调用该函数时可以只带入一个参数,如代码中的第 16 行。如果调用函数时实参个数与形参个数相同,则实际的实参被传入。定义的默认值只有当实参列表中没有相应的匹配项时才被使用。

(3) 打开浏览器,访问 example4_16.php 页面,运行效果如图 4.21 右侧所示。

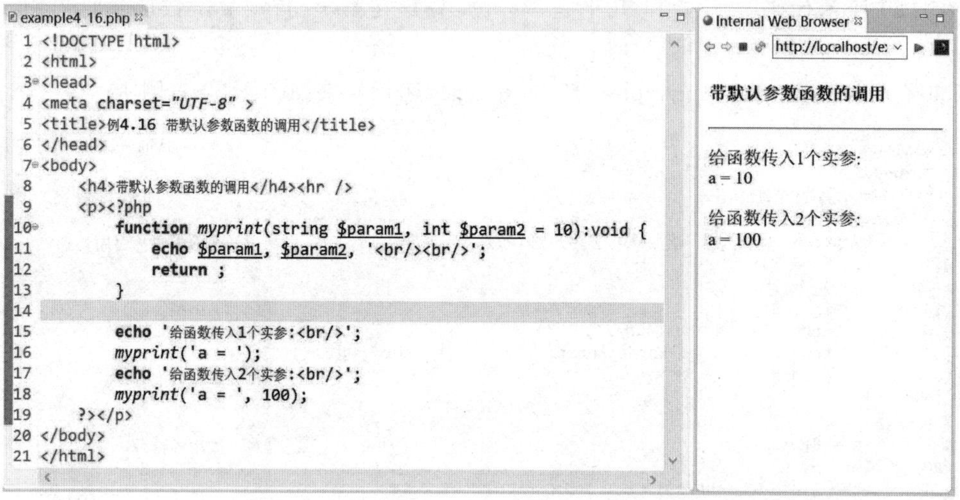

图 4.21　带默认参数的函数调用

3. 回调函数

除了上述 3 种函数的参数传递方式外,PHP 中还有一种把函数名作为参数进行传递的方式,采用这种方式传递参数的函数,称为回调函数。

例 3.11 中为了说明 PHP 的回调数据类型,已经介绍过了回调函数的定义及使用。这里再编写一个例子,使用前面介绍的函数名变量来实现参数的传递。

【例 4.17】 回调函数的定义及应用。

(1) 启动 Zend Studio,选择 example 工作区中的项目 chapter04,并在该项目中添加一个名为 example4_17.php 的 PHP 文件。

(2) 双击打开 example4_17.php 文件,并添加代码,如图 4.22 左侧所示。

图 4.22 所示代码中定义了 sum 及 filter 两个函数,sum 函数的功能是求取从 0 开始、符合一定要求的所有自然数的和,它只针对自然数求和。对数据的筛选由函数 filter 来完成。函数 filter 挑选能够被某一个整数整除的自然数,也就是某个数的倍数。函数 filter 的名字以参数传递的方法传入函数 sum 中,所以这里的函数 sum 就是回调函数。

(3) 打开浏览器,访问 example4_17.php 页面,运行效果如图 4.22 右侧所示。

从输出结果可以看出,使用回调函数可以大大增强函数的功能。

4.3.3　变量的作用域

变量的作用域也就是变量的有效范围,或者说在程序的哪些部分可以访问它。PHP 的变

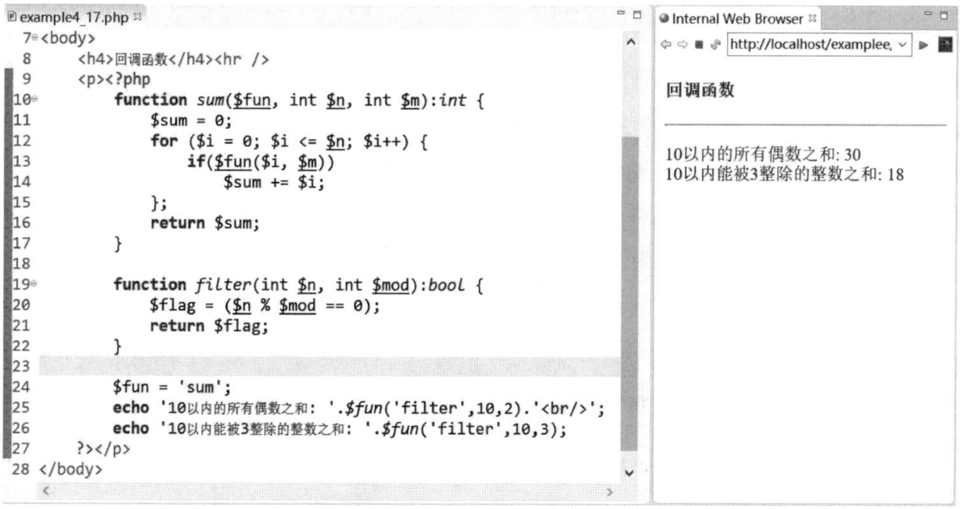

图 4.22　回调函数的应用

量有 3 种类型的作用域,即局部作用域、全局作用域和静态作用域。

1. 局部作用域

在一个函数中声明的变量是该函数的局部变量,即它仅在该函数的内部(包括嵌套函数)是可见的,在函数的外部是不可访问的。此外,默认情况下,函数外定义的变量(称为全局变量)不能在函数内部访问。

例如:

```
function updateCounter() {
    $counter++;
}
$counter = 10;
updateCounter();
echo $counter;                  // 10
```

该代码段的输出结果为 10。因为没有其他声明,函数 updateCounter 里面的变量 counter 是该函数的局部变量。从函数的定义可以看出,函数的功能是增加其局部变量 counter 的值,但当函数调用结束时,函数中的局部变量 counter 被销毁了,全局变量 counter 的值保持为 10。

需要注意的是,PHP 中只有函数可以提供局部作用域;而其他语言,比如 C、C++等,是可以通过大括号{}来建立块类型的局部变量的。也就是在 C 语言中常说的,在复合语句中定义的变量只在本复合语句内有效。

2. 全局作用域

在函数外面声明的变量称为全局变量,它们可以在本文件的任何部分被访问。不过默认情况下,全局变量在内部函数中是不可访问的。为了让一个函数能够访问全局变量,可以在函数内使用 global 关键字来声明变量,或者使用 PHP 的 $GLOBALS 数组。

【例 4.18】 局部变量和全局变量。

(1) 启动 Zend Studio,选择 example 工作区中的项目 chapter04,并在该项目中添加一个名为 example4_18.php 的 PHP 文件。

(2) 双击打开 example4_18.php 文件,并添加代码,如图 4.23 左侧所示。

这里定义了 3 个函数,它们的功能是相同的,但函数内变量的定义采用了不同的方式,导致其作用域不同。

图 4.23 所示代码中的第 11 行定义的变量 counter 是局部变量,它只在函数 updateCounter 内有效;代码中的第 14 行用 global 关键字定义的变量 counter 是全局变量,它在整个文件中是有效的;代码中的第 18 行用 PHP 的 $GLOBALS 数组定义了 counter 全局变量,变量名 counter 是以数组键名的方式存在的,全局数组 $GLOBALS 是一个关联数组。

(3) 打开浏览器,访问 example4_18.php 页面,运行效果如图 4.23 右侧所示。

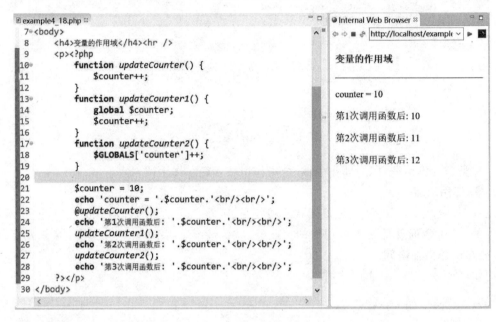

图 4.23　变量的作用域

3. 静态作用域

用 static 关键字在函数中声明的变量称为静态变量。静态变量仅在该函数内是可见的,在一个函数被多次调用时,其值不会丢失。

【例 4.19】　静态变量。

(1) 启动 Zend Studio,选择 example 工作区中的项目 chapter04,并在该项目中添加一个名为 example4_19.php 的 PHP 文件。

(2) 双击打开 example4_19.php 文件,并添加代码,如图 4.24 左侧所示。

图 4.24 所示代码中的第 11 行用 static 关键字定义了一个变量 counter,该变量为静态变量,只在函数 updateCounter 内有效。与图 4.23 中第 11 行代码定义的局部变量不同的是,它的值在函数被多次调用时是连续的,不会每次调用都被销毁,这从浏览器中的输出是可以看出来的。另外要注意的是,静态变量的初始化赋值只在函数第一次被调用时执行 1 次。

(3) 打开浏览器,访问 example4_19.php 页面,运行效果如图 4.24 右侧所示。

4.3.4　内置函数

在实际编程中,更多的是使用系统内置函数。

PHP 内置了大量的函数,实现了各种各样的业务逻辑功能。前文使用的输出函数、数据

```
example4_19.php ⊠
 1 <!DOCTYPE html>
 2 <html>
 3 <head>
 4 <meta charset="UTF-8" >
 5 <title>例4.19 静态变量</title>
 6 </head>
 7 <body>
 8     <h4>静态变量</h4><hr />
 9     <p><?php
10     function updateCounter() {
11         static $counter = 0;
12         $counter++;
13         echo '静态变量counter现在为: '.$counter.'<br/><br/>';
14     }
15
16     $counter = 10;
17     echo 'counter = '.$counter.'<br/><br/>';
18     updateCounter();
19     updateCounter();
20     updateCounter();
21     echo 'counter = '.$counter;
22 ?></p>
23 </body>
24 </html>
```

静态变量

counter = 10

静态变量counter现在为: 1

静态变量counter现在为: 2

静态变量counter现在为: 3

counter = 10

图 4.24　静态变量

类型转换函数等,都是系统内置的函数。熟悉 PHP 内置函数的方式很多,其中最简单的就是使用 PHP 的帮助文档,如图 4.25 所示,在这里可以查询函数的原型、使用方法以及示例代码。

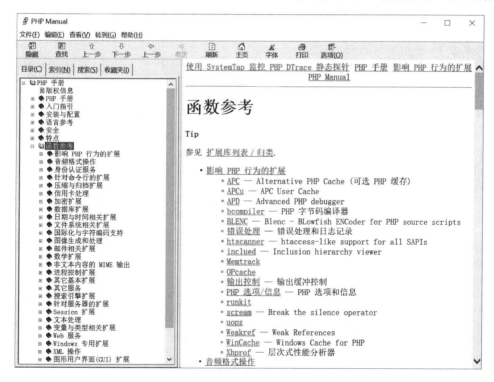

图 4.25　PHP 内置函数帮助文档

在 Web 应用开发中,对日期与时间的使用和处理是最为常见的,也是非常重要的。下面简单介绍一下有关这方面的 PHP 内置函数。

1. 获取日期与时间

使用 getdate()函数获取当前时间,该函数原型为:

```
array getdate([int timestamp])
```

该函数以时间戳 timestamp 作为可选参数,返回一个相关数组,表示日期和时间的各个部分,如表 4.1 所示。如果省略时间戳参数,将默认返回当前时间信息。

表 4.1　getdate()函数返回数组的键名表

键　　名	值	返　回　值
seconds	秒钟,数字	0～59
minutes	分钟,数字	0～59
hours	小时,数字	0～23
mday	月份中的日期,数字	1～31
wday	星期,数字	0～6
mon	月份,数字	1～12
year	年份,数字	如 2017
yday	年中的第几天,数字	0～365
weekday	星期,完整表示	Sunday～Saturday
month	月份,完整表示	January～December
0	时间戳,数字	与系统相关

【例 4.20】 获取当前时间信息。

(1) 启动 Zend Studio,选择 example 工作区中的项目 chapter04,并在该项目中添加一个名为 example4_20.php 的 PHP 文件。

(2) 双击打开 example4_20.php 文件,并添加代码,如图 4.26 左侧所示。

图 4.26 所示代码中的第 10 行调用 getdate()函数获取当前时间信息,并将其放入数组 today 中;第 13 行使用 print_r 函数输出数组中的时间信息。

(3) 打开浏览器,访问 example4_20.php 页面,运行效果如图 4.26 右侧所示。

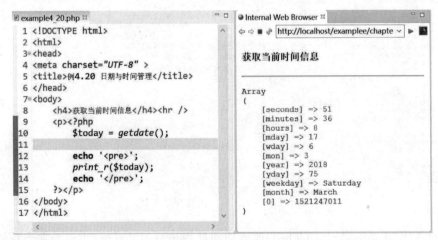

图 4.26　获取日期与时间

注意，如果在配置 PHP 时没有正确设置时区，此时显示的时间小时数会与计算机的系统时间不相同。

2. 设置默认时区

PHP 对时间的管理，是以默认时区为基准的。默认时区的设置一般有两种方法，一种是静态的方式，也就是直接修改 PHP 配置文件中 date.timezone 配置项的值，代码如下：

```
[Date]
; Defines the default timezone used by the date functions
; http://php.net/date.timezone
date.timezone = Asia/Shanghai
```

这里采用上海时区，即 Asia/Shanghai。其他时区标识符请参考网页 http://php.net/manual/en/timezones.asia.php 资源，如图 4.27 所示。

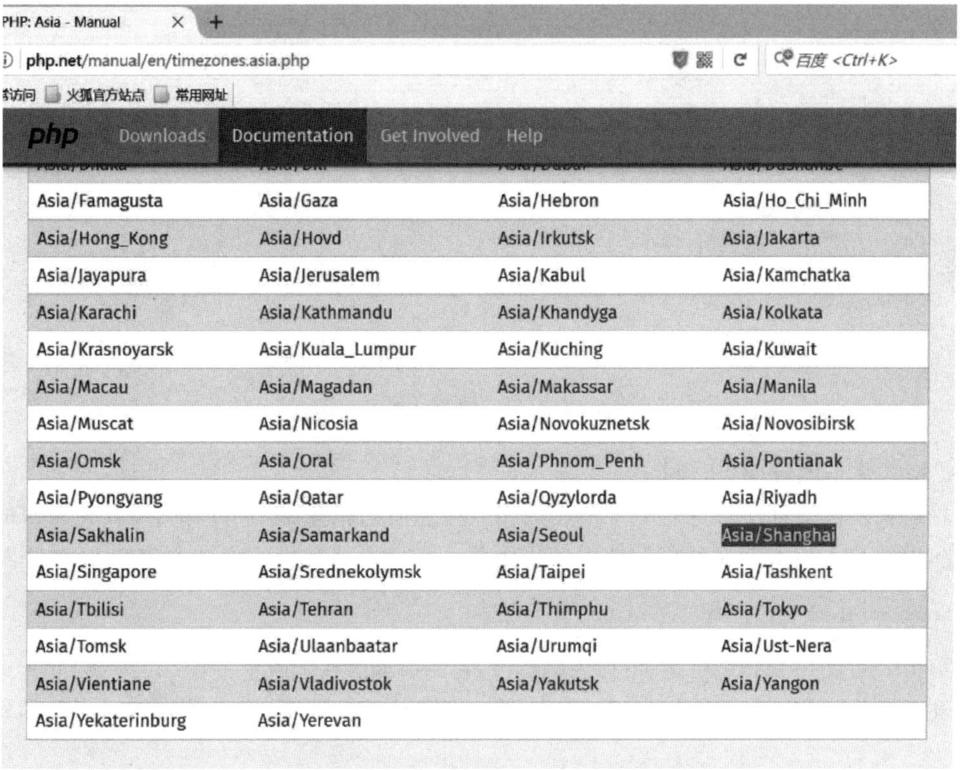

图 4.27　时区识别符的取值

另一种设置默认时区的方法就是使用 date_default_timezone_set()函数，其原型为：

```
bool date_default_timezone_set(string timezone_identifier)
```

其中参数 timezone_identifier 为时区识别符。

另外，如果要获取 PHP 环境的时区，可以使用函数 date_default_timezone_get()来实现，它的原型为：

```
string date_default_timezone_get()
```

该函数返回图 4.27 所示的时区识别字符串。

【例 4.21】 设置时区，再次获取当前时间信息。

(1) 启动 Zend Studio，选择 example 工作区中的项目 chapter04，并在该项目中添加一个名为 example4_21.php 的 PHP 文件。

(2) 双击打开 example4_21.php 文件，并添加代码，如图 4.28 左侧所示。

图 4.28 所示代码中的第 10 行通过函数 date_default_timezone_get() 获取当前 PHP 环境的时区字符串；第 12 行被注释的代码通过函数 date_default_timezone_set() 动态设置时区。

(3) 打开浏览器，访问 example4_21.php 页面，运行效果如图 4.28 右侧所示。图中显示的 PRC 是作者 PHP 配置设置，表示中国大陆时区。当然也可以设置为 Asia/Shanghai。

图 4.28 设置时区

3. 格式化本地日期与时间

显然，在实际页面中，以图 4.28 所示的格式显示时间信息是不可取的，需要将获取的时间格式化，以符合人们的普遍阅读习惯。使用函数 date() 可以轻松实现这个功能，函数原型为：

```
String date(string format [, int timestamp])
```

其中，第 1 个参数 format 是格式字符，为必选项，它的值如表 4.2 所示；第 2 个参数 timestamp 为 UNIX 时间戳，是可选项。如果没有指定时间戳，在默认的情况下，该函数将返回当前的日期和时间。

表 4.2 date()函数所支持的部分格式代码

代 码	描 述	返回值示例
a	小写的上午和下午	am 或 pm
A	大写的上午和下午值	AM 或 PM
d	月中的日期，带有前导 0	01～31
D	表示星期的三字母文本	Mon～Sun
e	时区标识	UTC、Atlantic/Azores
F	月份的完整表示	January～December
g	小时，12 小时格式，没有前导 0	1～12
G	小时，24 小时格式，没有前导 0	0～23

代　码	描　　　述	返回值示例
h	小时,12 小时格式,有前导 0	01~12
H	小时,24 小时格式,有前导 0	00~23
i	有前导零的分钟数	00~59
I	是否为夏令时	是为 1,否为 0
j	月中的日期,没有前导 0	1~31
l	字母"L"小写,星期的完整文本格式	Sunday~Saturday
L	是否为闰年	是为 1,否为 0
m	数字表示的月份,有前导 0	01~12
M	三个字母缩写表示的月份	Jan~Dec
n	数字表示的月份,没有前导 0	1~12
s	秒数,有前导 0	00~59
t	月中的天数	28~31
w	星期的数字表示	0~6 表示星期日~星期六
W	一年中的星期号(ISO8601)	1~53
y	2 位数字表示的年份	99 或 18
Y	4 位数字完整表示的年份	1999 或 2018
z	年份中的某天	0~365

【例 4.22】 获取当前时间信息,并格式化输出。

(1) 启动 Zend Studio,选择 example 工作区中的项目 chapter04,并在该项目中添加一个名为 example4_22.php 的 PHP 文件。

(2) 双击打开 example4_22.php 文件,并添加代码,如图 4.29 左侧所示。

(3) 打开浏览器,访问 example4_22.php 页面,运行效果如图 4.29 右侧所示。

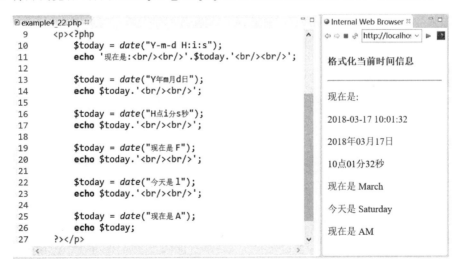

图 4.29　格式化当前时间

4. 检测日期的有效性

　　上述示例的时间信息都是由系统自动获取的,其有效性毋庸置疑。但实际编程中,需要处理的时间信息大多来自于用户的输入,因此需要对这些数据进行有效性检验。

要对日期数据进行有效性检测,可使用 checkdate()函数,其原型为:

```
bool checkdate(int month, int day, int year)
```

其中 3 个参数 month、day、year 分别表示月、日、年,year 的有效值为 1~32767,month 的有效值为 1~12,day 的有效值在给定的 month 所应该具有的天数范围之内。

【例 4.23】 对日期信息进行有效性检测。

(1) 启动 Zend Studio,选择 example 工作区中的项目 chapter04,并在该项目中添加一个名为 example4_23. php 的 PHP 文件。

(2) 双击打开 example4_23. php 文件,并添加代码,如图 4.30 左侧所示。

图 4.30 所示代码中的第 10、第 11 行设置日期数据;第 12~14 行显示输入的日期;第 15 行调用函数 checkdate()检验输入的数据是否有效。

(3) 打开浏览器,访问 example4_23. php 页面,运行效果如图 4.30 右侧所示。

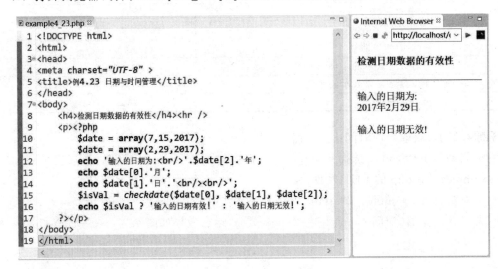

图 4.30 检测日期有效性

5. 获取当前时间戳

时间戳是记录日期与时间的一种方法。大多数 UNIX 系统保存当前日期和时间的方法是保存格林尼治标准时间从 1970 年 1 月 1 日零点起到当前时刻的秒数,这个“秒数”就是时间戳。1970 年 1 月 1 日 0 点也叫 UNIX 纪元。在实际 Web 应用开发过程中,存入数据库的时间信息大部分都用时间戳的格式。

函数 time()可以获取当前时间戳,其原型为:

```
int time(void)
```

该函数返回一个整型时间戳数据。

6. 取得日期的 UNIX 时间戳

要将一个日期和时间数据转换成时间戳,可使用函数 mktime(),其原型为:

```
int mktime([int hour [, int minute [, int second[, int month[, int day [, int year[, int is_
dst]]]]]]])
```

该函数的参数比较多,除最后一个参数 is_dst 外,其他参数的含义都很好理解。参数 is_dst 表示该日期所示时间是否是夏令时,它是可选项,实际编程中很少用到,可以不用深究它。

【例 4.24】 日期和时间数据的时间戳表示。

(1)启动 Zend Studio,选择 example 工作区中的项目 chapter04,并在该项目中添加一个名为 example4_24.php 的 PHP 文件。

(2)双击打开 example4_24.php 文件,并添加代码,如图 4.31 左侧所示。

图 4.31 所示代码中的第 10 行通过 time()函数获取当前时间戳;第 14 行通过 date()函数获取当前时间戳;第 17 行通过输入日期时间参数将其转换成时间戳格式。

(3)打开浏览器,访问 example4_24.php 页面,运行效果如图 4.31 右侧所示。

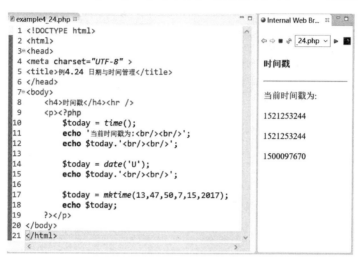

图 4.31 时间戳的使用

由于时间戳记录的是从同一时刻开始的秒数,所以在 PHP 中,对日期及时间的计算都是通过时间戳的算术运算来完成的。例如通过用户输入的生日来计算其年龄,就可以使用如下代码:

```
$today = time();                      //获取当前时间戳
$birthday = mktime(0,0,0,10,1,1990);  //将生日转换成时间戳
$agestamp = $today - $birthday;       //计算时间差
$age = floor( $agestamp/(365 * 24 * 60 * 60));  //计算年龄
```

日期与时间数据的收集、管理与计算,在 Web 应用开发中非常重要,但由于篇幅的限制,这里只介绍一些最基本的知识。

4.4 应用实例

视频讲解

需求:继续第 3 章的 pro03 项目开发,完善项目的前端控制程序设计,并实现各功能模块的静态主页面。

目的:掌握 PHP 的流程控制结构及函数的定义与使用。

4.4.1 完善项目前端控制

在第 3 章的实例中进行了项目的系统架构设计,并实现了用户信息的显示。但系统的前端控制只是给出了一个非常简单的雏形,下面来完善具体功能。

（1）启动 Zend Studio，进入 exercise 项目工作区，复制并粘贴 pro03 项目，将名称更改为 pro04。

（2）在项目的 view 目录下新建 book、tutor、example、download 四个新文件夹，分别用来存放项目的"主编教材""学习辅导""综合实例"以及"资源下载"4 个功能模块的页面文件。

（3）设计上述 4 个功能模块的 index. php 文件，并存放在对应的文件夹中。页面文件代码及 CSS 样式请参考教材源码。

（4）双击打开项目的前端控制文件 index. php，并编写代码，如下所示。

```php
<?php
/**
 * 本文件为项目的前端控制器,其主要作用是接收用户请求并进行分发
 * @ ROOT_PATH 常量,表示项目根目录
 * @ VIEW_PATH 常量,表示视图文件目录
 * @ ISLOGIN 常量,表示用户登录状态
 * @ action 为请求参数,表示用户请求的操作
 * */
define('ROOT_PATH', '/exercise/pro04/');
define('VIEW_PATH', ROOT_PATH.'view/');
define('ISLOGIN', FALSE);
//设置允许的用户请求
$actions = array(
    'index/index',
    'user/index',
    'user/login',
    'book/index',
    'tutor/index'
);
//未登录用户不允许的请求
$useNoActions = array( $actions[1]);
//已登录用户不允许的请求
$loginNoActions = array( $actions[2]);
//设置默认请求
$action = 'index/index';
//接收请求中的参数
if (isset( $_GET['action'])) {
    $action = $_GET['action'];
    //判断用户是否登录
    if (ISLOGIN) {
        //判断 action 参数是否在允许的请求内
        if (in_array( $action, $loginNoActions)) {
            $action = 'index/index';
        }
    }else{
        //判断 action 参数是否在允许的请求内
        if (in_array( $action, $useNoActions)) {
            $action = 'user/login';
        }
    }
}
//分发用户请求
header('Location:'.VIEW_PATH. $action.'.php');
```

上述代码分为 3 个功能块，即常量的定义、用户权限的设置以及请求的分发，其中用到了 PHP 的选择结构、内置函数以及数组（包括自定义数组和全局数组）等相关知识。

4.4.2 前端控制效果测试

打开浏览器，首先访问项目主页，然后单击各导航菜单项进行测试。如图 4.32 所示为项目"主编教材"功能模块的主页页面效果，其他页面可参考教材源码自行运行测试。

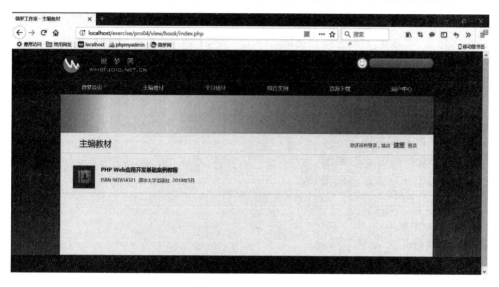

图 4.32 项目 pro04 运行测试

习　　题

一、填空题

1. PHP 的基本控制结构有 3 种，分别是（　　）结构、（　　）结构和（　　）结构。

2. 在 PHP 中，单分支结构用（　　）语句来实现。

3. 在 PHP 的选择结构中，"表达式"既可以是（　　），也可以是（　　）。

4. switch 多分支结构中，使用的关键词有（　　）、（　　）和（　　）等。

5. PHP 提供了 4 种形式的循环控制结构，它们是（　　）、（　　）、（　　）和（　　）。

6. 在 PHP 中，遍历数组通常使用（　　）循环控制结构。

7. 在 PHP 的循环结构中，若中止本次循环，需要使用（　　）语句。

8. 在 PHP 中，使用关键词（　　）自定义函数；与变量不同，函数名（　　）大小写。

9. PHP 支持函数参数的传递方式有（　　）、（　　）和（　　）3 种。

10. 要格式化本地日期与时间，需要使用 PHP 的（　　）内置函数。

二、选择题

1. 运行下面的 PHP 代码，会出现如下（　　）的情形。

```
if( $x = 10) echo $x;else echo $x = 20;
```

A. 出错退出　　　　B. 输出 10　　　　C. 输出 20　　　　D. 出错并输出 10

2. 给变量 $a 赋值(　　),可以使以下代码输出字符串 Hello World。

```
if(!$a) echo 'Hello';else echo 'Hello World';
```

    A. '0'　　　　　　　B. '00'　　　　　　C. null　　　　　　D. false

3. 执行完下列语句后,n 的值为(　　)。

```
for( $n = 0; $n < 100; $n++);
```

    A. 0　　　　　　　B. 1　　　　　　C. 100　　　　　　D. 101

4. 若给变量 $x 赋大于 1 的整型初值,下面的 while 循环(　　)出现死循环。

```
while( $x-){echo $x-;}
```

    A. 不可能　　　　B. 可能　　　　C. 不能判断是否　　D. 在 PHP 低版本时

5. 在调用 PHP 函数时,(　　)时不能给函数的参数赋常量。

    A. 当参数是布尔值　　　　　　　　B. 当函数只有一个参数

    C. 当参数是通过引用传递　　　　　D. 永远不会

6. 下面的 PHP 程序运行结果是(　　)。

```
function print_str(){
    $s = "PHP";
    echo "s 的值为:". $s;
    return $s;
}
$t = print_str();
echo "t 的值为:". $t;
```

    A. s 的值为:PHPt 的值为:PHP　　　　B. s 的值为:t 的值为:PHP

    C. s 的值为:t 的值为:　　　　　　　　D. s 的值为:PHPt 的值为:

7. 下面的 PHP 程序运行结果是(　　)。

```
$s = "JAVA";
function print_str(){
    $s = "PHP";
    Global $s;
    echo $s;
}
echo $s;
print_str();
```

    A. JAVA　　　　　B. PHP　　　　　C. JAVAPHP　　　D. JAVAJAVA

8. 为下面的代码片段选择一个合适的函数声明(　　),函数使用 2018 作为默认年份。

```
/* 函数声明处 */
{
    $isLeap = ( $year % 4 == 0 && $year % 100 != 0) || ( $year % 400 == 0);
    return $isLeap;
}
```

    A. bool leapYear(bool $year)　　　　　B. bool leapYear(bool $year=2018)

    C. function leapYear($year)　　　　　D. function leapYear($year=2018)

9. 若要调用题 8 中的函数 leapYear,下列格式不正确的是(　　)。

A. leapYear()　　　　B. leapyear　　　　C. leapYear('2000')　D. leapyear(2000)

10. 下面的(　　)函数不能正确返回时间信息。

A. time()　　　　B. data()　　　　C. getdate()　　　　D. gettimeofday()

三、程序阅读题

1. 下列程序是否能够正常运行? 输出结果是什么?

```php
<?php
    $x = 5;
    if ( $x = 6) {
        echo '$x = 6';
    }else{
        echo "$x != 6";
    }
?>
```

2. 写出下列程序的输出结果。

```php
<?php
    $week = 2;
    $str = '今天是';
    switch ( $week) {
        case 1:
            $str . = '星期一';
            break;
        case 2:
            $str . = '星期二';
        default:
            $str = '您输入的数据有误!';
            break;
    }
    echo $str;
?>
```

3. 写出下列程序的输出结果。

```php
<?php
    $week = 2;
    $str = '今天是星期';
    while ( $week-) {
        echo $str. $week;
    }
?>
```

4. 写出下列程序的输出结果。若将语句 1 中的{}去掉,程序还能够正常运行吗? 为什么?

```php
<?php
    $week = array(1,2);
    $str = '今天是星期';
    foreach ( $week as $key = > $day) {
        $str = $key? $day:"{ $str}日";          //语句 1
        echo $str;
```

```
    }
 ?>
```

5. 判断下列程序是否能够正常运行,若能够,请写出输出结果; 若不能请说明理由。

```php
<?php
function weekday( $week,...$str) {
    echo $str[0]. $week;
}
 $week = 2;
 $str ='今天是星期';
 echo weekday( $week, $str, 1, '一');
?>
```

四、操作题

1. 利用 switch 语句将百分制成绩转换成 5 级制成绩,其对应关系如下。

00~59:E,60~69:D,70~79:C,80~89:B,90~100:A

2. 编程实现一个计算器,页面效果如图 4.33 所示。要求表单提交给页面自己处理,并在页面中显示计算结果。

3. 使用循环语句实现如图 4.34 所示的星阵图案,要求至少实现两种。

4. 自定义一个函数 printTable($rows, $cols, $content, $width=400, $border=1),用来动态输出表格。其中,参数 $rows 为表格行数,$cols 为表格列数,$content 为表格内容,$width 为表格宽度,$border 为表格边框线。

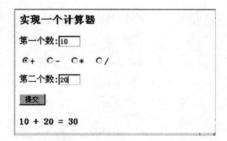

图 4.33   计算器页面效果

5. 定义两个变量 $day 和 $w,其中 $day 表示本月的天数,$w 表示本月的 1 日是星期几,根据这两个变量定义一个函数,实现如图 4.35 所示的表格效果。

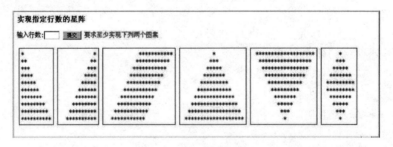

图 4.34   星阵图案效果

星期日	星期一	星期二	星期三	星期四	星期五	星期六
					1	2
3	4	5	6	7	8	9
10	11	12	13	14	15	16
17	18	19	20	21	22	23
24	25	26	27	28	29	30

图 4.35   表格页面效果

第5章　字符串与数组

字符串与数组是 PHP 中两种非常重要的数据类型,在 Web 应用开发中被广泛使用。我们每天面对 Web 页面,无非就是浏览信息或者与其进行交互,在浏览页面时,经常会看到一些商品信息、产品销售状况、用户评论等,这些信息的逻辑编程在 PHP 代码中就是采用数组实现的。另外,用户在与 Web 应用交互时,基本上也都是使用文本,因此在 PHP 编程中,经常需要对字符串进行分析和处理。正确使用和掌握字符串与数组的相关操作,能够在项目开发过程中节省大量的时间与精力,提高开发效率。

本章在第 3 章的基础上进一步对 PHP 的字符串与数组的相关操作进行介绍,主要包括字符串的处理、正则表达式以及数组的常用操作。

5.1　字　符　串

视频讲解

由于字符是信息的载体,对字符的分析与处理,任何一种编程语言都非常重视。与 C 及 Java 语言不同,PHP 没有提供单独的字符型数据类型,所以在 PHP 中,对字符的存储、操作全部由字符串数据来完成。

5.1.1　字符与字符集

字符串是由 0 个或多个字符组成的集合,为了更好地理解 PHP 的字符串数据,可以先了解一下字符与字符集的基本概念。

字符(character)是人类语言最小的表义符号,如 A、B 等。给定一系列字符,并对每个字符赋予一个数值,用数值来代表对应的符号,这个数值就是字符编码(character encoding)。例如,假设给字符 A 赋予整数 65,给字符 B 赋予整数 66,则 65 就是字符 A 的编码,66 就是字符 B 的编码。

给定一系列字符并赋予对应的编码后,所有这些“字符和编码对”组成的集合就是字符集(character set)。例如,{65 => A, 66 => B} 就是一个字符集。目前常见的字符集主要有 ASCII、GB2312、GBK、BIG5、GB18030、Unicode 及 UTF-8 等。

在 PHP 程序设计或运行过程中,经常会出现页面乱码的问题,这些都是因为字符的编码方式,也就是字符集不匹配导致的。一般在如下两种情况下可能会出现乱码。

1. 导入代码时

在 Web 应用开发及维护过程中,经常会导入一些已有代码进行浏览或编辑,如果原代码的编码方式与现在使用的编辑环境的编码方式不一致,就会出现乱码,如图 5.1 所示。

从图 5.1 中可以看出,导入 Zend Studio 中的 test.php 文件出现了中文乱码。该文件用 Windows 系统的记事本编辑,保存时使用 ANSI 字符编码方式。

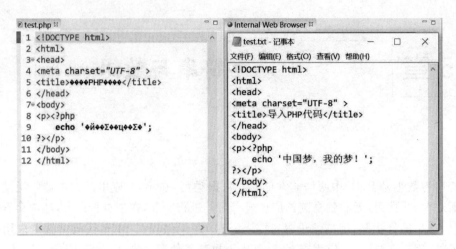

图 5.1　导入 PHP 文件时中文乱码效果

出现乱码的原因是，作者在 Zend Studio 集成开发环境中选择的是 UTF-8 字符编码，如图 5.2所示。

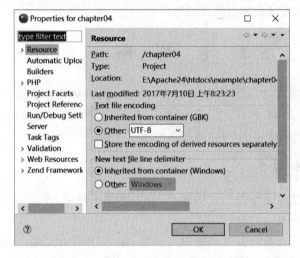

图 5.2　Zend Studio 字符编码方式设置

2. 运行代码时

例如例 3.21 页面运行效果中就出现了中文乱码的问题，这是由于浏览器使用的编码方式与文本编码方式不一致所引起的。在这个例题中，通过使用 PHP 的执行运算符启动 Window 命令行窗口，并返回了系统信息，这些返回的信息是 ANSI 系统默认编码。注意 ANSI 在不同的国家代表不同的字符集，在中国采用的是 GBK 字符集。在图 3.22 展示的页面运行效果中，浏览器采用的是 UTF-8 字符集，所以导致在显示返回信息时出现乱码。如果重新运行该例代码，并将浏览器的字符编码改为 GB2312，返回信息就可以正常显示了，如图 5.3 所示。

注意，在浏览器窗口中，更改浏览器的编码方式后，虽然系统返回信息显示正常了，但其他中文又出现了乱码现象。因此，当 Web 页面中有外部文本引入时，要彻底解决中文乱码问题，还必须将字符编码进行转换，使其统一。

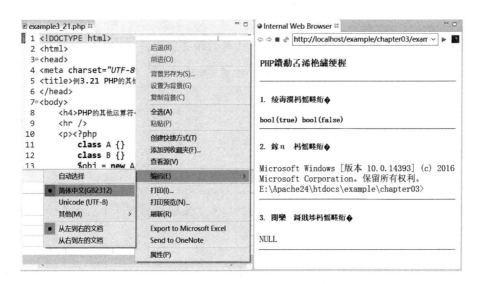

图 5.3　运行文件时中文乱码效果

5.1.2　字符串的指定方法

前文已经讲过,字符串的指定方法有 3 种,即单引号、双引号以及定界符。虽然这 3 种方法都可以表示字符串,但在使用上还是存在一些差别。

1. 单引号

(1) 使用单引号的字符串不能插值。也就是说,单引号中出现的变量会原样输出,PHP引擎不会对它进行解析。例如:

```
$str1 = '$year 年是闰年!';
```

代码中的变量 $year 将原样输出,不会将变量的值插入字符串中。

(2) 使用单引号的字符串只能使用\'与\\两种转义字符。转义字符表示一些不可显示、或无法用键盘输入的字符,如换行、回车、制表符等。由于 PHP 把单引号定义成了字符串的定界符,所以单引号里面不能再包含单引号,必须使用时,应添加反斜杠(\)进行转义。同样的道理,在字符串中插入反斜杠(\)本身,也必须使用转义字符(\\)来实现。

由于单引号表示的字符串不需要解析变量及转义字符,也就没有太多额外开销,所以,用单引号定义字符串效率是最高的,在编程中应尽量使用这种定义方式。

2. 双引号

1) 用双引号定义的字符串中允许插值

上述单引号定义字符串的语句若定义为:

```
$str2 = "$year 年是闰年!";
```

字符串的变量会自动被替换成变量的值。

注意,PHP 解析器在解析变量时,会从遇到美元符号($)开始尽量多地取得后面的字符来组成一个合法的变量名,当遇到单引号、双引号或者大括号时才会停止字符的获取。所以,PHP 在解析上述字符串时,会将"year 年是闰年!"当成变量的名字,这显然是不正确的。正确写法是:

```
$str2 = "${year}年是闰年!";
```

2) 双引号支持多种转义字符

表 5.1 中列出了在双引号字符串中 PHP 认可的转义字符。

表 5.1　PHP 转义字符

转 义 字 符	输　　出	转 义 字 符	输　　出
\n	换行符	\ $	美元符号($)
\r	回车符	\'	单引号
\t	制表符	\"	双引号
\	反斜杠(\)		

如果在双引号中发现了未知的转义字符,例如一个反斜杠后跟一个表 5.1 中没有的字符, 它将被忽略。

【例 5.1】 字符串的定义。

(1) 启动 Zend Studio,in example 工作区中创建一个新的 PHP 项目 chapter05,并在该项目中添加一个名为 example5_1.php 的 PHP 文件。

(2) 双击打开 example5_1.php 文件,并添加代码,如图 5.4 左侧所示。

注意转义字符\n 的换行在 Web 页面中不起作用。

(3) 打开浏览器,访问 example5_1.php 页面,运行效果如图 5.4 右侧所示。

图 5.4　例 5.1 代码及运行效果

3. 定界符

使用定界符定义字符串,为输出长字符串提供了一种非常便利的方式。例如:

```php
<?php
/**
 * 用定界符定义字符串
 */
$ formHtml = <<< FORMHTML
    < form >
```

```
    <table>
        <tr>
            <td><label>用户名：</label></td>
            <td><input type = 'text' /></td>
        </tr>
        <tr>
            <td><label>密    码：</label></td>
            <td><input type = 'password' /></td>
        </tr>
        <tr>
            <td> </td>
            <td><input type = 'submit' value = '登录' /></td>
        </tr>
    </table>
</form>
FORMHTML;
echo $formHtml;
?>
```

在使用定界符定义字符串时，需要注意以下几个问题：

（1）开始和结束定界符必须相同。可以选择喜欢的任意开始和结束定界符，但要求它们必须相同。唯一限制是该定界符必须完全由字母、数字字符和下画线组成，而且不能以数字或下画线开头。

（2）开始标识符前面必须有 3 个左尖括号(<<<)。

（3）用定界符定义的字符串与用双引号定义的字符串遵循相同的解析规则。变量和转义字符都会被解析。注意，这里单引号、双引号可以直接使用，不需要转义。

（4）结束标识必须在一行的开始处，而且前面不能有空格或任何其他多余的字符。

5.1.3　字符串的输出

在 PHP 中，可以采用多种方法向浏览器进行输出，比如前文用到的 echo、var_dump()、print_r()等。下面介绍 PHP 中一些常用的字符串输出函数。

1. echo

语法结构：

```
void echo ( string $arg1 [, string $ … ] )
```

echo 是一种语言结构，但其行为与函数非常相似，所以也常常称为 echo()函数。它的作用是把字符串 $arg1 输出到 PHP 生成的网页页面中。

例如：

```
echo '中国梦,我的梦!';
echo('中国梦,我的梦!');
```

这两个语句是等价的。

除了一次输出单个字符串之外，echo 还可以一次输出多个字符串，字符串之间用逗号分隔。例如：

```
echo '中国梦',',','我的梦!';
```

注意此时不能采用以下形式：

```
echo('中国梦',',','我的梦!');
```

因为 echo 并不是真正的函数。也不能把它作为表达式来使用,如下用法便会产生语法错误。

```
if(echo('true')) echo '前面有语法错误!';
```

2. print

语法结构:

```
int print ( string $arg )
```

和 echo 一样,print 也不是函数而是一种语言结构,它向浏览器输出字符串 $arg。与 echo 不同的是,print 每次只能输出一个参数,且总是返回 1。例如:

```
if(print('中国梦,我的梦!')) echo '< br />';
```

3. printf() 函数

该函数用于字符串的格式化输出,它源于标准的 C 语言库中的同名函数。其语法格式:

```
int printf ( string $format [, mixed $args [, mixed $… ]] )
```

其中,第 1 个参数 format 为必选项,是格式化字符串;后面的参数是可选项,是要替换进来的值。格式字符串中的每一个％字符指定一个替换。表 5.2 为可能的转换格式。

表 5.2 函数 printf()中常用的字符串转换格式

格　式	功 能 描 述	格　式	功 能 描 述
％％	返回百分比符号	％f	浮点数(locale aware)
％b	二进制数	％F	浮点数(non-locale aware)
％c	依照 ASCII 值的字符	％o	八进制数
％d	带符号的十进制数	％s	字符串
％e	科学计数法(小写字母)	％x	十六进制数(小写字母)
％E	科学计数法(大写字母)	％X	十六进制数(大写字母)
％u	无符号十进制数		

例如:

```
printf("< h4 >％s ％d</h4 >",'中国梦,我的梦!',2017);
printf("％.2f< br/>",3.1415926);
$format = "教材 ％2\ $s 共分 ％1\ $d 章,第 ％1\ $d 章的 ％2\ $s 节来源于实际项目!";
printf( $format,10,'PHP');
```

4. sprintf() 函数

该函数的用法与 printf()相似,但它不是输出字符串,而是把格式化的字符串以返回值的形式写入到一个变量中。例如:

```
const PI = 3.1415926;
$strPI = sprintf("％.4f",PI);
echo $strPI;
```

5. print_r() 函数

print_r()函数能够智能地输出传给它的参数,而不像 echo 和 print 那样把所有值都转换成字符串。如果传递给它的是 string、integer 或 float,将输出变量值本身;如果给出的是数组,将会按照一定格式显示键和元素;如果是对象,则与数组的输出类似,显示对象的初始化属性。

print_r()函数不能输出 PHP 的 NULL 类型数据,会将布尔类型的 true 输出为 1,而不是true 本身。

6. var_dump()函数

var_dump()函数与 print_r()函数类似,只是它能以更适合阅读的格式显示所有 PHP 数据类型的值。该函数能输出全部的 PHP 数据,包括 NULL 类型及布尔类型。

var_dump()函数常用于程序调试。

【例 5.2】 字符串的输出。

(1) 启动 Zend Studio,选择 example 工作区中的项目 chapter05,并在该项目中添加一个名为 example5_2.php 的 PHP 文件。

(2) 双击打开 example5_2.php 文件,并添加代码,如图 5.5 左侧所示。

图 5.5　字符串的输出实例效果

(3) 打开浏览器,访问 example5_2.php 页面,运行效果如图 5.5 右侧所示。

5.1.4　字符串的常用操作

创建完字符串之后,就可以对它进行操作了。对字符串的常用操作,一般都是通过 PHP 的内置函数来完成。

1. 访问单个字符

字符串相当于一个字符数组,可以使用字符偏移量来访问字符串中的单个字符。

例如:

```
$string = 'Chinese Dream';
$char = $string[1];
echo $char;                              //输出 h
```

2. 获取字符串长度

PHP 提供了 strlen()函数来计算字符串的长度,其原型为:

```
int strlen(string string )
```

例如：

```
$string = 'Chinese Dream';
$length = strlen( $string);
echo $length;                                              //输出 13
```

【例 5.3】 获取字符串长度，访问字符串中的字符。

（1）启动 Zend Studio，选择 example 工作区中的项目 chapter05，并在该项目中添加一个名为 example5_3.php 的 PHP 文件。

（2）双击打开 example5_3.php 文件，并添加代码，如图 5.6 左侧所示。

（3）打开浏览器，访问 example5_3.php 页面，运行效果如图 5.6 右侧所示。

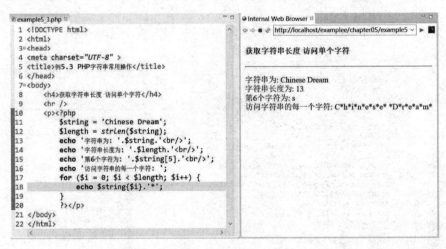

图 5.6　访问字符串中的字符

3. 大小写转换

PHP 中提供了 4 个函数来改变字符串的大小写，它们的原型为：

```
string strtolower(string string )
string strtoupper(string string )
string ucfirst(string string )
string ucwords(string string )
```

例如：

```
$string = 'chinese dream';
echo strtolower( $string);                    //输出 chinese dream
echo strtoupper( $string);                    //输出 CHINESE DREAM
echo ucfirst( $string);                       //输出 Chinese dream
echo ucwords( $string);                       //输出 Chinese Dream
```

4. 去除首尾空格及特殊字符

由于空格是 PHP 的有效字符，因而在字符串中，不论它处于什么位置，都属于字符串的有效元素。但在服务器对字符串进行处理并输出时，字符串的首尾空格及一些特殊字符是必须要去掉的。为此，PHP 提供了以下 3 个处理函数。

1）trim()函数

该函数去除字符串首尾的空格及特殊字符，其原型为：

```
string trim(string string[,string charlist]);
```

其中,第 1 个参数 string 是原字符串,它是必选参数;第 2 个参数 charlist 为需要移除的字符,是可选参数。如果没有提供第 2 个参数,系统默认去除 6 种字符,它们是空格、制表符(\t)、换行符(\n)、回车符(\r)、空字符(\0)以及垂直制表符(\x0B)。

例如:

```
$string = ' chinese dream ';
echo trim( $string);                              //输出 chinese dream,前后空格被去除
```

2) rtrim()函数

该函数去除字符串右边的空格及特殊字符,其原型与 trim()函数相似。

例如:

```
$string = ' chinese dream ';
echo rtrim( $string);                             //输出 chinese dream,右边的空格被去除
```

3) ltrim()函数

该函数去除字符串左边的空格及特殊字符,其原型与 trim()函数相似。

例如:

```
$string = ' chinese dream ';
echo ltrim( $string);                             //输出 chinese dream ,左边的空格被去除
```

【例 5.4】 转换字符串大小写,去除字符串前后空格及特殊字符。

(1) 启动 Zend Studio,选择 example 工作区中的项目 chapter05,并在该项目中添加一个名为 example5_4. php 的 PHP 文件。

(2) 双击打开 example5_4. php 文件,并添加代码,如图 5.7 左侧所示。

(3) 打开浏览器,访问 example5_4. php 页面,运行效果如图 5.7 右侧所示。

图 5.7　转换字符串大小写并去除空格操作

5. 翻转字符串顺序

strrev()函数用于接收一个字符串,然后返回一个翻转顺序的字符串副本。

例如:

```
$string = 'Chinese Dream';
echo strrev( $string);                            //输出 maerD esenihC
```

6. 重复字符串

str_repeat()函数用于接收一个字符串和一个计数参数(n),然后返回一个由字符串重复 n 次组成的新字符串。

例如:

```
$string = '_.-.';
echo str_repeat( $string, 40);                    //输出一条呈水平的波浪线
```

7. 字符串填充

str_pad()函数可实现由一个字符串填充另一个字符串,可通过参数选择用何种字符串来填充,选择填充的位置,即仅左边、仅右边或者是两边都填充,语法格式如下:

```
string str_pad(to_pad,length [,with [, pad_type ]])
```

其中,第 1 个参数 to_pad 表示要填充的字符串;第 2 个参数 length 为填充后新字符串的长度;第 3 个参数 with 为填充字符串;第 4 个参数为填充位置,其值可以是 STR_PAD_RIGHT (默认)、STR_PAD_LEFT 或 STR_PAD_BOTH。

例如:

```
$string = 'Chinese Dream';
echo str_pad( $string,60,'-',STR_PAD_BOTH);
```

【例 5.5】 翻转字符串、重复字符串构成新字符串以及用其他字符填充字符串。

(1) 启动 Zend Studio,选择 example 工作区中的项目 chapter05,并在该项目中添加一个名为 example5_5.php 的 PHP 文件。

(2) 双击打开 example5_5.php 文件,并添加代码,如图 5.8 左侧所示。

(3) 打开浏览器,访问 example5_5.php 页面,运行效果如图 5.8 右侧所示。

图 5.8　字符串操作及运行效果

8. 分解字符串

explode()函数可以将字符串以某种分隔符进行分解,形成多个子字符串,并将这些子串存储于一个数组中。其语法格式为:

```
array explode(separator, string [, limit])
```

其中,第 1 个参数 separator 表示分隔字符;第 2 个参数 string 表示被分解的字符串;第 3 个参数 limit 是可选参数,表示要返回的数组中的最大数目。如果到达上限,数组的最后一个元素将包含字符串的剩余部分。

例如:

```
$string = 'Chinese,Dream,My,Dream';
$arr = explode(',', $string);
Var_dump( $arr);
```

9. 合并字符串

函数 implode()提供了与 explode()相反的功能,它把数组中几个小的字符串拼接成一个大的字符串,语法格式为:

```
String implode(separator, array)
```

其中,第 1 个参数 separator 为分隔字符串,将会放在第 2 个参数 array 数组元素中间。

例如:

```
$strArray = ['Chinese','Dream','My','Dream'];
$string = implode(' * ', $strArray);
echo $string;                           //输出 Chinese * Dream * My * Dream
```

【例 5.6】 字符串的分解与合并。

(1) 启动 Zend Studio,选择 example 工作区中的项目 chapter05,并在该项目中添加一个名为 example5_6.php 的 PHP 文件。

(2) 双击打开 example5_6.php 文件,并添加代码,如图 5.9 左侧所示。

(3) 打开浏览器,访问 example5_6.php 页面,运行效果如图 5.9 右侧所示。

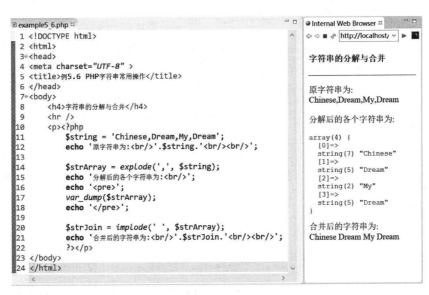

图 5.9 字符串的分解与合并操作效果

10. 字符串截取

如果要截取字符串的子串,可以用 substr()函数来实现,其语法格式为:

```
String substr(string string, int start[, int length])
```

其中,第 1 个参数 string 为被操作字符串;第 2 个参数 start 为截取的子串的开始位置,正数表示从指定的位置开始,负数表示从字符串末端算起的指定位置开始,0 表示从字符串的第一

字符串与数组

个字符开始；第 3 个参数 length 为可选参数，正数表示要截取的子串的长度，负数表示截取到字符串末端倒数的位置，如果不指定该参数，则截取的子串从 start 开始至字符串的末尾。

例如：

```
$string = 'The Chinese Dream';
$subStr1 = substr( $string, 4);              //子串为 Chinese Dream
$subStr2 = substr( $string, 4, 7);           //子串为 Chinese
$subStr3 = substr( $string, -13);            //子串为 Chinese Dream
$subStr4 = substr( $string, -13, -6);        //子串为 Chinese
```

【例 5.7】 字符串的截取。

（1）启动 Zend Studio，选择 example 工作区中的项目 chapter05，并在该项目中添加一个名为 example5_7.php 的 PHP 文件。

（2）双击打开 example5_7.php 文件，并添加代码，如图 5.10 左侧所示。

（3）打开浏览器，访问 example5_7.php 页面，运行效果如图 5.10 右侧所示。

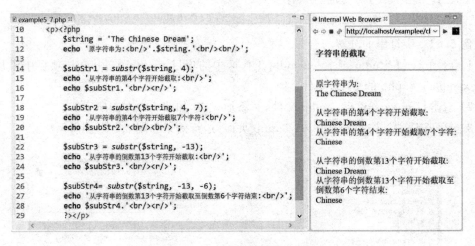

图 5.10　字符串的截取操作效果

11. 字符串查找

字符串的查找，就是在一个字符串中匹配查找另一个字符串或字符。查找的结果有两种情况，即返回匹配位置和返回剩余字符串。

1）返回位置

语法格式为：

String strpos(string haystack, mixed needle [, int start])

其中，第 1 个参数 haystack 为被查找的字符串；第 2 个参数为需要查找的字符串；第 3 个参数 start 是可选参数，表示开始查找的起始位置。

例如：

```
$string = 'The Chinese Dream, My Dream';
$strPos1 = strpos( $string, 'Dream');         //12
$strPos2 = strpos( $string, 'dream');         //false
$strPos3 = strpos( $string, 'Dream', 13);     //22
```

2）返回剩余字符串

语法格式为：

```
String strstr(string haystack, string needle)
```

其中的参数含义与函数 strpos()相同。该函数返回从匹配点开始的字符串的其余部分，如果未找到，则返回 false。

例如：

```
$string = 'The Chinese Dream, My Dream';
$str = strstr( $string, 'Dream');                    //Dream, My Dream
```

12. 字符串替换

在利用 Microsoft Word 编辑长文档的时候，常常会使用[查找与替换]功能实现一次性替换多处的某个词语，非常方便快捷。PHP 提供了函数 str_replace()来实现这个功能，语法格式为：

```
mixed str_replace(mixed search,mixed replace,mixed subject[,int &count])
```

其中，第 1 个参数 search 是要查找的子串；第 2 个参数 replace 是用来替换的字符串；第 3 个参数 subject 是被搜索的字符串；第 4 个参数 count 为可选项，表示执行替换的数量。

例如：

```
$string = 'The Chinese Dream, My Dream';
$strReplace = strstr('Dream', 'Wuhan', $string);
```

运行上述代码后，变量 strReplace 的值为"The Chinese Wuhan，My Wuhan"。

【例 5.8】 字符串的查找与替换。

（1）启动 Zend Studio，选择 example 工作区中的项目 chapter05，并在该项目中添加一个名为 example5_8.php 的 PHP 文件。

（2）双击打开 example5_8.php 文件，并添加代码，如图 5.11 左侧所示。

（3）打开浏览器，访问 example5_8.php 页面，运行效果如图 5.11 右侧所示。

图 5.11　字符串的查找与替换操作效果

字符串与数组

5.2 正则表达式

正则表达式是描述字符排列模式的一种自定义的语法规则,在 PHP 提供的系统函数中,可以使用这种模式对字符串进行匹配、查找、替换及分割等操作。正则表达式的应用非常广泛,比如数据格式的验证、特定字符串的标识、特定格式数据的提取、文档字数的统计等。

5.2.1 正则表达式简介

1. 定义

正则表达式是一个描述模式的字符串,是一个特定的格式化模板,描述了字符串的可能结果。也就是说,它是对具有某些特征的字符串的普遍描述。

例如:

```
"/^The/"
```

正则表达式,描述了所有以 The 开头的字符串,比如:

```
The、The Chinese Dream、The book
```

字符串,都是与之匹配的,而

```
the、,The Chinese Dream、ha The book
```

字符串则与之不匹配。

只要字符串与正则表达式匹配,就可以搜索到该字符串,从而对其进行提取、替换等相关处理。

2. 基本模式

所谓基本模式,就是指正则表达式中的最小功能模块,主要有以下 3 种。

1) 在字符串中可以出现的字符集

也就是正则表达式指定了字符串中字符的某种组合。这些字符包括字母、数字和特殊符号等。例如:

```
"/c[au]t/"
```

正则表达式,定义了两个字符集,即 cat 和 cut。如果将该正则表达式与字符串 This crusty cat 进行匹配,则会匹配成功;但如果将它与字符串 What cart? 进行匹配,则会匹配失败。

2) 可选择的字符串集合

正则表达式给出了字符串中字符组合的几种选择。例如:

```
"/cat|dog/"
```

正则表达式,给出了两种字符串集合,即 cat 或 dog。只要字符串包含这两个字符串之一,就会匹配成功。例如,将该正则表达式与字符串 the rabbit rubbed my legs 进行匹配,则会匹配失败。

3) 在字符串中重复的序列

正则表达式指定了字符串中的某个重复序列。例如:

```
"/ca + t/"
```

正则表达式,指定了以字符 c 开始、以字符 t 结束,并且之间包含一个或多个 a 字符的字符串。例如:

```
cat、caat、caaat、caaaaat
```

字符串,都可以与上述模式匹配成功。

正则表达式的这 3 种基本模式可以任意组合,形成复杂的匹配模式,进而解决复杂的业务逻辑。

【例 5.9】 用正则表达式验证是否有合法的邮箱地址字符串。

(1) 启动 Zend Studio,选择 example 工作区中的项目 chapter05,并在该项目中添加一个名为 example5_9.php 的 PHP 文件。

(2) 双击打开 example5_9.php 文件,并添加代码,如图 5.12 左侧所示。

图 5.12 所示代码中的第 11 行和第 12 行定义了用于匹配邮箱地址的正则表达式,在第 16 行中调用函数 preg_match() 完成模式匹配。

(3) 打开浏览器,访问 example5_9.php 页面,运行效果如图 5.12 右侧所示。

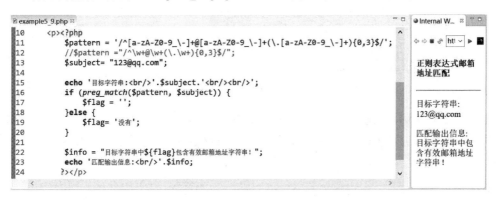

图 5.12　正则表达式电子邮箱地址匹配测试

图 5.12 所示代码中的两种正则表达式是等价的,可以分别进行测试,测试过程中需要不断修改目标字符串的值,并仔细观察浏览器中输出的匹配信息。

3. 组成

从图 5.12 给出的正则表达式可以看出,它被放置在两个/符号之间,里面包含了一些普通的字符,比如字母、数字以及@符号等和一些特殊的专用符号,比如＋、^以及＄等。在正则表达式中,这些普通字符或用括号包围起来的组合体,称为"原子",特殊的专用符号字符叫作"元字符"。

除了原子及元字符之外,正则表达式中还有一些符号规定了该表达式的解释与应用方式,叫作"模式修正符"。

所以,正则表达式是由原子、元字符以及模式修正符 3 部分组成的。当然,在这 3 部分中,原子必须存在,元字符与模式修正符是可以没有的。

正则表达式位于斜杠/字符之间,这个符号称为正则表达式的定界符。

传统情况使用斜杠/字符作为正则表达式的定界符,但也并非局限于此。除反斜杠\符号之外,任何非字母、非数字字符都可以用来当作定界符,例如 ♯、[]、( )、<>等。

4. 常用正则表达式

前文示例列举的正则表达式都比较简单,但实际上,正则表达式是非常复杂的,理解起来也非常困难,令人头痛。在实际开发过程中,可以收集一些常用的正则表达式以备急需,还可以借助一些测试工具对自己编写的正则表达式进行测试。

下面列举几个常用的正则表达式(来源于网络),以供参考。

(1) 匹配 E-mail 地址的正则表达式:

"/\w+([?+.]\w+)?@\w+([?.]\w+)?\.\w+([?.]\w+)?/"

(2) 匹配手机号码的正则表达式:

"/1[34578]\d10/"

(3) 匹配 HTML 标记的正则表达式:

"/<(\S*?)[^>]*>.*?</\1>|<.*?/>/i"

(4) 匹配网址 URL 的正则表达式:

"/^http(s?):\/\/(?:[A-za-z0-9-]+\.)+[A-za-z]{2,4}(:\d+)?(?:[\/\?#]
[\/=\?%\-&~`@[]\':+!\.#\w]*)?/"

5.2.2 正则表达式基础语法

1. 原子

原子是正则表达式最基本的组成单位,而且在每个模式中最少要包含一个原子。原子包括所有大小写字母、数字、标点符号、非打印字符以及双引号、单引号等一些其他符号。例如正则表达式:

/^[a-zA-Z0-9_\-]+@[a-zA-Z0-9_\-]+(\.[a-zA-Z0-9_\-]+){0,3}$/

中的[a-zA-Z0-9_\-]、@、\. 均为原子。

1) 普通字符

普通字符是正则表达式的最常见原子,包括所有大写和小写字母字符以及所有数字和普通符号,即 a~z、A~Z、0~9、_及@等。例如:

[a-zA-Z0-9_]

原子指定了一个特定的字符集,该字符集中只能包含小写字母、大写字母、数字和下画线_字符。

2) 特殊字符与元字符

任何符号都可以作为原子使用,但如果这个符号在正则表达式中被赋予了一些特殊含义,就必须使用转义字符\将其含义转回到本意。

例如单引号'、双引号"、英文点号.、斜杠/等,都必须转义后使用其原意,即\'、双引号\"、英文点号\.、斜杠\/。

上述正则表达式的原子:

[a-zA-Z0-9_\-]

中的\-字符,就是将特殊字符-进行了转义。还有原子

(\.[a-zA-Z0-9_\-]+)

中的\.字符,也是通过转义使其含义重新回到了英文句点。

3)非打印字符

非打印字符就是字符串中的一些格式控制符号,例如回车、换行、换页以及制表符等。正则表达式中常用的非打印字符如表5.3所示。

表5.3 常用非打印字符

字　　符	描　　述
\cx	匹配由 x 指明的控制字符
\f	匹配一个换页符
\n	匹配一个换行符
\r	匹配一个回车符
\t	匹配一个制表符
\v	匹配一个垂直制表符

例如正则表达式:

'/\n/'

中的原子\n,即用来匹配 Windows 系统中的字符串中是否有回车换行符。

4)预定义字符集

对于正则表达式,还可以使用预先定义的字符集作为原子。在这些预定义的字符集中,有一些字符集原子是可以匹配一类字符的,叫作"通用字符类型"。正则表达式中常用的通用字符类型及其含义如表5.4所示。

表5.4 常用通用字符类型及含义

字　　符	描　　述
\d	匹配任意一个十进制数字
\D	匹配任意一个除十进制数字以外的字符
\s	匹配任意一个空白字符
\S	匹配除空白字符以外任何一个字符
\w	匹配任意一个数字、字母或下画线
\W	匹配除数字、字母或下画线以外的任意一个字符

如图5.12中的第12行代码:

"/^\w+@\w+(\.\w+){0,3}$/"

所定义的正则表达式中,原子\w就是一个通用字符。通用字符类型的原子习惯上称为类原子。

比较图5.12中的第11行与第12行两个正则表达式,它们实现了相同的功能,但从形式上来看,采用类原子的正则表达式在格式上要简洁得多。

5)自定义原子表

虽然类原子使用方便,但它的数量是有限的。在实际开发过程中,需要根据具体的业务逻

辑来自定义类原子。

自定义类原子,只需要将符合要求的原子放入[]中就可以了。自定义原子列表的原子地位是平等的,每次选择一个原子进行匹配。

例如正则表达式:

`'/[a-zA-Z0-9_\-]@/'`

中的原子:

`[a-zA-Z0-9_\-]`

就是属于自定义原子。该正则表达式可以匹配 a@、A@、0@、_@以及一@等。注意,每次只能从原子列表中选择一个原子进行匹配,原子表中的负号一表示连接,就是平常说的"从…到…"的意思。

另外,还可以使用表示排除的元字符^来定义排除原子表,如表 5.7 所示,排除原子表匹配表内原子外的任意字符。

例如正则表达式:

`'/[^a-zA-Z]@/'`

可以匹配 2@、#@、\n@、%@以及一@等。

2. 元字符

所谓元字符,就是指那些在正则表达式中具有特殊意义的专用字符,可以用来规定其前导字符,即位于元字符前面的字符在目标对象中的出现模式。

1) 定位符

定位符将匹配限制在字符串中的特定位置,它不匹配目标字符串的实际字符。常见的定位符如表 5.5 所示。

表 5.5　常用定位元字符

元　字　符	匹　　配
^	字符串开始
$	字符串结束
\b	单词边界。\w 和\W 之间或者字符串的开头、结尾
\B	非单词边界。\w 和\w 之间或者\W 和\W 之间
\A	字符串开始
\Z	字符串结尾,或者换行符\n 之前
\z	字符串结尾
^	一行的开始。如果/m 模式修正符有效,换行符\n 后面
$	一行的结尾。如果/m 模式修正符有效,换行符\n 前面

例如图 5.12 中的第 12 行代码定义的正则表达式:

`"/^\w+@\w+(\.\w+){0,3}$/"`

中就用到两个行定位符,也就是说目标字符串只能是单个的邮箱地址,不能有其他任何字符。比如字符串"我的邮箱地址为:123@qq.com"是不能与上述正则表达式匹配成功的。因为,目标字符串的开始字符为"我",与\w 表示的原子不匹配。

另外，在搜索一个单词的时候需要匹配单词，而不是单词的一部分。这时候就要用到单词定位符\b。例如如下正则表达式：

'/in/'

是可以匹配字符串 China 的。但如果将其修改为：

'/\bin\b/'

就不能与之匹配了，因为这里要求 in 的前后都为单词的边界。

2）限定符

限定符主要用来限定每个字符串出现的次数，如表 5.6 所示。

表 5.6　常用限定元字符

元　字　符	匹　　　配
*	0 次或多次
+	1 次或多次
?	0 次或 1 次
{n}	出现 n 次
{n，}	最少 n 次
{n，m}	最少 n 次，不超过 m 次

例如上述正则表达式：

"/^\w+@\w+(\.\w+){0,3}$/"

中的＋与{0，3}就都是用来限定它们前面的原子的重复次数。式中＋元字符前面的原子均为\w，即单词字符，如表 5.4 所示；{0，3}元字符前面的原子为(\.\w+)，它可以不出现，若出现，最多只能重复 3 次。比如字符串 123@hust.edu.cn.net 与上述正则表达式匹配是失败的。

3）选择符

常用选择符如表 5.7 所示。

表 5.7　常用选择符

元　字　符	描　　　述
|	选择字符，匹配两侧的任意字符
^	排除不符合的字符
.	匹配任何单个字符
( )	分组或选择
[]	匹配括号内的任意一个字符
-	连字符，匹配一个范围
(?:pattern)	匹配 pattern 但不获取匹配结果
(?＝pattern)	正向预查，在任何匹配 pattern 的字符串开始处匹配查找字符串
(?!pattern)	负向预查，在任何不匹配 pattern 的字符串开始处匹配查找字符串

例如正则表达式：

"/^(\-|\+)?\d+(\.\d+)?$/"

即匹配正数、负数与浮点数。其中的\－|\＋原子中就使用了选择元字符|,表示负数或正数。

注意使用[]与|的区别。[]只能匹配单个字符,而|可以匹配任意长度的字符串(如 cat | dog)。[]往往配合连接字符"-"一起使用。

4) 排除符

正则表达式提供了^元字符来表示排除操作,如表 5.7 所示,排除不匹配的字符,它一般放在[]中使用。注意它与行定位符^的用法区别。

5) 匹配符

点号.操作符可以匹配任意一个字符(不包含换行符)。

例如正则表达式:

'/c.t/'

可以匹配 cat、cut 、c♯t 等字符串。

6) 括号字符

括号字符( )在正则表达式中的作用主要有两种,一种是改变限定符(如| 、* 以及^)的作用范围。

例如,像(my | your)baby 的形式,如果没有( ),选择元字符|将匹配的要么是 my,要么是 yourbaby,有了小括号,匹配的就是 my baby 或 your baby。

另外一个作用就是进行分组,以便于反向引用。

7) 反向引用

括号( )元字符能够进行分组,也就是能够形成一个独立的单元,也称为一个子表达式。

在正则表达式中添加这种括号,将会导致括号内的匹配模式存储到一个临时缓冲区中,它可以被获取,以供以后使用,这也叫作捕获,所捕获的每个子模式都按照在正则表达式中从左至右所遇到的内容进行存储。存储子模式的缓冲区编号从 1 开始,连续编号直到最大 99 个子表达式。

每个缓冲区都可以使用\n 来访问,其中 n 为标识特定缓冲区的一位或两位十进制数。例如,\1、\2 和\3 等。注意,在正则表达式中使用\需要转义。

所谓反向引用,就是依靠子表达式的这种"记忆"功能匹配连续出现的字串或字符。例如正则表达式:

'/(java)(php)\\1\\2/'

表示匹配字符串 javaphpjavaphp。

当需要使用子表达式,但又不想存储匹配结果时,可以使用非捕获元字符?:、?＝或?! 来忽略对相关匹配的保存。例如:

'/(?:java)(php)\\1/'

使用?:元字符忽略了第 1 个子表达式的存储,所以它匹配字符串 javaphpphp。

3. 模式修正符

模式修正符的作用是设定模式,也就是设定正则表达式如何解释。PHP 中的主要模式修正符如表 5.8 所示。

表 5.8　常用模式修正符

元字符	匹配
i	忽略大小写模式
m	多行匹配,仅当表达式中出现^与$中的至少一个元字符且字符串有换行符\n时,m修正符才起作用
s	改变元字符.的含义,使其可以代表包含换行符的所有字符
x	忽略空白字符

【例 5.10】　正则表达式的元字符及模式修正符的使用。

（1）启动 Zend Studio,选择 example 工作区中的项目 chapter05,并在该项目中添加一个名为 example5_10.php 的 PHP 文件。

（2）双击打开 example5_10.php 文件,并添加代码,如图 5.13 左侧所示。

（3）打开浏览器,访问 example5_10.php 页面,运行效果如图 5.13 右侧所示。

图 5.13　正则表达式元字符及模式修正符的使用

5.2.3　正则表达式函数

1. 字符串匹配函数

在 PHP 中,用于匹配字符串的函数有两个,即 preg_match() 和 preg_match_all(),它们通常用于表单的验证。

preg_match() 函数按指定的正则表达式模式对字符串进行一次搜索和匹配,其原型为:

```
int preg_match ( string $pattern , string $subject [, array & $matches [, int $flags = 0 [, int
$offset = 0 ]]] )
```

（1）pattern 和 subject 为必选项,分别表示搜索模式及要搜索的字符串。

（2）matches 为可选项，是一个多维数组，存放搜索匹配的结果。$matches[0]包含完整模式匹配到的文本，$matches[1]包含第一个捕获子组匹配到的文本，以此类推。

（3）flags 为可选项，表示一个标记，其值为 PREG_OFFSET_CAPTURE。如果设置了这个标记，对于每一个出现的匹配，返回结果时都会附加字符串偏移量（相对于目标字符串）。注意，这样会改变填充到 matches 参数的数组，使该数组的每个元素的第 0 个元素为匹配到的字符串，第 1 个元素为该匹配字符串在目标字符串 subject 中的偏移量。

（4）offset 为可选参数。默认情况下，在字符串中的搜索都是从其起始位置开始的，可选参数 offset 用于指定搜索开始位置（单位是字节）。

preg_match()函数用于返回 pattern 的匹配次数，返回值是 0（不匹配）或 1。注意，该函数只能匹配成功一次，在第一次匹配成功后将会停止后续的搜索。

preg_match_all()函数按指定的模式执行一个全局正则表达式的匹配，其原型为：

```
int preg_match_all ( string $pattern , string $subject [, array & $matches [, int $flags = PREG_PATTERN_ORDER [, int $offset = 0 ]]] )
```

该函数中的参数与 preg_match()函数相同。参数 flags 除了可以是 PREG_OFFSET_CAPTURE 之外，还可以是 PREG_PATTERN_ORDER 及 PREG_SET_ORDER。

preg_match_all()函数返回完整的匹配次数（可能是 0），或者返回 false（如果发生错误）。与函数 preg_match()不同的是，在第一个匹配成功后，子序列从最后一次匹配位置继续搜索。

【例 5.11】 从字符串提取数字。

（1）启动 Zend Studio，选择 example 工作区中的项目 chapter05，并在该项目中添加一个名为 example5_11.php 的 PHP 文件。

（2）双击打开 example5_11.php 文件，并添加代码，如图 5.14 左侧所示。

（3）打开浏览器，访问 example5_11.php 页面，运行效果如图 5.14 右侧所示。

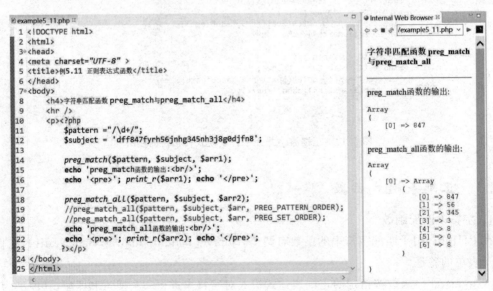

图 5.14 从字符串提取数字

2. 字符串搜索和替换函数

函数 preg_replace()用于执行一个正则表达式的搜索和替换，其原型为：

```
mixed preg_replace ( mixed $pattern , mixed $replacement , mixed $subject [, int $limit = -1 [,
int & $count ]] )
```

其中,参数 pattern 表示匹配模式;replacement 表示用于替换的字符串或字符串数组;subject 表示要进行搜索和替换的字符串或字符串数组;limit 表示每个模式在每个 subject 上进行替换的最大次数,默认是 -1(表示无限);count 表示完成的替换次数。

【例 5.12】 字符串查找与替换。

(1) 启动 Zend Studio,选择 example 工作区中的项目 chapter05,并在该项目中添加一个名为 example5_12.php 的 PHP 文件。

(2) 双击打开 example5_12.php 文件,并添加代码,如图 5.15 左侧所示。

(3) 打开浏览器,访问 example5_12.php 页面,运行效果如图 5.15 右侧所示。

图 5.15 字符串查找与替换

3. 字符串拆分函数

函数 preg_split()可以通过一个正则表达式来拆分字符串,并返回一个子串数组,其原型为:

```
array preg_split( string $pattern , string $subject [, int $limit = -1 [, int $flags = 0 ]] )
```

其中,参数 pattern 和 subject 与 preg_match()函数中同名参数含义相同;参数 limit 是可选项,如果指定该参数,将限制拆分得到的子串最多只有 limit 个,返回的最后一个子串将包含所有剩余部分。参数 limit 的值设置为 -1、0 或 null 都代表"不限制"。

该函数中的参数 flags 可以是标记 PREG_SPLIT_NO_EMPTY、PREG_SPLIT_DELIM_CAPTURE、PREG_SPLIT_OFFSET_CAPTURE 之一或组合。

【例 5.13】 字符串拆分。

(1) 启动 Zend Studio,选择 example 工作区中的项目 chapter05,并在该项目中添加一个名为 example5_13.php 的 PHP 文件。

(2) 双击打开 example5_13.php 文件,并添加代码,如图 5.16 左侧所示。

字符串与数组

(3) 打开浏览器，访问 example5_13.php 页面，运行效果如图 5.16 右侧所示。

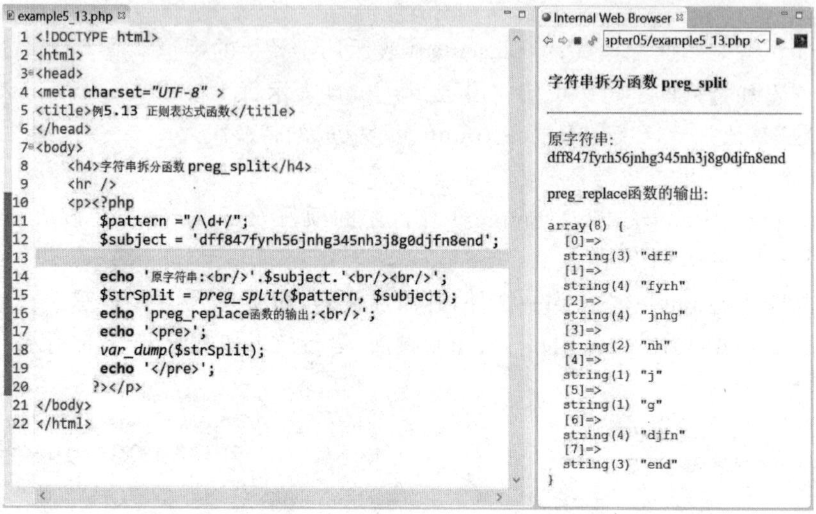

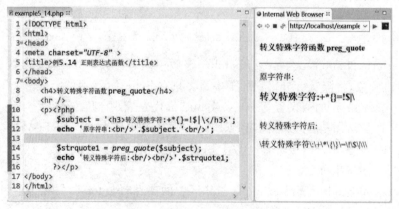

图 5.16　字符串拆分

4. 转义特殊字符函数

函数 preg_quote()用于转义正则表达式字符，通常用于运行时字符串需要作为正则表达式进行匹配的情况，其原型为：

```
string preg_quote ( string $str [, string $delimiter = NULL ] )
```

其中，参数 str 表示输入字符串，是必选项；参数 delimiter 是可选项，如果指定了该参数，则它也会被转义。

对用户输入的数据使用 preg_quote()函数进行过滤，能有效避免来自系统外部的攻击。

【例 5.14】　转义字符串中的特殊字符。

(1) 启动 Zend Studio，选择 example 工作区中的项目 chapter05，并在该项目中添加一个名为 example5_14.php 的 PHP 文件。

(2) 双击打开 example5_14.php 文件，并添加代码，如图 5.17 左侧所示。

(3) 打开浏览器，访问 example5_14.php 页面，运行效果如图 5.17 右侧所示。

图 5.17　转义特殊字符

5. 数组过滤函数

函数 preg_grep()用于数组元素的模式匹配,其原型为:

```
array preg_grep ( string $pattern , array $input [, int $flags = 0 ] )
```

preg_grep()函数的返回值为一个数组,它由给定数组 input 中与模式 pattern 相匹配的元素组成。

【例 5.15】 过滤字符串数组。

(1) 启动 Zend Studio,选择 example 工作区中的项目 chapter05,并在该项目中添加一个名为 example5_15.php 的 PHP 文件。

(2) 双击打开 example5_15.php 文件,并添加代码,如图 5.18 左侧所示。

(3) 打开浏览器,访问 example5_15.php 页面,运行效果如图 5.18 右侧所示。

```php
 1 <!DOCTYPE html>
 2 <html>
 3 <head>
 4 <meta charset="UTF-8" >
 5 <title>例5.15 正则表达式函数</title>
 6 </head>
 7 <body>
 8     <h4>数组过滤函数 preg_grep</h4>
 9     <hr />
10     <p><?php
11         $pattern = '/\.txt$/';
12         $subject = ['w1.txt','w2.doc','w3.php','w4.txt'];
13         echo '原数组:<pre>';
14         var_dump($subject);
15         echo '</pre>';
16
17         $strGrep = preg_grep($pattern, $subject);
18         echo '过滤后:<pre>';
19         var_dump($strGrep);
20         echo '</pre>';
21     ?></p>
22 </body>
23 </html>
```

```
数组过滤函数 preg_grep

原数组:

array(4) {
  [0]=>
  string(6) "w1.txt"
  [1]=>
  string(6) "w2.doc"
  [2]=>
  string(6) "w3.php"
  [3]=>
  string(6) "w4.txt"
}

过滤后:

array(2) {
  [0]=>
  string(6) "w1.txt"
  [3]=>
  string(6) "w4.txt"
}
```

图 5.18　过滤字符串数组

5.3　数　　组

视频讲解

与字符串一样,数组也是 PHP 中重要的数据类型,应用非常广泛,它是学习 PHP 必须掌握的重点内容。

在其他编程语言中,数组被定义为一组具有某种共同特征的数据的集合,这种共同特征包括数据的相似性与类型。比如在 C 语言中,用数组来存储学生的成绩,就要求这些成绩(数据)的数据类型必须是相同的,要么是整型,要么是浮点型。

PHP 作为一种弱类型的编程语言,它的变量所标识的存储单元中可以存放各种不同数据类型的数据。所以,PHP 的数组可以存储任意多个、任意类型的数据。这比其他强类型语言中的数组使用更加灵活,功能也更加强大。

5.3.1　数组的分类

PHP 的数组分为两种类型,即索引数组与关联数组。

1. 索引数组

数组是一个数据的集合,其中的数据称为数组元素。每个数组元素都会有一个索引,它是数据在数组中的识别名称,通常也称为数组下标,可以用数组下标来访问与之相对应的数组元素。

索引数组就是使用数字作为下标的数组。索引数组的索引值由 PHP 自动生成,默认从 0 开始,是一个自动递增的整数序列。C、C++以及 Java 语言中的数组为索引数组,在图 5.14、图 5.15、图 5.16、图 5.18 所示的浏览器页面中的数组也都是索引数组。

2. 关联数组

关联数组是以字符串作为索引值的数组,这个字符串也称为键名。关联数组中的键名可以是数字和字符串的混合形式,也就是说,关联数组的键名可以一部分是数字,一部分是字符串。在一个数组中,只要有一个键名不是数字,那么这个数组就是关联数组。

5.3.2 数组的创建

在 PHP 中,数组属于复合型数据类型,其本身也是变量,命名规则与书写方法同于其他变量。与其他很多编程语言的数组创建方式不同,PHP 的数组在创建时不需要指定大小(长度),也不需要声明数据类型。

1. 直接赋值方式

PHP 的数组可以直接通过给数组元素赋值的方式来创建,语法格式:

```
$arrayName[key] = value;
```

其中,arrayName 表示数组名称;key 表示数组的索引或键名;value 表示数组元素的值。数组元素的值可以是 PHP 的任何数据类型,当然也可以是数组。若数组元素的值为数组,则构成多维数组。

【例 5.16】 采用直接赋值的方式创建 PHP 数组。

(1) 启动 Zend Studio,选择 example 工作区中的项目 chapter05,并在该项目中添加一个名为 example5_16.php 的 PHP 文件。

(2) 双击打开 example5_16.php 文件,并添加代码,如图 5.19 左侧所示。

这里用直接赋值的方式定义了 3 个数组,其中,arr1 数组定义时都没有指定 key 值;arr2 数组定义时有的指定了 key 值,有的没有指定 key 值,且指定的 key 值也并不是连续的;arr3 数组定义时采用了整体赋值的方式,数据元素类型也各不相同。

(3) 打开浏览器,访问 example5_16.php 页面,运行效果如图 5.19 右侧所示。

从浏览器窗口中显示的各数组结构可以清楚地看出,数组 arr1 被系统默认为了下标从 0 开始的索引数组,它的索引值是按照赋值顺序递增的。数组 arr2 的第 1 个元素的索引被指定为 3;第 2 个没有指定 key 值的元素,被系统自动顺序地赋索引值 4;第 3 个索引值被指定为 10 的元素,在浏览器中正常显示。从这里可以看出,PHP 数组的索引值并不要求连续,但要注意它不能重复,重复定义的索引值将覆盖原来具有相同索引值的数组元素的值。从数组 arr3 的显示结果可以看出,通过整体赋值的方式创建的数组,实际上是一个多维数组,系统将赋给的值当成了一个数组类型。也就是说,数组 arr3 是一个二维数组,它只有一个元素,这个元素的值为'1'、2、NULL、true 这 4 个 PHP 数据组成的数组。

实际上,上述数组 arr3 的一维定义应该是如下形式:

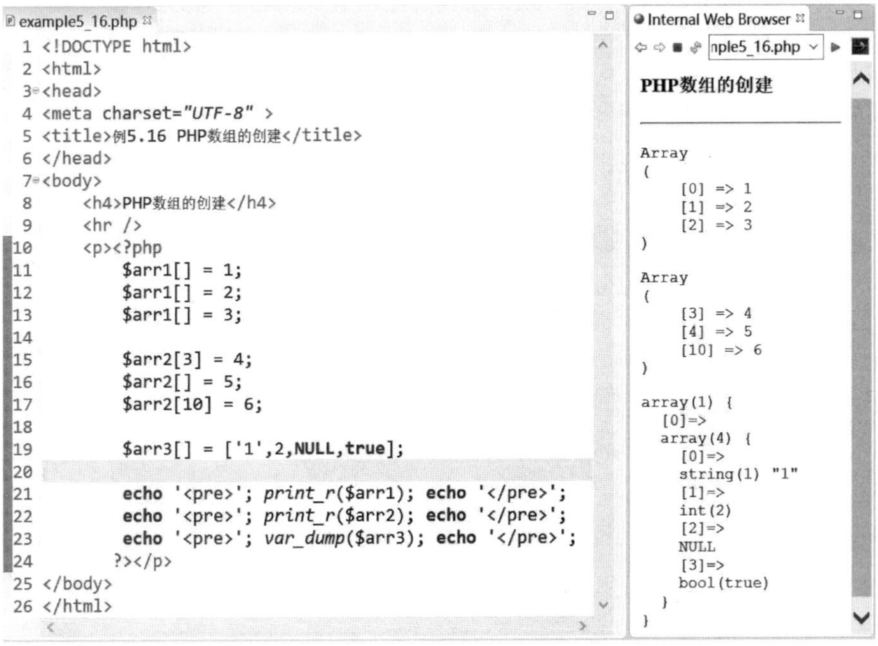

图 5.19　PHP 数组的直接赋值创建

```
$arr3 = ['1', 2, NULL, true];
```

2. array()语言结构方式

用直接赋值的方式,虽然可以创建数组,但显得不是很正式。PHP 中的数组一般采用 array()语言结构的方式来创建。语法格式如下:

```
$arrayName = array([key = >] value, [key = >] value, … );
```

其中的各标识符含义与直接赋值实例相同。括号[ ]表示该项是可选项,若不选择该项,则数组被默认为下标从 0 开始的索引数组。

【**例 5.17**】　采用 array()语言结构方式创建 PHP 数组。

(1) 启动 Zend Studio,选择 example 工作区中的项目 chapter05,并在该项目中添加一个名为 example5_17.php 的 PHP 文件。

(2) 双击打开 example5_17.php 文件,并添加代码,如图 5.20 左侧所示。

这里采用 array()语言结构的方式定义了 4 个 PHP 数组,基本包含了这种语法的全部格式。

(3) 打开浏览器,访问 example5_17.php 页面,运行效果如图 5.20 右侧所示。

从显示的结果可以看出,数组 arr1 和 arr2 与例 5.16 中完全相同;数组 arr3 显示为一维数组,与例 5.16 中的 2 维数组是不同的;数组 arr4 为 PHP 中的常见形式,每个数组元素都是一个键/值对,这样能够很好地与数据库表对应起来,程序员应熟练掌握这种方式。

3. range()函数方式

PHP 提供了 range()函数,用来快速创建一个包含指定范围元素的数组,语法格式:

```
array range(mixed $start, mixed $end [, number $step = 1 ] )
```

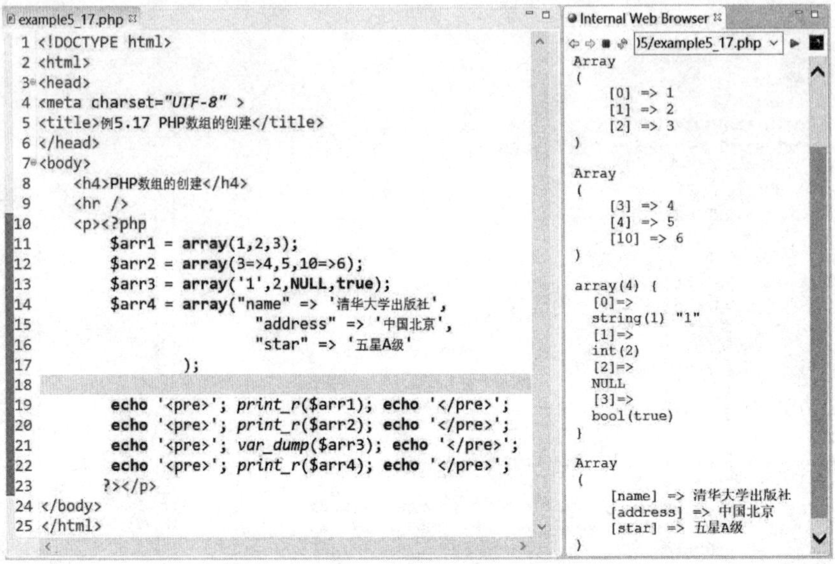

```
example5_17.php ⊠
1 <!DOCTYPE html>
2 <html>
3 <head>
4 <meta charset="UTF-8" >
5 <title>例5.17 PHP数组的创建</title>
6 </head>
7 <body>
8    <h4>PHP数组的创建</h4>
9    <hr />
10   <p><?php
11       $arr1 = array(1,2,3);
12       $arr2 = array(3=>4,5,10=>6);
13       $arr3 = array('1',2,NULL,true);
14       $arr4 = array("name" => '清华大学出版社',
15                     "address" => '中国北京',
16                     "star" => '五星A级'
17                   );
18
19       echo '<pre>'; print_r($arr1); echo '</pre>';
20       echo '<pre>'; print_r($arr2); echo '</pre>';
21       echo '<pre>'; var_dump($arr3); echo '</pre>';
22       echo '<pre>'; print_r($arr4); echo '</pre>';
23     ?></p>
24 </body>
25 </html>
```

```
Internal Web Browser ⊠
05/example5_17.php
Array
(
    [0] => 1
    [1] => 2
    [2] => 3
)

Array
(
    [3] => 4
    [4] => 5
    [10] => 6
)

array(4) {
  [0]=>
  string(1) "1"
  [1]=>
  int(2)
  [2]=>
  NULL
  [3]=>
  bool(true)
}
Array
(
    [name] => 清华大学出版社
    [address] => 中国北京
    [star] => 五星A级
)
```

图 5.20　array 方式创建 PHP 数组

其中,第 1 个参数 start 表示指定序列的第一个值；第 2 个参数 end 表示指定序列的最后一个值；第 3 个参数 step 表示步长,是可选项。如果设置了步长,则会把该值作为数组元素之间的步进值。步长 step 的值为正数,不设置时默认为 1。

该函数返回值是一个 PHP 数组,数组的元素值从 start 到 end(含 start 和 end)。此函数一般用于整数序列及字符序列。

【例 5.18】　采用 range()函数创建 PHP 数组。

(1) 启动 Zend Studio,选择 example 工作区中的项目 chapter05,并在该项目中添加一个名为 example5_18. php 的 PHP 文件。

(2) 双击打开 example5_18. php 文件,并添加代码,如图 5.21 左侧所示。

(3) 打开浏览器,访问 example5_18. php 页面,运行效果如图 5.21 右侧所示。

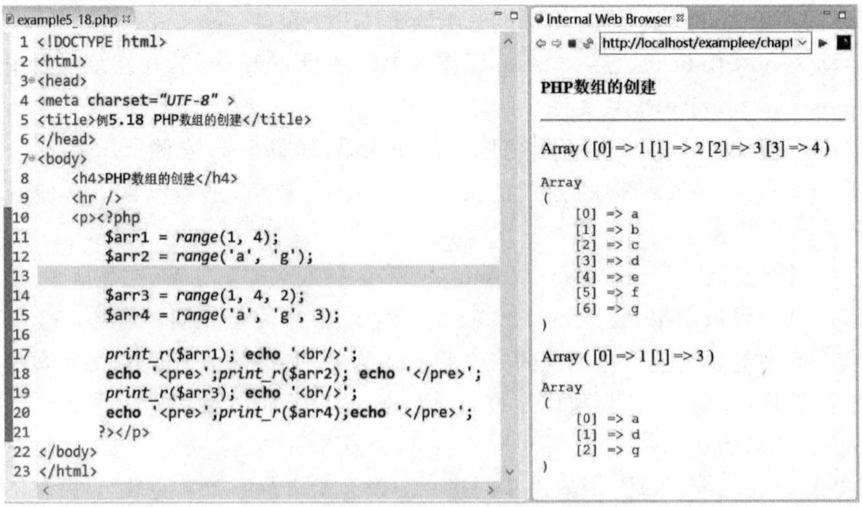

```
example5_18.php ⊠
1 <!DOCTYPE html>
2 <html>
3 <head>
4 <meta charset="UTF-8" >
5 <title>例5.18 PHP数组的创建</title>
6 </head>
7 <body>
8    <h4>PHP数组的创建</h4>
9    <hr />
10   <p><?php
11       $arr1 = range(1, 4);
12       $arr2 = range('a', 'g');
13
14       $arr3 = range(1, 4, 2);
15       $arr4 = range('a', 'g', 3);
16
17       print_r($arr1); echo '<br/>';
18       echo '<pre>';print_r($arr2); echo '</pre>';
19       print_r($arr3); echo '<br/>';
20       echo '<pre>';print_r($arr4);echo '</pre>';
21     ?></p>
22 </body>
23 </html>
```

```
Internal Web Browser ⊠
http://localhost/examplee/chapt

PHP数组的创建
_____
Array ( [0] => 1 [1] => 2 [2] => 3 [3] => 4 )

Array
(
    [0] => a
    [1] => b
    [2] => c
    [3] => d
    [4] => e
    [5] => f
    [6] => g
)

Array ( [0] => 1 [1] => 3 )

Array
(
    [0] => a
    [1] => d
    [2] => g
)
```

图 5.21　range()函数方式创建 PHP 数组

4. list()语言结构方式

与 array()类似,利用 list()语言结构也能够创建 PHP 数组,并且可以一次创建多个数组。这种方式的数组创建方式,常常用在从文件中读取数据的场合,也是实际开发中经常使用的。由于涉及 PHP 的文件操作,这里不深究,给出一个例题进行说明。

【例 5.19】 采用 list()方法创建 PHP 数组。

(1) 启动 Zend Studio,选择 example 工作区中的项目 chapter05,在该项目中添加一个名为 example4_19.txt 的文本文件,并在该文本文件中输入测试数据,如图 5.22 所示。

(2) 在项目中添加一个名为 example5_19.php 的 PHP 文件,并添加代码,如图 5.23 所示。

图 5.22 测试用文本文件

代码中的第 17 行从文本文件中读取了一行文本;第 18 行对读取的文本进行了整理与拆分,获取数据中的学生学号、姓名及电话信息;第 19 行使用 list()语言结构将 3 种类型的信息分别存放在 3 个不同的数组中,以供后续使用与处理。

(3) 打开浏览器,访问 example5_19.php 页面,运行效果如图 5.23 右侧所示。

```php
1  <!DOCTYPE html>
2  <html>
3  <head>
4  <meta charset="UTF-8" >
5  <title>例5.19 PHP数组的创建</title>
6  </head>
7  <body>
8      <h4>PHP数组的创建</h4>
9      <hr />
10     <p><?php
11         $file = 'example5_19.txt';
12         $fp = fopen($file, 'r');
13         if ($fp === false) {
14             exit();
15         }
16         while (!feof($fp)) {
17             $line = fgets($fp);
18             $str = explode('/', trim($line));
19             list($stuNo[], $stuName[],$stuPhone[]) = $str;
20         }
21         fclose($fp);
22         echo '<pre>';print_r($stuNo); echo '</pre>';
23         echo '<pre>';print_r($stuName); echo '</pre>';
24         echo '<pre>';print_r($stuPhone); echo '</pre>';
25     ?></p>
26 </body>
```

图 5.23 list()方式创建 PHP 数组

5.3.3 数组的操作

对数组的操作大多都是通过函数来进行的,PHP 内建了 70 多个和数组有关的函数,详细信息可以从帮助文件及其他技术文档中获取,这里只介绍一些常用函数。

1. 数组的测试

在应用程序中使用数组的时候,有时需要知道某个特定变量是否为一个数组,内置函数 is_array()可以用来完成这个工作。其原型为:

```
Boolean is_array(mixed $var)
```

该函数可以确定变量 var 表示的是否为数组,如果是,则返回 true,否则返回 false。注意,只要定义了数组,即使没有赋值,也会被认为是一个合法的数组数据。

例如:

```
$arr = array();
$isArray = is_array( $arr);
```

上面代码中变量 isArray 的值即为 true。

2. 确定数组的大小

在 PHP 中,可以使用 count()函数对数组中的元素个数进行统计。其原型为:

```
int count ( mixed $array [, int $mode = COUNT_NORMAL ] )
```

其中,第 1 个参数 array 是数组名称,为必选项;第 2 个参数为查看方式,它的值可以是 COUNT_NORMAL(0)或 COUNT_RECURSIVE(1),默认为 COUNT_NORMAL;若取 COUNT_RECURSIVE,则可以递归地对数组进行计数,用于统计多维数组的总元素数。

注意,sizeof()是 count()函数的别名,它们的功能是相同的。

【例 5.20】 数组的测试与元素个数的统计。

(1) 启动 Zend Studio,选择 example 工作区中的项目 chapter05,并在该项目中添加一个名为 example5_20.php 的 PHP 文件。

(2) 双击打开 example5_20.php 文件,并添加代码,如图 5.24 所示。

(3) 打开浏览器,访问 example5_20.php 页面,运行效果如图 5.24 右侧所示。

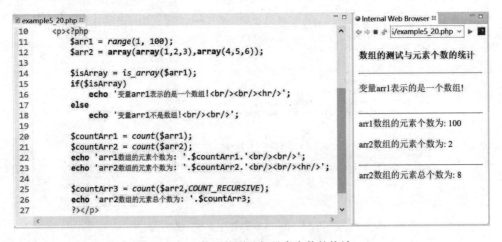

图 5.24　数组的测试与元素个数的统计

这里请注意代码中第 21 行与第 25 行的计算结果。从浏览器的输出可以看出,第 21 行的输出结果为 2,很显然这个数字是把数组 arr2 当成一维数组来处理的;第 25 行的计算结果为 8,这是遍历了数组 arr2 中的所有数组后得出的结论,其中包括了两个数组类型的元素,即 array(1,2,3)和 array(4,5,6)。

3. 数组的遍历

数组是多个数据的集合,对多个数据进行批量处理,往往是使用数组的主要目的。遍历数组的方法就是使用循环。

1）使用 foreach 循环

这种遍历数组的方式已经在第 4.1.2 节中进行了介绍,相关应用实例可参考例 4.7 中的代码。

2）使用 for 循环

用 for 循环来遍历数组,是通过数组的下标来访问每个元素的,因此必须保证数组的下标是连续的数字索引。从数组的定义中可以看到,PHP 中数组的下标不仅可能是非连续的数字,还有可能是字符串,所以在 PHP 中很少使用 for 循环来遍历数组。

【例 5.21】 数组的遍历。

（1）启动 Zend Studio,选择 example 工作区中的项目 chapter05,并在该项目中添加一个名为 example5_21.php 的 PHP 文件。

（2）双击打开 example5_21.php 文件,并添加代码,如图 5.25 左侧所示。

（3）打开浏览器,访问 example5_21.php 页面,运行效果如图 5.25 右侧所示。

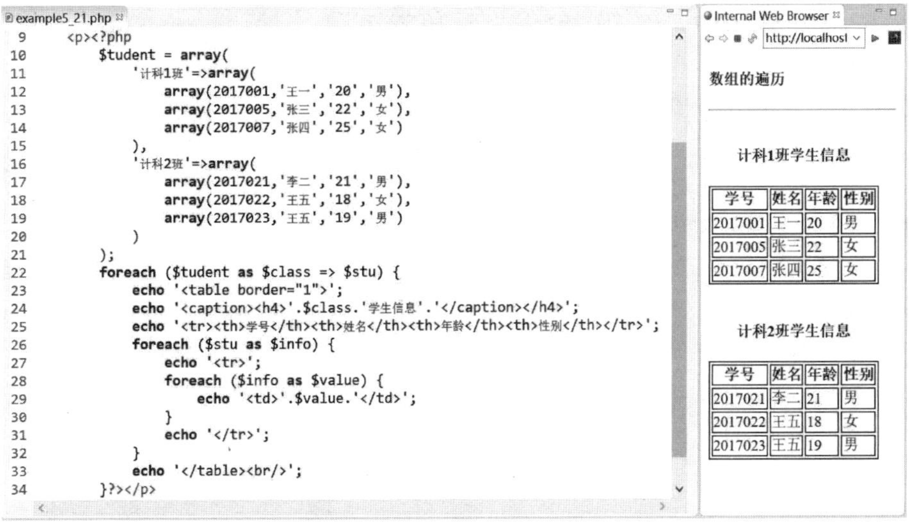

图 5.25　数组的遍历

4. 数组元素的添加、删除与获取

为了扩大或缩小数组,PHP 提供了相应的操作函数,主要有 array_unshift()、array_push()、array_shift()、array_pop()等,分别对应完成在数组头添加元素、在数组尾添加元素、从数组头删除元素、从数组尾删除元素的功能。另外,PHP 还提供了获取数组的函数 array_key()和 array_values(),分别用来获取数组元素的键及数组元素的值。

【例 5.22】 数组元素的添加、删除与取值。

（1）启动 Zend Studio,选择 example 工作区中的项目 chapter05,并在该项目中添加一个名为 example5_22.php 的 PHP 文件。

（2）双击打开 example5_22.php 文件,并添加代码,如图 5.26 左侧所示。

（3）打开浏览器,访问 example5_22.php 页面,运行效果如图 5.26 右侧所示。

5. 其他常用操作

除了上述对数组元素的操作之外,PHP 还提供了对数组整体的操作函数,比如排序 asort()、合并 array_merge_recursive()、拆分 array_slice()、分解 array_chunk()等。

```
☐ example5_22.php ☒
2 <html>
3◦<head>
4 <meta charset="UTF-8" >
5 <title>例5.22 数组元素的添加、删除与取值</title>
6 </head>
7◦<body>
8     <h4>数组元素的添加、删除与取值</h4><hr />
9     <p><?php
10        $array= array('湖北' => '鄂','湖南' => '湘','广东' => '粤');
11
12        array_unshift($array, -1);
13        array_push($array, -1);
14        echo '<pre>'; print_r($array); echo '</pre>';
15
16        array_shift($array);
17        array_pop($array);
18        echo '<pre>'; print_r($array); echo '</pre>';
19
20        $keys = array_keys($array);
21        echo '<pre>'; print_r($keys); echo '</pre>';
22
23        $values = array_values($array);
24        echo '<pre>'; print_r($values); echo '</pre>';
25        ?></p>
26 </body>
27 </html>
```

```
Internal Web Browser ☒
http://localhost, ∨
Array
(
    [0] => -1
    [湖北] => 鄂
    [湖南] => 湘
    [广东] => 粤
    [1] => -1
)
Array
(
    [湖北] => 鄂
    [湖南] => 湘
    [广东] => 粤
)
Array
(
    [0] => 湖北
    [1] => 湖南
    [2] => 广东
)
Array
(
    [0] => 鄂
    [1] => 湘
    [2] => 粤
)
```

图 5.26   数组元素的添加、删除与取值

【例 5.23】 数组整体操作。

(1) 启动 Zend Studio,选择 example 工作区中的项目 chapter05,并在该项目中添加一个名为 example5_23.php 的 PHP 文件。

(2) 双击打开 example5_23.php 文件,并添加代码,如图 5.27 左侧所示。

图 5.27 所示代码中的第 15 行实现了合并数组;第 16 行实现了对数组排序;第 17 行实现了拆分数组;第 18 行实现了分解数组。

(3) 打开浏览器,访问 example5_23.php 页面,运行效果如图 5.27 右侧所示。

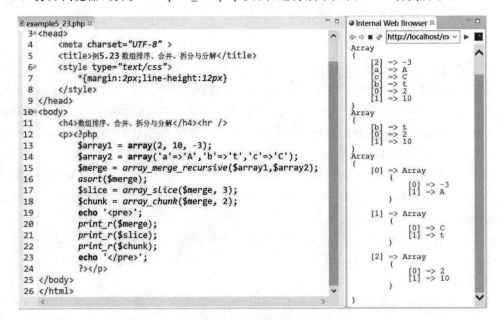

图 5.27   数组整体的操作

5.3.4　预定义数组

在 PHP 中,系统预定了许多数组,用来表示来自 Web 服务器、客户端、运行环境以及用户的输入数据。这些数组非常特别,通常称为自动全局变量或超全局变量。

1. _SERVER

该数组为 PHP 的服务器信息数组,包含了诸如头信息(header)、路径(path)以及脚本位置(script locations)等信息。这个数组中的元素由 Web 服务器创建,由于安全的原因,服务器并不会提供所有信息。

2. _ENV

该数组为 PHP 的运行环境信息数组,其中存储了一些系统的环境变量,因为涉及实际的操作系统,所以也不可能得到其完整的元素列表。

需要注意的是,有时候该数组可能为空。这是由于 PHP 的配置文件 php.ini 中的配置项 variables_order 的值没有设置,或仅仅设置为 GPCS 的缘故。也就是说,系统定义 PHP 预定义变量的顺序是 GET、POST、COOKIES、SERVER,而没有定义 Environment(E),此时只要修改 variables_order 值为 EGPCS 即可。

3. _GET 和 _POST

PHP 为用户提交的数据预设了两个存储数组,其中,_GET 数组用于接收通过 URL 参数传递过来的用户数据;_POST 数组用于接收通过 HTTP POST 方法传递过来的用户数据。也就是说,用户以 GET 方法提交的数据存放在 _GET 数组中,而以 POST 方法提交的数据则存放在 _POST 数组中。

4. _FILES

用户通过 HTTP POST 文件上传方法提交到 PHP 脚本变量的数据由预定义数组 _FILES 存储,该数组也称为 PHP 的上传文件信息数组。

5. _REQUEST

PHP 预定义的请求信息数组经由 GET、POST 和 COOKIE 机制提交至 PHP 脚本的数据存储在 _REQUEST 数组中。

由于 _REQUEST 中的数据通过 GET、POST 和 COOKIE 输入机制传递给脚本文件,它可以被远程用户篡改,因此这些数据并不是完全可信的。该数组的元素及其顺序依赖于 PHP 的配置项 variables_order 的设置。

6. _COOKIE

_COOKIE 数组用于存储通过 HTTP Cookies 方式传递给当前 PHP 脚本的变量数组。

7. _SESSION

_SESSION 数组是当前 PHP 脚本中可用的 SESSION 会话变量数组,也就是存储已经注册的 SESSION 变量。

8. GLOBALS

该数组称为 PHP 的全局变量数组,它包含了当前 PHP 脚本中所有超全局变量的引用内容。

【例 5.24】　预定义数组应用。

(1) 启动 Zend Studio,选择 example 工作区中的项目 chapter05,并在该项目中添加一个名为 example5_24.php 的 PHP 文件。

（2）双击打开 example5_24.php 文件，并添加代码，如图 5.28 左侧所示。

（3）打开浏览器，访问 example5_24.php 页面，运行效果如图 5.28 右侧所示。

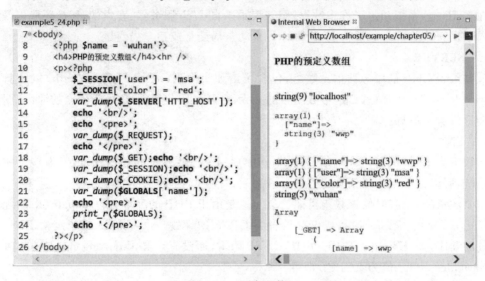

图 5.28　预定义数组

为了测试_GET 数组，这里访问页面时，在 URL 地址中添加了参数 name，其值为 wwp。所以，访问页面的 URL 为 http://localhost/example/chapter05/example5_24.php?name＝wwp。

5.4　应用实例

视频讲解

需求：继续第 4 章的 pro04 项目开发，实现用户中心中用户信息的编辑功能。

目的：掌握 PHP 的字符串和数组数据类型数据的定义与使用。

5.4.1　用户信息编辑

Web 项目一般都会提供用户中心功能，以方便用户编辑个人资料、上传头像、管理相册、查看浏览记录等。

（1）启动 Zend Studio，进入 exercise 项目工作区，复制并粘贴 pro04 项目，将名称更改为 pro05。

（2）在项目 view 目录下的 user 文件夹中添加一个名为 info.php 的文件，并编写 HTML 代码，实现效果如图 5.29 所示。具体代码请参考教材源码。

（3）为了保存用户信息数据，这里在项目中新建了一个名为 data 的文件夹，并在该文件夹中新建了一个名为 userinfo.txt 的文本文件。

（4）打开 info.php 文件，在其顶部添加如下代码，设置页面数据并处理表单提交请求。

```php
<?php
    define('ROOT_PATH', '/exercise/pro05/');
    define('DATA_PATH', '../../data/');           //项目数据目录
    define('VIEW_PATH', ROOT_PATH.'view/');
```

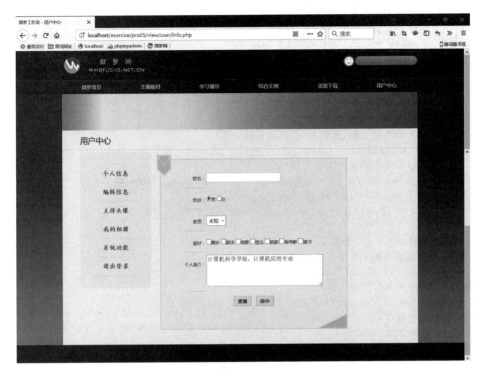

图 5.29 项目用户中心"用户信息编辑"页面

```php
define('IMG_PATH', ROOT_PATH.'image/');
define('CSS_PATH', ROOT_PATH.'css/');
define('JS_PATH', ROOT_PATH.'js/');
//页面数据
$title = '编辑用户信息';
//用户数据
$blood = array('未知','A','B','O','AB','其他');
$user = array(
    'name' =>'李木子',
    'gender' =>'女',
    'blood' =>'AB',
    'hobby' => array('跑步','登山','旅游'),
    'description' =>'计算机科学学院,计算机应用专业'
);
$hobby = array('跑步','游泳','唱歌','登山','旅游','看电影','读书');
//表单提交处理
//先判断是否有表单提交
if( $_POST){
    //有表单提交时,接收表单数据并输出
    //定义需要接收的字段
    $fields = array('name', 'description', 'gender', 'blood', 'hobby', 'gender');
    //通过循环自动接收数据并进行处理
    $user = array(); //用于保存处理结果
    foreach( $fields as $v){
        $user[ $v] = isset( $_POST[ $v]) ? $_POST[ $v] : '';
    }
    //转义可能存在的 HTML 特殊字符
    $user['name'] = htmlspecialchars( $user['name']);
    $user['description'] = htmlspecialchars( $user['description']);
```

```
//验证性别是否为合法值
if( $user['gender']!= 1 && $user['gender']!= 0){
    exit('保存失败,未选择性别。');
}
//验证血型是否为合法值
if(!in_array( $user['blood'], $blood)){
    exit('保存失败,您选择的血型不在允许的范围内。');
}
//判断表单提交的"爱好"值是否为数组
if(is_array( $user['hobby'])){
    //过滤掉不在预定义范围内的数据
    $user['hobby'] = array_intersect( $hobby, $user['hobby']);
}elseif(is_string( $user['hobby'])){
    $user['hobby'] = array( $user['hobby']);
}
//验证完成,保存文件
//将数组序列化为字符串
$data = serialize( $user);
//将字符串保存到文件中
file_put_contents(DATA_PATH.'userinfo.txt', $data);
//保存成功
$success = true;
}
?>
```

5.4.2　功能测试

打开浏览器访问项目 pro05 的首页,单击首页中的【用户中心】菜单项,进入项目的【用户中心】功能模块,接着单面页面左侧菜单中的【编辑信息】菜单项,即可在页面中修改用户信息并保存,页面效果如图 5.30 所示。

图 5.30　项目【用户中心】功能模块【用户信息编辑】页面运行效果

习　　题

一、填空题

1. 在 PHP 中,字符串的指定方法有 3 种,即(　　)、(　　)和(　　)。

2. 若变量 $x 的值为 1,则语句 echo "$x"输出(　　),语句 echo '$x'输出(　　)。

3. 若变量 $str 的值为 China,则 $str[2]的值为(　　)。

4. (　　)是对具有某些特征的字符串的普遍描述。

5. 正则表达式/[Cc]hina/定义了(　　)个字符集,即(　　)和(　　)。

6. 正则表达式中的字符(　　)匹配任意一个十进制数字。

7. 在 C 语言的数组中,数据的类型必须是(　　)的,而 PHP 数组中数据的类型可以(　　),也可以(　　)。

8. PHP 的数组分为两种类型,即(　　)数组和(　　)数组,C 语言中的数组属于这里的(　　)数组。

9. PHP 中的数组一般采用(　　)语言结构的方式来创建。

10. PHP 为用户提交的数据预设了两个存储数组,其中,(　　)数组用于接收通过 URL 参数传递过来的用户数据;(　　)数组用于接收通过 HTTP POST 方法传递过来的用户数据。

二、选择题

1. 在 PHP 中,字符串的连接操作符是(　　)。
   A. ＋　　　　　　　　B. ·　　　　　　　　C. -　　　　　　　　D. _

2. 若要定义一个名为 str 的 PHP 变量,并为其赋初值 China,应采用如下(　　)格式。
   A. string str='China'　　　　　　B. string $str='China'
   C. str='China'　　　　　　　　　　D. $str='China'

3. 使用下面的方式都可以输出 PHP 的字符串数据,但其中的(　　)并不是 PHP 的内置函数。
   A. echo()　　　　B. print()　　　　C. printf()　　　　D. print_r()

4. 正则表达式有 3 种基本模式,其中指定字符串中重复序列时应使用(　　)。
   A. []　　　　　　B. |　　　　　　C. ＋　　　　　　D. \+

5. 在 PHP 中,调用匹配字符串的函数 preg_match()会返回一个(　　)型的数据。
   A. string　　　　B. int　　　　C. bool　　　　D. 空类

6. 语句 $arr[]=array(0,1,2);定义的数组 arr 是一个(　　)维数组。
   A. 一　　　　　　B. 二　　　　　　C. 三　　　　　　D. 0

7. 针对本大题题 6 中的数组 $arr,语句 print_r(count($arr));的输出为(　　)。
   A. 0　　　　　　B. 1　　　　　　C. 2　　　　　　D. null

8. 遍历数组不能使用下面的(　　)结构。
   A. for　　　　B. foreach　　　　C. while　　　　D. array

9. 执行语句 $str="C-h-i-n-a"; $arr=explode('-', $str);后,$arr[2]的值为(　　)。
   A. C　　　　　　B. h　　　　　　C. i　　　　　　D. 空

10. 用户通过 HTTP POST 文件上传文件,文件信息保存在预定义数组( )中。

    A. _GET   B. _POST   C. _FILES   D. _SESSION

三、程序阅读题

1. 下面程序运行后的结果是什么? 假设文件名为 1.png 的图像存在,且位于代码文件所在的目录中,若要求将字符串< img src='1.png' />原样输出,请写出给变量 $str 赋值的赋值语句。

```php
<?php
    $str = "< img src = '1.png' />";
    echo $str;
?>
```

2. 写出下列程序的输出结果。

```php
<?php
    $str = "China";
    if (is_array( $str)) {
        echo $str;
    }else {
        echo '数据类型有误!';
    }
?>
```

3. 写出下列程序的输出结果,并详细解释。

```php
<?php
    $str = "< img src = '1.png />";
    $p = "/\w + \.png/";
    $n = preg_match( $p, $str, $m);
    echo $n.' * '. $m[0];
?>
```

4. 下列程序是否能输出正确结果? 若能够,写出结果;若不能,说明其原因。假设将代码中的语句 1 换成语句 2,情况又会怎样?

```php
<?php
    $arr = array('a' => 1, 'b' => 2, 'c' => 3);          //语句 1
    // $arr = array('0' => 1, '1' => 2, '2' => 3);        //语句 2
    for( $i = 0; $i < count( $arr); $i++){
      echo $arr[ $i].' ';
    }
?>
```

5. 写出下列程序的输出结果。

```php
<?php
    $content = "username/password#"
                ."李木子/123456#"
                ."木子/234561#"
                ."李子/345612";
    $users_arr = explode('#', $content);
    $keys = explode('/', $users_arr[0]);
```

```
    array_shift( $users_arr);
    foreach ( $users_arr as $key => $str) {
        $user = explode('/', $str);
        $users[] = array( $keys[0] => $user[0], $keys[1] => $user[1]);
    }
    print_r( $users);
?>
```

四、操作题

1. 定义一个名为 cutString 的 PHP 函数,实现长文本的缩略显示。例如,长文本"PHP Web 应用开发基础案例教程"经过函数处理后,输出缩略文本"PHP Web 应用开发…"。

2. 定义一个名为 getFileType 的 PHP 函数,求取文件的扩展名。例如,对于用户上传的文件 1.png,通过调用该函数可以获取到文件扩展名 png。

3. 使用正则表达式编程实现用户登录数据的简单验证。假设用户名只能包含字母、数字以及下画线_字符,密码只能为数字字符且长度为 6 位。

4. 编写函数实现一组数据的冒泡排序。假设数据类型为整型或浮点型。

5. 编写函数实现线性表的二分查找。假设数据类型为整型或浮点型。

第6章　结构化程序设计

PHP 的程序设计与其他计算机高级语言的程序设计相似，也分为两种，即结构化程序设计与面向对象程序设计。前文介绍了 PHP 语言的基本语法、控制结构以及函数等基础知识，掌握了这些知识并结合结构化程序设计方法，便可以开始开发一个相对完整的 Web 应用项目了。

本章将介绍 Web 应用的 HTTP 协议基础、PHP 程序的数据输入方法、Web 页面通信技术以及 PHP 的文件包含等内容。

6.1　HTTP 协议基础

视频讲解

Web 应用程序的运行方式与普通应用程序的运行方式是不一样的，Web 应用程序位于服务器端，需要通过客户端程序对相关的 Web 文件资源进行访问，才能运行该文件中的应用程序。

PHP Web 应用程序的通信采用 HTTP(HyperText Transfer Protocol)协议，该协议又称为超文本传输协议，是一个基于请求与响应模式、无状态的应用层协议。它通常基于 TCP 进行连接，目前绝大多数 Web 应用开发都是构建在 HTTP 协议之上。

6.1.1　HTTP 通信机制

在一次完整的 HTTP 通信过程中，Web 浏览器与 Web 服务器之间将依次完成连接、请求、响应、关闭 4 种类型的工作。

1. 建立 TCP 连接

在 HTTP 工作之前，Web 浏览器首先要通过网络与 Web 服务器建立连接，该连接是通过 TCP 协议来完成的，该协议与 IP 协议共同构建了 Internet，即 TCP/IP 协议，因此 Internet 又称为 TCP/IP 网络。

2. 发送 HTTP 请求

一旦成功建立了 TCP 连接，Web 浏览器就可以向 Web 服务器发送 HTTP 请求了。当浏览器向服务器发出 HTTP 请求时，它会向服务器传递一个数据块，也就是 HTTP 请求信息。

3. 发送 HTTP 响应

Web 浏览器向 Web 服务器发送 HTTP 请求后，服务器会向浏览器回送响应。当服务器向浏览器回送响应时，它会向浏览器传递一个数据块，也就是 HTTP 响应信息。

4. 关闭 TCP 连接

一般情况下，一旦 Web 服务器向浏览器发送了响应数据，它就会关闭 TCP 连接。然而，如果浏览器在请求头信息或者服务器在响应头信息中加入了代码 Connection:keep-alive,则 TCP 连接在发送信息后将仍然保持打开状态,这样浏览器就可以通过相同的 TCP 连接继续发送 HPPT 请求。让浏览器与服务器持续保持连接,不仅可以节省为每个请求建立新 TCP 连接所需要的时间,而且还可以节约网络带宽。

6.1.2 HTTP 请求与响应信息

在使用 HTTP 协议通信时,每当浏览器向服务器发送请求,都会发送请求消息;而服务器收到请求后,会返回响应消息给浏览器。对于普通用户而言,请求消息和响应消息都是不可见的;Web 开发者可以通过浏览器提供的开发者工具来查看 HTTP 信息。

目前,主流的浏览器都提供了开发者工具。以火狐浏览器为例,在浏览器窗口中按 F12 功能键,就可以启动开发者工具,然后切换到【网络】→【消息头】选项卡即可查看到头信息,如图 6.1 所示。

图 6.1　查看 HTTP 消息

图 6.1 所示是第 5 章的应用实例中访问项目 pro05 的【用户中心】首页时的 HTTP 信息。从图中可以看出,浏览器的开发者工具上显示了请求网址、请求方法、状态码以及响应头和请求头等信息。其中,"请求头"是发送本次请求时的浏览器的信息,"响应头"是 Apache 服务器返回的信息。

1. 请求信息

当浏览器向 Web 服务器发出 HTTP 请求时,它向 Web 服务器传递一个数据块(或称数据包),也就是 HTTP 请求信息。HTTP 请求信息由以下 3 部分组成。

1) 请求命令

请求命令包括请求方法、请求的 URL 以及协议版本号。如图 6.1 所示,该请求采用的是 GET 方法,请求的 URL 是 http://localhost/exercise/pro05/view/user/index.php,请求的协议及版本号是 HTTP/1.1。

根据 HTTP 标准,HTTP 请求可以使用多种请求方法。例如,HTTP/1.1 支持 7 种请求方法,即 GET、POST、HEAD、OPTIONS、PUT、DELETE 和 TARCE,其中 GET 和 POST 是最为常见的。

2) 请求头

浏览器发送请求命令之后,还要以头信息的形式向 Web 服务器发送一些别的信息,包含许多有关浏览器环境和请求正文的有用信息,如浏览器所用的语言、请求正文的长度等。如图 6.1所示,其中"请求头(487 字节)"标题栏下面的信息即为请求头。

3) 请求正文

请求正文是指用户提交的查询字符串信息。例如上述实例对 index.php 资源的请求中,如果需要带一个 id 参数,则 URL 为:

http://localhost/exercise/pro05/view/user/index.php?id = 1

此时,

id = 1

即为请求正文。在图 6.1 所示的实例中,【消息头】右侧的【参数】选项卡下即为请求正文。

2. 响应信息

HTTP 响应与 HTTP 请求相似,HTTP 响应由以下 3 部分构成。

1) 响应命令

响应命令包括协议名称、协议版本号、响应状态码和状态描述码。如图 6.1 所示,它的响应命令项为 HTTP/1.1 200 OK,其中,200 为响应状态码,OK 为响应描述码。

响应状态码 200 表示 Web 服务器已经成功地处理了浏览器发出的请求。HTTP 响应状态码反映了 Web 服务器处理 HTTP 请求的状态信息。HTTP 的响应状态码由 3 位数字构成,其中首位数字定义了状态码的类型,如表 6.1 所示。

表 6.1　HTTP 响应状态码

响应状态码	状态码类型	描　　述
1××	信息类(Information)	表示成功收到浏览器请求,正在进一步处理中
2××	成功类(Successful)	表示浏览器请求被正确接收、处理
3××	重定向类(Redirection)	表示为完成浏览器请求,浏览器需要进一步细化处理请求,采取进一步的动作
4××	浏览器端错误(Client Error)	表示浏览器端提交的请求有错误,如 404
5××	服务器端错误(Server Error)	表示服务器端不能完成对请求的处理,如 500

2) 响应头

服务器返回响应命令之后,还要以头信息的形式向 Web 浏览器发送一些别的信息,包含许多有关服务器环境和响应正文的有用信息,如服务器类型、日期时间、内容类型与内容长度等。如图 6.1 所示。

3）响应正文

Web 服务器向浏览器发送头信息后，接着就以 Content-Type 和 Content-Length 响应头信息所描述的格式向浏览器发送所请求的实际数据，即响应正文。简单地说，响应正文就是服务器返回的 HTML 页面，如图 6.2 所示。

图 6.2　HTTP 响应信息

6.1.3　HTTP 请求方法

在 HTTP 的 7 种请求方法中，最典型的就是 GET 和 POST 方法。它们也是 Web 应用中最常见的数据输入方式，即表单数据的提交方法。

1. GET 方法

如果客户端采用表单的形式向服务器提交数据，HTTP 请求方法需要在其 method 属性中进行指定。

【例 6.1】　用户登录数据提交方法测试。

（1）启动 Zend Studio，在 example 工作区中创建一个名为 chapter06 的 PHP 项目。

（2）选择 chapter06 项目，在该项目中新建一个名为 example6_1.html 的 HTML 文件，并添加代码，如图 6.3 左侧所示。

（3）打开浏览器，访问 example6_1.html 页面，效果如图 6.3 右侧所示。

（4）在页面中输入用户名与密码，单击页面中的【登录】按钮，向服务器提交数据，结果如图 6.4 所示。

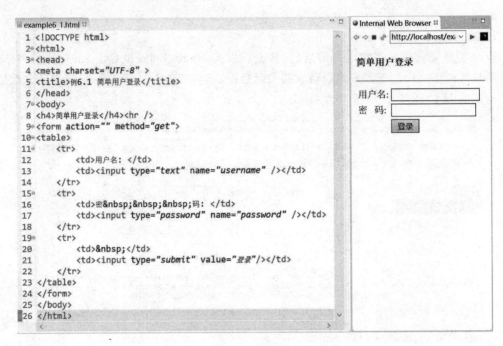

图 6.3 简单用户登录页面

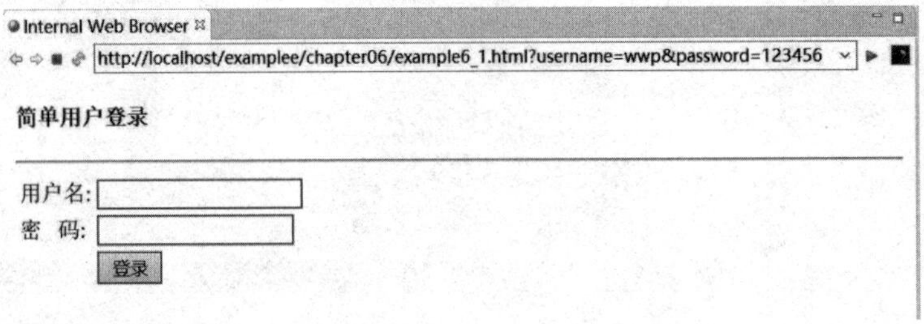

图 6.4 数据提交后的页面状态

在图 6.3 所示代码中,第 9 行指定了数据的提交方式为 GET。注意观察图 6.4 浏览器地址栏中的 URL,可以发现请求的文件资源后面多出了如下字符串:

?username = wwp&password = 123456

将该字符串与图 6.3 中表单元素的 name 属性值和在浏览器中输入的字符串进行比较,可以发现,使用 GET 方法发送的表单数据都是作为统一资源定位符 URL 中的查询字符串传递给服务器的。GET 方法的请求没有任何主体内容。

从这里可以看出,使用 GET 方法有如下明显缺点。

- 用户输入的信息会追加到 URL 中,并由浏览器以纯文本的形式显示,数据不能有效保密。
- 作为 URL 的一部分,传递的数据量是有限的,不能用 GET 方法传递大量信息。

2. POST 方法

在图 6.3 所示代码中,将第 9 行中的数据提交方式修改为 POST,重新测试表单的数据提交方式,并观察 URL 以及 HTTP 的请求及响应信息。

采用 POST 方式向服务器提交数据可以弥补 GET 方法的不足,是表单数据的常用提交方式。GET 方法一般用在由 HTML 的超链接标签<a>发送的请求中。

3. 数据的接收

通过 GET 及 POST 方法提交到服务器上的数据存放在 PHP 的全局数组 $_GET 与 $_POST 中,从这两个数组中取出相应键名的值即可实现数据的接收。

【例 6.2】 表单数据的接收。

(1) 启动 Zend Studio,选择 example 工作区中的项目 chapter06,在项目中新建一个名为 example6_2.php 的 PHP 文件,并在其中添加代码,如图 6.5 左侧所示。

图 6.5　表单数据的接收

图 6.5 所示代码中的第 9 行从全局数组 $_POST 中取出键名为 username 的元素值;第 10 行从全局数组 $_POST 中取出键名为 password 的元素值。

(2) 打开 example6_1.html 文件,将表单的属性 action 的值赋为 example6_2.php,即表单发送的数据由该 PHP 文件处理。

(3) 打开浏览器,访问 example6_1.html 文件,并在表单中输入用户名与密码。提交后页面效果如图 6.5 右侧所示。

例 6.2 展示了如何从 HTML 元素收集信息,这些元素向每个元素名提交一个单独的值。但在实际操作中,可能要求用户从某一类项目中选择多个,此时要使用数组来完成相应的操作。

【例 6.3】 使用自定义数组接收表单数据。

(1) 启动 Zend Studio,选择 example 工作区中的项目 chapter06,在项目中新建一个名为 example6_3.html 的 HTML 文件,并添加代码,如图 6.6 左侧所示。

(2) 在项目中添加一个名为 example6_3.php 的 PHP 文件,用来接收表单提交过来的数据,其代码如图 6.7 左侧所示。

(3) 打开浏览器,访问 example6_3.html 页面,并选择页面中的商品,提交后的页面效果如图 6.7 右侧所示。

在某些条件下,可能需要把接收表单数据的 PHP 代码与表单本身包含到同一个页面中。比如,要做一个针对小学生算术运算结果的检测页面,要求输入数字后马上就能在同一页面中看到正确的运算结果。此时要求表单的 action 属性的值为页面本身。

PHP 中提供了全局变量 $_SERVER['PHP_SELF'] 来完成这个功能。该全局变量中存储了当前文件的名字,如图 6.8 所示。

188

```
8 <h4>使用数组访问表单数据</h4><hr />
9 <form action="example6_3.php" method="post">
10 <table>
11    <tr><td>您选择的商品是: </td></tr>
12    <tr><td colspan="2"><hr /></td></tr>
13    <tr>
14        <td>电脑</td>
15        <td><input type="checkbox" name="products[]" value="电脑" /></td>
16    </tr>
17    <tr>
18        <td>书籍</td>
19        <td><input type="checkbox" name="products[]" value="书籍" /></td>
20    </tr>
21    <tr>
22        <td>手机</td>
23        <td><input type="checkbox" name="products[]" value="手机" /></td>
24    </tr>
25    <tr><td colspan="2"><hr /></td></tr>
26    <tr>
27        <td><input type="submit" value="确定"/></td>
28    </tr>
29 </table>
30 </form>
```

图 6.6　使用数组接收表单数据

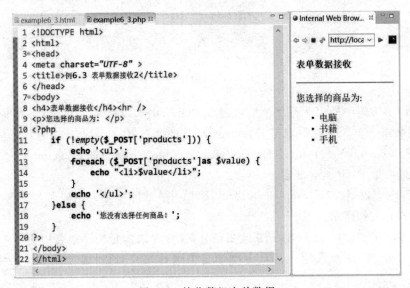

图 6.7　接收数组表单数据

图 6.8　在单个页面上组合 HTML 与 PHP 代码

注意图 6.8 所示代码中的第 8 行展示了表单属性 action 的值为代码文件本身,即告诉脚本重新载入自己。

6.2 PHP 的数据输入

视频讲解

数据是程序处理的对象,所有程序设计都是围绕数据进行的。在前几章的演示实例中,PHP 程序的数据输入都是采用直接赋值方式,程序中数据的改变需要更改源程序中的代码来实现,这在实际开发中显然是不合理的。

在 PHP 程序中,数据的输入采用动态方式,可以在浏览器端进行,也可以在服务器端进行。6.1 节例题中所演示的表单数据输入属于浏览器端的数据输入方式,这种方法在 Web 应用中被广泛使用。

6.2.1 浏览器端数据输入

在 Web 浏览器端,PHP 的数据载体主要是 HTML 表单与超链接,如果根据数据提交的方式来说,则主要有 GET 与 POST。

1. 以 GET 方式输入数据

以 GET 方式输入数据,就是指在请求的 URL 中加入查询字符串,来向请求的 PHP 页面输入数据。对于普通用户而言,使用 GET 方式提交的数据是可见的。

例 6.1 中通过页面 example6_1.html 中的表单,以 GET 方式向页面 example6_1.php 中的 PHP 程序输入了两个数据,即 wwp 及 123456。

此时,URL 中的字符串:

?username = wwp&password = 123456

称为查询字符串,其中?后面的内容就是数据信息。可见数据参数是由"参数名"和"参数值"两部分组成的。例如 username=wwp,参数名为 username,参数值为 wwp。多个数据之间用 & 进行分隔。

除了以表单的 GET 方法输入数据外,在 PHP 中,还可以通过在 HTML 超链接< a >的 href 属性中添加查询字符串,进而向目标页面输入数据。

【例 6.4】 使用 HTML 超链接输入数据。

本例实现一个信息的分页显示,页面中的【首页】、【上一页】、【下一页】以及【最后页】导航按钮采用 HTML 超链接的 GET 方法传递页面数据,运行效果如图 6.9 所示。

(1) 启动 Zend Studio,选择 example 工作区中的项目 chapter06,在项目中新建一个名为 example6_4.php 的 PHP 文件。

(2) 在 example6_4.php 文件中定义一个名为 showPage 的分页函数,如图 6.10 所示。

(3) 继续在 example6_4.php 文件中添加代码,完成对页面数据的合理判断,并显示分页导航按钮,如图 6.9 左侧所示。

图 6.9 所示代码中的第 23 行设置了页面测试内容;第 26～29 行设置了合理的页面数据,这里使用的是条件表达式及内置的数学函数,当然也可以使用基本的控制结构,如代码中的第 30～35 行所示;第 35 行显示了页面内容;第 37 行调用 showPage( ) 函数显示导航控件。

(4) 打开浏览器,访问 example6_4.php 页面,并测试页面中的导航控件。

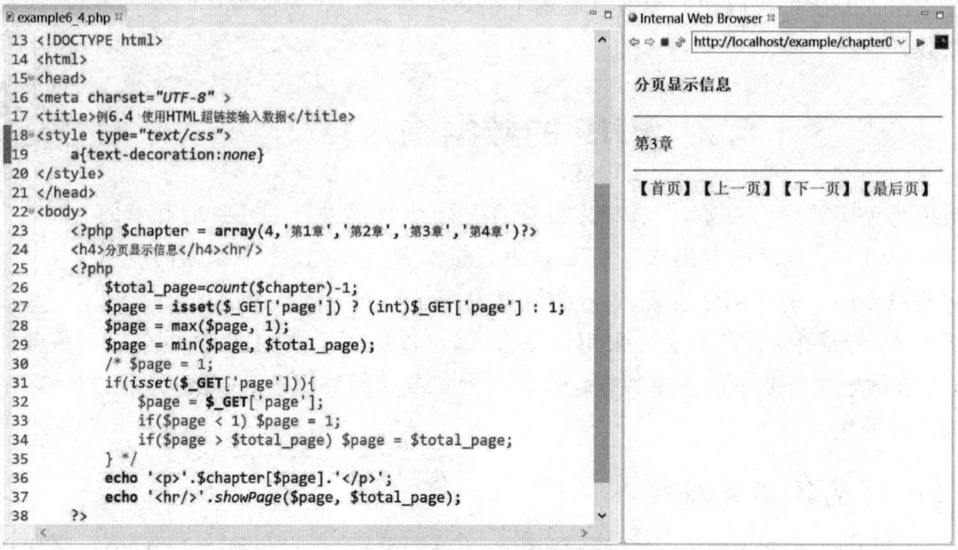

```php
13 <!DOCTYPE html>
14 <html>
15 <head>
16 <meta charset="UTF-8" >
17 <title>例6.4 使用HTML超链接输入数据</title>
18 <style type="text/css">
19     a{text-decoration:none}
20 </style>
21 </head>
22 <body>
23     <?php $chapter = array(4,'第1章','第2章','第3章','第4章')?>
24     <h4>分页显示信息</h4><hr/>
25     <?php
26         $total_page=count($chapter)-1;
27         $page = isset($_GET['page']) ? (int)$_GET['page'] : 1;
28         $page = max($page, 1);
29         $page = min($page, $total_page);
30         /* $page = 1;
31         if(isset($_GET['page'])){
32             $page = $_GET['page'];
33             if($page < 1) $page = 1;
34             if($page > $total_page) $page = $total_page;
35         } */
36         echo '<p>'.$chapter[$page].'</p>';
37         echo '<hr/>'.showPage($page, $total_page);
38     ?>
```

分页显示信息

第3章

【首页】【上一页】【下一页】【最后页】

图 6.9　信息分页显示运行效果

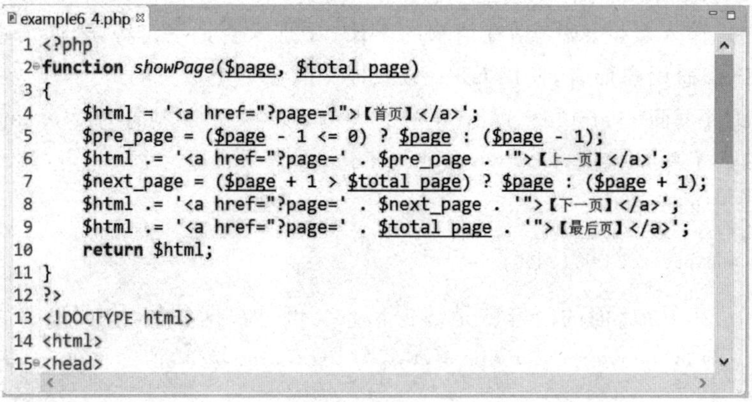

```php
1 <?php
2 function showPage($page, $total_page)
3 {
4     $html = '<a href="?page=1">【首页】</a>';
5     $pre_page = ($page - 1 <= 0) ? $page : ($page - 1);
6     $html .= '<a href="?page=' . $pre_page . '">【上一页】</a>';
7     $next_page = ($page + 1 > $total_page) ? $page : ($page + 1);
8     $html .= '<a href="?page=' . $next_page . '">【下一页】</a>';
9     $html .= '<a href="?page=' . $total_page . '">【最后页】</a>';
10     return $html;
11 }
12 ?>
13 <!DOCTYPE html>
14 <html>
15 <head>
```

图 6.10　自定义分页函数

2. 以 POST 方式输入数据

在 PHP 中,以 POST 方式输入数据是通过表单实现的,除使用例 6.3 所示的普通表单外,还可以使用文件上传表单来实现数据的输入。

【**例 6.5**】　使用文件上传表单输入数据。

(1) 启动 Zend Studio,选择 example 工作区中的项目 chapter06,在项目中新建一个名为 example6_5.html 的 HTML 文件,并添加代码,如图 6.11 左侧所示。

图 6.11 所示代码中的第 10 行设置了表单的 MIME 类型为 multipart/form-data;第 11 行设置表单的< input >元素为 file 类型。

(2) 在项目中添加一个名为 example6_5.php 的 PHP 文件,用来接收表单提交过来的数据,其代码如图 6.12 左侧所示。

(3) 打开浏览器,访问 example6_5.html 页面,并选择需要上传的图像,提交后的数据如图 6.12 右侧所示。

图 6.11　使用文件上传表单输入数据

```html
1 <!DOCTYPE html>
2 <html>
3 <head>
4 <meta charset="UTF-8" >
5 <title>接收文件上传数据</title>
6 </head>
7 <body>
8     <h4>接收用户图像上传数据</h4><hr />
9     <?php
10        echo '<pre>';
11        print_r($_FILES);
12        echo '</pre>';
13     ?>
14 </body>
15 </html>
```

接收用户图像上传数据

```
Array
(
    [userPhoto] => Array
        (
            [name] => sun.jpg
            [type] => image/jpeg
            [tmp_name] => C:\Windows\Temp\php27EA.tmp
            [error] => 0
            [size] => 124108
        )

)
```

图 6.12　接收文件上传表单数据

从图 6.12 中可以看出,文件上传数据存放在全局数组 $_FILES 中,其中的 userPhoto 元素就是表单上传文件< input >标签的 name 属性值。userPhoto 元素是一个数组,该数组中的 error 元素的值为 0,说明文件上传过程中没有出现错误,图像已经上传成功。

文件上传是 Web 应用的一个基本功能,也是一个必备功能,其设计详情将在第 9 章中介绍。

6.2.2　请求路径的表示方法

在 PHP 的数据提交过程中,无论使用超链接的 GET 提交方式,还是使用 FORM 表单的 GET 或 POST 提交方式,都必须正确设置访问文件的路径。Web 中的文件路径存在绝对路径与相对路径之分。

1. 绝对路径

绝对路径是一个相对完整的 URL,一般由以下 3 部分构成。

1) scheme

scheme 用来描述寻找数据所采用的机制,也叫作协议,如 http、ftp 等。

2) host

host 用来描述存储访问资源的服务器 IP 地址或服务器域名,有时还包括端口号。

结构化程序设计

3）path

path 指明访问资源在服务器上的具体路径，如目录和文件名等。

例如，例 6.5 中文件 example6_5.html 的绝对路径为：

```
http://localhost/example/chapter06/example6_5.html
```

由于绝对路径无论出现在哪儿都代表了相同的资源，因此，通常使用它来访问系统外部资源；而在访问系统内部资源时，一般都是使用相对路径，这样更有利于程序的移植。

2. 相对路径

与绝对路径不同，相对路径为一个不完整的 URL，它省略了与当前操作文件 URL 中相同的部分。相对路径分为 server-relative 与 page-relative 两类。

1）server-relative 路径

该相对路径以斜杠/开头，表示从 Web 服务器的文档主目录下开始查找相应的资源文件。如对于上面的 example6_5.html 文件，若采用这种相对路径，则为：

```
/example/chapter06/example6_5.html
```

2）page-relative 路径

该路径相对的不是 Web 服务器的文档主目录，而是当前操作文件所处的目录。也就是说，是从当前操作文件所在目录开始查找资源。

例如图 6.11 所示，要将表单数据提交到 example6_5.php 文件，也就是说要在 example6_5.html 文件中访问 example6_5.php 文件，使用的设置如下：

```
action = "example6_5.php"
```

这里直接指定了目标文件，因为当前操作文件 example6_5.html 与被访问文件 example6_5.php 位于同一目录下。

3）其他概念

对于相对路径，还必须明确如下概念。

（1）当前目录。

用"."表示当前目录。如上述操作将数据提交到 example6_5.php 文件，也可以写成：

```
action = "./example6_5.php"
```

（2）上一级目录。

用"../"表示当前目录的上一级目录，"../../"表示当前目录的上上级目录，以此类推。例如，如果要在 example6_5.html 文件中访问 chapter05 项目中的 example5_1.php 文件，则其相对路径应为：

```
../chapter05/example5_1.php
```

（3）下一级目录。

如果要访问当前操作目录的下一级目录中的资源，直接指定下级目录及资源名称即可。例如，如果要在 example6_5.html 文件中加载 image 目录中的图像 sun.jpg，则图像资源的相对路径为：

```
image/sun.jpg
```

假设 image 目录与文件 example6_5.html 位于同一级目录中。

6.2.3 服务器端数据输入

在 PHP 中,服务器端数据一般来自于预定义变量、SESSION 会话、文件或者数据库。

1. 预定义变量

5.3.4 小节中介绍了 PHP 的 9 种全局变量,这些全局变量数据是在任何地方都可以使用的,所以可以把它们作为 PHP 文件的输入。

通过 $_SERVER['SERVER_ADDR'] 可以获取 Web 服务器主机的 IP 地址,通过 $_SERVER['DOCUMENT_ROOT'] 可以获取 eb 服务器的文档主目录,等等。

2. COOKIE 和 SESSION

在 PHP 程序中,COOKIE 和 SESSION 用来管理 Web 应用用户的相关信息,以及用户的当前状态,它们实现了 Web 页面之间的信息传递。其中的数据也是可以作为 PHP 程序的输入来使用的。

COOKIE 和 SESSION 技术将在 6.3 节中详细介绍。

3. 文件

在 PHP Web 应用的实际开发过程中,通常会将应用的一些系统信息单独存放在一个或多个配置文件中,这样做一方面是为了数据的安全,另一方面也是为了避免后期系统维护的方便。这些配置文件中的参数也常常作为 PHP 的输入数据在程序中使用。

【例 6.6】 使用文件中的数据。

(1) 启动 Zend Studio,选择 example 工作区中的项目 chapter06,在项目中新建两个文件夹,一个为 image,用来存放图像文件;另一个为 config,用来存放项目配置文件。

(2) 将准备好的图像文件 logo.png 放入 image 目录中。

(3) 编辑项目配置 config.ini,文件内容如图 6.13 所示。

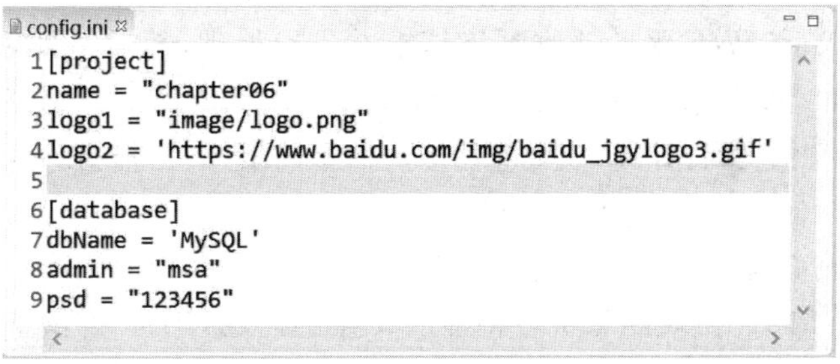

```
config.ini ⊠
1[project]
2name = "chapter06"
3logo1 = "image/logo.png"
4logo2 = 'https://www.baidu.com/img/baidu_jgylogo3.gif'
5
6[database]
7dbName = 'MySQL'
8admin = "msa"
9psd = "123456"
```

图 6.13 配置文件内容

图 6.13 所示代码中的第 1~4 行设置了 project 小节参数;第 6~9 行设置了 database 小节参数。

(4) 在项目 chapter06 中添加一个名为 example6_6.php 文件,并添加代码,如图 6.14 左侧所示。

上述代码中的第 16 行使用 PHP 的内置函数 parse_ini_file() 将配置文件中的参数解析到一个关联数组中,这里设置函数的第 2 个参数为 true,表示将所有小节的参数导入关联数组;第 18 行输出所有解析到的参数;第 21~23 行使用配置文件中的数据。

(5) 打开浏览器,访问 example6_6.php 页面,效果如图 6.14 右侧所示。

```
config.ini    example6_6.php
 1 <!DOCTYPE html>
 2 <html>
 3 <head>
 4 <meta charset="UTF-8" >
 5 <title>例6.6 读取项目配置文件中的数据</title>
 6 <style type="text/css">
 7     img{
 8         width:50px;
 9         height:50px;
10     }
11 </style>
12 </head>
13 <body>
14     <h4>使用配置文件中的数据</h4><hr/>
15     <?php
16         $config = parse_ini_file('config/config.ini',true);
17         echo '<pre>';
18         print_r($config);
19         echo '</pre>';
20     ?>
21 <hr/><h3><?php echo $config['project']['name']?></h3>
22 <img src="<?php echo $config['project']['logo1']?>" />
23 <img src="<?php echo $config['project']['logo2']?>" />
24
25 </body>
26 </html>
```

Internal Web Browser
http://localhost/example/chapter06a/

使用配置文件中的数据

```
Array
(
    [project] => Array
        (
            [name] => chapter06
            [logo1] => image/logo.png
            [logo2] => https://www.baidu.
        )

    [database] => Array
        (
            [dbName] => MySQL
            [admin] => msa
            [psd] => 123456
        )

)
```

chapter06

图 6.14　配置文件数据的使用

4. 数据库

从数据库的数据表中获取到的数据,也可以通过数组或对象的方式导入 PHP 的程序中作为输入数据对其进行处理或输出。

有关 PHP 与数据的交互,本书将在后续的第 8 章中详细介绍。

6.3　PHP 的页面通信

视频讲解

HTTP 是一个无状态的协议。无状态是指一个 Web 浏览器向某个 Web 服务器的页面发送请求后,Web 服务器收到该请求并进行处理,然后将处理结果作为响应返回给 Web 浏览器,Web 浏览器与 Web 服务器都不保留当前 HTTP 通信的相关信息。也就是说,Web 浏览器打开 Web 服务器上的一个网页,与之前打开的这个服务器上的另一个网页之间没有任何联系。例如,某个浏览器用户成功登录 Web 应用进入主页后,再去访问应用系统的其他页面时,HTTP 协议无法识别该用户已经登录。

为了解决由于 HTTP 协议的无状态特性所产生的问题,PHP 提供了许多行之有效的方法来实现 Web 页面之间的数据传递,主要包括使用表单、重定向以及 Cookie 与 Session 等。关于表单的使用,前文已经做了较为详细的说明,下面介绍其余的 3 种方法。

6.3.1　重定向方式

重定向就是通过各种方法将用户请求从当前页面重新定位到新页面的技术,利用这种技术可以实现页面间跳转,并通过查询字符串传递参数。

PHP 中实现重定向的方法主要有两种,一种是使用 JavaScript 脚本,另一种是使用 PHP 的 header()函数。

1. 使用 JavaScript 脚本

JavaScript 的 window.location 对象用于获得当前页面的地址(URL),并把浏览器重定向到新的页面。所以,在 PHP 文件中添加如下 JavaScript 代码可以跳转到新的页面。

```
<script>
    Window.location = 'https://www.baidu.com/s?wd = php'
</script>
```

这里实现了重定向到百度的搜索页面,并向其传递了查询字符串 wd = php,实现了跨服务器页面之间的参数传递。

上述代码也可以写成如下形式:

```
<script>
    Window.location.replace('https://www.baidu.com/s?wd = php')
</script>
```

2. 使用 header()函数

使用 PHP 提供的 header()函数,可以通过在响应头中添加重定向信息,实现页面的重定向功能。该函数的原型为:

```
void header ( string $string [, bool $replace = true [, int $http_response_code ]] )
```

其中,参数 string 为头字符串;参数 replace 为可选项,表明是否用后面的头替换前面相同类型的头;参数 http_response_code 也为可选项,强制指定 HTTP 响应值,这个参数只有在头字符串 string 不为空的情况下才有效。

需要特别注意的是,header()函数必须在任何实际输出之前调用,不管是普通的 HTML 标签,还是文件或 PHP 输出的空行或空格。

【例 6.7】 PHP 中的重定向。

(1) 启动 Zend Studio,选择 example 工作区中的项目 chapter06,在项目中新建一个名为 example6_7.php 的 PHP 文件,并添加代码,如图 6.15 左侧所示。

图 6.15　PHP 的重定向

图 6.15 所示代码中的第 11～14 行使用 JavaScript 代码实现重定向;第 1～5 行使用 PHP 的 header()函数实现重定向。

(2) 打开浏览器,分别测试 4 种形式的重定向代码。第 4 行代码执行结果如图 6.15 右图所示。

结构化程序设计

6.3.2 Cookie 技术

Cookie 是一种由 Web 服务器发送给客户端的短小数据,这些数据以键/值对的形式存储在客户端浏览器的内存或硬盘上。一旦某个 Web 应用设置了 Cookie,以后对该 Web 应用的所有页面请求,都会包含这些 Cookie,直到它们过期或变得不可用。PHP 透明地支持 HTTP Cookie,因此,可以利用它在远程浏览器端存储数据,并以此来跟踪和识别用户。

Cookie 是用来将 Web 应用的某些用户信息记录在客户端的技术,这种技术让 Web 服务器能将一些只需要存放于客户端,或者可以在客户端处理的数据,存放于用户的计算机系统之中。这样就不需要在连接 Web 服务器时再通过网络传输、处理这些数据,进而提高 Web 页面的加载效率,降低 Web 服务器的负担。

1. 创建 Cookie

PHP 的内置函数 header("Set-Cookie:name=value")或者 setcookie(),可以向 HTTP 响应的响应头中添加 Set-Cookie 关键字,创建 Cookie 响应头,继而创建 Cookie。

使用 setcookie()函数创建 Cookie 要相对简单一些。其语法格式为:

bool setcookie (string $name [, string $value = "" [, int $expire = 0 [, string $path = "" [, string $domain = "" [, bool $secure = false [, bool $httponly = false]]]]]])

1) name

name 为必选项,表示 Cookie 的名称。

2) value

value 为可选项,表示 Cookie 的值。该值保存在客户端,可以是数值或字符串。

3) expire

expire 为可选项,表示 Cookie 的生存期限。这是一个 UNIX 时间戳,即从 UNIX 纪元开始的秒数。一般用 time()函数的结果加上希望过期的秒数来设置该参数,如果忽略该参数或者设置为零,Cookie 会在会话结束(关掉浏览器)时过期。

4) path

path 为可选项,表示 Cookie 有效的服务器路径。当设置此值时,服务器中只有该指定路径下的页面或程序可以使用此 Cookie。

5) domain

domain 为可选项,与参数 path 的作用类似,将对 Cookie 的访问限制在一个给定的域中。默认情况下,Cookie 所返回到的 Web 服务器,只能是最初发送 Cookie 的那台。然而,对于某些企业来说,通常会使用多台 Web 服务器,例如 www. example. com 和 support. example. com,如果要创建在这两台服务器上都能访问的 Cookie,可以将 domain 参数设置为". example. com"。

6) secure

secure 为可选项,表明 Cookie 是否仅仅通过安全的 HTTPS 连接传递给客户端。设置成 true 时,只有安全连接存在时才会创建 Cookie。

7) httponly

httponly 为可选项,表示 Cookie 是否只能通过 HTTP 协议访问。设置成 true 时,Cookie 无法通过类似 JavaScript 等脚本语言进行访问。

如下语句创建了一个名为 visits 的 Cookie，其值为 10，并设置其有效期为 1 年。

```
setcookie('visits', 10, time() + 3600 * 24 * 365);
```

2. 使用 Cookie

如果 Cookie 创建成功，客户端就拥有了 Cookie 文件，用来保存 Web 服务器为其设置的用户信息。从 PHP 5 以后，任何从客户端发送过来的 Cookie 信息，都被自动保存在服务器端的 $_COOKIE 全局数组中。所以，在 PHP 中使用 Cookie，只需要从 $_COOKIE 数组中读取相应的信息即可，例如：

```
$visits = $_COOKIE['visits'];
```

3. 删除 Cookie

Cookie 的删除与其创建一样，也是调用 setcookie() 函数，只是参数设置不同而已。Cookie 的删除可以通过以下两种参数设置方法来实现。

（1）省略 setcookie() 函数的所有可选参数，仅设置需要删除的 Cookie 名称，例如：

```
setcookie("visits")
```

（2）将需要删除的 Cookie 设置为"已过期"状态，例如：

```
setcookie("visits",'',time() - 1)
```

【例 6.8】 Cookie 的应用。

（1）启动 Zend Studio，选择 example 工作区中的项目 chapter06，在项目中新建一个名为 example6_8.php 的文件，并添加代码，如图 6.16 左侧所示。

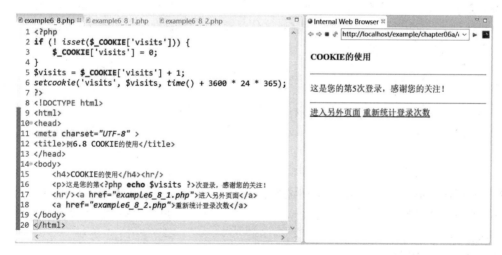

图 6.16　Cookie 的使用

图 6.16 所示代码中的第 6 行创建了一个名为 visits 的 Cookie，并设置其有效期为 1 年。

（2）在项目中添加一个名为 example6_8_1.php 的文件，并添加代码，如图 6.17 左侧所示。

图 6.17 所示代码中的第 11 行通过全局数组使用 Cookie 数据，实现了页面间的数据交换。

（3）在项目中添加一个名为 example6_8_2.php 的文件，并添加代码，如图 6.18 所示。

图 6.18 所示代码中的第 3 行将 Cookie 设置成"已过期"状态，实现了删除操作。

第 6 章

结构化程序设计

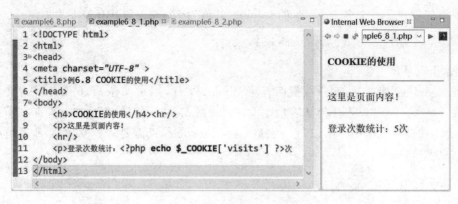

图 6.17 example6_8_1.php 页面

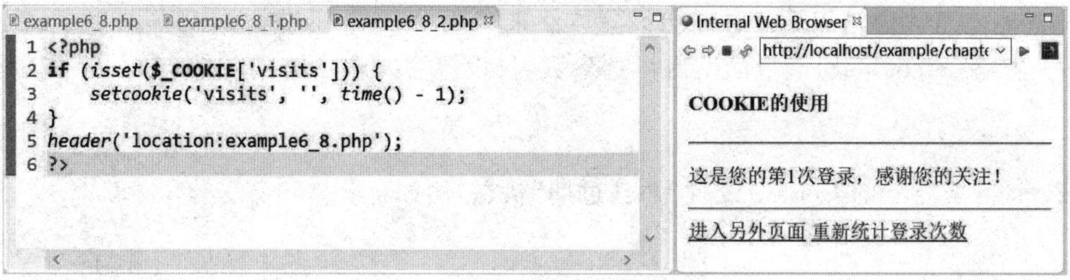

图 6.18 example6_8_2.php 页面

（4）打开浏览器，访问 example6_8.php 页面，并不断刷新，运行效果如图 6.16 右侧所示；接着单击【进入另外页面】超链接，访问 example6_8_1.php 页面，运行效果如图 6.17 右侧所示；再次回到 example6_8.php 页面，单击【重新统计登录次数】超链接，访问example6_8_2.php页面，运行效果如图 6.18 右侧所示。

6.3.3 Session 技术

Session 技术与 Cookie 相似，都可以用来存储 Web 应用的相关用户信息。但两者的最大区别在于，Cookie 将数据存放于客户端的计算机系统中，而 Session 则是将数据存放在服务器上。

Session 也称为会话，是指 Web 应用系统与用户之间的对话过程。也就是从用户打开浏览器登录到 Web 应用系统开始，到关闭浏览器离开 Web 应用系统的这段时间。同一用户在 Session 中注册的变量，在会话期间各个 Web 页面中，这个用户都可以使用，每个用户使用自己的变量。

1. Session 的配置

在使用 Session 之前，需要在 PHP 的配置文件 php. ini 中对其进行必要的配置。php. ini 配置文件中有一组 Session 配置选项，用于管理 Session 的自身属性。

1）session_auto_start

该项设置用户访问服务器上的 Web 页面时，是否自动开启 Session，默认值为 0，表示禁止。建议使用默认值，以便于在 Session 中存放对象。

2）session. save_handler

该项设置存储和检索与 Session 关联的数据处理器名称，可以使用 files、user、sqlite 或

memcache 其中之一,默认为(files)文件,表示用文件存储 Session 信息。如果想要使用自定义的处理器,如基于数据库或 MemCache 的处理器,可将该参数设置为 user。

3) session.save_path

对于 Session 的 files 处理器,该项设置 Session 数据文件的保存路径。默认值一般为 /tmp,表示 Session 数据文件保存在 Web 服务器根目录下的 tmp 子目录中。

4) session.name

该项表示 Session 名称,只能包含字母和数字,默认值为 PHPSESSID。不管使用 Cookie 传递 Session ID,还是使用查询字符串传递 Session ID,都必须指定 Session 的名称。

5) session.use_cookies

该项表示是否使用 Cookie 在客户端保存 Session ID,默认值为 1,表示 Session ID 使用 Cookie 传递;若将其设置为 0,表示 Session ID 通过查询字符串传递。建议使用默认值。

6) session.cookie_path

该项表示在使用 Cookie 传递 Session ID 时 Cookie 的有效路径,默认值为/。

7) session.cookie_domain

该项表示在使用 Cookie 传递 Session ID 时 Cookie 的有效域名,默认为空,此时会根据 Cookie 规范自动生成服务器主机名。

8) session.cookie_lifetime

该项设置 Session ID 在 Cookie 中的有效时间(秒),默认为 0,表示浏览器关闭时 Session ID 即刻失效。建议使用默认值。

9) session.gc_maxlifetime

该项设置 Session 文件中数据的过期时间,默认值为 1440(秒),即 24 分钟。超过该参数所设置的秒数后,保存的数据将被视为"垃圾",并由垃圾回收程序清理。

2. Session 的声明

在配置好 Session 的参数后,就可以在 PHP 程序中使用 Session 了。与 Cookie 不同的是,Session 必须先启动。所谓启动,就是让 PHP 核心程序将与 Session 相关的内建环境变量预先载入内存中。

使用 PHP 的内置函数 session_start()来启动 Session,其语法格式为:

```
bool session_start ([ array $options = [] ] )
```

其中,参数 options 为可选项,它是一个关联数组,表示一些与 Session 相关的配置项。在函数调用时,如果设置该数组,则会用数组元素覆盖相应的 Session 配置项。注意,此数组中的键无须包含 session. 前缀。

除了常规的 Session 配置项外,还可以在此数组中包含 read_and_close 选项。如果将此选项的值设置为 true,那么 Session 文件会在读取完毕之后马上关闭,因此,可以在 Session 数据没有变动的时候避免不必要的文件锁。

该函数的返回值为 true 或 false,分别表示 Session 开启成功或失败。

3. Session 变量的注册与使用

在成功开启 Session 之后,便可以通过全局数组 $_SESSION 来注册和使用 Session 变量了。例如:

```
session_start();
```

结构化程序设计

```
$_SESSION['cart'] = array(array('id' => 1,'name' =>'PHP Web'));
$item = $_SESSION['cart'][0];
```

这里,首先启动 Session,然后注册一个名为 cart 的 Session 变量并赋值,最后将 cart 变量数组中的第 1 个元素取出并赋值给 PHP 的普通变量 item。

4. Session 的销毁与变量的注销

当使用完一个 Session 变量后,可以将其删除;当完成一个 Session 会话过程后,也可以将其销毁。

1) 销毁 Session

使用 PHP 的内置函数 session_destroy()可以结束一个 Session 过程,并销毁其中的全部数据。其语法格式为:

```
bool session_destroy ( void )
```

该函数销毁当前 Session 中的全部数据,但是不会重置当前 Session 所关联的全局变量,也不会重置 Session 的 Cookie。如果需要再次使用 Session 变量,必须重新调用 session_start()函数。

为了彻底销毁 Session,必须同时重置 Session ID。如果是通过 Cookie 方式来传送 Session ID 的,那么同时还需要调用 setcookie()函数来删除客户端的 Session 会话 Cookie。示例代码:

```
if(isset( $_COOKIE[session_name()])){
    Setcookie(session_name(),'',time() - 1,'/');
}
```

相对于 session_start()函数,session_destroy()用来关闭 Session 的运行,如果执行成功,则返回 true,否则返回 false。注意,该函数并不会释放和当前 Session 相关的变量。

2) 注销 Session 变量

在 Session 中注册的变量存放在全局数组 $_SESSION 中,该数组与 PHP 的自定义数组在使用上是相同的,可以使用 unset()函数来释放在 Session 中注册的单个变量,语法:

```
unset( $_SESSION['cart'])
```

需要注意的是,不要使用 unset($_SESSION)删除整个 $_SESSION 数组,这样将不能再通过 $_SESSION 全局数组注册 Session 变量。如果想把某个用户在 Session 中注册的所有变量都删除,可以直接将数组变量 $_SESSION 赋值为一个空数组,语法:

```
$_SESSION = array();
```

【例 6.9】 Session 的应用。

本例将实现一个简单的购物车功能,用户可以向购物车中添加商品,可以查看购物车,也可以清空购物车。

(1) 启动 Zend Studio,选择 example 工作区中的项目 chapter06,在项目中新建一个名为 example6_9.php 的文件,并添加代码,如图 6.19 所示。

图 6.19 所示代码中的第 2~7 行用数组准备测试数据;第 8 行启动 Session;第 9~11 行将购物车初始化;第 12~14 行处理用户的"购买"操作;第 15~17 行处理用户"清空购物车"操作;第 19~60行为页面视图代码,其中第 41~55 行实现了列表显示所有商品。

```php
 1 <?php
 2    $items = array(
 3        array('id'=>'1','name'=>'PHP Web应用开发教程','price'=>'50'),
 4        array('id'=>'2','name'=>'面向对象程序设计','price'=>'40'),
 5        array('id'=>'3','name'=>'Visual C++程序设计','price'=>'30'),
 6        array('id'=>'4','name'=>'数据结构与应用教程','price'=>'35')
 7    );
 8    session_start();
 9    if (!isset($_SESSION['cart'])) {
10        $_SESSION['cart'] = array();
11    }
12    if (isset($_POST['action']) && $_POST['action'] == '购买') {
13        $_SESSION['cart'][] = $_POST['id'];
14    }
15    if (isset($_POST['action']) && $_POST['action'] == '清空购物车') {
16        unset($_SESSION['cart']);
17    }
18 ?>
19 <!DOCTYPE html>
20 <html>
21 <head>
22 <meta charset="UTF-8">
23 <title>例6.9 SESSION的使用</title>
24 <style type="text/css">
25    table{border-collapse:collapse}
26    td,th{border:1px solid black;text-align:center}
27 </style>
28 </head>
29 <body>
30    <p>您的购物车包含<?php echo count($_SESSION['cart']); ?>项商品！</p>
31    <?php if (count($_SESSION['cart']) != 0):?>
32    <p><a href="example6_9_1.php?cart">显示我的购物车</a></p>
33    <?php else: ?>
34    <p>请您选购商品</p>
35    <?php endif;?>
36    <table>
37        <thead>
38            <tr><th>商品名称</th><th>价格（元）</th></tr>
39        </thead>
40        <tbody>
41        <?php foreach ($items as $item): ?>
42            <tr>
43                <td><?php echo $item['name']; ?></td>
44                <td><?php echo $item['price']; ?></td>
45                <td>
46                    <form action="" method="post">
47                        <div>
48                            <input type="hidden" name="id"
49                                value="<?php echo $item['id']; ?>" />
50                            <input type="submit" name="action" value="购买" />
51                        </div>
52                    </form>
53                </td>
54            </tr>
55        <?php endforeach;?>
56        </tbody>
57    </table>
58    <p>注：价格单位为人民币。</p>
59 </body>
60 </html>
```

图 6.19 example6_9.php 文件

201

（2）在项目中添加一个名为 example6_9_1.php 的文件，用来显示用户购物车中的商品。代码如图 6.20 所示。

第
6
章

```php
 1 <?php
 2     $items = array(
 3         array('id'=>'1','name'=>'PHP Web应用开发教程','price'=>'50'),
 4         array('id'=>'2','name'=>'面向对象程序设计','price'=>'40'),
 5         array('id'=>'3','name'=>'Visual C++程序设计','price'=>'30'),
 6         array('id'=>'4','name'=>'数据结构与应用教程','price'=>'35')
 7     );
 8     session_start();
 9     if (isset($_SESSION['cart'])) {
10         $cart = array();
11         $total = 0;
12         foreach ($_SESSION['cart'] as $id) {
13             foreach ($items as $product){
14                 if ($product['id'] == $id) {
15                     $cart[] = $product;
16                     $total += $product['price'];
17                     break;
18                 }
19             }
20
21         }
22     }
23 ?>
24 <!DOCTYPE html>
25 <html>
26 <head>
27 <meta charset="UTF-8">
28 <title>例6.9 SESSION的使用</title>
29 <style type="text/css">
30     table{border-collapse:collapse}
31     td,th{border:1px solid black;text-align:center}
32 </style>
33 </head>
34 <body>
35     <h3>您的购物车</h3>
36     <?php if(count($cart) > 0): ?>
37     <table>
38         <thead>
39             <tr><th>商品名称</th><th>价格（元）</th></tr>
40         </thead>
41         <tbody>
42         <?php foreach ($cart as $item): ?>
43             <tr>
44                 <td><?php echo $item['name']; ?></td>
45                 <td><?php echo $item['price']; ?></td>
46             </tr>
47         <?php endforeach;?>
48         </tbody>
49         <tfoot>
50             <tr>
51                 <td>总计：</td>
52                 <td><?php echo $total; ?></td>
53             </tr>
54
55         </tfoot>
56     </table>
57     <?php else: ?>
58 <p>您的购物车为空！</p>
59     <?php endif;?>
60     <form action="example6_9.php" method="post">
61         <p>
62             <a href="example6_9.php">继续购物</a>  或者  
63             <input type="submit" name="action" value="清空购物车" />
64         </p>
65     </form>
66 </body>
67 </html>
```

图 6.20　example6_9_1.php 文件

图 6.20 所示代码中的第 9～22 行实现整理用户添加到购物车中的商品,并进行费用总计;第 24～67 行为购物车页面视图代码,其中第 42～47 行实现了列表显示购物车商品,第 60～65 行是【继续购物】与【清空购物车】功能界面代码。

（3）打开浏览器,访问 example6_9.php 页面,运行效果如图 6.21 所示。

（4）单击图中商品后的【购买】按钮,可将相应的商品放入购物车中,然后显示购物车功能界面,运行效果如图 6.22 所示。

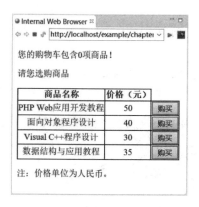

图 6.21　example6_9.php 页面效果

图 6.22　example6_9_1.php 页面效果

（5）单击购物车页面中的【清空购物车】按钮,可以清空购物车中的所有商品,界面会重新回到如图 6.21 所示的状态。

6.4　结构化编程

视频讲解

计算机程序设计有两种基本的设计方法,即结构化方法以及面向对象方法。结构化程序从组织结构上划分为若干个基本模块,各模块在功能上相对独立。结构化程序的模块化主要依靠函数、文件包含以及命名空间等方法来实现。

6.4.1　文件包含

如果所有 PHP 代码都是直接插入到页面中,随着程序代码量的增加,文件的可读性、可维护性会变得越来越差。为了更好地组织代码,提高代码的重用性以及代码的维护与更新效率,在实际开发过程中,需要按照功能将代码进行分类,并将其分别存放在不同的文件上,然后使用包含语句将它们组合成一个整体。

在 PHP 中,通常使用 include、require、include_once 或 require_once 语句来实现文件包含。下面以 include 语句为例来讲解语法格式,其他包含语句语法与其类似。

include 语法格式:

include '完整路径文件名'

或

include('完整路径文件名')

其中,"完整路径文件名"指的是被包含文件所在的绝对路径或相对路径。

require 语句虽然与 include 语句功能相似,但也略有差别。在包含文件时,如果没有找到被包含的文件,include 语句会发出警告信息,程序继续运行;而 require 语句则会发出致命错误,程序停止运行。

另外,对于 include_once、require_once 语句来说,与 include、require 的作用几乎相同;不同的是,带 once 的语句会先检查要导入的文件是否已经在该程序中的其他地方被包含过,如果有,就不再导入该文件,进而避免同一文件被重复包含。

【例 6.10】 文件包含的应用。

(1) 启动 Zend Studio,选择 example 工作区中的项目 chapter06,在项目中新建一个名为 include 的文件夹,用来存放被包含文件。

(2) 编辑两个 PHP 文件 myfunction. php 与 footer. php,并将其存放在 include 文件夹中。如图 6.23 所示。

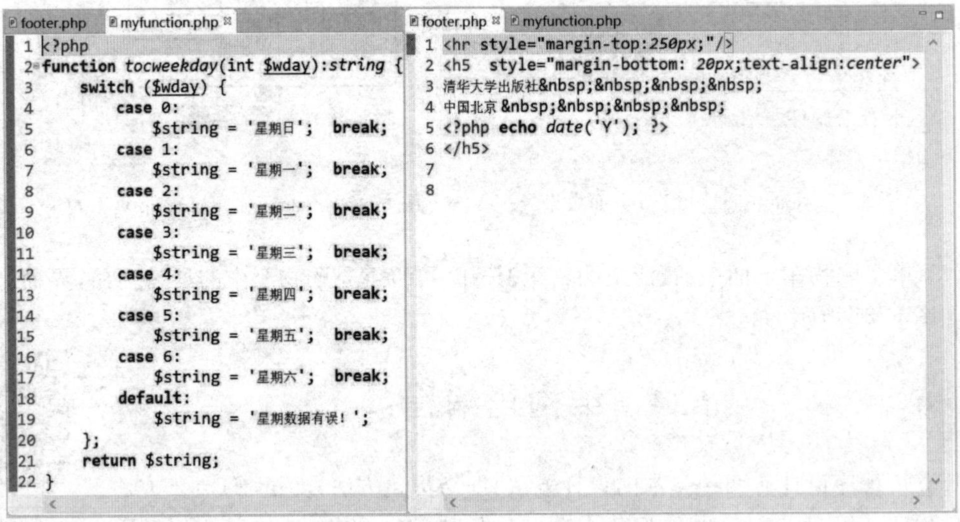

图 6.23 被包含文件代码

(3) 在项目中添加一个名为 example6_10. php 文件,并添加代码,如图 6.24 左侧所示。

图 6.24 所示代码中,第 1 行与第 20 行是包含文件语句。第 1 句包含了项目 include 目录中的 myfunction. php 文件,该文件中定义了一个名为 tocweekday 的函数,将用数字表示的星期转换成中文的字符串;第 20 行包含了同在 include 目录中的 footer. php 文件,该文件中的代码定义了页面底部的公共信息。

(4) 打开浏览器,访问 example6_10. php 页面,运行效果如图 6.24 右侧所示。

从上面的实例可以看出,通过文件的包含,很好地实现了程序代码的重用,并使代码页面层次分明,结构清晰。

6.4.2 自定义函数库

函数是结构化程序设计的功能模块,是实现代码重用的核心。在实际编程过程中,为了更好地组织代码,使自定义的函数可以在同一个项目的多个文件中使用,通常将多个自定义的函数组织到同一个文件或多个文件中。这些收集函数定义的文件就是创建的 PHP 函数库。显然,函数库并不是定义函数的 PHP 语法,而是编程时的一种设计模式。

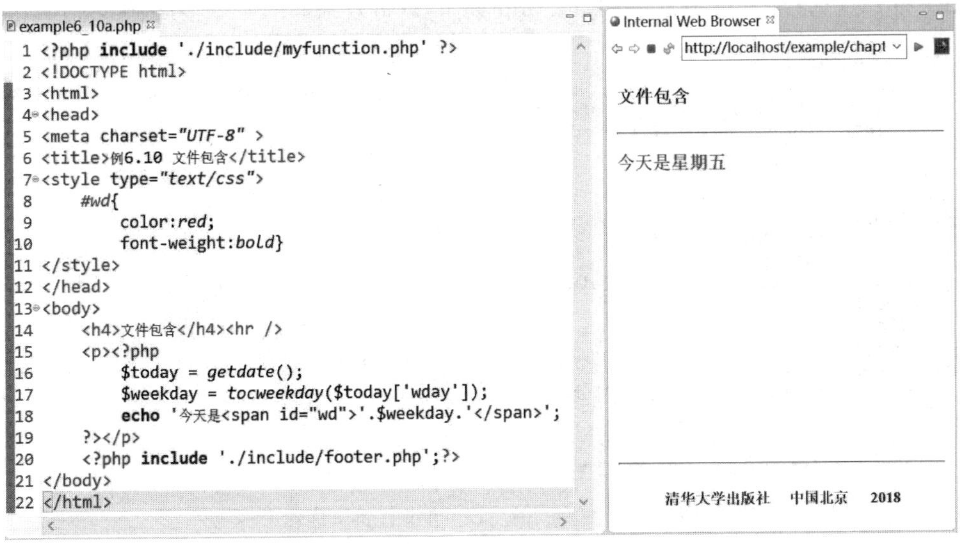

图 6.24　文件包含

函数库定义完成后,如果在 PHP 的脚本中想要使用库中的函数,只需要使用包含语句将函数库文件载入脚本程序中即可。

【例 6.11】　使用自定义函数库实现例 6.9 中商品的列表显示。

(1) 启动 Zend Studio,选择 example 工作区中的项目 chapter06,在 include 文件夹中添加一个名为 example6_11. func. php 的文件。

(2) 在 example6_11. func. php 文件中定义函数,如图 6.25 所示。

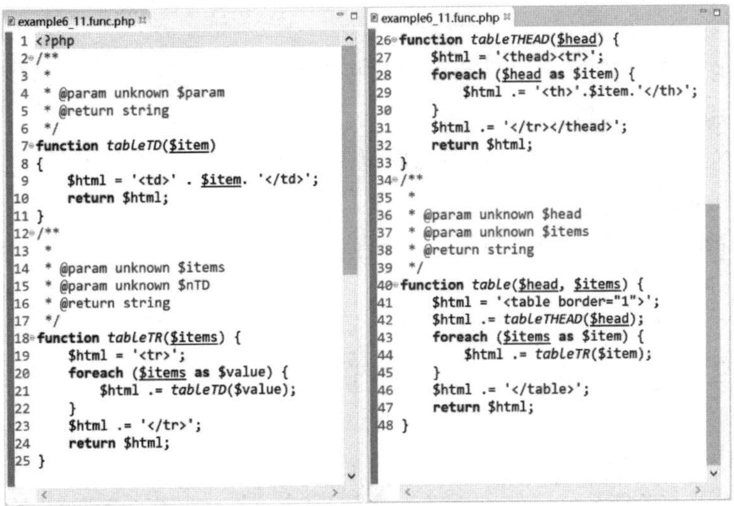

图 6.25　自定义函数库文件

(3) 在项目中创建新文件夹 css,并在其中添加一个名为 example6_11. css 的 CSS 文件。

(4) 在项目的 include 文件夹中添加一个名为 example6_11. data. php 的文件,用来存放测试数据。

(5) 在项目中添加一个名为 example6_11. php 的文件,并编写代码,如图 6.26 左侧所示。

结构化程序设计

（6）打开浏览器，访问 example6_11.php 页面，运行效果如图 6.26 右侧所示。

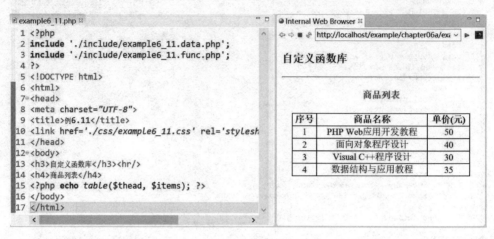

图 6.26　example6_11.php 文件及页面效果

6.4.3　命名空间

在使用包含语句进行文件包含的过程中，由于被包含的文件有可能来自不同的开发人员，所以在常量、函数及类的命名上就有可能发生冲突，使用命名空间，可以解决这个问题。

从广义上来说，命名空间是一种封装事物的方法。例如，在操作系统中，目录用来将相关文件分组，对于目录中的文件来说，它就扮演了命名空间的角色。

在 PHP 中，命名空间可以用来解决在编写类库或函数时碰到的以下两类问题。

- 用户编写的代码与 PHP 内部的类、函数、常量或第三方类、函数、常量之间的名字冲突。
- 为很长的标识符名称（通常是为了缓解上面的第一类问题而定义的）创建一个别名（或简短的名称），以提高源代码的可读性。

PHP 中的命名空间与 C++ 中的命名空间以及 Java 中的包的概念相似。

1. 命名空间的定义

虽然任意合法的 PHP 代码都可以包含在命名空间中，但只有类、接口、函数和常量类型的代码受命名空间的影响。

命名空间通过关键字 namespace 来声明。如果一个文件中包含命名空间，它必须在其他所有代码（关键字 declare 除外）之前声明。例如：

```php
<?php
    namespace MyProject;
    const CONNECT_OK = 1;
    class Connection { / * … * / }
    function connect() { / * … * / }
?>
```

而下面的定义：

```
< html >
<?php
```

```
namespace MyProject; //
?>
```

就会导致致命错误,因为命名空间必须是程序脚本的第一条语句。

PHP 命名空间允许层次化,就像文件系统目录一样。例如:

```
<?php
namespace MyProject\Sub\Level;
const CONNECT_OK = 1;
class Connection { / * … * / }
function connect() { / * … * / }
?>
```

这里相当于同时创建了常量 MyProject\Sub\Level\CONNECT_OK、类 MyProject\Sub\Level\Connection 和函数 MyProject\Sub\Level\connect。

2. 命名空间的使用

要使用命名空间中的常量、类或函数,不能单纯地通过名称来引用,必须包含其所在的命名空间名称。就像文件系统目录中的文件,其实它的文件名全称是要包括目录名称的。例如 C 盘 Web 目录下的 test.txt 文件,它的文件名全称应该是 c:\web\test。

【例 6.12】 命名空间的定义与使用。

(1) 启动 Zend Studio,选择 example 工作区中的项目 chapter06,在该项目的 include 文件夹中创建 nspace.php 和 other_nspace.php 两个文件,并添加代码,如图 6.27 所示。

(2) 在项目中创建一个名为 example6_12.php 的文件,并添加代码,如图 6.28 左侧所示。

图 6.28 所示代码中的第 15 行调用了 WP 命名空间中的函数 test();第 16 行调用了 MA 命名空间中的函数 test();第 17 行调用了 WP 命名空间中的函数 test(),因为有第 2 行语句的声明。

(3) 打开浏览器,访问 example6_12.php 页面,运行效果如图 6.28 右侧所示。

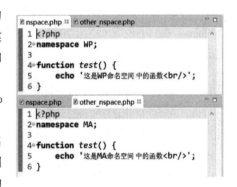

图 6.27 命名空间的声明

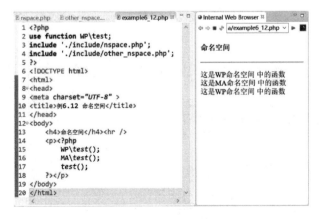

图 6.28 命名空间的使用

207

视频讲解

6.5 综 合 实 例

需求：继续第 5 章的 pro05 项目开发，完善项目系统架构，并实现部分功能。
目的：初步掌握 PHP Web 应用项目的结构化开发技术。

6.5.1 完善项目架构

前文的实例开发过程中搭建起了项目的大致框架，但在代码的重用等诸多方面还存在一些缺陷，下面继续完善项目的系统架构。

（1）启动 Zend Studio，进入 exercise 项目工作区，复制并粘贴 pro05 项目，将名称更改为 pro06。

（2）将项目文件组织结构修改为如图 6.29 所示的形式，其中的各文件夹功能见表 6.2。

表 6.2　项目文件夹及部分文件功能

文件夹名称	功　　能
app	用于存储项目页面的 PHP 程序文件
app/index 等	分别对应项目的各功能模块，如 index 存储项目首页文件
app/init. php	项目初始化文件
css	用于存储项目页面使用的 CSS 样式表
data	用于存储项目的数据文件，包括配置文件等
image	用于存储项目页面所使用的图像资源
js	用于存储项目页面所使用的 JavaScript 程序文件
lib	用于存储项目中所使用的自定义函数
view	用于存储项目页面的视图文件
view/common	用于存储项目页面视图文件中的公共部分
index. php	项目前端控制器文件

图 6.29　项目文件夹组织结构

6.5.2 编辑文件及功能测试

（1）编辑项目配置文件，代码如下。

```php
<?php
/**
 * 本文件为项目配置文件
 * @ ROOT_PATH 为常量，表示项目根目录
 * @ VIEW_PATH 为常量，表示视图文件目录
 * @ DOC_PATH 为常量，表示项目文档根目录
 * @ action 为请求参数，表示用户请求的操作
 */
define('ROOT_PATH', '/exercise/pro06/');
define('IMG_PATH', ROOT_PATH.'image/');
define('CSS_PATH', ROOT_PATH.'css/');
define('JS_PATH', ROOT_PATH.'js/');
define('DOC_PATH', getcwd().'/');
```

```php
define('APP_PATH', DOC_PATH.'app/');
define('CVIEW_PATH', DOC_PATH.'view/common/');
define('VIEW_PATH', DOC_PATH.'view/');
define('DATA_PATH', DOC_PATH.'data/');
//用户角色设置
$roles = array(
    'guest' =>'guest',                          //未登录用户
    'user' =>'user',                            //已登录用户
    'admin' =>'admin',
    'edit' =>'edit',
);
//设置允许的用户请求
$urls = array(
    'index/index',
    'user/index',
    'user/login',
    'book/index',
    'tutor/index',
    'user/logout',
    'example/index',
    'download/index',
    'user/edit'
);
//设置用户权限(以下为不被允许的请求)
$noRequests = array(
    'guest' => array( $urls[1], $urls[5], $urls[8]),
    'user' => array( $urls[2])
);
```

（2）编辑项目初始化文件，代码如下。

```php
<?php
//设定字符集
header('content - type:text/html;charset = utf - 8');
//载入配置文件
require './data/config.php';
//载入函数库
require './lib/function.php';
//启动 Session
session_start();
```

（3）编辑项目前端控制器文件，代码如下。

```php
<?php
    require './app/init.php';
    //设置默认请求
    $action = 'index/index';
    //默认用户名
    $username = '';
    //接收请求参数
    if (isset( $_GET['action'])) {
        $action = $_GET['action'];
        //判断请求是否合法
```

```php
        if (checkAction( $action, $urls)) {
            //判断用户是否登录
            $user = checkLogin();
            if ( ISLOGIN) {
                //判断 action 参数是否在允许的请求内
                $username = ' '. $_SESSION['user']['name'].' ';
                if (!checkPriv( $action, $user['role'])) {
                    $action = 'index/index';
                }
            }else{
                //判断 action 参数是否在允许的请求内
                if (!checkPriv( $action, 'guest')) {
                    $action = 'user/login';
                }
            }
        }else{
            $action = 'index/index';
        }
    }
    //分发用户请求
    require APP_PATH. $action.'.php';
```

（4）编辑项目各功能模块的 PHP 文件。这里以项目【主编教材】功能模块主页的 PHP 文件为例，其他部分请见教材源码。

```php
<?php
//加载测试数据
require DATA_PATH.'data.php';
//页面数据
$title = '主编教材';
$pageBar = '';
//处理分页
$total_page = ceil(count( $data['book'])/3);
if (isset( $_GET['page'])) {
    $page = $_GET['page'];
}else{
    $page = 0;
}
if ( $page === 0) {
    $page = 1;
    $data['book'] = array_slice( $data['book'], 0, 3);
}else {
    $data['book'] = array_slice( $data['book'], ( $page - 1) * 3, 3);
}
//显示分页导航
if ( $total_page > 1) {
    $pageBar = showPageBar( $action, $page, $total_page);
}
require VIEW_PATH. $action.'.html';
```

（5）编辑项目各功能模块的视图文件。这里以项目【主编教材】功能模块主页的视图文件为例，其他部分请见教材源码。

```
<?php require CVIEW_PATH.'header.html'?>
        < div class = "content">
            < div class = "main">
                <?php require CVIEW_PATH.'bar.html'?>
                <?php foreach( $data['book'] as $b): ?>
                < div class = "box4">
                    < div class = "box4_l">< img src = "<?php echo IMG_PATH.'b0.jpg';?>" /></div>
                    < div class = "box4_r">
                        < h2 >< a ><?php echo $b['name']?></a ></h2 >
                        < p > ISBN
                            <?php echo $b['isbn']; ?>   
                            <?php echo $b['pub']; ?>   
                            <?php echo $b['date']; ?>
                        </p >
                    </div >
                    < div class = "clear"></div >
                </div >
                <?php endforeach; ?>
                < div class = "box4_p"><?php echo $pageBar; ?></div >
                < div class = "clear"></div >
            </div >
        </div >
<?php require CVIEW_PATH.'footer.html'?>
```

（6）项目运行测试。图 6.30 所示是项目【主编教材】功能模块主页运行效果，其他页面效果可参考教材源码进行编制运行查看。

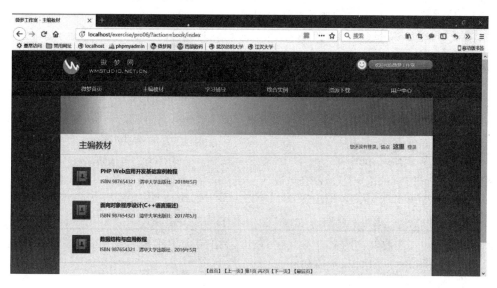

图 6.30　项目【主编教材】功能模块主页效果

习　　题

一、填空题

1. Web 浏览器与 Web 服务器的连接，是通过（　　）协议来完成的。
2. HTTP/1.1 支持（　　）种请求方法，其中最为常见的是（　　）和（　　）。

3. 使用表单提交数据时,提交方式是通过 Form 表单的( )属性值来指定的。

4. 在 PHP 程序中,( )和( )用来管理 Web 应用用户的相关信息以及用户的当前状态,它们实现了 Web 页面之间的信息传递。

5. PHP 中实现重定向的方法主要有两种,一种是使用( ),另一种是使用( )。

6. 在 PHP 中,通常使用( )函数来创建 Cookie,Cookie 生存期限的单位为( )。

7. Cookie 将数据存放于( )中,而 Session 则是将数据存放在( )上。

8. Session 必须先启动才能使用,使用 PHP 的内置函数( )来启动 Session。

9. 在 PHP 中,通常使用( )或( )语句来实现文件的包含。

10. 在 PHP 中,为了避免用户编写的代码与 PHP 内部的类、函数、常量或第三方类、函数、常量之间的名字冲突,可以使用( )。

二、选择题

1. PHP Web 应用程序的通信采用( )协议。

  A. HTTP   B. TCP   C. IP   D. FTP

2. 在 Web 页面中通过超链接传递的数据时,采用的是( )HTTP 请求方式。

  A. get   B. post   C. head   D. put

3. 在表单标签的属性中,( )属性值用来表示数据的接收及处理文件。

  A. id   B. action   C. method   D. style

4. 若要在 URL 的查询字符串中加入多个数据,数据之间的分隔符为( )。

  A. ?   B. /   C. &   D. *

5. 在 PHP 代码中,header()函数必须在任何( )之前调用。

  A. PHP 的输出代码   B. HTML 标签

  C. 文件   D. 以上都是

6. 对于一个 PHP Web 应用来说,( )是存放在客户端的。

  A. PHP 文件   B. HTML 文件   C. Cookie 文件   D. Session 文件

7. 在 Session 的所有配置项中,( )用来设置 Session 文件的保存路径。

  A. session_auto_start   B. session. save_handler

  C. session. save_path   D. session. cookie_path

8. 若要将验证码(code='A8B6FF')放入 session 中,应使用下面的( )格式。

  A. $_GET['code']='A8B6FF'   B. $_POST['code']='A8B6FF'

  C. $_SESSION['code']='A8B6FF'   D. $code='A8B6FF'

9. 在 PHP 中,若被包含的文件不存在,( )语句会发出警告信息,程序继续运行;而( )语句则会发出致命错误,程序停止运行。

  A. include   B. require

  C. include-once   D. require-once

10. PHP 中的命名空间通过关键字( )来声明。

  A. namespace   B. function   C. class   D. array

三、程序阅读题

1. 下面是某 Web 页面的主要代码,第 1 次访问该页面时,id 为 txt 的<p>标签的内容是什么?用户输入昵称 PHP 并单击页面中的【提交】按钮后,<p>标签的内容又是什么?若接着单击浏览器工具栏上的【刷新】按钮,<p>标签的内容又会是什么?

```php
<?php
    $user = '请输入您的昵称';
    if (isset( $_POST['username'])) {
        $user = $_POST['username'];
    }
?>
< form action = "<?php echo $_SERVER['PHP_SELF'];?>" method = "post">
    < input type = "text" name = "username" value = "<?php echo $user;?>" />
    < input type = "submit" value = "提交" />
</form >< hr />
< p id = "txt"><?php echo $user;?></p>。
```

2. 下面是某 Web 页面的主要代码,第 1 次访问该页面时,页面中的文本框中会显示什么? 若在文本框中输入 PHP 后单击页面中的【提交】按钮,文本框中会显示字符串 PHP 吗? 为什么?

```php
<?php
    if (isset( $_SESSION['user'])) {
        $user = $_SESSION['user'];
    }else{
        $user = "请输入您的昵称";
    }
?>
< form action = "<?php echo $_SERVER['PHP_SELF'];?>" method = "post">
    < input type = "text" name = "username" value = "<?php echo $user;?>" />
    < input type = "submit" value = "提交" />
</form >
<?php
if (isset( $_POST['username'])) {
    $user = $_POST['username'];
}
$_SESSION['user'] = $user;
?>
```

3. 下面是某 Web 页面的主要代码,第 1 次访问该页面时,页面中的文本框中显示的内容是什么? 若在文本框中输入"PHP"后单击页面中的【提交】按钮,文本框中会显示什么? 若接着单击浏览器的【刷新】按钮,文本框中又会显示什么? 请详细解释。

```php
<?php
    if (isset( $_COOKIE['user'])) {
        $user = $_COOKIE['user'];
    }else{
        $user = "请输入您的昵称";
    }
?>
< form action = "<?php echo $_SERVER['PHP_SELF'];?>" method = "post">
    < input type = "text" name = "username" value = "<?php echo $user;?>" />
    < input type = "submit" value = "提交" />
</form >
<?php
if (isset( $_POST['username'])) {
    $user = $_POST['username'];
}
```

```
setcookie('user', $user);
?>
```

4. 若图像文件 1. png 存在,且与如下代码文件位于同一目录,请问该程序是否能够正常运行? 若能够,页面中会显示什么? 若不能,请说明理由。

```
<?php
  include '1.png';
  echo "这是一张航母图片";
?>
```

5. 有两个位于同一目录的 PHP 文件,它们的主要代码如下。运行第 1 个 PHP 文件,页面中是否出现错误提示信息? 输出的内容是"李木子"吗? 若不是,怎样修改才能在页面中输出"李木子"?

```
//第 1 个 PHP 文件代码
<?php
include 'test.php';
 $username ='李木子';
?>
//第 2 个 PHP 文件代码
<?php
if (isset( $username)) {
     $user = $username;
}else{
     $user ='没有用户登录!';
}
echo $user;
?>
```

四、操作题

参照微梦网(http://www. wmstudio. net. cn),完善本章实例项目 pro06 的如下功能。

1. 实现【主编教材】版块主页中的【翻页】功能,如图 6.30 所示。

2. 实现【主编教材】版块中教材的详细信息显示,即当用户单击图 6.30 所示页面中的某部教材标题时,跳转到【教材详情】页面,显示该教材的详细信息。

3. 实现简单的【用户登录】功能。

4. 实现【用户中心】版块主页中登录用户的信息显示功能。

5. 实现页面中登录用户的昵称显示功能。在如图 6.30 所示的页面中,用户未登录时,页面内容输出区的右上角显示的是用户未登录提示信息;当用户登录成功后,这里会显示登录用户的昵称及欢迎词等辅助信息。

第7章　面向对象程序设计

目前,程序设计方法有面向过程与面向对象两种。前文介绍的都是面向过程的程序设计方法,也叫作结构化程序设计方法。PHP 从 5.0 开始全面支持面向对象技术。对于软件开发者来说,当今编程语言大多支持,甚至要求使用面向对象的方法。面向对象的软件开发方法,在系统中引入了对象的分类、关系和属性,有助于程序的开发和代码的重用与扩展。

本章将介绍 PHP 面向对象程序设计的基本知识,包括类的定义、类的成员、类的实例化、成员的访问等。

7.1　面向对象概述

客观世界中存在各种形态的事物,这些事物之间存在各种各样的联系。在计算机程序中,使用对象来映射现实中的事物,使用对象的关系来描述事物之间的联系,这种思想就是面向对象。

视频讲解

面向对象的特点主要可以概括为封装性、继承性和多态性。

1. 封装性

封装是面向对象的核心思想,将对象的属性和行为封装起来,不需要让外界知道具体实现细节,这就是封装。例如使用电视机,普通用户只需要使用遥控器或电视机上的功能按钮来进行频道的选择、声音的调节以及节目的搜索等,并不需要知道电视机的内部构造以及工作原理。这种概念就类似于电视机对我们进行了"封装"。

2. 继承性

继承性主要描述的是类与类之间的关系。通过继承,可以无须重新编写原有类,而对原有类的功能进行扩展。继承不仅增强了代码的重用性,提高了程序开发效率,而且为程序的修改补充提供了极大的便利。

3. 多态性

多态性指的是同一操作作用于不同的对象,会产生不同的执行结果。例如,当听到 Cut 这个单词时,理发师的表现是"剪发",演员的行为表现是"停止表演"。不同的对象,所表现的行为是不一样的。

7.2　类　与　对　象

面向对象的编程思想,力图使程序对事物的描述与该事物在现实中的形态保持一致。为了做到这一点,面向对象的编程思想提出了两个概念,即类与对象。其中,类是对某一类事物的抽象描述,即描述多个对象的共同特征,它是对象的模板。而

视频讲解

对象用于表示现实中该类事物的个体,是类的实例。

7.2.1　类的定义

类是面向对象的核心概念,当开始编写一个面向对象的程序时,也就是要开始建立一个类。

1. 类的定义

类的定义格式如下:

[修饰符] class 类名 [extends 基类名] [implements 接口名]
{
　类主体
}

1) 修饰符

这里的修饰符主要有 abstract 和 final,abstract 表示抽象类; final 表示最终类,或无法改变的类。

2) class

这是类定义的关键字,不区分大小写。

3) 类名

类的名称可以是任何非 PHP 保留字的合法标识符。PHP 的类名与变量名一样,不区分大小写。习惯上,类名的第 1 个字母要大写,并要能见名知意。

4) extends

关键字 extends 表示新类继承于另外一个类,这个新类称为子类或派生类; 被继承的类叫作父类或基类。

5) 基类名

基类名表示定义的新类所继承的父类名称。作为基类的类必须是已经定义的。

6) implements

关键字 implements 表示类实现了接口。

7) 接口名

接口名表示定义的新类所实现的接口名称,若实现多个接口,须用逗号隔开。

【例 7.1】 类的定义。

(1) 启动 Zend Studio,在 example 工作区中创建一个新的 PHP 项目 chapter07,并在该项目中添加 example7_1. class. php 文件。

(2) 双击打开 example7_1. class. php 文件,并添加代码,如图 7.1 所示。

图 7.1 所示代码的第 2～4 行定义了一个名为 Person 的类,除了使用 class 关键字表示是类的定义之外,它没有使用任何其他关键字; 第 5～7 行定义了名为 Component 的类,使用 abstract 关键字修饰,表示该类为一个抽象类,禁止直接实例化; 第 8～10 行定义了名为 Child 的类,使用 final 关键字修饰,表示该类为一个最终类,不能被继承; 第 14～15 行定义了名为 Student 的类,该类是一个子类,它的父类是 Person; 第 16～20 行定义了名为 StudentA 的类,该类继承于类 Person,并实现了名为 Printable 的接口,接口定义在第 11～13 行。

2. 类主体设计

PHP 类的主体部分与 C++ 及 Java 类相似,包括属性和方法,它们分别叫作类的成员属性

图 7.1 类的定义格式

和成员方法。

类的成员属性主要用于描述对象的静态特征,比如学生的姓名、年龄等,它通常用变量来表示,所以又叫成员变量或数据成员。类的成员方法就是在类中声明的函数,用来描述对象的行为,也就是对象的动态特性,如学生可以唱歌、做作业等。

类主体的设计,主要是类的成员变量的设计与成员方法的设计。

1)声明成员变量

声明类的成员变量,与声明 PHP 的变量大体相同,唯一不同的是,声明类的成员变量在指定变量的名字或给其赋初值的同时,还需要为其指定一些其他特性,比如访问控制权限等。

声明成员变量的语法格式:

修饰符　变量名[= 值];

这里的修饰符主要包括 public、private、protected、static、const 及 var。其中,public、private、protected 关键字用来设置成员变量的访问权限;static 关键字表明成员变量是一个静态变量;const 关键字表明该数据成员是一个常量;var 关键字是为了兼容 PHP 4 与 PHP 5 而保留的修饰符。

【例 7.2】 类成员变量的定义。

(1)启动 Zend Studio,选择 example 工作区中的 chapter07 项目,在该项目中添加 example7_2.class.php 文件。

(2)双击打开 example7_2.class.php 文件,并添加代码,如图 7.2 所示。

图 7.2 所示代码的第 3、第 4、第 5 行定义了类属性 sex、name 和 cardID,并分别使用了 public、protected 与 private 访问控制修饰符,指定成员变量的作用范围;第 6、第 7 行定义的是类的静态属性,使用 static 关键字修饰,也可以使用访问控制修饰符组合修饰;第 8 行是使用 const 关键字定义的类常量;

图 7.2 类成员变量的定义

面向对象程序设计

第 9 行定义类属性 age,采用 var 修饰符,它不能与其他修饰符组合,其作用相当于 public。

2) 声明成员方法

语法格式:

[修饰符] function 方法名 : 返回值类型([形参列表])
{
　　方法体
}

声明类成员方法的语法格式基本与声明函数的格式相同,只是在 function 关键字的前面有时需要增加一个修饰符来表明方法的特征。

这里的修饰符是可选项,主要有 public、private、protected、static 以及 final。前 4 个关键字与声明成员变量时一样,含义也基本相同。final 关键字用来表示该方法为最终方法,当类被继承时,在子类中将无法覆盖该方法;若声明方法时省略前面的修饰符,则与 public 作用相同。

【例 7.3】 定义类的成员方法。

(1) 启动 Zend Studio,选择 example 工作区中的 chapter07 项目,在该项目中添加 example7_3. class. php 文件。

(2) 双击打开 example7_3. class. php 文件,并添加代码,如图 7.3 所示。

```php
1 <?php
2 class Person{
3     public $sex = '男';
4     protected $name = '王一';
5     private $cardID = '123456';
6     static $counter = 1;
7     public static $a = 100;
8     const COUNTRY = '中国';
9     var $age = 0;
10    public function getSex() {
11        return $this->sex;
12    }
13    protected function getName() {
14        return $this->name;
15    }
16    private function getCardID() {
17        return $this->cardID;
18    }
19    public static function printHead(){
20        echo '<h3>定义类的成员方法</h3>';
21    }
22    final function getAge() {
23        return $this->age;
24    }
25 }
```

图 7.3　定义类的成员方法

图 7.3 所示代码中的第 10～12 行定义了公有方法 getSex(),用来获取对象的 sex 属性值;第 13～15 行定义了保护型方法 getName(),用来获取对象的 name 属性值;第 16～18 行定义了私有成员方法 getCardID(),用来获取对象的 cardID 属性值;第 19～21 行定义了公有的静态方法 printHead(),用来输出标题文本;最后的第 22～24 行定义了公有的 final 方法 getAge(),用来获取对象的 age 属性值。

需要注意的是,图 7.3 代码中出现了一个特殊的变量 this,它代表当前对象。在类的内部,可以通过变量 this 完成对象内部成员的访问。

7.2.2 类的对象

类定义完成后,便可以创建该类的对象,并用对象来访问类的成员了。

1. 创建对象

创建对象包括对象声明与对象初始化两部分。通常这两部分是结合在一起完成的,即定义对象的同时对其初始化。其语法格式如下:

对象名 = new 类名([参数列表])

或者

对象名 = new 类名

例如,创建图 7.3 中 Person 类的一个对象,代码可以写成:

```
$obj = new Person();
```

或者

```
$obj = new Person;
```

其中,obj 是所创建的对象的名字;new 是实例化类的关键字;Person 是类的名字。

注意,对象是引用类型。引用类型是指该类型的变量表示的是一片连续内存地址的首地址。定义对象后,系统将给对象变量分配一个内存单元,用以存储实际对象在内存中的存储位置。

关键字 new 用于为创建的对象分配内存空间,创建实际对象,并将存储对象内存单元的首地址返回给对象变量。随后系统会根据"类名([参数表])"的格式调用相应的构造方法,为对象进行初始化赋值,构造出有自己参数的具体对象。当对象的定义式中类名后不带括号时,系统会自动调用默认的构造方法,完成对对象的初始化。

由于对象是引用类型,所以通过变量赋值的方式定义的两个对象属于同一个对象。例如:

```
$p = new MyPoint();
$q = $p;
```

代码中的两个对象 p 与 q 是同一个对象。PHP 中还提供了 clone 关键字,用来复制一个已有的对象。例如:

```
$q = clone $b;
```

这两种用法存在一些差别,由于涉及的知识点比较多,这里不做深究。

【例 7.4】 类的实例化。

(1)启动 Zend Studio,选择 example 工作区中的 chapter07 项目,在该项目中添加 example7_4.php 文件。

(2)双击打开 example7_4.php 文件,并添加代码,如图 7.4 所示。

图 7.4 所示代码中的和第 10 行通过文件包含将图 7.3 中 Person 类的定义导入当前文件中;第 11、第 12 行创建了 Person 类的对象 obj;第 14 行使用 var_dump 函数输出了对象 obj 的相关信息。example 7_4.php 文件的运行结果如图 7.4 右侧的浏览器页面所示。

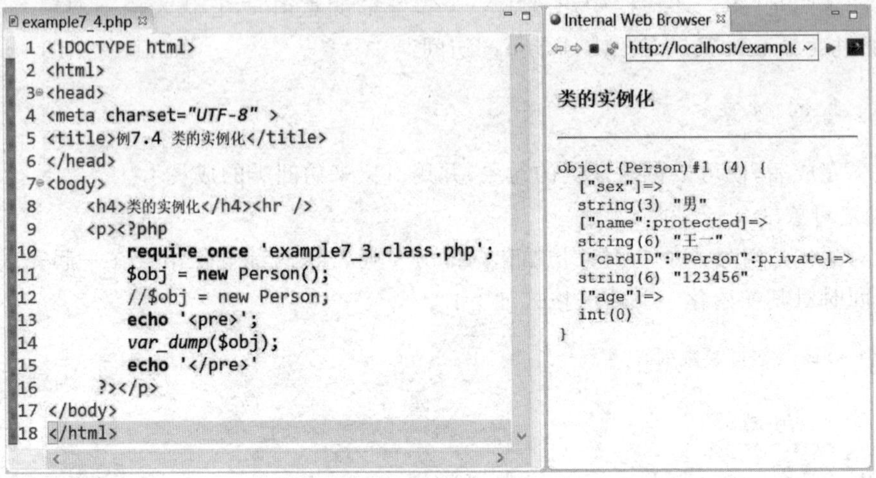

```
example7_4.php ☒
 1 <!DOCTYPE html>
 2 <html>
 3 <head>
 4 <meta charset="UTF-8" >
 5 <title>例7.4 类的实例化</title>
 6 </head>
 7 <body>
 8    <h4>类的实例化</h4><hr />
 9    <p><?php
10        require_once 'example7_3.class.php';
11        $obj = new Person();
12        //$obj = new Person;
13        echo '<pre>';
14        var_dump($obj);
15        echo '</pre>'
16    ?></p>
17 </body>
18 </html>
```

Internal Web Browser
http://localhost/example

类的实例化

```
object(Person)#1 (4) {
  ["sex"]=>
  string(3) "男"
  ["name":protected]=>
  string(6) "王一"
  ["cardID":"Person":private]=>
  string(6) "123456"
  ["age"]=>
  int(0)
}
```

图 7.4　类的实例化

从 example 7_4. php 文件的运行结果可以清楚地看出,变量 obj 表示的是一个 object 数据类型,它是类 Person 的一个对象。页面中还显示了该 obj 对象的 4 个成员属性,即 sex、name、cardID 以及 age,注意类中的常成员属性及静态成员属性没有被输出,因为这两种类型的属性是属于类本身的,是类属性。另外,类的成员方法也没有在浏览器中显示。

2. 使用对象

定义并创建了对象后,就可以在程序中使用了。对象的使用,包括使用其成员变量和使用其成员方法,通过访问运行符->可以实现对变量的访问和对方法的调用。其语法格式如下:

```
对象名 -> 成员变量名
对象名 -> 成员方法名([参数列表])
```

例如:

```
$obj = new Person();
$sex = $obj->getSex();
$obj->sex = '女';
echo '此人为: '.$sex.'性';
```

【例 7.5】　对象属性的使用。

(1) 启动 Zend Studio,选择 example 工作区中的 chapter07 项目,在该项目中添加 example7_5. php 文件。

(2) 双击打开 example7_5. php 文件,并添加代码,如图 7.5 所示。

图 7.5 所示代码中的第 12 行调用了对象的 getSex()成员方法,获取对象的 sex 属性值;第 13 行输出了获取的 sex 属性值;第 15 行直接给对象的 sex 属性重新赋值;第 16 行再次调用 getSex()方法,并通过第 17 行的输出语句输出对象的 sex 属性值。

7.2.3　对象成员的访问控制

在上述实例的类定义格式中,有一些修饰符是用来控制成员变量或成员方法的访问权限的,也就是用来定义成员的作用域的,它们指定了在哪些范围内可以访问到该成员。

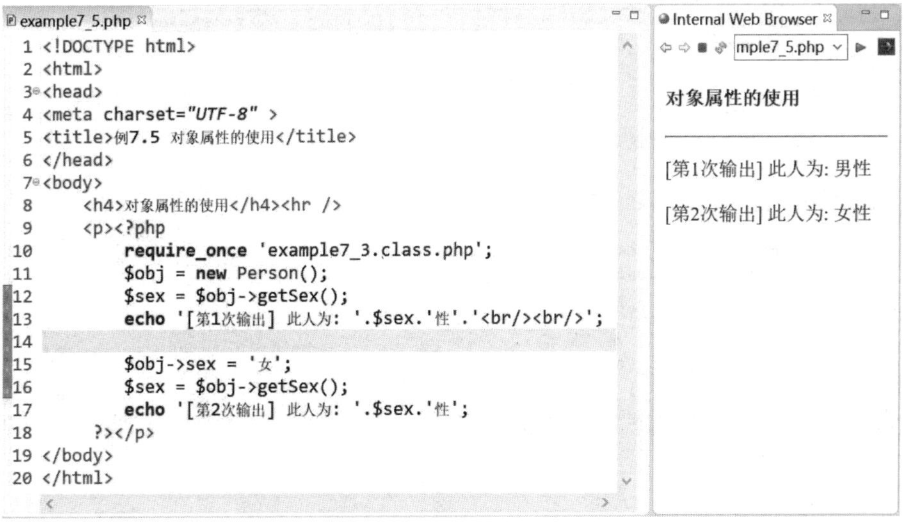

图 7.5　对象属性的使用

在 PHP 中,对对象成员访问权限的控制,是通过设置成员的访问控制属性来实现的。访问控制属性可以有公有类型(public)、私有类型(private)和保护类型(protected)3 种。

1. 公有类型

类的公有类型成员,就是可以在类的外部访问的成员,它们是类与外部的接口。公有成员用 public 关键字声明。

2. 私有类型

在关键字 private 后面声明的成员是类的私有成员。私有成员只能被本类的成员方法访问,来自类外部的任何访问都是非法的。这样,私有成员就完全隐蔽在类中,保证了数据的安全性,实现了信息的隐藏。这就是面向对象的封装性。

一般情况下,一个类的数据成员都应该声明为私有成员,这样,内部数据结构就不会对该类以外的其余部分造成影响,程序模块之间的相互作用就降低到了最小。

3. 保护类型

保护类型成员的性质和私有成员的性质相似,其差别在于,继承过程中对产生的新类影响不同。保护类型的成员是可以被继承到子类中的,也就是说它在子类中是可见的,而私有成员则不能。

在类的定义中,具有不同访问属性的成员可以按任意顺序出现,修饰访问属性的关键字也可以多次出现。但是一个成员只能具有一种访问属性。

【**例 7.6**】　对象属性的访问控制。

(1) 启动 Zend Studio,选择 example 工作区中的 chapter07 项目,在该项目中添加 example7_6.php 文件。

(2) 双击打开 example7_6.php 文件,并添加代码,如图 7.6 所示。

图 7.6 所示代码中的第 17 行试图访问对象的 protected 型方法 getName(),结果导致了致命错误的出现。从显示的错误信息可知,错误是由于试图访问对象的保护型方法产生的。致命错误出现后,程序会立即停止运行。所以,后面的第 18 行、第 19 行均没有被执行。

代码中的第 18 行试图访问对象的私有方法,同样因为权限的限制而导致出现错误;第 19 行对保护型成员属性的外部访问也是不被允许的。

面向对象程序设计

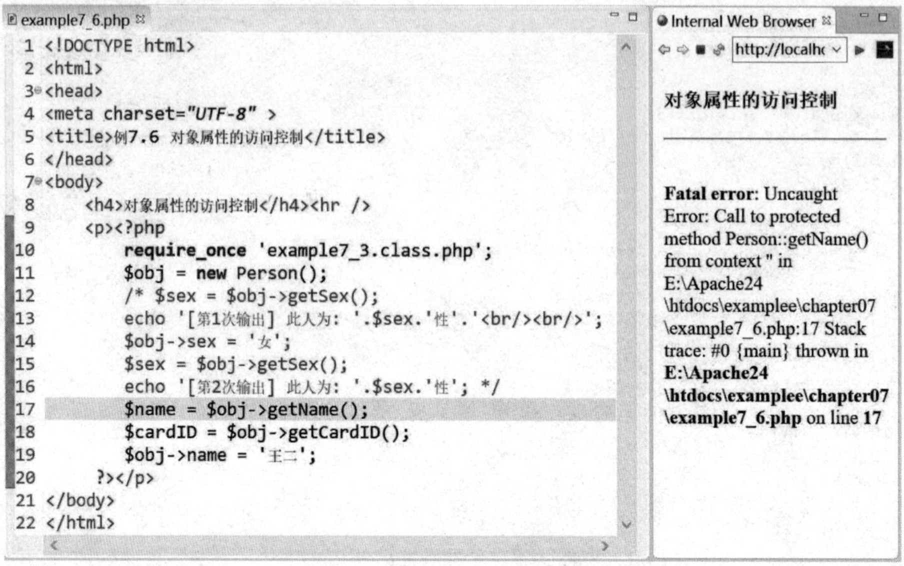

222

```
1 <!DOCTYPE html>
2 <html>
3 <head>
4 <meta charset="UTF-8" >
5 <title>例7.6 对象属性的访问控制</title>
6 </head>
7 <body>
8     <h4>对象属性的访问控制</h4><hr />
9     <p><?php
10        require_once 'example7_3.class.php';
11        $obj = new Person();
12        /* $sex = $obj->getSex();
13        echo '[第1次输出] 此人为: '.$sex.'性'.'<br/><br/>';
14        $obj->sex = '女';
15        $sex = $obj->getSex();
16        echo '[第2次输出] 此人为: '.$sex.'性'; */
17        $name = $obj->getName();
18        $cardID = $obj->getCardID();
19        $obj->name = '王二';
20     ?></p>
21 </body>
22 </html>
```

对象属性的访问控制

Fatal error: Uncaught Error: Call to protected method Person::getName() from context '' in E:\Apache24\htdocs\examplee\chapter07\example7_6.php:17 Stack trace: #0 {main} thrown in **E:\Apache24\htdocs\examplee\chapter07\example7_6.php** on line 17

图 7.6　对象属性的访问控制实例

7.2.4　类常量与静态成员

1. 类常量

当类的成员变量前用 const 关键字修饰时,该成员就变成了常量。在类中始终保持不变的值可以定义为常量,和 PHP 的常量定义一样,在定义和使用常量的时候是不需要使用符号 $ 的。例如类 Person 中的属性 COUNTRY 的声明为:

const COUNTRY = '中国';

通过使用范围解析操作符::,可以指定常量所属的类来访问类中的常量,而不需要创建对象。即:

Person::COUNTRY;

2. 静态成员

PHP 允许使用 static 关键字来定义类的静态成员。静态成员是类成员,它属于类的所有对象共有。例如 Person 中的属性 counter:

static $counter = 1;

或方法 printHead:

```
public static function printHead(){
    echo '< h3 >定义类的成员方法</h3 >';
}
```

访问类的静态成员,与访问类常量一样,直接使用范围解析操作符::指定类名即可。例如:

Person :: printHead();

注意,在静态方法中不能使用 this 关键字,因为可能会没有引用的对象实例。当然,静态方法也可以使用对象进行访问,但一般都不这样做。

【例 7.7】 类常量与静态成员。

(1) 启动 Zend Studio,选择 example 工作区中的 chapter07 项目,在该项目中添加 example7_7.php 文件。

(2) 双击打开 example7_7.php 文件,并添加代码,如图 7.7 所示。

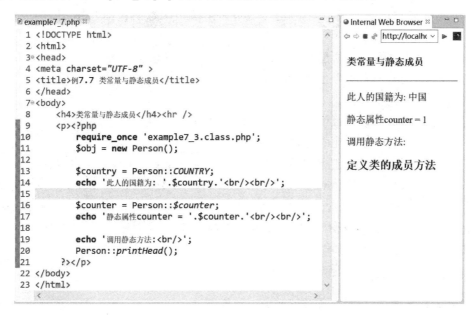

图 7.7 类常量与静态成员实例

图 7.7 所示代码中的第 13 行获取了 Person 类的常量 COUNTRY 的值;第 16 行获取了静态变量 counter 的值;第 20 行调用了类的静态方法 printHead。

7.3 构造函数与析构函数

视频讲解

类与对象的关系就相当于基本数据类型与它的变量的关系,也就是一般与特殊的关系。同一个类的不同对象之间的区别主要有两个,一是对象的名称不同;另一个就是对象自身的属性值,即数据成员的值不相同。

就像定义基本数据类型变量时可以同时赋初值一样,在定义对象的时候,也可以同时对它的数据成员进行初始化。这种在定义对象的时候进行的数据成员设置,称为对象的初始化。

在特定对象使用结束时,经常需要进行一些清理工作。PHP 中对象的初始化与清理工作分别由两个特殊的成员函数来完成,它们是构造函数与析构函数。

7.3.1 构造函数

要理解构造函数,首先需要理解对象的建立过程。为此,先看看一个基本类型变量的初始化过程:每一个变量在程序运行时都要占据一定的内存空间,在声明一个变量时对变量进行初始化,就意味着在为变量分配内存单元的同时,在其中写入了变量的初始值。

对象的建立过程也是类似的:在程序执行过程中,当遇到对象声明语句时,程序会向操作

面向对象程序设计

系统申请一定的内存空间用于存放新建的对象。开发人员会希望程序能像对待普通变量一样，在分配内存空间的同时将数据成员的初始值写入，但是由于类结构的复杂性，要使系统自动做到这一点并不容易。

因此，如果在创建对象的同时，同步进行对象初始化，就必须编写自己的初始化代码。如果没有编写自己的初始化代码，却在声明对象时贸然指定对象初始值，不仅不能实现初始化，还会引起语法错误。

构造函数也是类的一个成员函数，除了具有一般成员函数的特征之外，还有如下特殊的性质。

- 构造函数的函数名必须是__construct，而且没有返回值。
- 构造函数通常被声明为公有函数。
- 构造函数不能重载。
- 与类名同名的函数是否可以作为构造函数，与 PHP 的版本有关。
- 构造函数在对象被创建的时候自动调用。

调用时无须提供参数的构造函数称为默认构造函数。如果类中没有声明构造函数，在创建对象时，系统会自动生成一个隐含的默认构造函数，该构造函数的参数列表和函数体皆为空。如果类中声明了构造函数（无论是否有参数），系统便会使用该构造函数，而不会再生成隐含的。

如图 7.4 所示的例子中没有为类 Person 定义构造函数，当创建 Person 类的对象时，系统自动生成一个默认形式的构造函数：

```
function __construct(){}                //默认构造函数
```

这个构造函数不做任何事，为什么要生成这个不做任何事情的函数呢？这是因为对象的创建必须由构造函数来完成，没有构造函数就不能创建任何对象。

这里要注意的是，虽然系统生成的隐含构造函数不做任何事情，但并不能说函数体为空的构造函数都不做任何事情。当类中的成员变量为其他类的对象时，也就是说，当类中包含子对象时，这个空构造函数就要负责子对象的构造。

【例 7.8】 构造方法的声明与使用。

（1）启动 Zend Studio，选择 example 工作区中的 chapter07 项目，在该项目中添加 example7_8.class.php 文件，对前面的 Person 类进行整理与修改，如图 7.8 所示。

```php
1  <?php
2  class Person{
3      private $name = null;
4      private $sex = null;
5      private $age = null;
6      public function __construct($name, $sex, $age){
7          $this->name = $name;
8          $this->sex = $sex;
9          $this->age = $age;
10     }
11     public function getName() {
12         return $this->name;
13     }
14     public function getSex() {
15         return $this->sex;
16     }
17     public function getAge() {
18         return $this->age;
19     }
20 }
```

图 7.8　Person 类的重新定义

图 7.8 所示代码中的第 6～10 行为类定义了一个构造方法,该构造方法带有 3 个参数,分别代表类的 name、sex 和 age 属性的初始值。

(2) 继续新建 example7_8.php 文件,然后双击打开该文件,并添加代码,如图 7.9 所示。

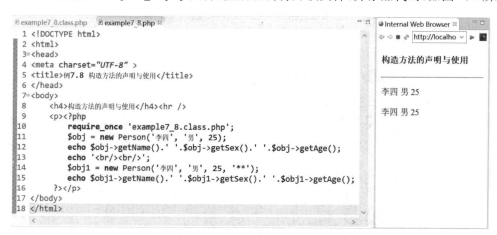

图 7.9　构造方法的声明与使用实例

图 7.9 所示代码中的第 10 行引入了重新定义的 Person 类;第 11 行创建了对象 obj,同时通过构造方法初始化对象。注意,构造方法在创建对象时由系统自动调用。

第 14 行代码再一次创建了 Person 类的对象,此时给构造方法传递了 4 个参数,而不是 3 个。从结果可以看到,程序并没有出错,系统自动去掉了多传递的参数。但如果创建对象时传入的参数个数少于构造方法中参数表中的个数,结果又会怎么样呢? 读者可以自己检测一下。

7.3.2　析构函数

简单来说,析构函数与构造函数的作用几乎正好相反,它用来完成对象被删除前的一些清理工作,比如关闭打开的文件、释放结果集等。析构函数是在对象的生存期即将结束的时刻被自动调用的。它的调用完成之后,对象也就消失了,相应的内存空间也被释放。

与构造函数一样,析构函数通常也是类的一个公有成员函数,它的名称为__destruct,没有返回值,也不接收任何参数。析构函数在程序设计中的作用有限,开发人员只要明确它在什么时候被调用即可。

【例 7.9】　析构方法的声明与使用。

(1) 启动 Zend Studio,选择 example 工作区中的 chapter07 项目,在该项目中添加 example7_9.class.php 文件,在 Person 类中添加析构方法。为了测试的需要,这里定义了一个 printInfo()函数,在该函数内使用了 Person 类的对象,如图 7.10 所示。

图 7.10 所示代码中的第 20～22 行为析构方法的声明;第 24～27 行定义了函数 printInfo()。

(2) 继续新建 example7_9.php 文件,然后双击打开该文件,并添加代码,如图 7.11 所示。

图 7.11 所示代码的第 10 行包含 Person 类的定义;第 11 行创建了 Person 类的对象 obj;第 12 行调用了函数 printInfo()。

从输出结果可以看出,析构方法被调用了两次,也就是说,这里有两个对象被销毁。读者可以思考一下,这两句输出(除“武汉”文本之外)分别是销毁哪个对象时产生的呢?

面向对象程序设计

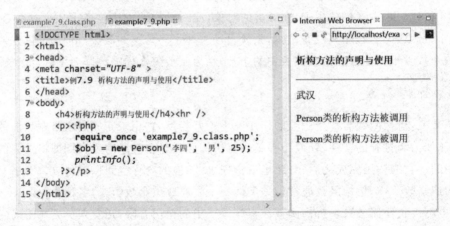

```php
2 class Person{
3     private $name = null;
4     private $sex = null;
5     private $age = null;
6     public function __construct($name, $sex, $age){
7         $this->name = $name;
8         $this->sex = $sex;
9         $this->age = $age;
10     }
11     public function getName() {
12         return $this->name;
13     }
14     public function getSex() {
15         return $this->sex;
16     }
17     public function getAge() {
18         return $this->age;
19     }
20     public function __destruct() {
21         echo 'Person类的析构方法被调用';
22     }
23 }
24 function printInfo() {
25     $person = new Person('武汉','*',1000);
26     echo $person->getName().'<br/><br/>';
27 }
```

图 7.10　析构方法的声明

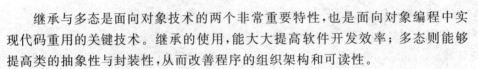

```php
1 <!DOCTYPE html>
2 <html>
3 <head>
4 <meta charset="UTF-8" >
5 <title>例7.9 析构方法的声明与使用</title>
6 </head>
7 <body>
8     <h4>析构方法的声明与使用</h4><hr />
9     <p><?php
10         require_once 'example7_9.class.php';
11         $obj = new Person('李四', '男', 25);
12         printInfo();
13     ?></p>
14 </body>
15 </html>
```

图 7.11　析构方法的调用

7.4　继承与多态

视频讲解

　　继承与多态是面向对象技术的两个非常重要特性,也是面向对象编程中实现代码重用的关键技术。继承的使用,能大大提高软件开发效率;多态则能够提高类的抽象性与封装性,从而改善程序的组织架构和可读性。

7.4.1　类的继承

　　在软件开发中,继承描述的是事物之间的所属关系,通过继承可以使多种事物之间形成一种关系体系。例如,教师和学生都属于人,程序中便可以描述为教师和学生继承自人;同理,小学教师与中学教师继承自教师,而小学生和中学生继承自学生,这样,这些人之间就形成了一个继承体系。

1. 继承的实现

在 PHP 中,类的继承是指在一个现有类的基础上构建一个新的类,构建出来的新类称为子类或派生类,现有的类称为父类或基类。子类会自动拥有父类所有可继承的属性和方法。

继承的具体语法格式:

```
class 子类名 extends 父类名{
    类主体
}
```

其中,extends 为实现继承的关键字。子类在继承父类时,会继承父类的所有公共成员和受保护成员,而不会继承父类的私有成员。

同时需要注意,PHP 只能实现单继承,也就是说,子类只能继承一个父类,但一个父类可以被多个子类所继承。

【例 7.10】 继承的实现。

(1) 启动 Zend Studio,选择 example 工作区中的 chapter07 项目,在该项目中添加 example7_10. class. php 文件,通过类的继承定义 Teacher 与 MathTeacher 两个类,如图 7.12 所示。

```php
1  <?php
2  require_once 'example7_8.class.php';
3  class Teacher extends Person{
4      private $school = '第二中学';
5      function printInfo() {
6          $info = $this->getName().'/'.
7                  $this->getSex().'/'.
8                  $this->getAge().'/'.
9                  $this->school.'/';
10         echo $info;
11     }
12 }
13 class MathTeacher extends Teacher{
14     private $subject = '数学';
15     function printInfo() {
16         parent::printInfo();
17         echo $this->subject;
18     }
19 }
```

图 7.12 类的继承

图 7.12 所示代码中的第 2 行包含例 7.8 中的 Person 类;第 3～12 行采用继承的方式声明 Teacher 类,它的父类为 Person;第 13～19 行声明 Teacher 类的子类 MathTeacher。

(2) 继续新建 example7_10. php 文件,双击打开该文件,并添加代码,如图 7.13 所示。

图 7.12 所示代码中的第 10 行包含类的定义;第 11 行创建了一个 Teacher 类对象,第 12 行调用了 printInfo 成员方法;第 14 行创建了 MathTeacher 类对象,第 15 行再次调用了 printInfo 成员方法。读者分析一下,代码中两次调用的 printInfo 成员方法是一样的吗?

2. 属性和方法的继承

通过继承的方式,子类会自动拥有父类所有可继承的属性和方法,注意这里并不是说"父类的全部属性与方法"。其实,父类中只有公共及保护型成员是可以继承的。

```
example7_10.class.php    example7_10.php

1  <!DOCTYPE html>
2  <html>
3  <head>
4  <meta charset="UTF-8" >
5  <title>例7.10 继承的实现</title>
6  </head>
7  <body>
8      <h4>继承的实现</h4><hr />
9      <p><?php
10         require_once 'example7_10.class.php';
11         $teacher = new Teacher('木子', '女', 30);
12         $teacher->printInfo();
13         echo '<br/><br/>';
14         $mathTeacher = new MathTeacher('胡东', '男', 40);
15         $mathTeacher->printInfo();
16     ?></p>
17 </body>
18 </html>
```

Internal Web Browser
http://localhost/e

继承的实现

木子/女/30/第二中学/

胡东/男/40/第二中学/数学

图 7.13   子类对象的使用测试实例

如图 7.14 所示,Zend Studio 工具可以显示 Teacher 类中的所有成员(不包括构造方法)信息。图中清晰地显示 3 个 get 方法来自于 Person 类。对比图 7.8 中 Person 类的定义,可以发现 Person 类中的 3 个私有属性没有被继承到子类中。

图 7.14   子类的成员

【例 7.11】 属性和方法的继承测试。

(1) 打开例 7.10 中的 example7_10.class.php 文件,在类 Teacher 中添加访问其父类的私有属性 name 的语句,如图 7.15 中左侧第 11 行代码所示。

(2) 在浏览器中访问 example7_10.php 文件,运行结果如图 7.15 右侧所示。

从输出结果可以看出,在子类中试图访问父类中的私有成员时,会出现错误提示。提示信息显示,PHP 把添加进去的 name 看成了一个没有定义的属性,这也变相说明了 Teacher 类中没有名称为 name 的属性。

```
1 <?php
2 require_once 'example7_8.class.php';
3 class Teacher extends Person{
4     private $school = '第二中学';
5     function printInfo() {
6         $info = $this->getName().'/'.
7                 $this->getSex().'/'.
8                 $this->getAge().'/'.
9                 $this->school.'/';
10        echo $info;
11        echo $this->name;
12    }
13 }
14 class MathTeacher extends Teacher{
15     private $subject = '数学';
16     function printInfo() {
17         parent::printInfo();
18         echo $this->subject;
19     }
20 }
```

继承的实现
_____

木子/女/30/第二中学/
Notice: Undefined property: Teacher::$name in
E:\Apache24\htdocs\examplee\chapter07
\example7_10.class.php on line 11

胡东/男/40/第二中学/
Notice: Undefined property: MathTeacher::$name in
E:\Apache24\htdocs\examplee\chapter07
\example7_10.class.php on line 11
数学

图 7.15　继承中的私有属性访问测试

3. final 类

面向对象的继承机制为类功能的扩展带来了巨大的灵活性，但有时候也可能需要类或方法保持不变的功能，这时就需要使用 final 修饰符。以 final 修饰的类，叫作 final 类，或称为最终类。

final 类不能被继承。例如：

final class MyClass{ }

若被继承，如下：

class YourClass extends MyClass{ }

则运行时效果如图 7.16 所示，系统显示如下错误信息：

Fatal error: Class YourClass may not inherit from final class (MyClass)

该错误信息说明，类 YourClass 不能从 final 类 MyClass 继承。

图 7.16　final 类继承测试

4. 抽象类

定义时使用 abstract 关键字修饰的类称为抽象类。抽象类不能被直接实例化，只能被继承。大多数情况下，抽象类中至少包含一个抽象方法，抽象方法的声明与普通方法一样，只是

面向对象程序设计

不需要函数体。例如：

```php
abstract class Product{
    abstract function getName();
}
```

类中的方法 getName()被关键字 abstract 修饰，是抽象方法。具有抽象方法的类一定要声明为抽象类。

若直接实例化上述 Product 类，例如：

```php
$obj = new Product();
```

系统将会报错，如图 7.17 所示。

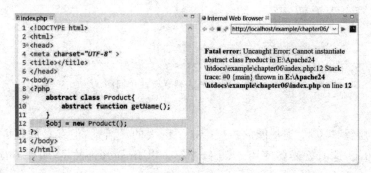

图 7.17　抽象类实例化测试

抽象类一般作为父类使用，子类必须实现父类中的抽象方法。在子类中也可以声明其他抽象方法，此时子类仍为抽象类。例如：

```php
class TVSet extends Product{
    function getName(){
    }
}
```

也可以这样：

```php
abstract class Book extends Product{
    function getName(){
    }
    abstract function printInfo();
}
```

当然，抽象类中除了抽象方法之外，是可以声明普通成员属性与成员方法的，如图 7.18 所示。

7.4.2　多态的实现

多态指的是同一操作用于不同的对象，会产生不同的执行结果。在 C++ 及 Java 中，多态可以由函数的重载与方法的覆盖来实现。由于 PHP 不支持函数的重载，所以 PHP 中的多态只能由类中成员方法的覆盖（或重写）来实现。注意，这种方法的重写只能存在于继承层次关系中。

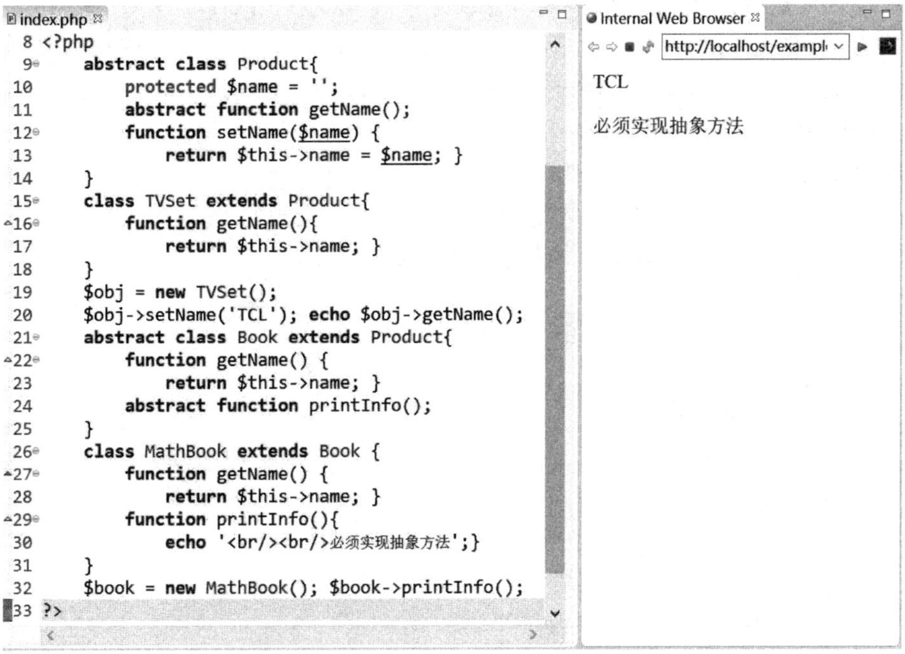

图 7.18　抽象类的继承测试

1. 普通方法

继承关系中成员方法的覆盖很简单,只要在子类中存在父类的同名方法,对该方法的函数体重新定义即可。

在图 7.12 所示的类的定义中,类 Teach 与类 MathTeacher 中都定义了成员方法 printInfo,在 MathTeacher 类中定义的 printInfo 方法就是对 Teach 类中相同方法的覆盖。如果要使用被覆盖的方法,需要使用 parent::来实现,如图 7.12 中第 16 行代码所示。

【例 7.12】　多态性测试。

(1) 启动 Zend Studio,选择 example 工作区中的 chapter07 项目,在该项目中添加 example7_12.php 文件。

(2) 双击打开 example7_12.php 文件,并添加代码,如图 7.19 所示。

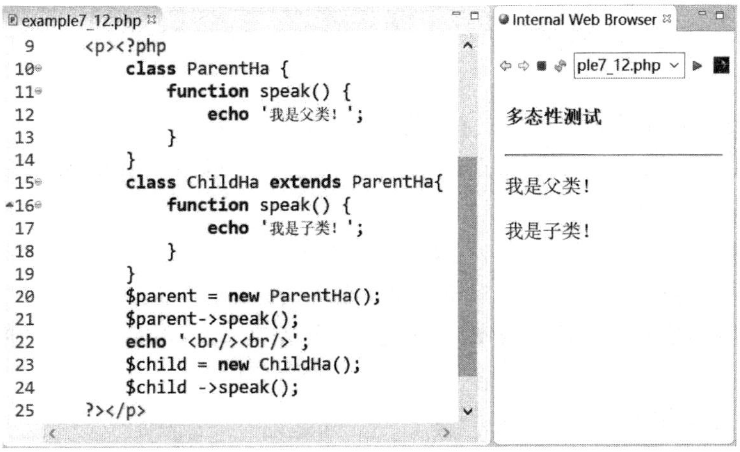

图 7.19　多态性测试

第 7 章

面向对象程序设计

在图 7.19 所示代码中,第 10～14 行定义了一个名为 ParentHa 的类;第 15～19 行以 ParentHa 为父类派生出 ChildHa 类,并对方法 speak 进行了重写;第 21 行与第 24 行分别用 父类及子类对象调用 speak 方法,输出不同的结果。这种同一个方法在不同的情况下输出不 同结果的性质,就是面向对象技术的多态。

2. final 方法

类中被关键字 final 修饰的成员方法称为 final 方法。类中的 final 方法被子类继承后,不 能被覆盖。也就是说,final 方法是不能被改变的类的成员方法。

如图 7.20 所示,代码中的第 12～14 行定义了类的 final 成员方法;第 17～20 行在子类中 重写了父类中的 final 方法。浏览器中的错误信息说明类中的 final 方法不能被覆盖。

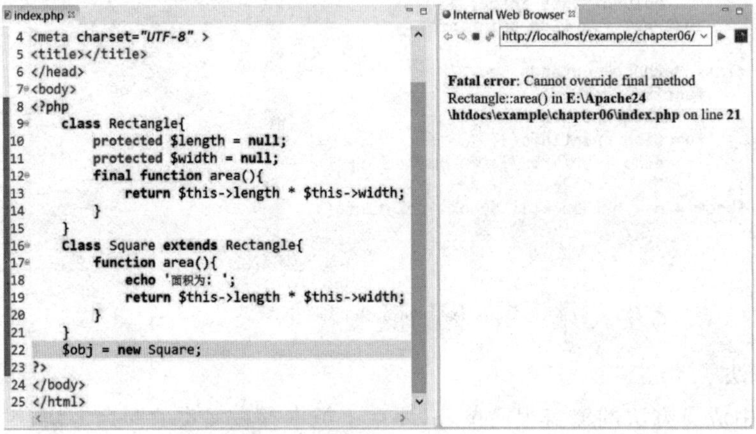

```php
4  <meta charset="UTF-8" >
5  <title></title>
6  </head>
7  <body>
8  <?php
9      class Rectangle{
10         protected $length = null;
11         protected $width = null;
12         final function area(){
13             return $this->length * $this->width;
14         }
15     }
16     Class Square extends Rectangle{
17         function area(){
18             echo '面积为: ';
19             return $this->length * $this->width;
20         }
21     }
22     $obj = new Square;
23  ?>
24  </body>
25  </html>
```

Internal Web Browser
http://localhost/example/chapter06/

Fatal error: Cannot override final method Rectangle::area() in E:\Apache24\htdocs\example\chapter06\index.php on line 21

图 7.20　覆盖 final 方法测试

7.5　高级特性与魔术方法

面向对象技术涉及的内容非常多,也非常复杂。本节继续探讨几个 PHP 的 高级面向对象特性以及常用的魔术方法。

视频讲解

7.5.1　高级特性

随着版本的提高,PHP 对面向对象技术的支持越来越深入,功能也越来越强大。

1. 接口

熟悉 C++ 及 Java 语言的开发人员都知道,C++ 支持多继承,而 Java 则不支持。Java 中的 多继承技术是由接口来实现的。与 Java 一样,PHP 也不支持多继承,同样用接口来解决多继 承的问题。

1) 接口的定义

接口是一种类似于类的结构,可用于声明实现类所必须声明的方法和常量,它只包括方法 原型,不包含方法的实现。接口中的方法必须被声明为 public,不能声明为 private 或 protected。

定义接口的语法格式:

interface 接口名 [extends 父接口名列表]

```
{
  // 常量声明
  const 常量名 = 常量值;
  …
  // 抽象方法声明
  [public]function 方法名(参数列表);
  …
}
```

其中 interface 为定义接口的关键字。接口可以继承于其他接口(可以是多个接口),只要它继承的接口声明的方法和子接口中的方法不重名即可。

【例 7.13】 接口的定义。

(1) 启动 Zend Studio,选择 example 工作区中的 chapter07 项目,在该项目中添加 example7_13. class. php 文件。

(2) 双击打开 example7_13. class. php 文件,并添加代码,如图 7.21 所示。

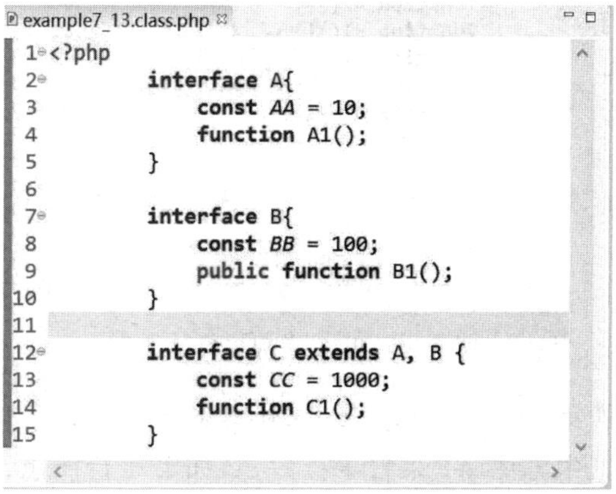

```
1  <?php
2    interface A{
3        const AA = 10;
4        function A1();
5    }
6
7    interface B{
8        const BB = 100;
9        public function B1();
10   }
11
12   interface C extends A, B {
13       const CC = 1000;
14       function C1();
15   }
```

图 7.21 接口的定义

图 7.21 所示代码定义了 3 个接口 A、B、C,其中 C 接口继承了 A、B 接口。代码的第 2~5 行定义了接口 A,接口内定义了一个常量 AA 和一个方法 A1；第 7~10 行定义了接口 B,B 内定义了常量 BB 和方法 B1；第 12~15 行定义了接口 C,它继承于接口 A、B,接口内又另外定义了常量 CC 和方法 C1。

从上述语法格式及实例可以看出,定义接口与定义类非常相似,实际上完全可以把接口理解为由常量和抽象方法组成的特殊类。一个接口可以继承于其他接口,甚至是多个接口,这其实就是 C++ 里的多重继承。

2) 接口的实现

接口的声明仅仅给出了抽象方法,相当于程序开发早期的一级协议,而具体实现接口所规定的功能,则需要某个类为接口中的抽象方法书写语句并定义实在的方法体。如果一个类要实现一个接口,那么这个类就提供了实现定义在接口中的所有抽象方法的方法体。

一个类要实现接口,需要注意以下问题。

(1) 在类的声明部分,用 implements 关键字声明该类将要实现的接口名称。

(2) 如果实现某接口的类不是抽象类,则在类的定义部分必须实现指定接口的所有抽象方法,即为所有抽象方法定义方法体,而且方法头部分应该与接口中的定义完全一致。

（3）如果实现某接口的类是抽象类,则它可以不实现该接口的所有方法。

【例 7.14】 接口的实现。

（1）启动 Zend Studio,选择 example 工作区中的 chapter07 项目,双击打开 example7_13. class. php 文件,在文件中添加实现接口的类,如图 7.22 所示。

```php
1 <?php
2   interface A{
3       const AA = 10;
4       function A1();
5   }
6   interface B{
7       const BB = 100;
8       public function B1();
9   }
10  interface C extends A, B {
11      const CC = 1000;
12      function C1();
13  }
14  class TestClass implements C {
15      function A1(){}
16      function B1(){}
17      function C1(){
18          echo 'C1函数返回A接口中的常量AA: ';
19          return self::AA;
20      }
21  }
22  /* abstract class TestClass implements C{
23  function C1(){}
24  } */
```

图 7.22　定义实现接口的类

图 7.22 所示代码中的第 14～21 行定义 TestClass 类并实现了接口 C。该类中实现了 C 中全部的 4 个抽象方法,其中方法 A1 来自于接口 A,如第 4 行所示;方法 B1 来自于接口 B,如第 8 行所示;方法 C1 来自于接口 C,如第 12 行所示。

图 7.22 所示代码中的第 22～24 行,定义了一个实现接口 C 的抽象方法,它只实现了接口 C 的 C1 抽象方法。该类不能被直接实例化,可以使用它的子类进行测试。

（2）在项目中添加一个 example7_14.php 文件,并添加代码,代码及效果如图 7.23 所示。

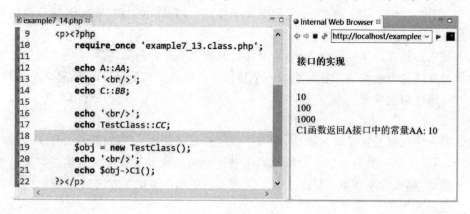

图 7.23　接口的实现测试

图 7.23 所示代码中的第 10 行包含定义的接口与类;第 12 行直接通过接口 A 的名字使用其中的常量 AA;第 14 行通过接口 C 的名字访问其父接口 B 中的常量 BB;第 17 行通过类

名访问其实现的接口 C 中的常量 CC；第 19、第 21 行实例化类并访问实现的方法。

2. trait

PHP 提供了一种叫作 trait 的方法，允许在不需要创建父类的情况下，可以在不同层次结构的类中重用类外部的代码，共享不同类的函数方法，语法：

```
trait 名称 [extends 基类]
{
    [use traitName [,traitName, …]; ]
    [成员属性]
    [成员方法]
}
```

其中，trait 为定义关键字；"名称"为 trait 的名字，就像类名一样；use 为包含其他 trait 的关键字，就像 include 一样；"成员属性"与"成员方法"与类中的定义类似。

特别说明一下，由于 trait 与类相似，这里的描述借用了类的一些术语，并不是官方的规范说法。

【例 7.15】 trait 的定义与使用。

（1）启动 Zend Studio，选择 example 工作区中的 chapter07 项目，在该项目中添加 example7_15.class.php 文件，定义 trait 及相关类，如图 7.24 所示。

```php
trait Logger{
    public function log($logString){
        $className = __CLASS__;
        echo date("Y-m-d h:i:s",time()).
            ":[{$className}]{$logString}<br/>";
    }
}
class User {
    use Logger;
    public $name = '';
    function __construct($name){
        $this->name = $name;
        $this->log("创建用户 {$this->name}");
    }
    function __toString() {
        return $this->name;
    }
}
class UserGroup {
    use Logger;
    public $users = array();
    function addUser(User $user) {
        $this->users[] = $user;
        $this->log("添加用户 {$user} 到群组");
    }
}
```

图 7.24　trait 的定义

图 7.24 所示代码中定义了 1 个 trait 和两个类。第 2～8 行是 trait 的定义，该 trait 命名为 Logger，里面定义了一个名为 log 的方法，用来输出日志信息；第 9～19 行定义了一个用户类，类里的__tostring()是 PHP 的魔术方法；第 20～27 行定义了一个用户群组类，用来存放用户对象以及进行用户添加操作。

注意，代码中的第 10 行及第 21 行通过关键字 use 在不同的类中使用了定义的 trait。

第7章

面向对象程序设计

(2) 在项目中添加 example7_15.php 文件,并编写代码,代码及效果如图 7.25 所示。

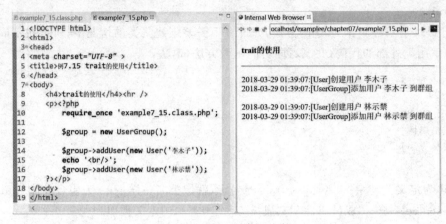

图 7.25   trait 的使用实例

图 7.25 所示代码中的第 10 行包含定义的 trait 与类;第 12 行创建了一个用户群组对象;第 14 行、第 16 行分别向群组中添加了"李木子""林示禁"用户。浏览器输出结果显示,trait 及类均工作正常。

3. 自省

自省是一种让程序检查对象特性的机制,可以检查对象的名称、父类(如果存在)、属性和方法等。

1) 类检验

类检查包括确定某个类是否存在、获取类的属性和方法、获取类的父类名称等。

【**例 7.16**】 以图 7.24 中的类为检验对象,进行类的检验。

(1) 启动 Zend Studio,选择 example 工作区中的 chapter07 项目,在该项目中添加 example7_16.php 文件。

(2) 双击打开 example7_16.php 文件,添加类检验代码,代码及效果如图 7.26 所示。

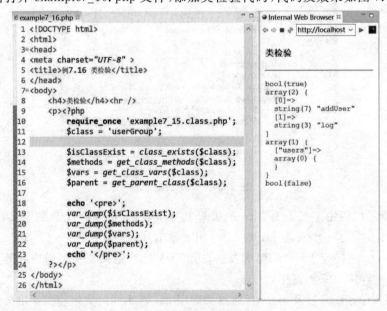

图 7.26   类检验实例

图 7.26 所示代码中的第 13 行检验类是否存在；第 14 行获取类中的方法；第 15 行获取类的属性初值；第 16 行获取类的父类。

2）对象检验

对象检查包括确定变量是否对象数据类型，对象所属类名、判断成员方法是否存在，获取对象属性值，获取父类名称，等等。

【例 7.17】 声明图 7.24 中类的对象，并对对象进行检验。

（1）启动 Zend Studio，选择 example 工作区中的 chapter07 项目，在该项目中添加 example7_17. php 文件。

（2）双击打开 example7_17. php 文件，添加对象检验代码，代码及效果如图 7.27 所示。

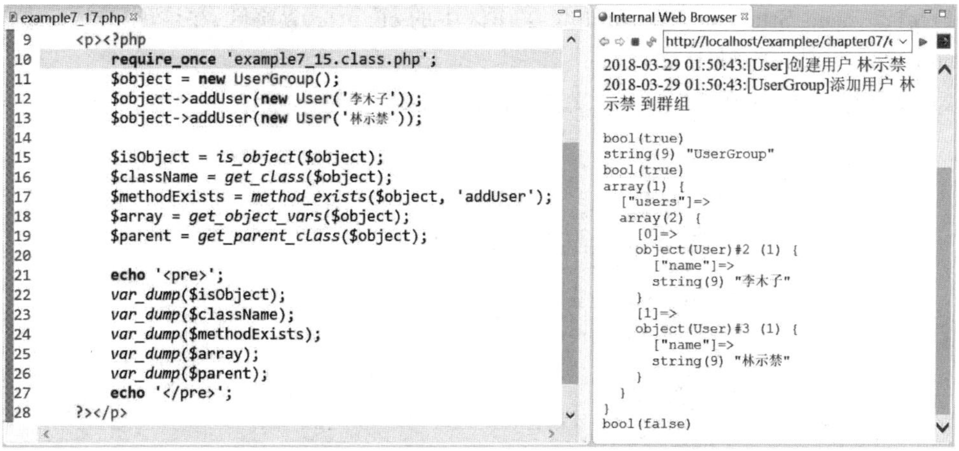

图 7.27　对象检验

图 7.27 所示代码中的第 15 行检验变量 object 是否为对象数据类型；第 16 行获取对象所属的类；第 17 行检查方法 addUser 是否存在；第 18 行获取对象的属性值；第 19 行获取对象的父类。

7.5.2　魔术方法

PHP 中经常会有不存在或受到访问限制的成员，对这些不可访问的成员进行的处理称为 PHP 的重载。注意，PHP 中的重载与 C++ 中的重载含义是不同的，PHP 中的重载更偏向于拦截的意思。

PHP 中的重载是由魔术方法来实现的。所谓魔术方法，就是在 PHP 中以双下画线 __ 开头的方法，它们的作用、方法名、使用的参数列表和返回值都是由系统预定义的，比如构造方法与析构方法。魔术方法不需要手动调用，它会在某一时刻由系统自动执行，开发人员只需要在类中声明，并编写方法体代码即可。

PHP 的常用魔术方法如下所述。

1. __set() 和 __get() 方法

在类的定义中，为了保证数据的安全，总是将其成员属性设置为 private 访问权限，对它们的读取与赋值操作要通过 public 的 setXXX() 方法和 getXXX() 方法来完成。但是，在程序运行过程中，对 private 属性的读取和赋值操作往往是非常频繁的，为了提高运行效率，PHP 定义了相应的魔术方法 __set() 与 __get()。

__set()方法的语法格式：

```
public void __set ( string $name , mixed $value )
```

其中，参数 name 表示对象的 private 属性名或未定义的属性，参数 value 表示属性值。当给对象的 private 属性或未定义属性赋值时，该函数被自动调用。

__get()方法的语法格式：

```
public mixed __get ( string $name )
```

其中，参数 name 与 __set()方法中同名参数含义相同。

【例 7.18】 魔术方法__set()与__get()的使用。

（1）启动 Zend Studio，选择 example 工作区中的 chapter07 项目，在该项目中添加一个名为 example7_18.php 的 PHP 文件。

（2）双击打开 example7_18.php 文件，并添加代码，如图 7.28 左侧所示。

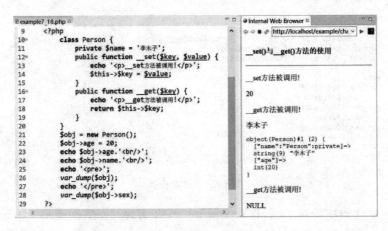

图 7.28　__set()与__get()方法的使用

图 7.28 所示代码中的第 10～20 行定义了一个 Person 类；第 12～15 行定义了魔术方法 __set()；第 16～20 行定义了魔术方法__get()；第 22 行给 obj 对象的未定义了属性 age 赋值；第 24 行读取对象的 private 属性 name；第 28 行读取对象的未定义属性值。

（3）打开浏览器，访问 example7_18.php 页面，运行效果如图 7.28 右侧所示。

从浏览器的输出结果可以看出，在对对象的未定义属性或 private 属性进行赋值和取值操作时，PHP 都会自动调用魔术方法__set()和__get()。读取对象的未定义属性值时，返回的是 NULL。

2. __isset()和__unset()方法

当对对象的不可访问属性调用 isset()或 empty()函数时，魔术方法__isset()会被调用；当对对象的不可访问属性调用 unset()函数时，魔术方法__unset()会被调用。

它们的语法格式为：

```
public bool __isset ( string $name )
public void __unset ( string $name )
```

其中的参数 name 表示对象的不可访问属性。

3. __call()和__callStatic()方法

在对象中调用一个不可访问的成员方法时,魔术方法__call()会被调用;在静态上下文中调用一个不可访问的方法时,魔术方法__callStatic()会被调用。

它们的语法格式为:

```
public mixed __call ( string $name , array $arguments )
public static mixed __callStatic ( string $name , array $arguments )
```

其中,参数 name 是调用方法的名称;参数 arguments 是一个枚举数组,包含要传递给 name 方法的一些参数。

4. __toString()方法

在 PHP 中,将一个对象转换成字符串时会自动调用__toString()魔术方法。该方法必须返回一个字符串,否则将发出一条 E_RECOVERABLE_ERROR 级别的致命错误。

其中语法格式为:

```
public string __toString ( void )
```

该函数只能返回字符串数据。

【例 7.19】 PHP 魔术方法的使用。

(1) 启动 Zend Studio,选择 example 工作区中的 chapter07 项目,在该项目中添加一个名为 class 的文件夹,并在其中添加类定义文件 user. php,代码如下。

```php
class User
{
    private $name = 'wuhan';
    public function __isset( $name) {
        echo "<p>__isset( ${name})方法被调用</p>";
        return isset( $this -> $name);
    }
    public function __unset( $name) {
        echo "<p>__unset( ${name})方法被调用</p>";
        unset( $this -> $name);
    }
    public function __call( $name, $args) {
        echo "<p>方法 ${name}(";
        print_r( $args);
        echo ")不存在</p>";
    }
    public static function __callstatic( $name, $args) {
        echo "<p>静态方法 ${name}(";
        print_r( $args);
        echo ")不存在</p>";;
    }
    public function toString() {
        return $this -> name;
    }
}
```

239

(2) 在项目中添加一个名为 example7_19. php 文件,并添加代码,如图 7.29 左侧所示。

(3) 打开浏览器,访问 example7_19. php 页面,运行效果如图 7.29 左侧所示。

第 7 章

面向对象程序设计

240

```php
1 <?php include './class/user.php' ?>
2 <!DOCTYPE html>
3 <html>
4     <head>
5         <meta charset="UTF-8">
6         <title>例7.19 __isset()等魔术方法的使用</title>
7     </head>
8 <body>
9     <h5>1.__toString()方法</h5>
10     <?php
11         $user = new User();
12         echo $user;
13     ?>
14     <h5>2.__isset()和__unset()方法</h5>
15     <?php
16         var_dump(isset($user->name));
17         var_dump(isset($user->age));
18         unset($user->name);
19         var_dump(isset($user->name));
20     ?>
21     <h5>3.__call()和callStatic()方法</h5>
22     <?php
23         $user->say(1, 2);
24         User::say(1, 2);
25     ?>
26 </body>
```

Internal Web Browser

st/example/chapter07/example7_19.php

1.__toString()方法

wuhan

2.__isset()和__unset()方法

__isset(name)方法被调用

bool(true)

__isset(age)方法被调用

bool(false)

__unset(name)方法被调用

__isset(name)方法被调用

bool(false)

3.__call()和callStatic()方法

方法say(Array ([0] => 1 [1] => 2))不存在

静态方法say(Array ([0] => 1 [1] => 2))不存在

图 7.29　__isset()等魔术方法的使用实例

5.__autoload()方法

在进行面向对象程序设计时，为便于阅读与维护，通常都会为每个类的定义单独建立一个PHP 源文件，在编程过程中再一个一个地将它们包含进来。这样处理不仅烦琐，而且容易出错。

PHP 提供了类的自动加载功能，来解决多个类的包含问题。在程序设计中，当试图使用一个 PHP 没有包含的类时，它会寻找一个__autoload()的全局函数；如果存在这个函数，PHP 就会用类名作为参数来调用它，从而完成类文件的自动导入。

【例 7.20】 类的自动加载。

(1) 启动 Zend Studio，选择 example 工作区中的 chapter07 项目，在该项目中添加一个名为 class 的文件夹，并在其中添加两个类定义文件 person. class. php 和 student. class. php。

(2) 在项目中添加一个名为 example7_20. php 文件，并添加代码，如图 7.30 左侧所示。

(3) 打开浏览器，访问 example7_20. php 页面，运行效果如图 7.30 右侧所示。

图 7.30　__autoload()方法的使用实例

7.6 综合实例

需求：用面向对象的程序设计方法重新开发第 6 章的 pro06 项目，并实现部分功能。

目的：初步掌握 PHP Web 应用项目的面向对象开发技术。

7.6.1 系统架构设计

与前文应用结构化开发方法类似，这里仍采用前端控制的系统架构。

（1）启动 Zend Studio，进入 exercise 项目工作区，创建一个名为 pro07 的 PHP Web 项目。

（2）创建如图 7.31 所示的文件组织结构，其中各文件夹作用如表 7.1 所示。

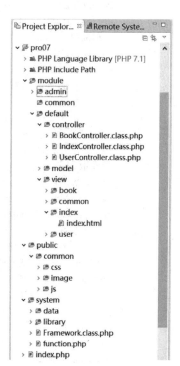

图 7.31 项目文件夹组织结构

表 7.1 项目文件夹及部分文件功能说明

文件夹名称	功　　能
module	用于存储项目的功能模块
module/admin	项目后台模块
module/default	项目前台模块
module/default/controller	项目前台控制器
module/default/model	项目前台模型
module/default/view	项目前台视图
public	项目公共文件
system	项目系统文件
system/data	项目数据及配置文件
system/library	自定义库文件
system/Framework.class.php	项目的系统框架文件
index.php	项目前端控制器入口文件

7.6.2 文件编辑及系统测试

（1）编辑项目的系统框架文件，代码如下。

```php
<?php

class Framework
{
    //系统启动
    public static function run() {
        self::init();
        self::registerAutoLoad();
        self::dispatch();
    }
```

```php
//系统初始化
private static function init() {
    //开启调试时,显示错误报告
    if (APP_DEBUG) {
        ini_set('display_errors', 1);
        error_reporting(E_ALL);
    }else{
        ini_set('display_errors', 0);
        error_reporting(0);
    }
    //定义项目常量
    define('DS', DIRECTORY_SEPARATOR);
    define('ROOT', getcwd().DS);
    define('MODULES_PATH', ROOT.'module'.DS);
    define('SYSTEM_PATH', ROOT.'system'.DS);
    define('LIBRARY_PATH', SYSTEM_PATH.'library'.DS);
    define('COMMON_PATH', MODULES_PATH.'common'.DS);
    define('PUBLIC_PATH', './public'.DS);
    define('PCOMMON_PATH', PUBLIC_PATH.'common'.DS);
    //加载自定义函数
    require SYSTEM_PATH.'function.php';
    //获取请求参数并定义相应常量
    list( $m, $c, $a) = self::getParams();
    define('MODULE', strtolower( $m));
    define('CONTROLLER', strtolower( $c));
    define('ACTION', strtolower( $a));
    define('MODULE_PATH', MODULES_PATH.MODULE.DS);
    define('CONTROLLER_PATH', MODULE_PATH.'controller'.DS);
    define('MODEL_PATH', MODULE_PATH.'model'.DS);
    define('VIEW_PATH', MODULE_PATH.'view'.DS);
    define('COMMON_VIEW', VIEW_PATH.'common'.DS);
    define('ACTION_VIEW', VIEW_PATH.CONTROLLER.DS.ACTION.'.html');
    //启动 session
    session_start();
}
//自动加载文件
private static function registerAutoLoad() {
    spl_autoload_register(function( $class_name){
        $class_name = ucwords( $class_name);
        if (strpos( $class_name, 'Controller')) {
            $target = CONTROLLER_PATH."$class_name.class.php";
            if (is_file( $target)) {
                require $target;
            }else{
                wmerror('您的访问参数有误!');
            }
        }elseif (strpos( $class_name, 'Model')){
            require MODEL_PATH."$class_name.class.php";
        }else{
            require LIBRARY_PATH."$class_name.class.php";
        }
    });
```

```
    }
    //分发用户请求
    private static function dispatch() {
        $c = CONTROLLER. 'Controller';
        $a = ACTION. 'Action';
        //创建控制器对象
        $Controller = new  $c();
        //调用控制器方法
        $Controller->$a();
    }
    //获取 URL 参数
    private static function getParams() {
        $m = wminput('m', 'get', 'string', 'default');
        $c = wminput('c', 'get', 'string', 'index');
        $a = wminput('a', 'get', 'string', 'index');
        return array( $m, $c, $a);
    }
}
```

（2）编辑项目的前端控制器入口文件 index.php，代码如下。

```php
<?php
//项目调试
define('APP_DEBUG', false);
//加载系统框架文件
require './system/Framework.class.php';
//启动系统
Framework::run();
```

（3）实现项目各功能模块，这里以项目前台模块为例，其他模块的实现请参考教材源码。

① 编辑前台首页控制器文件，代码如下。

```php
<?php
class IndexController extends Controller
{
    public function indexAction() {
        //最新动态版块
        $model = new FocusModel();
        $data = $model->getData();

        $title = '首页';
        require ACTION_VIEW;
    }
}
```

② 编辑前台首页模型文件，代码如下。

```php
<?php
class FocusModel extends Model
{
    //初始化模型
    public function __construct(){
        parent::__construct();
        $this->data = $this->data['focus'];
```

```
    }
    //获取全部数据
    public function getData() {
        return $this -> data;
    }
    //根据条件获取数据
    public function getDataById( $id) {
        $data = array();
        foreach ( $this -> data as $key => $v){
            if ( $key == 'focus' && $v['id'] == $id) {
                $data = $v;
                break;
            }
        }
        return $data;
    }
}
```

③ 编辑项目前台首页视图文件。

视图文件与第 6 章中项目 pro06 相似,请参考教材源码。

(4) 项目运行测试。图 7.32 所示是项目【主编教材】功能模块主页运行效果,其他页面效果可运行教材源码展示。

图 7.32 项目【主编教材】功能模块主页

由于篇幅的限制,上述文件中的一些代码没有全部展示,比如控制器的基类 Controller、模型类的基类 Model 等,这些代码将留在下一章的综合实例中继续讲解。

习 题

一、填空题

1. 计算机程序设计方法有( )和( )两种方式。

2. 面向对象的主要特征可以概括为( )、( )和( )。

3. 在面向对象中,( )是对某一类事物的抽象描述,( )用于表示现实中该类事物的个体。

4. 在类的定义格式中,关键字( )表示类的定义,关键字( )表示类的继承,关键字( )表示该类为抽象类。

5. 类成员的访问权限用关键字( )、( )和( )来设置。

6. 创建类的对象使用关键字( ),对象属于( )类型。

7. 在 PHP 中,使用( )运算符来实现对对象成员变量的访问和对成员方法的调用。

8. PHP 类的构造函数名为( ),它通常被声明为( )函数,没有返回值。

9. 类的( )是指在一个现有类的基础上构建一个新的类,构建出来的新类称为( ),现有的类称为( )。

10. 面向对象的( )是指同一操作用于不同的对象时会产生不同的执行结果。

二、选择题

1. 用关键字( )修饰的类不能被实例化,用关键字( )修饰的类不能被继承。
   A. class   B. abstract   C. final   D. public

2. 派生类不能继承基类中的( )属性成员。
   A. public   B. private   C. protected   D. final

3. 对于类中的常量或静态成员,使用范围解析操作符( )来访问。
   A. ->   B. ·   C. ::   D. []

4. 对象的初始化是由( )来完成的,该函数由系统自动调用。
   A. 构造函数   B. 析构函数   C. 公有成员函数   D. 静态成员函数

5. PHP 只能实现( )继承,其( )继承功能是由( )来实现的。
   A. 单   B. 多   C. 接口   D. 重载

6. 若要在类的成员方法中使用自身类的其他非静态成员,需要使用关键字( )。
   A. for   B. self   C. this   D. use

7. 若要在子类中使用被覆盖的父类方法,需要使用( )来实现。
   A. class::   B. self::   C. parent::   D. $this->

8. 在 PHP 中,接口的定义使用( )关键字;类实现接口使用( )关键字。
   A. class   B. interface   C. extents   D. implements

9. PHP 中的魔术方法是以( )开头的方法,它们由系统自动调用。
   A. 单下画线"_"   B. 双下画线"__"   C. $ D. ::

10. 若 MyClass 为一个类,执行代码 $obj-> new MyClass();echo $obj;时,系统会自动调用 MyClass 类的( )魔术方法。
   A. __call()   B. __get()   C. __toString()   D. __autoload()

三、程序阅读题

1. 写出下列程序的执行结果。

```php
<?php
class User {
    private $name = null;
    private $password = null;
    public function __construct( $user = NULL) {
        if (isset( $user) && is_array( $user)) {
```

```
            $this -> name = $user['name'];
            $this -> password = $user['password'];
        }
    }
    public function __destruct() {
        echo '用户'. $this -> name.'对象被删除!';
    }
}
$user = array('name' =>'李木子','password' =>'123456');
$obj1 = new User();
$obj2 = new User( $user);
?>
```

2. 写出下面程序中类 Admin 的成员变量与成员方法以及程序的运行结果。

```
class User {
    private $name = null;
    public function __construct( $name = NULL) {
        if (!empty( $name)) {
            $this -> setName( $name);
        }
    }
    public function getName()
    {
        return $this -> name;
    }
    public function setName( $name)
    {
        $this -> name = $name;
    }
}
class Admin extends User{
    private $id = null;
    public function __construct( $name = NULL, $id = NULL) {
        parent::__construct( $name);
        if (!empty( $id)) {
            $this -> setId( $id);
        }
    }
    public function getId()
    {
        return $this -> id;
    }
    public function setId( $id)
    {
        $this -> id = $id;
    }
}
```

```php
$admin = new Admin('李木子','A001');
echo $admin->getName().'/'.$admin->getId();
```

3. 下面的程序能否正常运行？若能够，输出结果是什么？若不能，请说明原因。

```php
abstract class User{
    protected $attrs = array('name' =>'李木子','id' =>'A002');
    abstract function printInfo();
}
class Admin extends User {
    public function printInfo() {}
}
$admin = new Admin();
$admin->printInfo();
```

4. 下面程序中的 admin 对象调用的是哪个 printInfo 方法？写出程序输出结果。

```php
class User{
    protected $attrs = array('name' =>'李木子','id' =>'A002');
    public function printInfo(){}
}
class Admin extends User {
    public function printInfo() {
        foreach ( $this->attrs as $key =>$attr) {
            echo $key.' / '.$attr.'<br />';
        };
    }
}
$admin = new Admin();
$admin->printInfo();
?>
```

5. 下面的程序实现了本大题题 4 中程序的相同功能，请写出该程序的运行结果，并比较这两段代码的不同之处，说明进行这些修改的作用。

```php
interface User{
    const attrs = array('name' =>'李木子','id' =>'A002');
    public function printInfo();
}
class Admin implements User{
    public function printInfo() {
        foreach (self::attrs as $key =>$attr) {
            echo $key.' / '.$attr.'<br />';
        };
    }
}
$admin = new Admin();
$admin->printInfo();
```

四、操作题

1. 用类描述计算机中 CPU 的速度和硬盘的容量。要求 CPU 类的 getSpeed()方法返回速度 speed 的值，setSpeed(int $m)方法将参数 m 的值赋给 speed；HardDisk 类的

面向对象程序设计

getAmount()方法返回容量 amount 的值,setAmount(int $m)方法将参数 m 的值赋给 amount。

2. 使用本大题题 1 中的 CPU 与 HardDisk 对象,用类 PC 来描述计算机。要求:PC 类的 getCPU()方法返回计算机的 CPU 对象,setCPU(CPU $m)方法将 CPU 对象 m 赋给 cpu; PC 类的 getHardDisk ()方法返回计算机的 HardDisk 对象,setHardDisk(HardDisk $m)方法 将 HardDisk 对象 m 赋给 harddisk。

3. 定义一个计算机硬件类 Hardware,用数组 attrs 表示其性能参数集;接着通过继承的 方式定义一个 CPU 类,要求 CPU 对象的性能参数由其构造方法初始化。假设某计算机 CPU 的参数为 array('speed'=>'2200', 'type'=>'i7'),请编程对 CPU 类进行测试。

4. 使用接口完成本大题题 1 的功能。

5. 通过实现本大题题 4 中的接口,完成本大题题 1 和题 2 的功能。

第8章　MySQL 数据库

Web 应用是基于动态网页技术的,也就是基于数据库的信息管理系统。可以说,没有数据库也就没有了 Web 应用。因此,作为一名 Web 应用系统的开发人员,需要先掌握一门数据库管理技术,然后才可能去进行较为复杂的 Web 应用软件开发。

鉴于数据库在 Web 应用中的重要性,本章抛开 PHP,单独对 MySQL 进行介绍,帮助读者尽快地熟悉 MySQL 数据库的基本操作,并初步具备简单数据库设计与开发的能力,也为后续学习在 PHP 中对 MySQL 进行操作打好基础。

8.1　MySQL 基础

MySQL 数据库是一个小型的关系型数据库管理系统,它不是将所有的数据放在一个大型数据仓库内,而是将数据保存于不同的数据表中,大大增加了数据管理的灵活性,提高了数据访问的速度。另外,MySQL 采用通用的 SQL 结构化查询语言,并采用了 GPL 通用公共许可,且开源免费。

8.1.1　MySQL 服务器与客户机

MySQL 是一个数据库管理系统,能够为用户提供数据的存储、查询、添加以及修改等管理服务。由于 MySQL 能为用户提供服务,所以也称为数据库服务器。

1. MySQL 客户端

服务器一般都是针对客户端而言的,如果计算机上安装的是 MySQL 服务器,它的客户端又在哪里呢? 其实,每个 Windows 系统的命令提示符窗口都是 MySQL 客户端,如图 8.1 所示。

图 8.1　MySQL 客户端

图 8.1 中使用的命令关键字是 mysql,因此它启动的是 MySQL 的 MySQL 客户端。MySQL 客户端启动时,都会触发 mysql.exe 程序运行,该程序位于 MySQL 安装目录下的 bin 文件夹中,继而生成 mysql.exe 进程。也就是说,任务管理器中的每个 mysql.exe 进程都对应着一个 MySQL 客户端。例如图 8.2 中存在两个 mysql.exe 进程,说明启动了两个 MySQL 客户端。

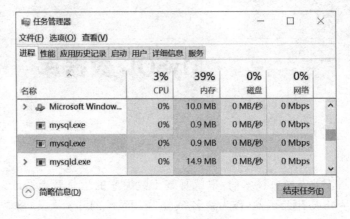

图 8.2　MySQL 客户端进程

除 MySQL 客户端之外，MySQL 还绑定了许多其他客户端程序，比如 mysqladmin、mysqldump、mysqlshow、mysqlimport、myisamchk 以及 mysqlcheck 等，这些实用工具都为完成与服务器管理有关的多项任务提供了接口。

MySQL 的客户端程序均位于 MySQL 安装目录下的 bin 文件夹中，如图 8.3 所示。

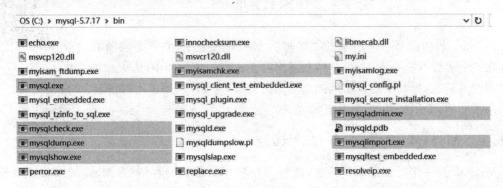

图 8.3　MySQL 的客户端程序

MySQL 客户端可以是图 8.3 所示中的任何一个，也可以是集成软件，比如 XAMPP 等自带的 MySQL 命令行窗口，如图 8.4 所示；当然也可以是第 3 方数据管理软件。

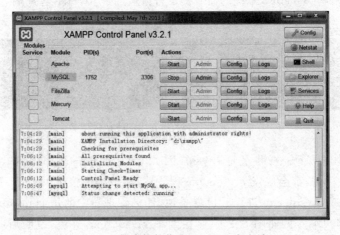

图 8.4　集成软件作为 MySQL 客户端

2. 启动服务器

数据库是数据库表的容器,而数据库服务则是由数据"引擎"提供的,只有启动了"引擎",MySQL 服务器才能提供服务,用户才可以操作数据库。

启动 MySQL 服务器的方法有两种,一种是通过 Windows 的系统管理工具,另一种是通过 MySQL 客户机。第 1 种方法已经在第 1 章中进行了介绍,下面使用第 2 种方法来对 MySQL 服务器进行操作。

(1) 以管理员身份打开 Windows 命令提示符窗口,也就是 DOS 窗口。

(2) 在 DOS 窗口的命令提示符下输入命令:

```
net start mysql
```

如图 8.5 所示,图中提示,作者计算机上的 MySQL 服务器已经启动,正在运行中。

MySQL 服务器启动以后,会在系统进程中显示相关信息,例如图 8.2 所示的进程列表中,有个 mysqld.exe 进程,这就是 MySQL 服务器。

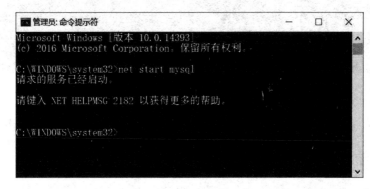

图 8.5 启动 MySQL 服务

3. 连接服务器

服务器启动以后,就可以将客户机与之进行连接了。MySQL 服务器的连接可以通过 mysql 命令实现,命令格式:

```
mysql - h hostname - u username - p - D databasename
```

(1) mysql 关键字表示连接命令。

(2)-h 关键字表示 MySQL 服务器所在的地址,也可以说是服务器主机名称。后面的 hostname 是参数的值,关键字与值之间的空格可以忽略。

(3)-u 表示 MySQL 服务器的用户名称。与服务器进行交互的客户端必须注册,并获取一定的操作权限。

(4)-p 关键字表示用户密码。该项可以先不输入,若此时输入,密码将以明文的形式显示。

(5)-D 关键字表示目标数据库名称。该项为可选项,若包含此项,则进入客户端后就不必再执行 USE 命令了。

例如,连接笔者计算机上的 MySQL 服务器,可以使用命令:

```
mysql - h localhost - u root - p - D test_students
```

或者:

251

第 8 章

```
mysql － h 127.0.0.1 － u root － p － D test_students
```

或者：

```
mysql － u root － p
```

连接成功后的效果如图 8.6 所示。

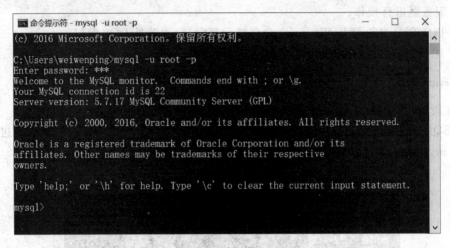

图 8.6　成功连接 MySQL 服务器

如果客户端采用的是第三方软件，则可根据所使用软件的使用说明进行相关操作。例如图 8.7 所示，显示了笔者使用数据库编辑工具 SQLyog 连接 MySQL 服务器的界面。

图 8.7　通过第三方软件连接 MySQL 服务器

4. 断开服务器

客户端连接到 MySQL 服务器之后，就可以在客户机上访问服务器，并对服务器上的数据库进行操作了。对于 DOS 窗口客户端来说，在 MySQL 命令提示符下输入 exit 或 quit，即可断开与 MySQL 服务器的连接，如图 8.8 所示。

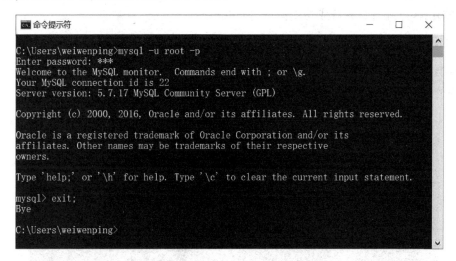

图 8.8　断开与 MySQL 服务器的连接

注意，exit 命令后面的英文分号（;）代表一条 MySQL 命令和 SQL 查询语句的结束。默认情况下，MySQL 命令和 SQL 语句的关键字对大小写不敏感。

5. 关闭服务器

要关闭 MySQL 服务器，就是停止该服务器的服务，可以在 DOS 窗口（以管理员身份打开）中输入命令：

```
net stop mysql
```

结果如图 8.9 所示。

图 8.9　关闭 MySQL 服务器

还可以使用命令：

```
mysqladmin - u root shutdown - p
```

启动 MySQL 的 mysqladmin 客户端来关闭服务器。

8.1.2　MySQL 字符集

MySQL 是由欧洲人开发的软件产品，默认情况下使用的是 latin1 字符集，也就是西欧的 ISO_8859_1 字符集。由于该字符集是单字节编码，而汉字是双字节编码，因此可能导致 MySQL 数据库不支持中文字符串查询，或者发生中文字符串乱码等问题。为了避免此类问题的发生，在数据库设计过程中一定要注意字符集的设置等问题。

1. 查询支持字符集

MySQL 客户端与服务器成功连接后,使用命令:

```
show character set;
```

即可查看当前 MySQL 服务器支持的字符集、字符集默认的字符序(default collation)以及字符集占用的最大字节长度等信息,如图 8.10 所示。

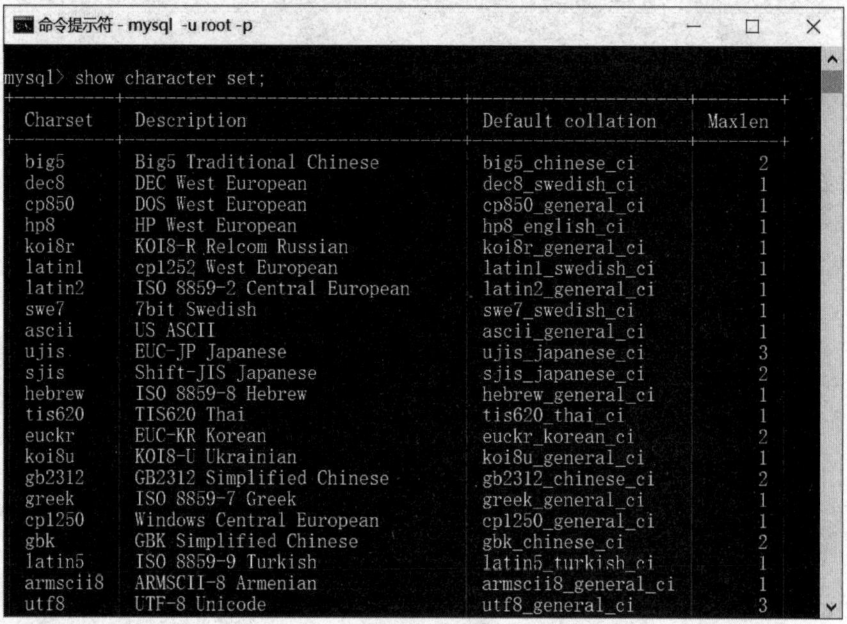

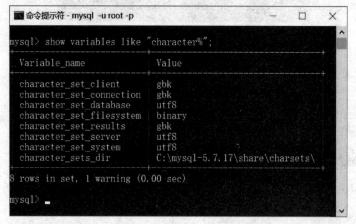

图 8.10　查询 MySQL 支持的字符集

2. 查看当前字符集

使用 MySQL 命令:

```
show variables like "character%";
```

可以查看当前 MySQL 使用的字符集,如图 8.11 所示。

图 8.11　查看 MySQL 当前使用的字符集

（1）character_set_client：MySQL 客户端的字符集。

（2）character_set_connection：MySQL 客户端与服务器之间数据通信链路的字符集，当客户端向服务器发送请求时，请求数据以该字符集进行编码。

（3）character_set_database：MySQL 数据库字符集。

（4）character_set_filesystem：MySQL 服务器文件系统的字符集，默认为 binary，不可更改。

（5）character_set_results：结果集的字符集。MySQL 服务器向客户端返回执行结果时，执行结果以该字符集进行编码。

（6）character_set_server：MySQL 服务启动后，生成 MySQL 进程，这是进程字符集。这里的 utf8 是在 MySQL 配置文件中设置的，MySQL 默认的字符集为 latin1，不支持中文字符。

（7）character_set_system：MySQL 元数据（字段名、表名、数据库名等）的字符集。

（8）character_set_dir：MySQL 字符集文件的保存路径。

3. 设置字符集

MySQL 字符集的设置分为临时设置与永久设置。临时设置是通过 MySQL 命令指定的，它仅对当前的会话有效，或者说仅对当前的连接有效；永久设置是在 MySQL 的配置文件 *.ini 中通过设置属性值来实现的。

命令设置格式：

set 字符集名称 = 字符集;

例如：

set character_set_database = gbk;

如果使用命令：

set names 字符集;

可以临时一次性设置 character_set_client、character_set_connection 以及 character_set_results 的字符集。

8.1.3 MySQL 数据类型

数据类型关系着数据存储所占用的空间的大小以及检索数据所花费的时间长短，会影响数据库的使用性能。

MySQL 使用多种不同的数据类型，这些数据类型可分为 3 类，即数字类型、日期和时间类型以及字符串类型。

1. 数字数据类型

MySQL 使用所有标准的 ANSI SQL 数字数据类型，如表 8.1 所示。

表 8.1 常用 MySQL 数字数据类型

数 据 类 型	说　　　明
INT	一个常规大小的整数，可以是有符号的或者无符号的。如果是有符号的，允许范围从 −2147483648 到 2147483647。如果是无符号的，允许范围从 0 到 4294967295。可以指定最大 11 位的宽度

数 据 类 型	说　　明
TINYINT	一个小的整数,可以是有符号的或者无符号的。如果是有符号的,允许范围为-128 ~127。如果是无符号的,允许范围为0~255。可以指定最大4位的宽度
BOOLEAN	或 BOOL,只是 TINYINT 的别名,用于赋0或1
SMALLINT	一个小的整数,可以是有符号的或者无符号的。如果是有符号的,允许范围为-32768~ 32767。如果是无符号的,允许范围为0~65535。可以指定最大5位的宽度
MEDIUMINT	一个中等大小的整数,可以是有符号的或者无符号的。如果是有符号的,允许范围为 -8388608~8388607。如果是无符号的,允许范围为0~16777215。可以指定最大 9位的宽度
BIGINT	一个较大的整数,可以是有符号的或者无符号的。如果是有符号的,允许范围为 -9223372036854775808~9223372036854775807。如果是无符号的,允许范围为 0~18446744073709551615。可以指定最大11位的宽度
FLOAT(M,D)	一个浮点数,不能是无符号的。可以定义显示长度(M)和小数位长度(D),但这不是 必需的。默认值为10,2,其中2是小数位数,10是总位数(包括小数位)。一个 FLOAT 的小数位精度可以达到24位
DOUBLE(M,D)	双精度浮点数,不能是无符号的。可以定义显示长度(M)和小数位长度(D),但这不 是必需的。默认值为16,4,其中4是小数位数。一个 DOUBLE 的小数位精度可以 达到53位。REAL 是 DOUBLE 的同义词
DECIMAL(M,D)	存储为字符串的浮点数,不能是无符号的。每个小数对应一字节,必须定义显示长度 (M)和小数位长度(D)。NUMERIC 是 DECIMAL 的同义词

在所有 MySQL 数字数据类型中,最经常使用的是 INT。如果定义自己的字段比实际所 需的小,可能会遇到问题。例如,把一个 ID 字段定义为无符号的 TINYINT,如果 ID 是一个 主键(并且是必需的字段),将不能成功地插入第256条记录。

2. 日期和时间数据类型

MySQL 有几种数据类型可以用来存储日期和时间,这些数据类型在输入方面很灵活。 换句话说,就是可以输入那些并不是真正的日子的日期,例如2月30日。另外,还可以存储带 有遗失信息的日期。例如,知道某人出生于1980年11月的某天,可以使用1980-11-00,00就 表示出生的日期。

MySQL 的日期和时间类型的灵活性也意味着日期检查的职责落到了应用程序开发者的 肩上。MySQL 只检查两个元素的有效性,即月份是否在0~12以及日期在0~31。MySQL 不会自动验证2月30日是否是有效的日期。因此,应用程序内所要进行的任何日期验证,都 应该在 PHP 代码中进行,而且在试图用假的日期向数据库表添加一条记录之前就进行验证。

MySQL 的日期和时间数据类型如表8.2所示。

表8.2　MySQL 日期与时间数据类型

数 据 类 型	说　　明
DATE	YYYY-MM-DD 格式的一个日期,在1000-01-01~9999-12-31。例如,2017年12月30 日,将存储为2017-12-30
DATETIME	YYYY-MM-DD HH:MM:SS 格式的一个日期和时间组合,在1000-01-01 00:00:00~ 9999-12-31 23:59:59。例如,2017年12月30日下午3:30将存储为2017-12-30 15: 30:00

数 据 类 型	说　明
TIMESTAMP	1970 年 1 月 1 日午夜和 2037 年某个时间之间的一个时间戳。可以为 TIMESTAMP 定义多个长度,这直接和其中存储的内容相关。TIMESTAMP 默认的长度是 14,其中存储了 YYYYMMDDHHMMSS
TIME	以 HH:MM:SS 格式存储时间
YEAR(M)	以两位或 4 位格式存储年份。如果长度指定为 2,YEAR 可以是 1970～2069(70 到 69)。如果长度指定为 4,YEAR 可以是 1901～2155。默认长度是 4

在 MySQL 数据库的使用过程中,常用的是 DATETIME 或 DATE 这两个日期和时间数据类型。

3. 字符串数据类型

在使用 MySQL 数据库的过程中,尽管数字和日期类型较常见,但所存储的大多数数据将还是字符串格式的。表 8.3 列出了 MySQL 中常用的字符串数据类型。

表 8.3　MySQL 字符串数据类型

数 据 类 型	说　明
CHAR(M)	一个定长的字符串,长度为 1～255 个字符,例如 CHAR(5)存储的时候,右边使用空白填充到指定的长度,定义时长度不是必需的,但默认为 1
VARCHAR(M)	一个变长的字符串,长度为 1～255 个字符,例如 VARCHAR(25)。在创建一个 VARCHAR 字段的时候,必须定义一个长度
BLOB 或 TEXT	最大长度为 65535 个字符的一个字段。BLOB 表示"Binary Large Objects"(二进制大对象),并且用来存储大容量的二进制数据,例如图像或者其他类型的文件。定义为 TEXT 的字段也存储大量的数据二者之间的不同在于对于存储的数据的排序和比较,在 BLOB 上是区分大小写的,而在 TEXT 字段上是不区分大小写的。不对 BLOB 或 TEXT 指定长度
TINYBLOB	或 TINYTEXT,最大长度为 255 个字符的一个 BLOB 或 TEXT。不对 TINYBLOB 或 TINYTEXT 指定长度
MEDIUMBLOB	或 MEDIUMTEXT,最大长度为 16777215 个字符的一个 BLOB 或 TEXT。不对 MEDIUMBLOB 或 MEDIUMTEXT 指定一个长度
LONGBLOB	或 LONGTEXT,最大长度为 4294967295 个字符的一个 BLOB 或 TEXT。不对 LONGBLOB 或 LONGTEXT 指定长度
ENUM	一个枚举类型,即指定项目的一个列表。当定义一个 ENUM 的时候,会创建一个项目的列表,值必须从这个列表中选定或者为 NULL。ENUM 使用一个索引来存储项目

4. 数据类型属性

MySQL 的数据类型与 PHP 的一些数据类型是相似的,进行对比可以加强理解。

在为 MySQL 中的数据表字段指定数据类型的时候,常常还需要为它设置某种属性,以表达该字段数据的特征。比如自动增长、非空、唯一等,这些就是 MySQL 中的数据属性。常用的数据属性如下所述。

1) AUTO_INCREMENT

AUTO_INCREMENT 属性去除了许多数据库驱动的应用程序中必要的一层逻辑,它能为新插入的行赋一个唯一的整数标识符。为列赋此属性将为每个新插入的行赋值为上一次插入的 ID+1。

MySQL 要求 AUTO_INCREMENT 属性用于作为主键的列。此外，每个表只允许有一个 AUTO_INCREMENT 列。

2）BINARY

BINARY 属性只用于 CHAR 和 VARCHAR 值。当列指定了此属性时，将以区分大小写的方式排序；与之相反，忽略 BINARY 属性时，将使用不区分大小写的方式排序。

3）DEFAULT

DEFAULT 属性确保在没有任何值可用的情况下赋予某个常量值。这个值必须是常量，因为 MySQL 不允许插入函数或表达式值。此外，此属性无法用于 BLOB 或 TEXT 列，如果已经为此列指定了 NULL 属性，且没有指定默认值，默认值将为 NULL。否则（具体的，如果指定了 NOT NULL 属性）默认值将依赖于字段的数据类型。

4）INDEX

如果所有其他因素都相同，要加速数据库查询，使用索引通常是最重要的一个手段。索引一个列，会为该列创建一个有序的键数组，每个键指向其相应的表行。以后可以针对输入条件搜索这个有序的键数组，与搜索整个未索引的表相比，性能方面具有极大的提升，因为 MySQL 已经支持有序数组。

5）NATIONAL

NATIONAL 属性只用于 CHAR 和 VARCHAR 数据类型。当指定该属性时，它确保该列使用默认字符集，MySQL 也默认要求使用默认字符集。简言之，提供该属性是为了保证数据库的兼容性。

6）NOT NULL

如果将一个列定义为 NOT NULL，将不允许向该列插入 NULL 值。建议在重要情况下始终使用 NOT NULL 属性，因为它提供了一个基本验证，确保已经向查询传递了所有必要的值。

7）NULL

简言之，NULL 属性意味着指定列可以不存在值。与 PHP 的 NULL 相似，NULL 精确的说法为"无"，而不是空字符串或 0。为列指定 NULL 属性时，该列可以保持为空，而不论行中其他列是否已经填充。列会默认指定 NULL 属性。

8）PRIMARY KEY

PRIMARY KEY 属性用于确保指定行的唯一性。指定为主键的列中，值不能重复，也不能为空。为指定为主键的列赋予 AUTO_INCREMENT 属性是很常见的，因为此列不必与行数据有任何关系，而只是作为一个唯一标识符。

9）UNIQUE

赋予 UNIQUE 属性的列将确保所有值都有不同的值，只有 NULL 值可以重复。一般会指定一个列为 UNIQUE，以确保该列的所有值都不同。

10）ZEROFILL

ZEROFILL 属性可用于任何数据类型，用 0 填充所有剩余字段空间。

8.1.4　MySQL 存储引擎

关系数据库中的数据是用表来存储的，数据表是数据库的重要对象。数据库中的表不同于 Excel 电子表格，它常常具有一些特殊的功能，比如银行系统中的数据表就必须支持事务，也就是要能实现业务的回滚操作。所以，数据库中的表是具有不同的类型的。

MySQL 支持多种类型的数据表,由于每种类型的数据表都有自己特定的作用、优点和缺点,MySQL 也相应地提供了不同的存储引擎,以便用最适合应用需求的方式来存储数据。与其他数据库管理系统不同,MySQL 提供了插件式的存储引擎。同一个数据库,不同的表,存储引擎可以不同,甚至同一个数据库表在不同的场合可以应用不同的存储引擎。

目前,MySQL 中可用的存储引擎共有 10 种,即 MyISAM、InnoDB、MEMORY、MERGE、FEDERATED、ARCHIVE、CSV、EXAMPLE 以及 BLACKHOLE。其中,MyISAM 和 InnoDB 最为常见。

通过命令:

```
Show engines;
```

可以查看当前版本的 MySQL 所支持的存储引擎,如图 8.12 所示。

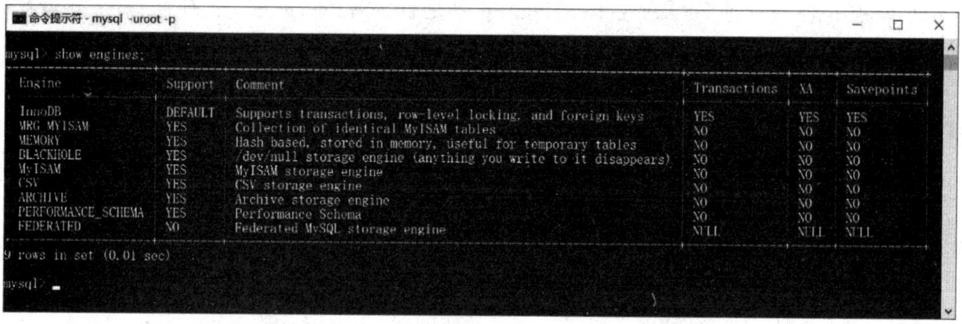

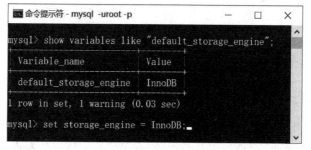

图 8.12　查看 MySQL 支持的存储引擎

从图 8.12 中可以看出,当前 MySQL 服务的默认存储引擎是 InnoDB。

1. InnoDB 存储引擎

与其他存储引擎相比,InnoDB 存储引擎是事务安全的,并且支持外键。如果数据表需要执行大量增、删、改操作,出于事务安全方面的考虑,InnoDB 存储引擎是最好的选择。

2. MyISAM 存储引擎

MyISAM 具有检查和修复表的大多数工具。MyISAM 表可以被压缩,而且最早支持全文索引,但 MyISAM 表不是事务安全的,也不支持外键。如果数据表需要执行大量查询操作,出于性能方面的考虑,MyISAM 存储引擎是最好的选择。

3. MySQL 默认存储引擎的设置

存储引擎针对的是数据表,数据表的存储引擎默认情况下沿用 MySQL 进程的存储引擎。通过 mysql 命令可以查看当前 MySQL 进程默认的存储引擎;也可以通过命令来临时修改 MySQL 进程的默认存储引擎,如图 8.13 所示。

图 8.13　查看当前 MySQL 进程默认的存储引擎

若要永久修改 MySQL 进程默认的存储引擎,需要修改 MySQL 的配置文件 *.ini 中的属性参数 default_storage_engine 的值。

8.2 数据库操作

视频讲解

对数据库的操作主要包括创建、选择、查看及删除等。

8.2.1 创建数据库

创建数据库的方法有两种,一种是在 MySQL 客户端中使用命令:

CREATE DATABASE 数据库名;

其中,数据库名不能与其他数据库名称相同;可以是任意字母、数字、下画线或 $ 字符组成,可以使用上述任意字符开头,但不能单独使用数字;最长为 64 个字符,如果是别名,则最多为 256 个字符;不能使用 MySQL 关键字。

另一种方法是通过 mysqladmin 客户端来创建,命令格式:

mysqladmin − u root − p create 数据库名

如图 8.14 所示,即创建了一个名为 test_students 的新数据库。

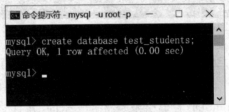

图 8.14 创建数据库

数据库创建成功后,MySQL 数据库管理系统会自动在 C:\mysql-5.7.17\data 目录中创建 test_students 目录及相关文件(如 db.opt),实现对该数据库的文件管理,如图 8.15 所示。注意,这里的 data 目录是在 MySQL 的配置文件 *.ini 里设置的用户数据库存放目录。

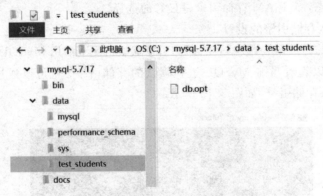

图 8.15 新数据库的相关目录及文件

创建数据库的操作虽然非常简单,但还是要注意用户权限的问题,因为在第 3 方提供的 MySQL 数据库管理系统上,用户权限是受限的,有可能没有创建数据库的操作权限。

8.2.2 查看数据库

成功创建数据库之后，就可以使用命令来查看 MySQL 服务器中的数据库信息了。这里有两种命令方式，一种格式为：

show databases;

效果如图 8.16 所示，可以看到上面创建的 test_students 数据库。

这种方式可以查看 MySQL 服务器上所有数据库名称，如果只查看某个特定的数据库，需要使用如下命令形式：

show create database test_students;

效果如图 8.17 所示。

从图 8.17 中可以看出，新创建的数据库 test_students 使用的默认字符集是 utf8，该字符集会影响后续数据表中数据的字符集类型。

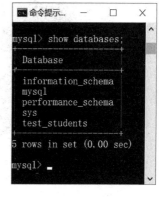

图 8.16　查看所有数据库

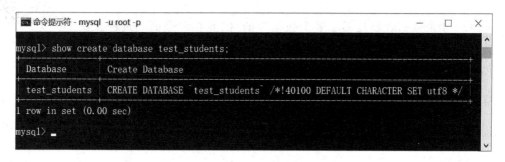

图 8.17　查看某个数据库

8.2.3 选择数据库

创建了数据库并不表示选定并能够使用它，要对数据库进行操作，比如给它添加数据表，还需要明确地选择数据库。为了向 MySQL 服务器指定当前要操作的数据库，可以使用 USE 命令，具体格式：

use　数据库名;

例如，选择名为 test_students 的数据库，设置其为当前默认的数据库，命令格式如图 8.18 所示。

8.2.4 删除数据库

删除数据库的方式与创建的方式相似，可以在 MySQL 客户端中使用 DROP 命令删除，命令格式：

drop database 数据库名;

另外，还可以在 mysqladmin 客户端中删除数据库，命令格式：

图 8.18　选择数据库

mysqladmin – u root – p drop 数据库名

以第 1 种方式删除数据库时没有提示,直接删除;以第 2 种方式删除时会有确认提示,如图 8.19 所示。

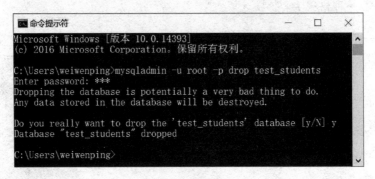

图 8.19　删除数据库

8.3　数据表操作

视频讲解

　　MySQL 中的数据表都是属于某个数据库的,因此在对数据表进行操作之前,应先使用 USE 语句选择数据库,然后才可以在数据库中对数据表进行相应的操作,如创建表、修改表结构、更改表名、删除数据表等。

8.3.1　创建数据表

　　使用 CREATE TABLE 命令可以创建数据表,语法格式:

CREATE [TEMPORARY] TABLE [IF NOT EXISTS] 数据表名称
[(create_definition, …)][table_options][select_statement]

其中,create_definition 子句定义数据表的列属性,其格式:

列名 数据类型 [NOT NULL | NULL][DEFAULT default_value]
　　　　　　[AUTO_INCREMENT][PRIMARY KEY][…]

可将上述格式简化为如下形式:

CREATE TABLE 数据表名称(
　　列名 1　数据类型[约束条件],
　　…
　　列名 n　数据类型[约束条件]
);

其中的"数据类型"是指 MySQL 支持的数据类型;"约束条件"就是指数据属性;"列名"是数据表各列的表头名字,也称为字段名。还可以更简单地理解为这样的格式:

CREATE TABLE 数据表名称(列名 1 属性,列名 2 属性, …);

1. 新建数据表

在 test_students 数据库中创建名为 students 的数据表,语句如下:

create table students(

```
    student_id int auto_increment primary key,
    student_no char(10) not null unique,
    student_name char(20) not null,
);
```

注意，数据表至少包含一列。该语句的执行效果如图8.20所示。

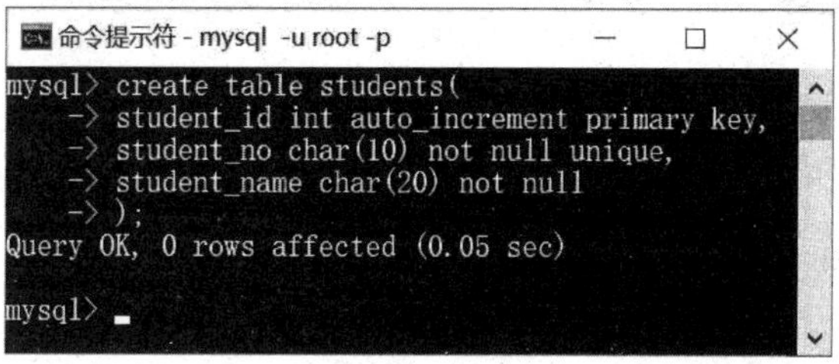

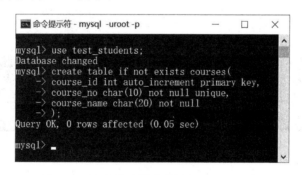

图8.20　创建数据表students示例

2. 有条件地创建表

在test_students数据库中创建名为courses的数据表，语句如下：

```
create table if not exists courses(
    course_id int auto_increment primary key,
    course_no char(10) not null unique,
    course_name char(20) not null,
);
```

默认情况下，如果创建一个已经存在的表，MySQL会产生错误。为此，在创建语句中增加if not exists条件子句，可以使在目标表已经存在的情况下退出数据表的创建。添加该条件子句会避免很多麻烦，开发人员应在实际开发中习惯使用。

该语句的执行效果如图8.21所示。

图8.21　有条件地创建数据表courses示例

3. 复制表

基于现有的表可以创建新表。例如基于上述students表创建一个名为teachers的新表，语句如下：

```
create table teachers select * from students;
```

该语句的执行效果如图8.22所示。

采用复制的方式创建新表，可以只选择现有表的某几个列，例如语句：

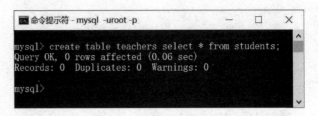

图 8.22　复制数据表示例

```
create table teachers2 select student_id,student_no from students;
```

只基于 students 表的 student_id 与 student_no 两列创建新表 teachers2,如图 8.23 所示。

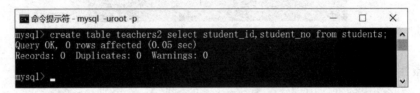

图 8.23　复制部分数据表示例

4. 创建临时表

有时所创建的表只需要临时使用,即表的生命周期与当前的会话周期一样,例如在应用运行过程中对某个特别大的表的一个子集完成多个查询,与其重复对整个表进行查询,不如为该子集创建一个临时表,然后针对这个临时表运行查询。

要创建临时表,可以使用 TEMPORARY 关键字来完成,例如语句:

```
create temporary table temp_students select student_id,student_name from students;
```

即针对 students 表的 student_id 和 student_name 两个字段创建了一个临时表 temp_students,如图 8.24 所示。

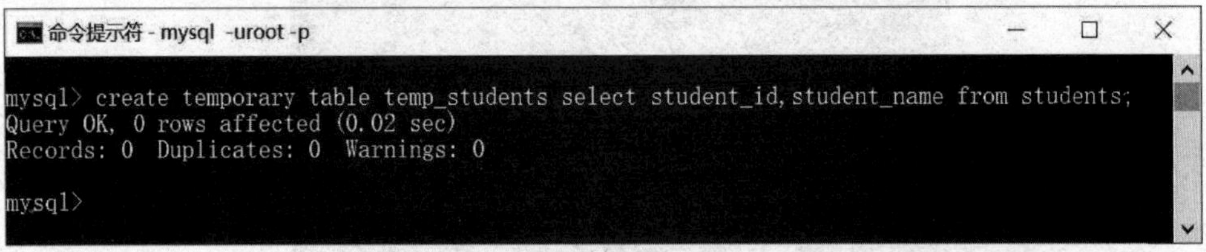

图 8.24　创建临时表示例

8.3.2　查看数据表

数据表创建完成后,或使用数据表之前,都要查看一下数据表的信息,包括可用的表以及表的结构等。

1. 查看数据库中可用的表

用 show tables 命令可以查看数据库中可用的表,如图 8.25 所示。

2. 查看表结构

用"DESCIBE 数据表;"格式语句可以查看数据库中

图 8.25　查看数据库中可用表示例

数据表的表结构，如图 8.26 所示。

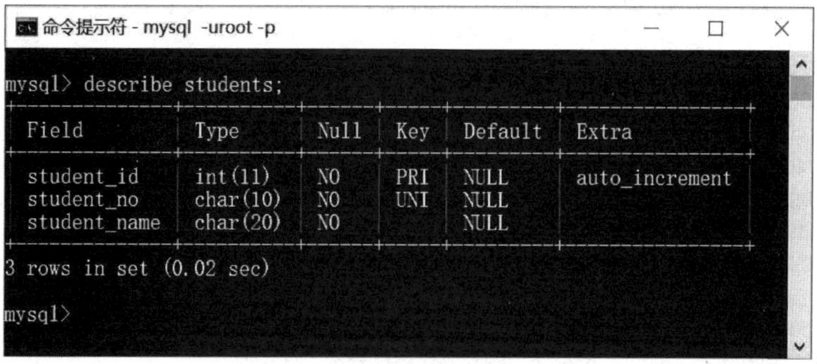


```
mysql> describe students;
+--------------+----------+------+-----+---------+----------------+
| Field        | Type     | Null | Key | Default | Extra          |
+--------------+----------+------+-----+---------+----------------+
| student_id   | int(11)  | NO   | PRI | NULL    | auto_increment |
| student_no   | char(10) | NO   | UNI | NULL    |                |
| student_name | char(20) | NO   |     | NULL    |                |
+--------------+----------+------+-----+---------+----------------+
3 rows in set (0.02 sec)

mysql>
```

图 8.26　查看数据库中数据表的表结构示例

注意，使用上述语句无法查看数据库表的存储引擎、字符集、自增字段起始值等信息，要实现这些功能，可以在命令窗口中使用命令：

```
Show create table 数据表名;
```

可以查看创建数据表时的创建语句，从而查看表的结构，包括存储引擎、字符集、自增字段起始值等信息，如图 8.27 所示。

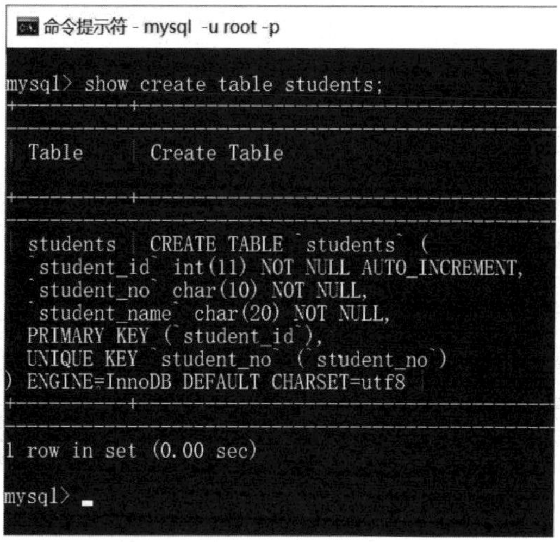


```
mysql> show create table students;
+----------+
| Table    | Create Table
+----------+
| students | CREATE TABLE `students` (
  `student_id` int(11) NOT NULL AUTO_INCREMENT,
  `student_no` char(10) NOT NULL,
  `student_name` char(20) NOT NULL,
  PRIMARY KEY (`student_id`),
  UNIQUE KEY `student_no` (`student_no`)
) ENGINE=InnoDB DEFAULT CHARSET=utf8 |
+----------+
1 row in set (0.00 sec)

mysql>
```

图 8.27　查看数数据表信息示例

从图 8.27 中可以看出，students 数据表的存储引擎为 InnoDB，字符集为 utf8，自增字段起始值为 default。由于该数据表里还没有数据，所以自增字段的值还没有启动。

8.3.3　修改数据表结构

修改数据表结构包括增加、删除字段、修改字段名称或者字段类型、设置取消主键外键、设置取消索引以及修改表的注释等。使用 ALTER TABLE 语句可以修改数据表结构，语句语法格式：

```
ALTER  [IGNORE]  TABLE  数据表名  alter_spec[,alter_spec] …
```

当指定 IGNORE 时,如果出现重复的行,则只执行一行,其他重复的行被删除。

其中,alter_spec 子句可以定义要修改的内容,其语法格式如下:

```
alter_specification:
    ADD [COLUMN] column_definition [FIRST | AFTER col_name ]
    | ADD [COLUMN] (column_definition, … )
    | ADD INDEX [index_name] [index_type] (index_col_name, … )
    | ADD [CONSTRAINT [symbol]]
        PRIMARY KEY [index_type] (index_col_name, … )
    | ADD [CONSTRAINT [symbol]]
    UNIQUE [index_name] [index_type] (index_col_name, … )
    | ALTER [COLUMN] col_name {SET DEFAULT literal | DROP DEFAULT}
    | CHANGE [COLUMN] old_col_name column_definition
        [FIRST | AFTER col_name]
    | MODIFY [COLUMN) column_definition [FIRST | AFTER col_name]
    | DROP [COLUMN] col_name
    | DROP PRIMARY KEY
    | DROP INDEX index_name
    | RENAME [TO] new_table_name
```

上述格式比较复杂,涉及的关键字及参数也比较多,本书不做深究,格式中的关键字及参数的含义可以参考相关的技术资料进行理解,这里不再赘述。

ALTER TABLE 语句允许指定多个动作,其动作之间可以使用逗号进行分隔,每个动作表示对表进行一次操作。

在上述实例中,通过复制的方式创建了数据表 teachers,其结构如图 8.28 所示。

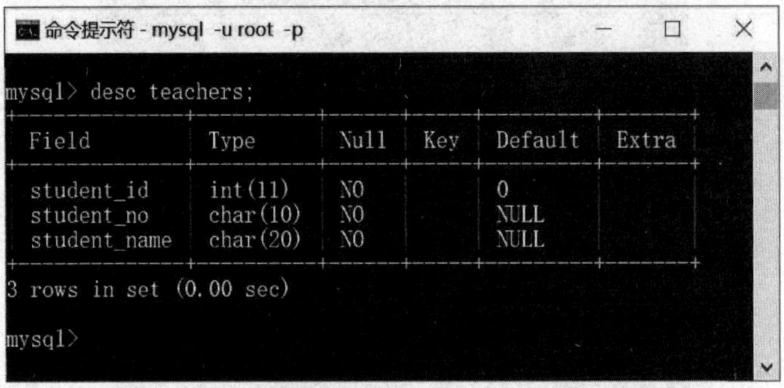

图 8.28　查看数数据表 teachers 结构示例

比较图 8.28 与图 8.26 中两个表的结构可以发现,采用复制的方式创建的新数据表,两个表的信息并不完全相同,有些数据属性,比如主键、自动增长等,并没有被复制到新的数据表中;另外,字段名也需要修改。

使用 ALTER 命令可以调整 teachers 表中的相关信息,如图 8.29 所示。

这里更改了 teachers 表的字段名,设置了主键,并添加了一个名为 email 的字段。从修改前后显示的表结构来看,操作是成功的。

8.3.4　重命名数据表

使用 RENAME TABLE 语句可以重命名数据表,具体语法:

```
RENAME TABLE  数据表原名  TO  数据表新名;
```

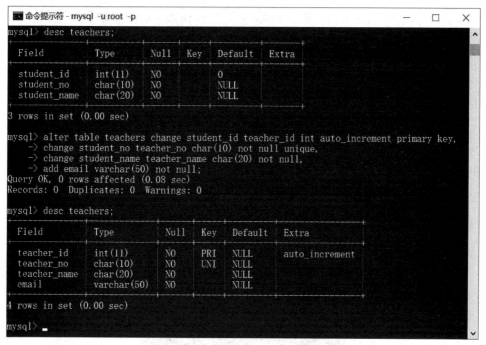

图 8.29 数据表结构的修改操作示例

该语句可以同时为多个数据表重命名，多表之间使用逗号进行分隔，如图 8.30 所示。

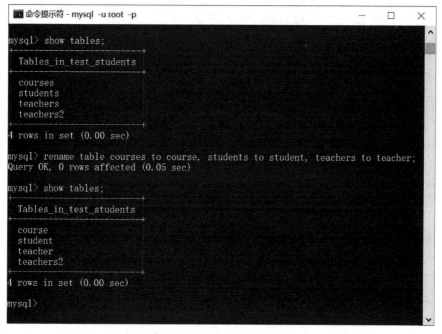

图 8.30 重命名数据表示例

8.3.5 删除数据表

删除数据表与删除数据库操作类似，使用 DROP TABLE 语句即可实现，语法：

```
DROP TABLE    数据表名；
```

例如,要删除图 8.30 所示的数据表 teachers2,则操作效果如图 8.31 所示。

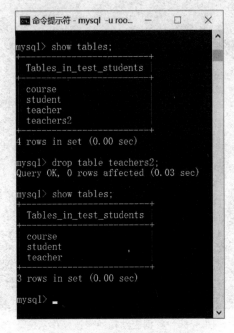

图 8.31　删除数据表示例

在删除数据表时,如果指定的表不存在,MySQL 将会产生一个错误。为了防止出现错误,可以在删除语句中加入 IF EXISTS 关键字,格式:

```
DROP TABLE IF EXISTS 数据表名;
```

注意,数据表的删除操作不能撤销,一旦删除数据表,表中的数据将被全部清除,应慎重使用该命令。

8.4　表数据操作

视频讲解

对数据库中的表数据(或称表记录)的操作包括插入、查询、更新、删除等,这些操作都可以在 MySQL 命令行中使用 SQL 语句来完成。

8.4.1　插入记录

建立一个空的数据库和数据表之后,可以向数据表中插入数据,具体语法格式:

```
INSERT INTO 数据表名 [(列名, …)] VALUES (value, …);
```

在 MySQL 中,可以一次同时插入多条记录,各行记录的值在 VALUES 关键字之后以逗号进行分隔。例如,要在图 8.31 所示的数据表 students 中插入两条记录,则操作效果如图 8.32 所示。

若要向表中的所有列添加数据,insert 语句中的字段列表可以省略,格式:

```
insert into students values (null, "20170003", "李木");
```

该语句的执行结果如图 8.33 所示。

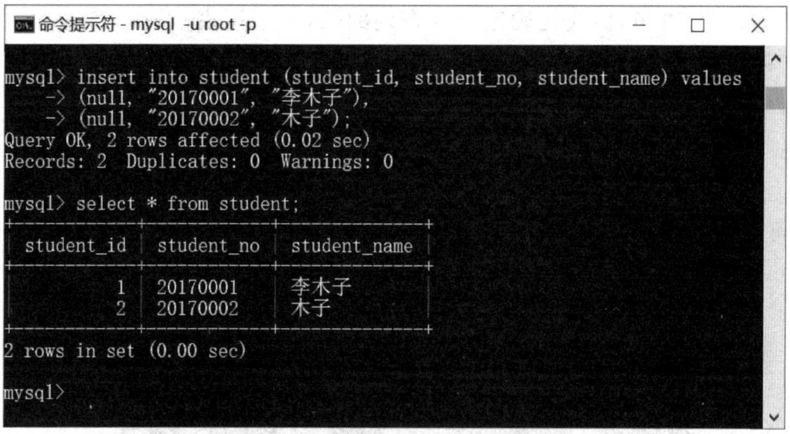

图 8.32　向数据表中添加数据示例

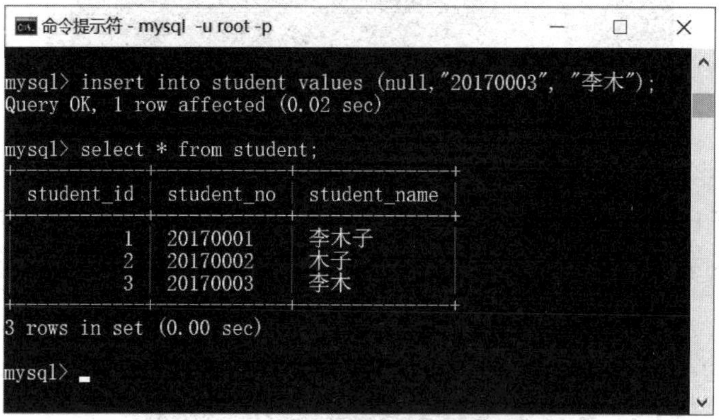

图 8.33　向数据表中添加数据的操作示例

Insert 语句执行后的返回结果是语句影响的行数。如图 8.32 所示命令"2 rows affected"中的 2 以及图 8.33 所示命令的"1 rows affected"中的 1。

8.4.2　查询记录

查询记录就是查看数据表中的数据,可以使用 SELECT 语句实现,如图 8.32 和图 8.33 所示。SELECT 语句是 SQL(结构化查询语言)最强大的命令,它的使用形式复杂、应用灵活广泛,是开发人员必须掌握的重点内容。

SELECT 语句基本格式:

```
SELECT
  select_express, …
    [FROM table_references]
    [WHERE where_definition]
    [GROUP BY{col_name | expr | position}
    [ASC | DESC], … [WITH ROLLUP]]
  [HAVING where_definition]
  [ORDER BY {col_name | expr | position}
    [ASC | DESC], … ]
  [LIMIT {[offset, ] row_count | row_count OFFSET offset}]
```

关键字及参数含义可参考其他技术资料,这里不做赘述。

在使用 SELECT 语句时,应先确定所要查询的列, * 字符表示所有列,多列之间通过逗号进行分隔。如果针对多个数据表进行查询,则须在指定的字段前面添加表名,通过点号进行连接,这样就可以防止表之间字段重名而造成的错误。

鉴于 SELECT 语句在 Web 应用开发中的重要性,这里通过实例简单介绍它的常用子句的使用方法。

1. 选择特定的字段

查询 students 表中的学生学号及姓名,如图 8.34 所示。

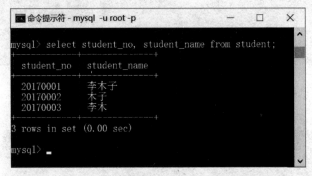

图 8.34 查询部分字段数据示例

2. 使用 AS 子句为字段设置别名

查询 students 表中的学生学号及姓名,为字段设置别名,如图 8.35 所示。

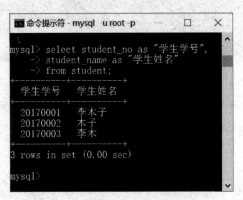

图 8.35 查询并设置部分字段数据示例

3. 使用表达式列

查询 students 表中的学生总人数,如图 8.36 所示。

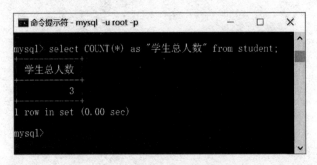

图 8.36 查询表中记录条数示例

4. 按条件检索

查询 students 表中学号为 20170002 的学生信息，如图 8.37 所示。

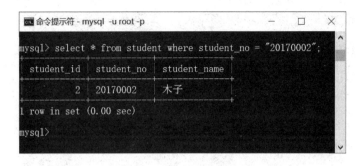

图 8.37　条件查询示例

5. 按空值检索

首先，在 students 表中增加一个 student_tel 字段，存放学生的联系方式，并添加几条测试数据；然后检索没有留下联系方式的学生信息，如图 8.38 所示。

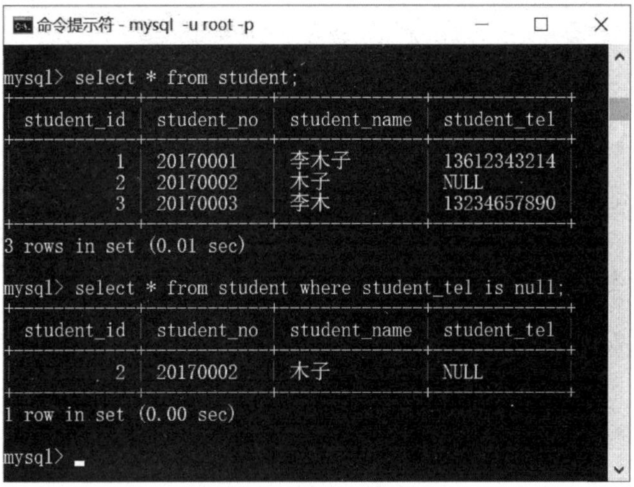

图 8.38　按空值检索示例

6. 按范围检索

首先对 scores 表结构进行调整，并添加几条测试数据；然后检索成绩在 90～100 范围内的学生信息，如图 8.39 所示。

上述 scores 表中的字段 student_id 与 course_id 分别来自于 students 和 courses 数据表，需要添加外键约束。

这里的示例中，范围约束使用的是 BETWEEN AND，还可使用 IN 来检索某一类或几类数据。例如检索课程号为 1 和 2 的学生成绩，如图 8.40 所示。

7. 模糊查询

查询"李"姓学生的信息，如图 8.41 所示。

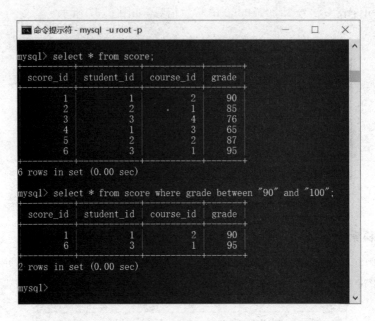

图 8.39　按范围检索示例

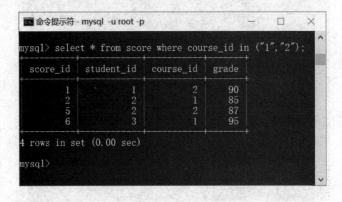

图 8.40　使用 IN 按范围检索示例

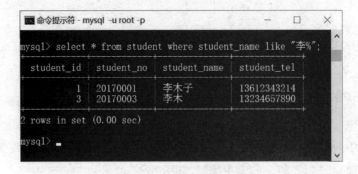

图 8.41　模糊查询示例

8. 多表查询

查询"李木子"同学的所有成绩信息，包括课程名称，如图 8.42 所示。

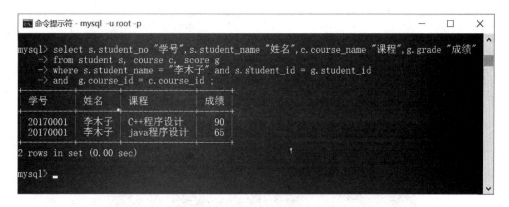

图 8.42　多表查询示例

8.4.3　更新记录

要更新数据表中的记录，可以使用 UPDATE 语句来实现，具体格式：

UPDATE 数据表名

　　SET 字段 1 = 值 [，字段 2 = 值，…]

　　[WHERE 条件表达式]

其中，SET 子句指定要修改的字段和它的值；WHERE 子句是可选的，如果省略该子句，则将对所有记录中的字段进行更新。

例如，更改"李木子"同学的手机号码，如图 8.43 所示。

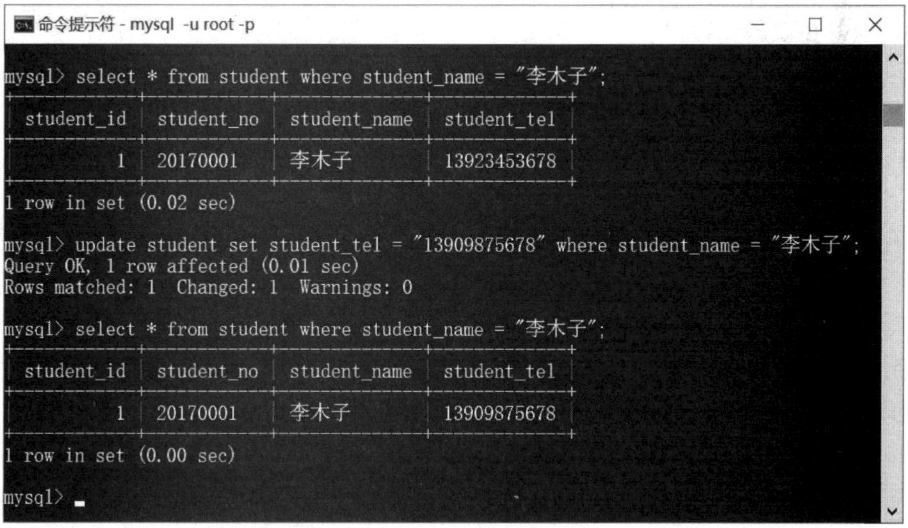

图 8.43　更改记录示例

8.4.4　删 除 记 录

使用 DELETE 语句可以删除记录,语句格式:

DELETE FROM 数据表名
　　[WHERE 条件表达式]

在执行删除操作时,如果没有指定 WHERE 子句,则将删除所有记录,因此开发人员务必要特别慎重。图 8.44 所示为删除命令演示效果。

图 8.44　删除记录示例

在实际应用中执行删除操作时,一般将 id 字段值作为删除的条件,因为这样可以精确删除记录,可以避免误删除数据表。

8.5　数据备份与恢复

为了避免 MySQL 数据库出现意外,开发人员应养成良好的按时备份数据习惯,以免系统崩溃或误操作造成致命破坏。

视频讲解

8.5.1　数 据 备 份

在命令行模式下,可以使用 MYSQLDUMP 命令备份数据,通过该命令可以将数据以文本文件的形式存储到指定的文件夹下。

在 MySQL 服务器启动之后,在系统的【开始】菜单选择命令打开 DOS 窗口,在 DOS 窗口的命令提示符下输入命令:

mysqldump － u root － p 数据库名 > 备份文件名

其中,"备份文件名"包括备份文件的位置与文件名称。例如要将上述示例中的 test_students 数据库备份,则操作命令如图 8.45 所示。

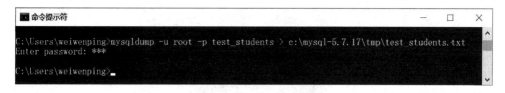

图 8.45　备份数据库示例

此时可以在 MySQL 安装目录的 tmp 文件夹中查看已经备份的数据库文件,该文件以文本文件形式存在,如图 8.46 所示。

图 8.46　备份数据库的备份文件

8.5.2　数据恢复

既然可以对数据库进行备份,当然也可以对数据库文件进行恢复,数据恢复命令格式:

mysql － u root － p 数据库名 < 备份文件名

其中参数含义与数据库备份相同。

例如,要将上述示例备份的 test_students 数据库恢复到 MySQL 服务器,可按如图 8.47 所示的操作步骤进行。

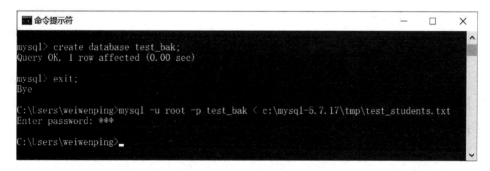

图 8.47　数据库备份恢复操作示例

为了不对原有数据库造成破坏,这里先创建了一个新数据库 test_bak,然后将备份的数据恢复到该数据库里,如图 8.48 所示。

图 8.48　数据库备份恢复效果

8.6　综合实例

视频讲解

本章内容旨在为后续的 PHP 操作 MySQL 数据库做好准备,本章的综合实例不针对 MySQL 数据库,而继续学习 PHP 的面向对象开发技术。

需求:继续第 7 章的 pro07 项目开发,并完善其功能。

目的:进一步掌握 PHP Web 应用项目的面向对象开发技术。

8.6.1　实现关注信息的分页及详情显示

项目 pro07 的首页中有一个【近期关注】版块,由于版幅的限制,只能显示有限条数据的信息,因此需要实现将其分页显示的功能。

(1) 启动 Zend Studio,进入 exercise 项目工作区,复制/粘贴项目 pro07 并将其名称修改为 pro08。

(2) 在项目的 system/library 目录下创建一个名为 Page.class.php 的 PHP 文件,用来定义用于分页的类,代码如下。

```php
<?php
class Page{
    private $total;                          //总记录数
    private $pagesize;                       //每页显示的条数
    private $current;                        //当前页
    private $maxpage;                        //总页数
    /**
     * 分页类构造方法
```

```php
 *  @param $total int 总记录数
 *  @param $pagesize int 每页显示的条数
 *  @param $current int 当前页
 */
public function __construct( $total, $pagesize, $current){
    $this->total = $total;
    $this->pagesize = $pagesize;
    $this->current = max( $current,1);
    $this->maxpage = ceil( $this->total / $this->pagesize );
}
//获取 SQL 中的 limit 条件
public function getLimit(){
    //计算 limit 条件
    $lim = ( $this->current - 1) * $this->pagesize;
    return $lim.','. $this->pagesize;
}
//获得 URL 参数,用于在生成分页链接时保存原有的 GET 参数
private function getUrlParams(){
    $params = $_GET;                          //接收 GET 参数
    unset( $params['page']);                  //删除参数中的 page
    return http_build_query( $params);        //重新构造 GET 字符串
}
//生成分页链接
public function showPage(){
    //如果少于 1 页则不显示分页导航
    if( $this->maxpage <= 1) return '';
    //获取原来的 GET 参数
    $url = $this->getUrlParams();
    //拼接 URL 参数
    $url = $url ? '?'. $url.'&page = ' : '?page = ';
    //拼接"首页"
    $first = '<a href = "'. $url.'1">[首页]</a>';
    //拼接"上一页"
    $prev = ( $this->current == 1) ? '[上一页]' : '<a href = "'. $url.( $this->current - 1).'">
[上一页]</a>';
    //拼接"下一页"
    $next = ( $this->current == $this->maxpage) ? '[下一页]' : '<a href = "'. $url.( $this->
current + 1).'">[下一页]</a>';
    //拼接"尾页"
    $last = '<a href = "'. $url. $this->maxpage.'">[尾页]</a>';
    //组合最终样式
    return "当前为 { $this->current}/{ $this->maxpage} { $first} { $prev} { $next} { $last}";
    }
}
```

（3）在项目的 module/default/controller 目录下创建一个名为 FocusController. class. php 的文件,用来定义【近期关注】版块控制器,代码如下。

```php
<?php

class FocusController extends Controller
{
```

```php
public function __construct(){
    parent::__construct();
    $this->model = new FocusModel();
}
public function indexAction() {
    //最新动态版块
    $data = $this->model->getData();
    //处理分页
    //获取当前访问的页码
    $page = isset( $_GET['page']) ? (int) $_GET['page'] : 1;
    //获取总记录数
    $total = count( $data);
    //实例化分页类
    $pageObj = new Page( $total, 3, $page); //page(总页数,每页显示条数,当前页)
    //获取 limit 条件
    $limit = $pageObj->getLimit();
    //处理页面数据
    if ( $total > 3) {
        $data = array_slice( $data, $limit, 3);
    }
    //获取分页 HTML 链接
    $pageBar = $pageObj->showPage();
    $title = '近期关注';
    require ACTION_VIEW;
}
public function detailAction() {
    $id = $_GET['id'];
    $data = $this->model->getDataById( $id);
    $title = '关注详情';
    require ACTION_VIEW;
}
}
```

（4）在项目的 module/default/model 目录下创建一个名为 FocusModel. class. php 的文件，用来定义【近期关注】版块模型类，代码如下。

```php
<?php

class FocusModel extends Model
{
    //初始化模型
    public function __construct(){
        parent::__construct();
        $this->data = $this->data['focus'];
    }
    //获取全部数据
    public function getData() {
        return $this->data;
    }
    //根据条件获取数据
```

```
    public function getDataById( $id) {
        $data = array( );
        foreach ( $this - > data as $v){
            if ( $v['id'] == $id) {
                $data = $v;
                break;
            }
        }
        return $data;
    }
}
```

（5）在项目的 module/default/view 目录下创建一个名为 focus 的文件夹，并添加两个视图文件 index. html 与 detail. html，用来实现关注信息的分页及详细显示，具体代码请参见教材源码。

（6）运行效果测试。访问项目首页，单击【近期关注】版块中的【了解更多】超链接，接着单击信息标题，即可浏览到该信息的详情，如图 8.49 所示。

图 8.49　关注信息显示效果测试

8.6.2　实现用户的登录与退出

用户登录与退出功能的实现步骤与 8.6.1 小节相同，运行效果如图 8.50 所示，详细代码请参见教材源码，其控制器代码如下。

```
<?php

class UserController extends Controller
{
    public function __construct(){
        parent::__construct();
        $this - > model = new UserModel();
```

```php
        }
        public function indexAction() {
            if (!ISLOGIN) {
                header('Location:../?c = user&a = login');
                exit();
            }
            $user = $this -> user;
            $title = '用户中心';
            require ACTION_VIEW;
        }
        public function loginAction() {
            //判断是否为登录表单提交
            if ( $_POST) {
                //接收表单字段
                $username = isset( $_POST['username']) ? trim( $_POST['username']) : '';
                $password = isset( $_POST['password'])? $_POST['password']:'';
                //将用户名转换为小写
                $username = strtolower( $username);
                //获取用户数据
                $user_data = $this -> model -> getData();
                //到用户数组中验证用户名和密码
                foreach( $user_data as $key = > $v){
                    if( $v['name'] = = $username && $v['password'] = = $password){
                        //开启 Session 会话,将用户 ID 和用户名保存到 Session 中
                        $_SESSION['user'] = $v;
                        //重定向到用户中心个人信息页面
                        header('Location: ./?c = user');
                        exit; //重定向后停止脚本继续执行
                    }
                }
                wmerror('登录失败!用户名或密码错误,请刷新页面重试.'); //验证失败
            }
            $title = '用户登录';
            require ACTION_VIEW;
        }
        public function logoutAction() {
            //清除 Session 中的用户信息
            unset( $_SESSION['user']);
            //退出成功,自动跳转到主页
            header('Location: ./');
            exit;
        }


    }
```

图 8.50　用户登录运行效果

习　　题

一、填空题

1. MySQL 数据库是一个小型的（　　）型数据库管理系统，在 PHP Web 应用体系中称为（　　）服务器。

2. 在访问 MySQL 数据库服务器之前，必须（　　）、（　　）服务器。

3. MySQL 数据库的默认字符集为（　　），简体中文字符集为（　　）。

4. MySQL 使用的数据类型可分为 3 类，即（　　）、（　　）以及（　　）。

5. 目前 MySQL 中可用的存储引擎共有 10 种，其中的（　　）和（　　）最为常见。

6. 在 MySQL 中创建一个名为 db_chapter08 的数据库，其命令格式为（　　），若要使用该数据库，可使用（　　）命令格式。

7. 创建 MySQL 数据表使用（　　）命令，查看其结构使用（　　）语句。

8. 对数据库中的表数据的操作，包括（　　）、（　　）、（　　）、（　　）等。

9. 查询数据表中的数据，使用（　　）语句，该语句是 SQL（　　）中最强大的命令。

10. 使用 SELECT 语句时，可使用（　　）子句进行条件检索。

二、选择题

1. PHP Web 应用开发环境 WAMP 中的 M 表示的是（　　）数据库。
   A. Oracle　　　　　　　　　　　　　B. IBM DB2
   C. Microsoft SQL Server　　　　　　D. MySQL

2. 在 Windows 操作系统中，当 MySQL 启动并连接成功后，系统的 DOS 窗口中会出现（　　）命令提示符。假设 MySQL 安装在 E 盘的 mysql 目录下。
   A. E:\mysql　　　B. mysql>　　　C. mysql$　　　D. E:\mysql\bin

3. 安装在本机上的 MySQL 数据库服务器默认 IP 地址为（　　）。
   A. 127.0.0.0　　　B. 127.0.0.1　　　C. 192.168.0.0　　　D. 192.168.0.1

4. 若要对 MySQL 数据库中的时间数据进行计算,通常将其设置为( )数据类型。
   A. DATE　　　　　　B. DATETIME　　　C. TIMESTAMP　　D. TIME

5. MySQL 数据表中的变长字符串类型为( )。
   A. char　　　　　　B. varchar　　　　　C. text　　　　　　D. longblog

6. 在如下 MySQL 数据属性中,( )表示主键。
   A. auto_increment　B. not null　　　　　C. primary key　　D. unique

7. 在如下命令中,( )表示查看数据库。假设数据库名称为 db_chapter08。
   A. create database db_chapter08　　　B. show database
   C. show create database db_chapter08　D. use db_chapter08

8. 在如下命令中,( )表示查看数据表。假设数据表名称为 tb_chapter08。
   A. create table tb_chapter08 (…)
   B. show tables
   C. alter table tb_chapter08 …
   D. rename table tb_chapter08 to tb_chp08 …

9. 使用( )语句可以更新 MySQL 数据表中的数据。
   A. insert　　　　　B. select　　　　　　C. update　　　　　D. delete

10. 在执行 MySQL 的数据删除操作时,如果没有指定( )子句,将会删除数据表中的
所有记录。
   A. from　　　　　　B. where　　　　　　C. between　　　　D. in

三、简答题

1. 简述 MyISAM 表类型(或称为表引擎、存储引擎等)和 InnoDB 的区别。

2. 简述字符类型 char 和 varchar 的区别。

3. MySQL 存储日期和时间的数据类型有哪几种? 各自的格式是什么?

4. 简述 8.4.2 小节中给出的 select 语句格式中的关键字及参数的含义。

5. 简述 MySQL 数据库的备份与恢复方法。

四、操作题

表 8.4 所示为 MySQL 数据库 db_chap08_xt4 的 tb_user 数据表,表中第一行为字段名及
数据类型,其他行为数据记录。请通过命令形式完成如下操作。

表 8.4　MySQL 数据表

name(varchar)	tel(char)	age(int)	reg_date(date)
李木子	13612345678	20	2018-4-23
李木	13212345678	24	2018-5-13
木子	18971123456	25	2018-5-15

1. 创建 db_chap08_xt4 数据库,并在其中新建 tb_user 数据表。

2. 将表 8.4 中的数据添加到 tb_user 表中。

3. 查询拥有 132 号段手机号且年龄在 20~24 岁的全部用户信息。

4. 将"木子"用户的注册日期修改为当前系统时间。

5. 删除"李木子"用户的全部信息。

第9章 PHP 与 MySQL

在 Web 应用开发过程中，通常使用数据库来存储数据信息。虽然可以直接对数据库进行操作，但是对于 Web 应用系统而言，更多使用程序来实现。因此，任何一种 Web 编程语言都提供了对数据库的支持，当然也包括 PHP。

通过前文对 PHP 与 MySQL 的基础知识的学习，可为二者之间的交互做好准备。如果把 PHP 看作通向 MySQL 的一个管道，那么第 8 章中介绍的所有查询命令就是要在本章中发送到 MySQL 数据库服务器的命令，只是这次是使用 PHP 发送它们。

本章介绍 PHP 与 MySQL 数据库的交互，也就是怎样用 PHP 来操作 MySQL 数据库，包括 PHP 与 MySQL 的连接、查询的执行以及查询结果的处理等主要内容。

9.1　PHP 对 MySQL 的支持

视频讲解

PHP 支持对多种数据库的操作，且提供了相关的数据库连接函数和操作函数。特别是针对 MySQL 数据库，更是提供了功能强大的数据库类和操作函数，可以非常方便地实现数据的访问、读取和写入等操作。

9.1.1　PHP 对数据库的支持

现在的计算机应用程序基本上都离不开数据库的应用。PHP 支持目前几乎所有主流数据库，如 Adabas D、InterBase、PostgreSQL、dBase、FrontBase、SQLite、Empress、mSQL、Solid、FilePro（只读）、msSQL、Sybase、Hyperwave、MySQL、Velocis、IBM DB2、ODBC、UNIX dbm、informix、Oracle（OCI7 和 OCI8）、Ingres 及 Ovrimos 等。

PHP 对数据库的支持，是通过安装相应的扩展库来实现的。PHP 的扩展库位于 PHP 根目录的 ext 子目录中，如图 9.1 所示。

所谓扩展库，就是指 PHP 新版本中扩展的功能。比如，在 PHP 的某个老版本中本来不支持某种功能，但在新版本中想让它对这种功能提供支持，就可以通过扩展的方式来实现。以扩展的方式对 PHP 进行增强，有更好的灵活性。如果开发的 Web 系统不需要新增的功能，就可以在配置 PHP 时让 PHP 不加载它，这样可以节省服务器资源，提高其性能。

9.1.2　PHP 的 MySQL 扩展

PHP 自 2.0 版就开始提供对 MySQL 数据库的支持，使用的是 MySQL 扩展。从 PHP 5.5 开始，原始的 MySQL 扩展已被废弃，取而代之的是 MySQLi 或 PDO_MySQL 扩展。所以，在图 9.1 所示的 PHP 7.15 扩展库中已经找不到 php_mysql.dll，而只有动态链接库文件 php_mysqli.dll 和 php_pdo_mysql.dll。

图 9.1　PHP 扩展库

在 PHP 中访问数据库通常有两种方法,一种是使用数据库特定的扩展,另一种是使用不受数据库约束的 PDO(PHP 数据对象)扩展。对于 MySQL 数据库来说,MySQL 与 MySQLi 扩展都是属于 PHP 的 MySQL 特定扩展。

1. MySQL 特定扩展

PHP 对 MySQL 数据库的特定扩展有两种。首先是旧版本中的 MySQL 标准扩展。该扩展已经使用很多年,并且能够用于所有版本的 PHP 和 MySQL 中。所有标准 MySQL 扩展函数都以 mysql_开头。

第 2 种是 MySQLi 扩展,即改进的 MySQL 扩展。该扩展在 PHP 5 中添加,并能够用于 MySQL 4.1 或更高的版本中。这些函数都以 mysqli_开头,并使用了 MySQL 中的一些新增功能。

PHP 的 MySQLi 扩展使用了面向对象技术,所以,其中的扩展函数也可以以面向对象的方式来使用。

2. PDO 扩展

PHP 的 PDO 扩展就是为 PHP 访问数据库定义的一个轻量级的一致接口。通过这个接口,PHP 可以与各种不同的数据库进行交互。但要注意的是,利用 PDO 扩展自身并不能实现任何数据库功能,必须使用一个具体数据库 PDO 驱动来完成相关的数据库服务。

在 Web 应用开发中,如果使用数据库特定扩展,所编写的程序代码就会与所使用的数据库密切相关。例如,MySQL 扩展的函数名、参数、错误处理等,就会与其他数据库扩展的完全不同。如果想把数据库从 MySQL 迁移到 Oracle 等其他数据库上,将会引起程序代码的重大变化。而对于 PDO 扩展,它用一个抽象层来隐藏数据库特定函数,这使 Web 应用系统的数据库在不同的数据库管理系统间迁移变得非常简单便利。

3. 扩展的启用

要加载如图 9.1 中显示的某个扩展库,需要在 PHP 的配置文件 php.ini 中启用该扩展。

1）配置扩展库主目录

PHP 的扩展是以动态链接库的形式存在的，在启用某个扩展之前，首先要查看安装的 PHP 版本中有没有该扩展的动态链接库；然后打开 PHP 的配置文件将 extension_dir 配置项指向扩展库的存放目录，例如

```
extension_dir = "e:/php7.1.5/ext"
```

代码中的目录是作者的 PHP 扩展库存放位置。

2）启用 mysqli 及 pdo_mysql 扩展

启用扩展就是在启动 PHP 应用服务器时加载相应的扩展动态链接库，需在 PHP 的配置文件中打开或添加语句：

```
extension = php_mysqli.dll
extension = php_pdo_mysql.dll
```

这里开启的是 PHP 的 MySQLi 扩展与 PDO 扩展。

9.2　PHP 与 MySQL 的连接

视频讲解

使用 PHP 访问 MySQL 数据库，一般需要 5 个步骤，即连接服务器、选择数据库、执行 SQL 语句、释放记录集以及断开服务器。

9.2.1　连接服务器

要成功地实现 PHP 与 MySQL 的交互，首先必须建立 PHP 应用服务器与 MySQL 数据库服务器的连接，让它们能够互相识别与通信，也就是能够进行双向的数据传递。

PHP 与 MySQL 服务器的连接，可以使用两种方法来完成，一种是面向过程方法，另一种是面向对象方法。面向过程方法是 PHP 的低版本所使用的方法，使用 mysql 标准扩展或 mysqli 增强版扩展中的函数来完成连接；面向对象方法则是使用 mysqli 扩展中类的对象来完成相应的操作。

1. 面向过程方法

使用 mysqli_connect()函数可以连接到本地或者远程服务器，这样就为数据的异地存储与备份提供了安全保障。使用函数 mysqli_connect()建立 PHP 与 MySQL 的连接的语法格式：

```
mysqli_connect ([ string $host = ini_get("mysqli.default_host") [, string $username = ini_get
("mysqli.default_user") [, string $passwd = ini_get("mysqli.default_pw") [, string $dbname =
"" [, int $port = ini_get("mysqli.default_port") [, string $socket = ini_get("mysqli.default_
socket") ]]]]]] )
```

1）host

该参数指定 MySQL 数据库服务器名称或 IP 地址，可以包括端口号。该参数为可选项，若不指定，则 PHP 默认调用 ini_get()函数获取配置文件中的 mysqli. default_host 配置项的值。

2）username

该参数指定 MySQL 用户名。该参数也为可选项，若不指定它，PHP 会使用默认的

mysqli. default_user 配置值。

3）passwd

该参数指定 MySQL 用户密码。若不指定该参数，PHP 会使用默认的 mysqli. default_pw 配置。

4）dbname

该参数指定要使用的数据库名称。

5）port

该参数指定连接到 MySQL 服务器的端口号。MySQL 数据库服务器默认端口为 3306。

6）socket

该参数指定 socket 或要使用的已命名的 pipe。对于有关 socket 的知识，可查询相关技术文档。

2. 面向对象方法

使用面向对象方法连接 MySQL，需要实例化 mysqli 扩展中的 mysqli 类，该类的对象表示了 PHP 和 MySQL 数据库之间的一个连接，如图 9.2 所示。

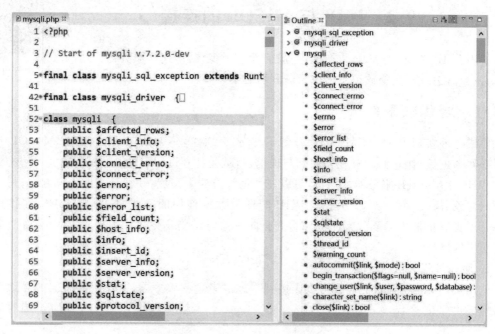

图 9.2　mysqli 类的定义示意

图 9.2 中左侧代码为 mysqli. php 文件内容，可以看到 mysqli 类的定义；图中右侧为类视图，在这里可以快速地查询 mysqli 类的数据成员与成员函数。

使用 mysqli 类的对象连接 MySQL，可以使用以下两种形式。

（1）使用构造方法，语法格式：

```
$link = new mysqli( $host = null, $username = null, $passwd = null, $dbname = null, $port = null,
$socket = null));
```

（2）使用成员方法，语法格式：

```
$objLink = new mysqli();
```

```php
$link = $objLink -> connect ( $host = null, $user = null, $password = null, $database = null,
$port = null, $socket = null);
```

从上述面向对象的两种格式可以看出,不管是使用构造方法、还是使用 connect()成员方法,需要的参数都是一样的,这些参数也都与 mysqli_connect()函数参数相同。其实,mysqli_connect()只是 mysqli 类的 connect 对象方法的别名而已。

【例 9.1】 连接 MySQL 数据库服务器。

(1) 启动 Zend Studio,在 example 工作区中创建一个新的 PHP 项目 chapter09,并在该项目中添加 example9_1.php 文件。

(2) 双击打开 example9_1.php 文件,并添加代码,如图 9.3 左侧所示。

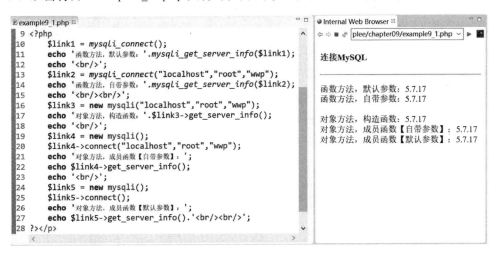

图 9.3 连接 MySQL 服务器

图 9.3 所示代码中的第 10 行使用 mysqli_connect()函数与 MySQL 数据库服务器建立连接,连接过程中使用 PHP 配置文件中的各项默认参数;第 11 行代码的输出结果表明该连接是成功的;第 13 行代码同样使用 mysqli_connect()函数建立连接,但使用的是自定义参数;第 16 行代码实例化了一个 mysqli 类,并指定构造函数参数;第 19 行代码首先实例化一个 mysqli 类,然后调用 connect()方法建立与 MySQL 的连接;第 24 行和第 25 行代码的功能相当于第 10 行。

9.2.2 连接错误的处理

例 9.1 中演示了 PHP 与 MySQL 连接的 5 种代码形式,从浏览器输出的结果可以看出,这几种方式的连接都是成功的。但是在实际开发过程中,由于种种原因,可能会导致连接失败,因此,在进行数据库连接操作时,一定要注意监视连接错误并做出相应的反应。

1. 获取错误信息

一般情况下,错误信息包括错误码与错误消息两种类型。这两种错误信息的获取在采用不同的连接代码形式时稍有差别。

若采用面向过程的方式与 MySQL 建立连接,通常使用函数:

```
mysqli_connect_errno()
```

获取错误码。该函数可以返回上一次连接错误的代码值,如果没有发生连接错误,则返回整数 0。

另外,使用函数:

```
mysqli_connect_error()
```

获取错误描述信息。该函数可以返回上一次连接错误的错误描述字符串,如果没有错误发生, 则返回 NULL。

若采用面向对象的代码形式来连接 MySQL 数据库,则可以利用 mysqli 对象直接获取其 成员属性 connect_errno 与 connect_error 的值。

【例 9.2】 获取连接 MySQL 错误信息。

(1) 启动 Zend Studio,在 example 工作区中选择 chapter09 项目,并在该项目中添加 example9_2.php 文件。

(2) 双击打开 example9_2.php 文件,并添加代码,如图 9.4 左侧所示。

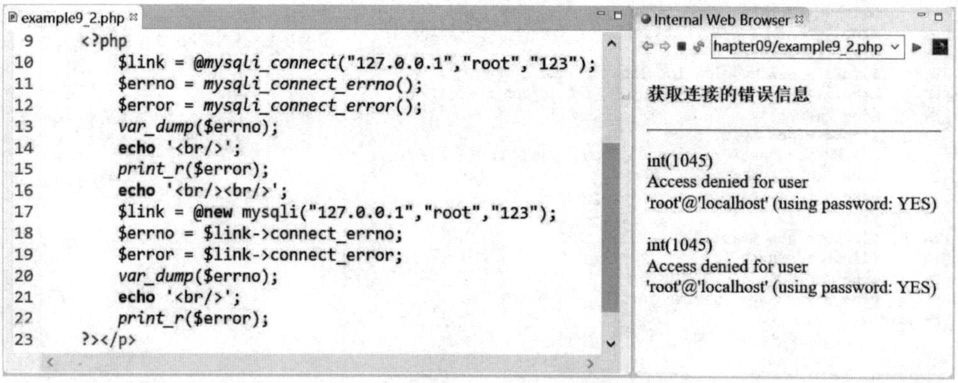

图 9.4 获取连接 MySQL 时产生的错误信息

图 9.4 所示代码中的第 10~12 行采用函数的形式连接数据库,并获取其连接过程中产生 的错误信息;第 17~19 行代码,采用对象方式进行连接,并通过对象的成员属性得到连接错 误信息。

2. 处理连接错误

监测到 PHP 与 MySQL 连接过程中产生的错误信息以后,就要根据具体的业务逻辑进行 相应的处理。最简单的方法就是输出一个提示信息,并终止后续的某些操作。当然,也可以采 用 PHP 的异常处理机制进行处理。

【例 9.3】 处理 MySQL 连接错误。

(1) 启动 Zend Studio,在 example 工作区中选择项目 chapter09,并在该项目中添加 example9_3.php 文件。

(2) 双击打开 example9_3.php 文件,并添加代码,如图 9.5 左侧所示。

图 9.5 所示代码中的第 13~16 行根据获取的错误代码对连接错误进行简单处理; 第 17~23 行代码使用异常对连接错误进行处理。

9.2.3 断开服务器

MySQL 服务器的连接占用了数据库服务器以及 Web 服务器的大量资源,PHP 程序与 MySQL 服务器交互完成后,应尽早断开连接,以提高设备性能以及 Web 应用程序的执行效率。

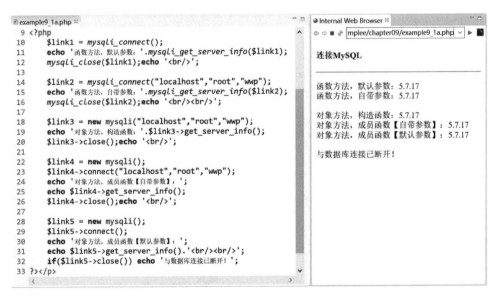

```php
 9   <?php
10       $link = @mysqli_connect("127.0.0.1","root","wwp");
11       $errno = mysqli_connect_errno();
12       $error = mysqli_connect_error();
13       if ($errno) {
14           echo '连接MySQL失败!【'.$error.'】';
15           exit();
16       }else {
17           try {
18               $link = @new mysqli("127.0.0.1","root","123");
19               if($link->connect_errno)
20                   throw new mysqli_sql_exception();
21           } catch (mysqli_sql_exception $e) {
22               echo '连接MySQL失败!'.$e.'<br/>';
23           }
24           echo '继续执行后续代码...';
25       }
26   ?></p>
```

处理MySQL连接错误

连接MySQL失败!
mysqli_sql_exception in E:\Apache24
\htdocs\examplee\chapter09
\example9_3.php:20 Stack trace: #0
{main}
继续执行后续代码...

图 9.5　处理 MySQL 连接错误

使用 mysqli_close() 函数可以关闭 MySQL 服务器连接,语法格式:

```
bool mysqli_close ([ resource $link ])
```

其中,参数 link 表示一个 MySQL 连接。若关闭成功,该函数返回 true；若关闭失败,则返回 false。

若使用面向对象方法进行连接,则直接使用 mysqli 对象调用其成员函数 close() 即可。如图 9.6 左侧的代码,第 12、第 16、第 20、第 26、第 32 行分别实现了例 9.1 中 5 个连接的关闭。

```php
 9 <?php
10     $link1 = mysqli_connect();
11     echo '函数方法, 默认参数: '.mysqli_get_server_info($link1);
12     mysqli_close($link1);echo '<br/>';
13
14     $link2 = mysqli_connect("localhost","root","wwp");
15     echo '函数方法, 自带参数: '.mysqli_get_server_info($link2);
16     mysqli_close($link2);echo '<br/><br/>';
17
18     $link3 = new mysqli("localhost","root","wwp");
19     echo '对象方法, 构造函数: '.$link3->get_server_info();
20     $link3->close();echo '<br/>';
21
22     $link4 = new mysqli();
23     $link4->connect("localhost","root","wwp");
24     echo '对象方法, 成员函数【自带参数】: ';
25     echo $link4->get_server_info();
26     $link4->close();echo '<br/>';
27
28     $link5 = new mysqli();
29     $link5->connect();
30     echo '对象方法, 成员函数【默认参数】: ';
31     echo $link5->get_server_info().'<br/><br/>';
32     if($link5->close()) echo '与数据库连接已断开!';
33 ?></p>
```

连接MySQL

函数方法, 默认参数: 5.7.17
函数方法, 自带参数: 5.7.17

对象方法, 构造函数: 5.7.17
对象方法, 成员函数【自带参数】: 5.7.17
对象方法, 成员函数【默认参数】: 5.7.17

与数据库连接已断开!

图 9.6　断开 MySQL 数据库服务器

需要说明的是,在 PHP 与 MySQL 数据库的交互结束以后,如果没有手动断开连接,连接也会在文件执行完毕后由 PHP 自动关闭,所以不必担心它会永久存在。但是,Web 应用在实际运行过程中,常常会碰到在短时间内出现大访问量的情况,如果不及时关闭访问用户建立的连接,可能会导致数据库服务器崩溃的严重后果。

9.2.4 连接文件

如果 Web 应用的每个页面都需要获取数据库中的数据,那么我们就必须在每个页面中编写数据库连接代码,建立与数据库服务器的连接。

在每个 Web 页面中编写相同的代码,不仅会增加出错的概率,也不利用后期的扩展与维护。另外,从上述实例代码可以看到,所有连接参数都是以明文的形式存储在文件中,包括像密码这样的敏感数据。所以,在实际开发过程,为了安全起见,常常将数据库连接代码存放在一个单独的 PHP 文件中,这个文件称为连接文件。

根据业务逻辑的不同,连接文件中的内容会有一些差别,但最基本的代码(比如连接、错误处理、数据库选择等)是必须包括在文件内的,例如如下示例代码。

```php
<?php
$link = @mysqli_connect("localhost","root","wwp")
or die('数据库服务器连接失败!系统错误信息为: '.mysqli_connect_error());
@mysqli_select_db( $link, "test_students")
or die('打开数据库失败!系统错误信息为: '.mysqli_error( $link));
mysqli_query( $link, "set names utf8");
?>
```

【例 9.4】 使用 PHP 与 MySQL 数据库连接文件。

(1) 启动 Zend Studio,在 example 工作区中选择项目 chapter09,并在该项目中添加 example9_4_connect. php 文件。

(2) 双击打开 example9_4_connect. php 文件,将上述示例代码添加到文件中。

(3) 继续在项目 chapter09 中添加 example9_4. php 文件,并编写代码,如图 9.7 左侧所示。

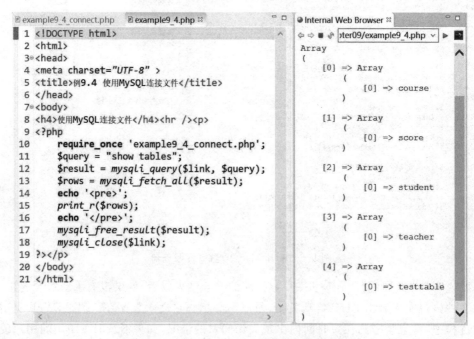

图 9.7 PHP 与 MySQL 数据库的连接文件

图 9.7 所示代码中的第 10 行将数据库连接文件导入页面文件中,以供后续的数据库操作之用;第 11~16 行代码完成一次所连接数据库表信息的查询操作;第 17 行代码释放记录集;第 18 行代码断开数据库连接。

本例完成了第 8 章中图 8.25 所示查询命令的功能,获取到了数据库 test_students 的可用数据表信息。从浏览器的输出结果可以看出,test_students 数据库中有 5 张可用的数据表,分别是 course、score、student、teacher 和 testtable。

9.3 PHP 与 MySQL 的交互

视频讲解

第 8 章通过在 MySQL 客户端中输入命令或 SQL 语句实现了与 MySQL 数据库服务器的交互,可以看出这种交互具有很大的局限性,它不仅缺少一个友好的交互界面,而且为了实现交互,需要用户掌握大量专业的 SQL 命令知识。

PHP 作为 MySQL 数据库的最佳搭档,提供了大量 MySQL 数据库操作函数,这些函数功能强大,可以非常方便地实现数据的访问、读取等各种操作;另外,通过 PHP 脚本与 HTML 的有机融合,还可以轻松实现友好、丰富的交互界面。

9.3.1 执行 SQL 语句

在 PHP 编程中,SQL 语句的执行是通过直接调用函数 mysqli_query()或者调用 mysqli 类的成员函数 query()来实现的。

1. 使用 mysqli_query()函数

该函数语法格式:

```
mixed mysqli_query(resource $link, string $query, [, int $resultmode = MYSQLI_STORE_RESULT ]);
```

其中,参数 link 是必选项,表示要使用的 MySQL 连接;参数 query 也为必选项,指定查询字符串,也就是 SQL 语句;参数 resultmode 为可选常量,可以是 MYSQLI_USE_RESULT 与 MYSQLI_STORE_RESULT 中的任意一个,前者在需要检索大量数据时使用,后者一般情况下使用,为默认值。

该函数的返回结果分为两种情况,针对成功的 select、show、describe 或 explain 查询,将返回一个 mysqli_result 类的对象,如果查询执行不正确,则返回 false;针对其他成功的查询,返回 true,如果失败,返回 false。非 false 的返回值意味着查询是合法的,并能够被服务器执行。

2. 使用 mysqli 类成员函数

函数应用格式:

```
mixed mysqli::query ( string $query [, int $resultmode = MYSQLI_STORE_RESULT ] )
```

其中,各参数含义与 mysqli_query()函数中的同名参数含义相同。

图 9.7 所示的示例就是一次简单的数据库查询。下面使用这 2 种方法,来完成 PHP 对 MySQL 数据库的其他常见操作。

3. 获取数据

从平常使用互联网的经验来看,Web 应用大多数工作可能都是在获取和格式化用户请求的数据。为此,在开发过程中需要做的工作就是向数据库发送 select 查询,再对结果进行处理,将各行数据输出给浏览器,并以友好的格式和方式进行显示。

【例 9.5】 获取 MySQL 数据库中的数据。

(1) 启动 Zend Studio,在 example 工作区中选择项目 chapter09,并在该项目中添加 example9_5.php 文件。

(2) 双击打开 example9_5.php 文件,添加代码并访问文件,如图 9.8 所示。

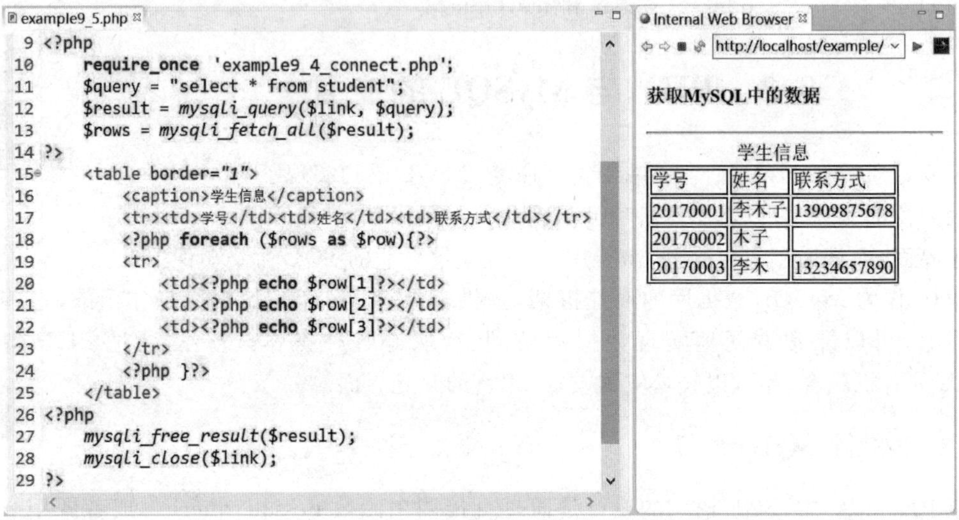

图 9.8 获取 MySQL 数据库中的数据

图 9.8 所示代码中的第 11 行准备 select 查询语句字符串;第 12 行使用 mysqli_query() 函数执行查询,并获取结果集(也称记录集);第 13 行从结果集中获取学生信息,并将其存放于数组中;第 18~25 行格式化了学生信息并显示。

4. 插入数据

执行对数据表的 insert 查询,可以实现数据的插入。

【例 9.6】 向 MySQL 数据表中插入数据。

(1) 启动 Zend Studio,在 example 工作区中选择项目 chapter09,并在该项目中添加 example9_6_connect.php 文件。

(2) 双击打开 example9_6_connect.php 文件,并添加代码,如图 9.9 所示。

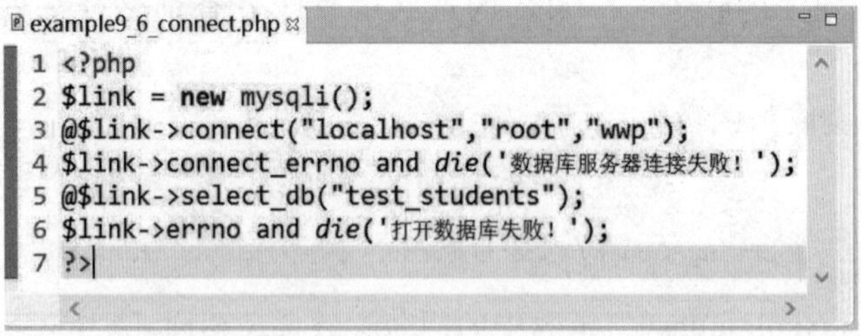

图 9.9 面向对象方法的 MySQL 数据库连接文件

(3) 继续在 chapter09 项目中添加 example9_6.php 文件,编写代码并访问文件,如图 9.10 所示。

图 9.10 所示代码中的第 10 行包含数据库连接文件;第 11 和第 12 行准备 insert 语句字

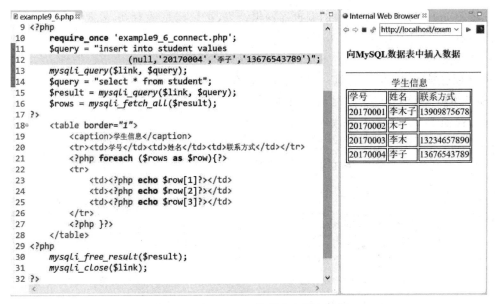

图 9.10　向 MySQL 数据表中插入数据

符串；第 13 行执行数据插入操作；后续代码与例 9.5 相应内容功能相同，格式化并显示数据。

从浏览器显示效果可以看出，数据被成功插入数据表中。注意，该示例中虽然使用对象方法建立了与数据库的连接，但在操作时采用的仍然是函数的方法。

5. 更新数据

执行对数据表的 update 查询，可以实现数据表中数据的修改。

【例 9.7】　修改 MySQL 数据表中的数据。

（1）启动 Zend Studio，在 example 工作区中选择项目 chapter09，并在该项目中添加 example9_7.php 文件。

（2）双击打开 example9_7.php 文件，添加代码并访问文件，如图 9.11 左侧所示。

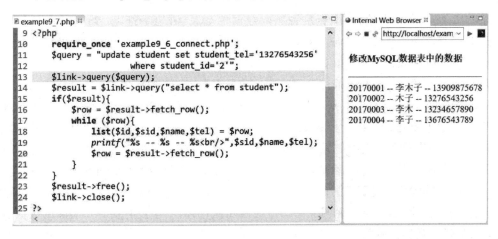

图 9.11　修改 MySQL 数据表中的数据

图 9.11 所示代码中的第 11、第 12 行准备修改数据的 SQL 语句字符串；第 13 行执行查询；第 14～22 行显示数据表中的记录；第 23 行释放记录集；第 24 行断开与数据库服务器的连接。

比较图 9.11 与图 9.10 呈现的浏览器输出结果,可以清楚地看到,需要修改的数据(木子同学的手机号码)已经成功完成了更新。

6. 删除数据

执行对数据表的 delete 查询,可以实现数据表中数据的删除。

【例 9.8】 删除 MySQL 数据表中的数据。

(1) 启动 Zend Studio,在 example 工作区中选择项目 chapter09,并在该项目中添加 example9_8.php 文件。

(2) 双击打开 example9_8.php 文件,添加代码,并访问该文件,如图 9.12 所示。

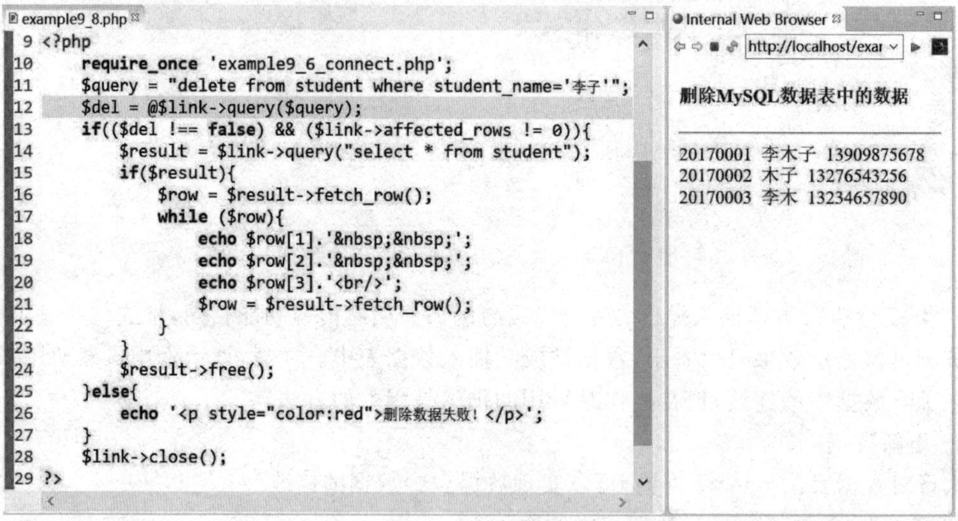

```php
 9 <?php
10     require_once 'example9_6_connect.php';
11     $query = "delete from student where student_name='李子'";
12     $del = @$link->query($query);
13     if(($del !== false) && ($link->affected_rows != 0)){
14         $result = $link->query("select * from student");
15         if($result){
16             $row = $result->fetch_row();
17             while ($row){
18                 echo $row[1].'  ';
19                 echo $row[2].'  ';
20                 echo $row[3].'<br/>';
21                 $row = $result->fetch_row();
22             }
23         }
24         $result->free();
25     }else{
26         echo '<p style="color:red">删除数据失败! </p>';
27     }
28     $link->close();
29 ?>
```

删除 MySQL 数据表中的数据

20170001 李木子 13909875678
20170002 木子 13276543256
20170003 李木 13234657890

图 9.12 删除 MySQL 数据表中的数据

从浏览器的输出结果可以看出,student 数据表中的名为"李子"的学生信息已经被成功删除。

图 9.12 所示代码中的第 11 行准备删除数据的 SQL 语句字符串;第 12 行执行删除操作;第 13 行判断删除操作是否成功,若成功,则显示数据表中的所有记录;若失败,则显示提示信息;第 24 行释放记录集;第 28 行断开与数据库的连接。

请注意,代码第 13 行的 if 条件使用的是一个"逻辑与"表达式,也就是判断删除操作是否成功需要测试两个条件,第 1 个条件 $del !== false 表示第 12 行的查询操作是合法的,已经被执行过,但这并不是说数据已经被删除了;第 2 个条件 $link-> affected_rows !=0 表示上面合法的删除操作对数据表中记录的影响不为 0,也就是删除了非 0 条记录。如果受影响的记录条数为 0,说明删除操作虽然被执行了,但是并没有删除数据库中的任何数据。

(3) 单击浏览器中的【刷新】按钮,再次访问 example9_8.php 页面,效果如图 9.13 所示。

上述操作的执行结果充分说明删除操作被成功执行,但由于没有找到要删除的数据,数据表中并没有任何数据被删除。

9.3.2 解析查询结果

一旦执行了查询并获取到了结果集,接下来的工作就是对结果集进行解析,从中提取需要的数据信息。

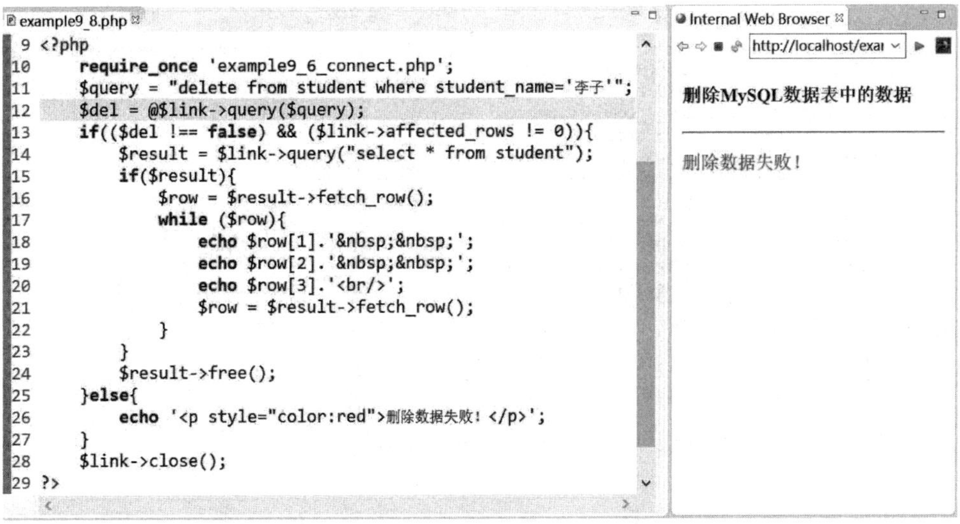

```
example9_8.php ⊠
 9  <?php
10      require_once 'example9_6_connect.php';
11      $query = "delete from student where student_name='李子'";
12      $del = @$link->query($query);
13      if(($del !== false) && ($link->affected_rows != 0)){
14          $result = $link->query("select * from student");
15          if($result){
16              $row = $result->fetch_row();
17              while ($row){
18                  echo $row[1].'  ';
19                  echo $row[2].'  ';
20                  echo $row[3].'<br/>';
21                  $row = $result->fetch_row();
22              }
23          }
24          $result->free();
25      }else{
26          echo '<p style="color:red">删除数据失败! </p>';
27      }
28      $link->close();
29  ?>
```

Internal Web Browser ⊠
⇐ ⇒ ■ ● | http://localhost/exa ∨ | ► ⊡

删除MySQL数据表中的数据

───────────────

删除数据失败!

图 9.13　删除 MySQL 数据表中的数据失败效果

在 PHP 中,可以采用多种方法来获取结果集中的数据,具体选择哪一种,主要取决于开发人员个人的习惯与喜好,因为这些方法只是引用数据的方法有所不同而已。这里介绍 PHP 中常见的查询结果处理方法。

1. 数组方式

用数组的方式接收来自于查询结果集的数据,可以使用如下几个函数。

1) mysqli_fetch_array()

该函数从结果集中取得一行作为关联数组或数字索引数组,或二者兼有,语法格式:

array mysqli_fetch_array(resource $result [, int $resulttype)

其中,参数 result 是必选项,指定由 mysqli_query()、mysqli_store_result()或 mysqli_use_result()返回的结果集;参数 resulttype 是可选项,指定所产生的数组类型,它的值可以是 MYSQLI_ASSOC、MYSQLI_NUM、MYSQLI_BOTH 中的任意一个,这 3 个常量分别表示关联数组、数字索引数组以及同时包含关联数组与数字索引数组,第 3 个常量为默认值。

该函数返回从结果集取得的行生成的数组,如果没有更多的行,则返回 false。注意,该函数返回的字段名是区分大小写的。

【例 9.9】 使用数组接收 MySQL 查询数据。

(1) 启动 Zend Studio,在 example 工作区中选择项目 chapter09,并在该项目中添加 example9_9.php 文件。

(2) 双击打开 example9_9.php 文件,添加代码并访问文件,如图 9.14 所示。

图 9.14 所示代码中的第 13 行使用 mysqli_fetch_array()函数从第 12 行得到的查询结果集中用关联和索引数组的方式接收数据,从输出页面可以看出数组包含两种类型。

(3) 将 example9_9.php 文件中的第 13 行注释掉,启用第 14 行代码,并访问文件,如图 9.15 所示。

从运行效果可以看出,在调用 mysqli_fetch_array()函数时,若使用 MYSQLI_ASSOC 常量,则只返回关联类型数组。

(4) 继续测试第 15、第 16 行代码,注意观察输出的数组的类型。

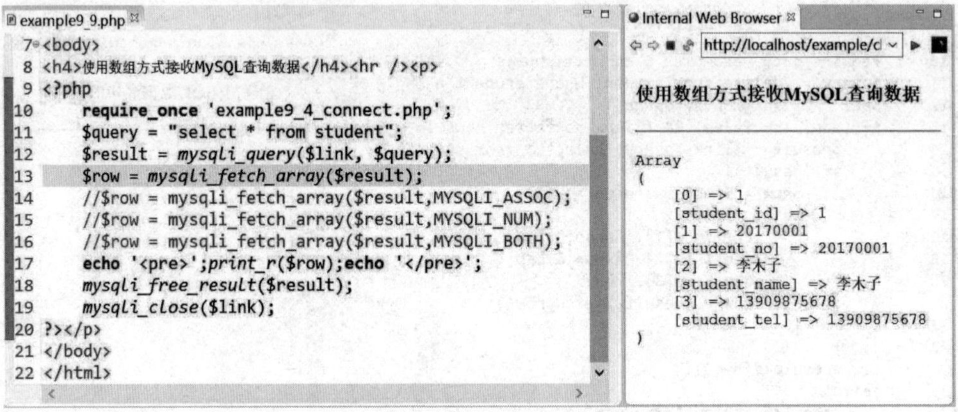

图 9.14　使用数组接收 MySQL 查询数据

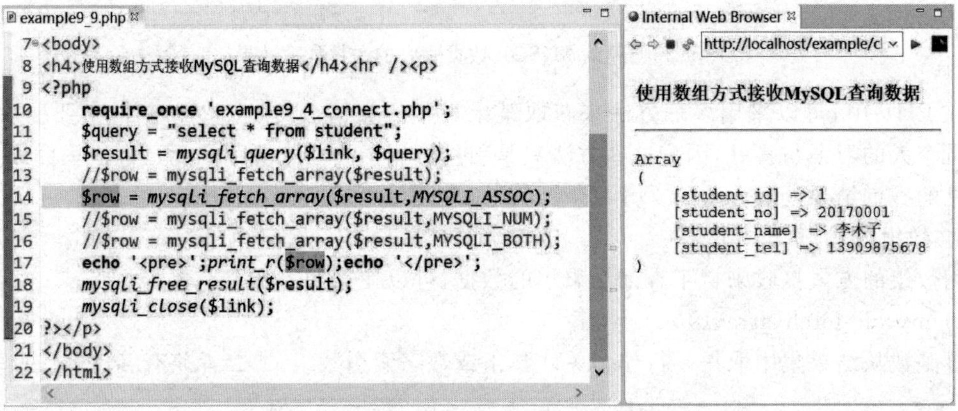

图 9.15　使用关联数组接收 MySQL 查询数据

2) mysqli_fetch_row()

该函数从结果集中取得一行作为数字索引数组,语法格式:

```
array mysqli_fetch_row(resource $result)
```

其中,参数的含义与 mysqli_fetch_array()函数中的同名参数相同。该函数只返回数字索引数组,可以看出 mysqli_fetch_array()函数是该函数的扩展版本。

该函数的用法与 mysqli_fetch_array()函数相似,图 9.11～图 9.13 所示示例的代码中使用了该函数的面向对象形式。

3) mysqli_fetch_assoc()

该函数从结果集中取得一行作为关联数组,语法格式:

```
array mysqli_fetch_assoc(resource $result)
```

其中,参数的含义与 mysqli_fetch_array()函数中的同名参数相同。该函数只返回关联数组,mysqli_fetch_array()函数可以取代该函数。

4) mysqli_fetch_all()

该函数从结果集中取得所有作为关联数组或数字索引数组,或二者兼有,语法格式:

```
array mysqli_fetch_all(resource $result [, int $resulttype)
```

其中,各参数含义与 mysqli_fetch_array()函数中的同名参数含义相同。该函数返回的是结果集中的所有行,使用示例效果如图 9.7 所示。

上述示例代码均是以函数的形式编写的,当然,也可以通过对象调用成员函数的形式来完成这些操作。

【例 9.10】 使用数组接收 MySQL 查询数据,用面向对象格式编写代码。

(1) 启动 Zend Studio,在 example 工作区中选择项目 chapter09,并在该项目中添加 example9_10.php 文件。

(2) 双击打开 example9_10.php 文件,添加代码并访问文件,如图 9.16 所示。

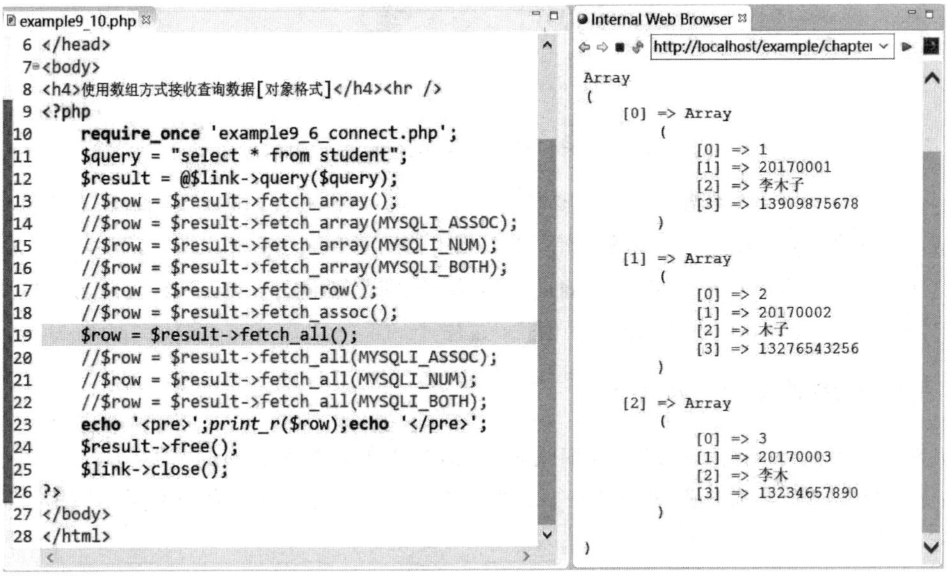

图 9.16 面向对象格式的使用数组接收 MySQL 查询数据示例

图 9.16 所示代码采用了面向对象格式,对结果集的处理使用的是 mysqli_result 类中的成员函数,从输出结果可以看出,其效果与例 9.9 是相同的。

2. 对象方式

若要用对象方式接收来自于查询结果集的数据,使用的是 mysqli_fetch_object()函数。该函数从结果集中取得当前行,并作为对象返回,语法格式:

```
object mysqli_fetch_object(resource $result, [, string $classname ,[ array $params ] ] )
```

其中,参数 result 的含义与 mysqli_fetch_array()函数中的同名参数含义相同;参数 classname 为可选项,指定要实例化的类名称;参数 params 为可选项,指定一个传给 classname 对象构造函数的参数数组。

该函数能够返回根据当前行生成的对象,如果没有行,则返回 false。该函数与 mysqli_fetch_array()函数类似,只有一点区别,即返回一个对象,而不是数组,因此要通过字段名来获取数据值。

【例 9.11】 使用对象接收 MySQL 查询数据。

(1) 启动 Zend Studio,在 example 工作区中选择项目 chapter09,并在该项目中添加

example9_11.php 文件。

（2）双击打开 example9_11.php 文件，添加代码并访问文件，如图 9.17 所示。

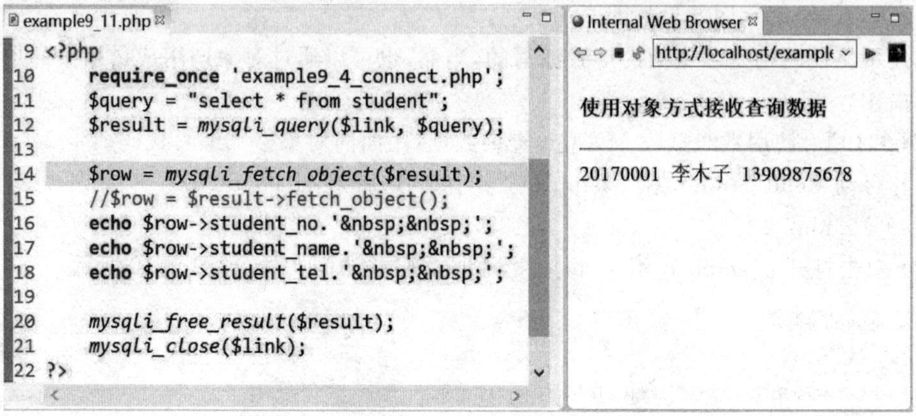

```php
9  <?php
10     require_once 'example9_4_connect.php';
11     $query = "select * from student";
12     $result = mysqli_query($link, $query);
13
14     $row = mysqli_fetch_object($result);
15     //$row = $result->fetch_object();
16     echo $row->student_no.'  ';
17     echo $row->student_name.'  ';
18     echo $row->student_tel.'  ';
19
20     mysqli_free_result($result);
21     mysqli_close($link);
22 ?>
```

使用对象方式接收查询数据

20170001 李木子 13909875678

图 9.17　使用对象接收 MySQL 查询数据

图 9.17 所示代码中的第 14 行调用了 mysqli_fetch_object()函数，根据结果集中的当前行生成一个 mysqli_result 类的对象；第 16～18 行，通过对象访问属性，获取需要的数据。

这里采用的是函数形式，若采用面向对象方式，则需要使用 mysqli_result 类中的 fetch_object()成员函数，例如图 9.17 所示示例代码中的第 15 行。

9.3.3　处理其他查询结果

9.3.2 小节处理了返回记录的查询结果集，但并非所有查询返回的都是记录，比如数据的插入、更改与删除查询操作返回的就是整数值。显然，这样的返回结果是不能用数组及对象来处理的。

1. 确定返回的记录数

执行 select 查询以后，常常需要知道返回的记录数，此时可以调用 mysqli_num_rows()函数或访问 mysqli_result 类对象的 num_rows 属性。

1）使用 mysqli_num_rows()函数

语法格式：

```
int mysqli_num_rows(resource $result)
```

其中，参数 result 的含义与 mysqli_fetch_array()函数中的同名参数含义相同。该函数返回结果集的总行数。

2）访问 mysqli_result 类的 num_rows 属性

num_rows 属性的声明格式：

```
mysqli_result:: $num_rows
```

若结果集为 $result，则结果集中的总行数为：

```
$result->num_rows
```

2. 确定受影响的行数

使用 mysqli_num_rows()函数获取结果集中行的数目，仅对 select 语句是有效的。如果要取得被 insert、update、delete 查询所影响到的行的数目,需要使用 mysqli_affected_rows() 函数,或者访问 mysqli 类对象的 affected_rows 属性。

1)使用 mysqli_affected_rows()函数

语法格式:

```
int mysqli_affected_rows(resource $link)
```

其中,参数 link 是必选项,指定一个 MySQL 连接。该函数返回一个整数,若返回的是一个大于 0 的整数,表示执行查询所影响的记录行数;若返回的整数为 0,表示没有受查询影响的记录;若返回的整数为−1,表示查询操作出现了错误。

2)访问 mysqli 类的 affected_rows 属性

affected_rows 属性的声明格式:

```
mysqli::$affected_rows
```

若与 MySQL 的连接为 $link,则查询操作影响的记录行数为:

```
$link->affected_rows
```

【例 9.12】 获取结果集中记录总数及执行查询后受影响的行数。

(1)启动 Zend Studio,在 example 工作区中选择项目 chapter09,并在该项目中添加 example9_12.php 文件。

(2)双击打开 example9_12.php 文件,添加代码并访问文件,如图 9.18 所示。

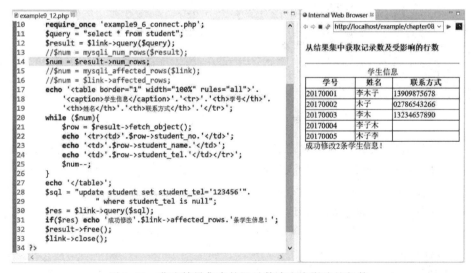

图 9.18　获取结果集中的记录数或查询影响的行数

图 9.18 所示代码中的第 13 和第 14 行从结果集中获取记录总数,注意,这里使用的是 mysqli_result 类的对象;第 15 和第 16 行从连接对象中获取记录总数,这里使用了 mysqli 类的对象;第 31 行输出执行 update 查询后受到影响的行数。

9.3.4　处理准备语句

在 PHP 与 MySQL 的交互过程中,通常会重复执行一个查询,但每次使用的参数会有所不同。此时,若采用上述 query()方法及传统的循环机制来实现操作,不仅系统开销大,而且编写代码也不方便。要解决重复执行查询带来的问题,可以使用 PHP 对 MySQL 数据库准备(Prepared)语句的扩展支持。

MySQL 数据库准备语句的基本思想是可以向 MySQL 发送一个需要执行的查询模板再单独发送数据。因此,可以向一个相同的准备语句发送大量的数据,这个特性对批处理的插入操作来说非常有用。

使用准备语句实现多条 MySQL 数据插入的示例如下。

【例 9.13】 使用准备语句插入多条数据。

(1)启动 Zend Studio,在 example 工作区中选择项目 chapter09,并在该项目中添加 example9_13. php 文件。

(2)双击打开 example9_13. php 文件,添加代码并访问文件,如图 9.19 所示。

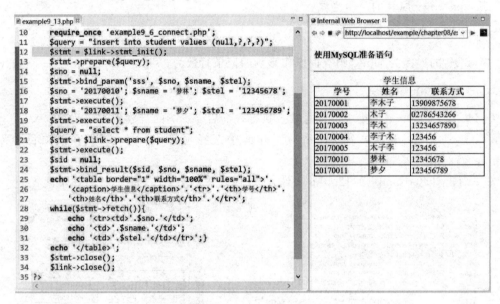

图 9.19　准备语句的使用

图 9.19 所示代码使用准备语句完成了两条学生记录的插入,并实现了全部信息的显示。两次数据的插入使用的是同一条查询语句,即代码中的第 11 行。这是一个查询模板,里面用占位符表示了需要插入的数据,实际数据通过绑定参数单独进行传递。

在接下来的内容中,涉及的代码均指图 9.19 中所示示例的代码,开发人员可以根据代码的行号对照学习。

1. 准备查询语句

准备语句中使用的查询字符串是一个模板,如第 11 行代码所示,其中可能变化的数据位置用占位符(?)来表示,在这些问号的周围不能再设置问号或其他分界符号。

2. 创建准备对象

要使用准备语句进行 MySQL 数据库的查询操作,首先需要创建一个准备语句类的对象,即 mysqli_stmt 类的对象,如第 12 行代码所示。

stmt_init()函数是 mysqli 类的成员函数,该函数返回一个 mysqli_stmt 类的对象,语法格式:

```
mysqli_stmt mysqli::stmt_init(void)
```

3．将查询语句放入准备对象

如第 13 行代码所示，调用 mysqli_stmt 类的 prepare() 成员函数，可以完成要执行的查询语句的准备，语法格式：

```
mixed mysqli_stmt::prepare ( string $query )
```

其中，参数 query 为必选项，表示要执行的查询语句。

4．绑定参数

如第 15 行代码所示，调用 mysqli_stmt 类的 bind_param() 成员函数，可以绑定查询语句中的参数，语法格式：

```
bool mysqli_stmt::bind_param(string $type,mixed &$v1[,mixed &$v2 ...])
```

其中，参数 type 表示其后各个变量（由 &$v1、&$v2……&$vn 表示）的数据类型，该参数为必需的，以确保向数据库服务器发送时能最有效地实现数据编码。目前，受支持的类型码有下述 4 种。

（1）i：所有 INTEGER 类型。

（2）d：DOUBLE 和 FLOAT 类型。

（3）b：BLOB 类型。

（4）s：所有其他类型，包括字符串。

参数 &$v1、&$v2……&$vn 是与查询语句中占位符？相对应的变量，其数量与占位符数量相同。

针对代码中的第 15 行给 type 参数赋值为 sss，表示后面的 3 个变量均为字符串，后面的变量 $sno、$sname、$stel 分别对应 student 数据表的 student_no、student_name 和 student_tel 字段。

5．执行准备语句

准备语句的执行是通过调用 mysqli_stmt 类的 execute() 成员函数来实现的，第 17、第 19 和第 22 行所示，语法格式：

```
bool mysqli_stmt::execute ( void )
```

该函数返回 true 或 false。

6．释放准备语句资源

一旦准备语句使用结束，它所占用的资源可以通过 mysqli_stmt 类的 close() 成员函数来释放，如第 33 行代码所示。

9.4　使用 PDO 与 MySQL 交互

视频讲解

所谓 PDO，就是 PHP 的数据对象，即 PHP Data Object。PDO 扩展类库为 PHP 访问数据库定义了一个轻量级的、一致性的接口，它提供了一个数据访问抽象层，这样无论使用什么样的数据库，都可以通过一致的函数执行查询和获取数据，大大简化了 PHP 对数据库的操作，并能够屏蔽不同数据库之间的差异。使用 PDO，可以很方便地进行跨数据库程序的开发以及不同数据库间的移植。

9.4.1 PDO 扩展的启用

在 Windows 操作系统环境下,PHP 5.1 以上版本中的 PDO 以扩展的形式发布,因此,要启用 PDO,只需要简单地编辑 php.ini 文件中的相应配置项即可。

打开 PHP 的配置文件 php.ini,找到配置项:

```
extension = php_pdo_mysql.dll
```

去掉该配置项前面的分号,保存文件修改后重启 Apache 服务器。查看 phpinfo()函数,如果可以看到如图 9.20 所示的输出结果,则表明 PDO 扩展以及连接 MySQL 的 PDO 驱动已经可以使用了。

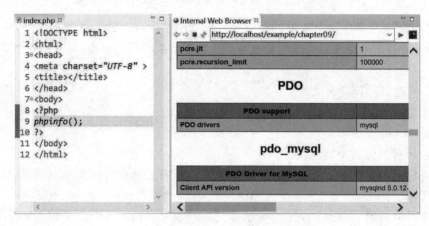

图 9.20 测试 PDO 是否可用

9.4.2 PDO 对象的创建

使用 PDO 与不同数据库之间交互时,使用的操作函数都是相同的,都是 PDO 对象的成员方法,所以在使用 PDO 与数据库交互之前,首先要创建一个 PDO 对象。

PDO 类位于 PDO.php 文件中,与其相关的类还有 PDOException、PDOStatement 以及 PDORow 类,示意如图 9.21 所示。

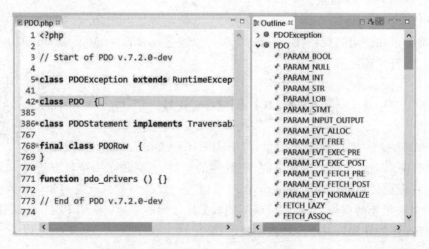

图 9.21 PDO 类示意

PDO 类的构造方法原型：

PDO::__construct (string $dsn [, string $username [, string $password [, array $driver_options]]])

其中,参数 dsn 是必选项,表示数据源名称,它定义了一个确定的数据库和必须要用到的驱动程序。DSN 的 PDO 命名惯例为 PDO 驱动程序的名称,后面为一个冒号,再后面是可选的驱动程序的数据库连接变量信息,如主机名、端口号和数据库名,例如连接 MySQL 服务器的 DSN 格式：

mysql:host = localhost; dbname = test_students

参数 username 与参数 password 分别指定用于连接数据库的用户名和密码,是可选参数;参数 driver_options 是一个数组,用来指定连接所需的所有额外选项,传递附加的调优参数到 PDO 或底层驱动程序。

【例 9.14】 创建 PDO 对象。

(1) 启动 Zend Studio,在 example 工作区中选择项目 chapter09,并在该项目中添加 example9_14_pdo.php 文件。

(2) 双击打开 example9_14_pdo.php 文件,并添加如下代码。

```php
<?php
    $dsn = "mysql:dbname = test_students; host = localhost";
    $user = 'root';
    $pwd = 'wwp';
    try {
        $pdo = new PDO( $dsn, $user, $pwd);
    } catch (PDOException $e) {
        echo '数据库连接失败:'. $e -> getMessage();
        exit();
    }
?>
```

(3) 继续在项目中添加 example9_14.php 文件,编写代码并访问文件,如图 9.22 所示。

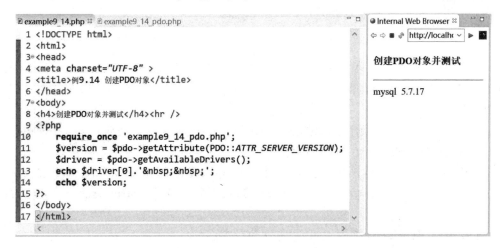

图 9.22 创建 PDO 对象并测试

图 9.22 所示代码中的第 10 行包含创建 PDO 对象的代码；第 11 和第 12 行测试 PDO 对象是否可用。

9.4.3 通过 PDO 执行查询

在 PHP 中，要通过 PDO 执行 SQL 查询与数据库进行交互，可以使用 PDO 类或 PDOStatement 类的成员函数来实现。

1. 使用 PDO 类的 exec() 方法

执行 INSERT、UPDATE 和 DELETE 等不返回结果集的查询，可以使用 PDO 对象中的 exec() 方法来实现。该方法成功执行后，将返回因执行查询操作而受影响的数据表中数据记录的行数。

【例 9.15】 使用 PDO 类的 exec() 方法执行查询。

（1）启动 Zend Studio，在 example 工作区中选择项目 chapter09，并在该项目中添加 example9_15.php 文件。

（2）双击打开 example9_15.php 文件，添加代码并访问文件，如图 9.23 所示。

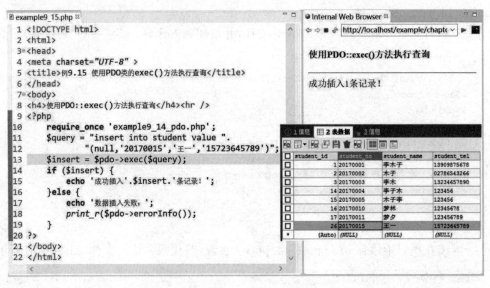

图 9.23　PDO::exec() 方法的使用

图 9.23 所示代码中的第 10 行包含创建 PDO 对象的代码；第 11 和第 12 行为数据插入查询字符串准备；第 13 行调用 PDO 对象的 exec() 方法执行查询；第 14～19 行输出查询执行效果提示信息。

从图 9.23 中右侧的提示信息及数据表记录可以看出，数据被成功插入了数据库中。

2. 使用 PDO 类的 query() 方法

当执行 select 等返回结果集的查询时，使用 PDO 对象中的 query() 方法来实现。该方法成功执行后，将返回一个 PDOStatement 对象，可以使用 PDOStatement 类的成员方法对结果集进行进一步的处理。

【例 9.16】 使用 PDO 类的 query() 方法执行查询。

（1）启动 Zend Studio，在 example 工作区中选择项目 chapter09，并在该项目中添加 example9_16.php 文件。

（2）双击打开 example9_16.php 文件，添加代码并访问文件，如图 9.24 所示。

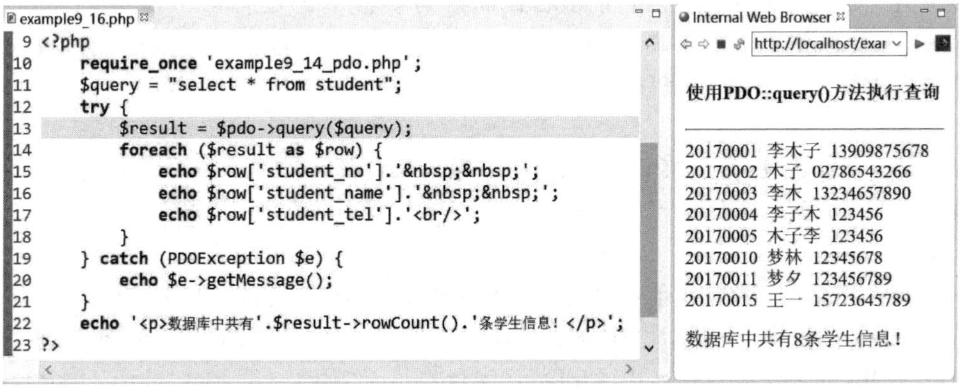

图 9.24 PDO::query()方法的使用

图 9.24 所示代码中的第 13 行使用 PDO::query()方法执行查询操作，获取一个结果集；第 14～18 行逐行显示学生信息；第 19 行通过调用 PDOStatement 类的成员函数 rowCount()获取查询到的总记录数。

3. 使用 PDOStatement 类的 execute()方法

上述 9.3.4 小节中介绍了 mysqli 扩展对 MySQL 数据库准备语句的支持，与 mysqli 扩展相同，PDO 扩展也支持 MySQL 数据库的准备语句。使用 PDO 类的 prepare()方法以及 PDOStatement 类的 execute()方法可以执行数据库的查询操作，具体操作步骤见 9.4.4 小节内容。

9.4.4 PDO 对准备语句的支持

PDO 扩展中对数据库准备语句的支持，是通过 PDOStatement 类的对象来实现的。所以，首先必须创建 PDOStatement 类的对象，然后通过对象调用其成员方法，实现查询模板的导入、参数的绑定、查询的执行以及对结果集的处理等。

1. 创建 PDOStatement 对象

与其他类的实例化不同，PDOStatement 对象不是通过 new 运行符创建，而是需要调用 PDO 类的 prepare()方法，语法格式：

```
public PDOStatement PDO::prepare ( string $statement [, array $driver_options = array() ] )
```

其中，参数 statement 表示一个合法的查询语句模板字符串；参数 driver_options 与 PDO 类的构造方法中的同名参数含义相同。

需要说明的是，使用 PDO 类的 query()方法也可以返回一个 PDOStatement 对象，但这个对象只是一个 PDOStatement 的结果集对象，而不是一个查询对象。

2. 绑定参数

如果查询语句中使用了占位符，就需要在每次执行查询前将其替换成数据。通过 PDOStatement 对象中的 bindParam()方法，可以把存储数据的变量绑定到准备好的占位符上，语法格式：

```
bool PDOStatement::bindParam ( mixed $parameter , mixed & $variable [, int $data_type = PDO::
PARAM_STR [, int $length [, mixed $driver_options ]]] )
```

1）parameter

该参数为必选项。如果在准备好的查询语句模板中占位符语法使用"名字"，那么parameter参数的值为该"名字"；如果占位符语法使用问号（?），那么parameter参数的值为查询中列值占位符（?）的索引偏移量。

2）variable

该参数也为必选项，指定赋给parameter参数所对应的占位符的值。该参数以引用的形式传递，所以只能提供变量，而不能直接赋值。

3）data_type

该参数为可选项。指定当前被绑定的参数的数据类型，它的值可以是PDO::PARAM_BOOL、PDO::PARAM_NULL、PDO::PARAM_INT、PDO::PARAM_STR 及或 PDO::PARAM_LOB，分别代表数据库中的 BOOLEAN、NULL、INT、CHAR（VARCHAR）和大对象数据类型。

4）length

该参数为可选项，指定数据类型的长度。

5）driver_options

该参数为可选项，含义与PDO类的构造方法中的同名参数含义相同。

3. 执行查询

准备好查询并绑定了相应的参数以后，就可以通过调用PDOStatement类的execute()方法反复执行在数据库缓存区准备好的查询语句了。

【例 9.17】 使用PDOStatement类的execute（）方法执行查询。

（1）启动 Zend Studio，在 example 工作区中选择项目 chapter09，并在该项目中添加example9_17.php 文件。

（2）双击打开 example9_17.php 文件，添加代码并访问文件，如图 9.25 所示。

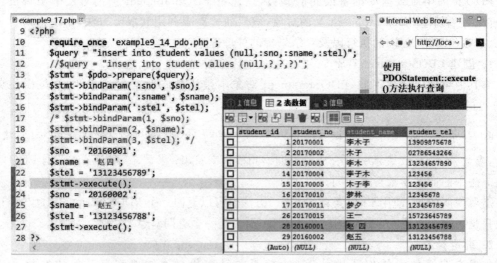

图 9.25　PDOStatement::execute()方法的使用

图 9.25 所示代码中第 11 行准备查询字符串，采用"名字"占位符；第 13 行通过 PDO 对象调用 prepare()成员函数，创建 PDOStatement 查询对象；第 14～16 行绑定变量到"名字"占位符；第 20～22、第 24～26 行给绑定参数赋值；第 23 和第 27 行执行查询。

图 9.25 所示代码中第 12 行准备查询字符串,采用问号(?)占位符;第 17～19 行用问号占位符时的参数绑定,数字表示是第 12 行查询语句中的第几个问号。这里需注意两种占位符各自所对应的参数绑定格式。

图 9.25 右侧是查询执行后呈现的数据表中的数据信息,可以看出,名为"赵四"与"赵五"的两位学生信息已被成功添加到数据库中。

除上述给出的参数绑定方法外,还有一种用数组表示的快捷数据输入方式。该方法传递给 execute()方法一个可选参数,这个参数是由准备查询中的命名参数占位符组成的数组,使用这种方法输入数据,可以省去对 bindParam()方法的调用,非常方便。

【例 9.18】 使用数组方式输入查询数据。

(1) 启动 Zend Studio,在 example 工作区中选择项目 chapter09,并在该项目中添加 example9_18.php 文件。

(2) 双击打开 example9_18.php 文件,并添加代码,如图 9.26 所示。

```php
1  <!DOCTYPE html>
2  <html>
3  <head>
4  <meta charset="UTF-8" >
5  <title>例8.18 使用数组方式输入查询数据</title>
6  </head>
7  <body>
8  <h4>使用数组方式输入查询数据</h4><hr />
9  <?php
10     require_once 'example9_14_pdo.php';
11     //$query = "insert into student values (null,:sno,:sname,:stel)";
12     $query = "insert into student values (null,?,?,?)";
13     $stmt = $pdo->prepare($query);
14     //$stmt->execute(array(":sno"=>'20150001',":sname"=>'刘一',":stel"=>'02187654377'));
15     //$stmt->execute(array(":sno"=>'20150002',":sname"=>'刘二',":stel"=>'02187654378'));
16     $stmt->execute(array('201500011','刘一','02187654377'));
17     $stmt->execute(array('201500021','刘二','02187654378'));
18  ?>
19  </body>
20  </html>
```

图 9.26 使用数组方式输入查询数据

图 9.26 所示代码中的第 10～13 行与例 9.17 中的相应代码相同;第 14 和第 15 行对应于"名字"占位符的数组格式,这时使用的是关联数组类型;第 16 和第 17 行对应于问号占位符的数组格式,此时使用的是数字索引数组类型。

4. 获取数据

PDO 的数据获取方法与 mysqli 数据库扩展中使用的方法非常相似,获取数据的函数都来自于 PDOStatement 类的成员,比如 fetch()方法、fetchAll()方法等。

1) fetch()方法

该方法可以将结果集中当前行的记录以某种方式返回,并将结果集指针移到下一行,当到达结果集末尾时返回 false,语法格式:

```
mixed PDOStatement::fetch ([ int $fetch_style [, int $cursor_orientation = PDO::FETCH_ORI_NEXT
[, int $cursor_offset = 0 ]]] )
```

其中,参数 fetch_style 是可选项,它的值决定了数据数组的类型,如表 9.1 所示;参数 cursor_orientation 是可选项,用来确定当对象是一个可滚动的游标时应当获取哪一行;参数 cursor_ offset 也是可选项,它是一个整数值,表示要获取的行相对于当前游标位置的偏移。

表 9.1　PDOStatement∷fetch()方法中参数 fetch_style 的值

参数 fetch_style	说　　明
PDO∷FETCH_ASSOC	返回一个索引为结果集列名的关联数组
PDO∷FETCH_BOTH	默认值,返回一个索引为结果集列名和以 0 开始的列号的数组
PDO∷FETCH_BOUND	返回 true,并分配结果集中的列值给 PDOStatement 类的 bindColumn()方法绑定的 PHP 变量
PDO∷FETCH_CLASS	返回一个请求类的新实例,映射结果集中的列名到类中对应的属性名。如果 fetch_style 包含 PDO∷FETCH_CLASSTYPE(例如: PDO∷FETCH_CLASS | PDO∷FETCH_CLASSTYPE),则类名由第 1 列的值决定
PDO∷FETCH_INTO	更新一个被请求类已存在的实例,映射结果集中的列到类中命名的属性
PDO∷FETCH_LAZY	结合使用 PDO∷FETCH_BOTH 和 PDO∷FETCH_OBJ 创建供访问的对象变量名
PDO∷ FETCH _ NUM	返回一个索引为以 0 开始的结果集列号的数组
PDO∷FETCH_OBJ	返回一个属性名对应结果集列名的匿名对象

【例 9.19】　使用 fetch()方法获取查询数据。

(1) 启动 Zend Studio,在 example 工作区中选择项目 chapter09,并在该项目中添加 example9_19.php 文件。

(2) 双击打开 example9_19.php 文件,添加代码并访问文件,如图 9.27 所示。

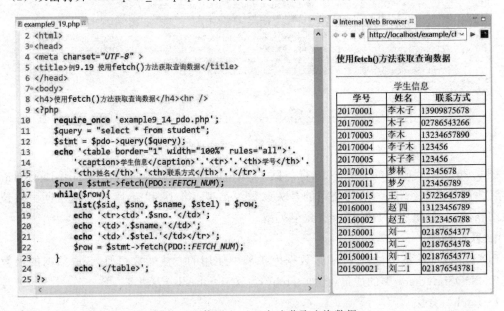

图 9.27　使用 fetch()方法获取查询数据

图 9.27 所示代码中的第 16、第 22 行通过 PDOStatement 类的结果集对象调用类的成员函数 fetch(),获取当前行数据,参数 PDO∷FETCH_NUM 表示结果数组取数字索引类型。

2) fetchAll()方法

此方法与 fetch()方法类似,唯一不同的是,该方法只需调用一次就可以获取结果集中所有行的数据,并返回一个二维数组。其语法格式:

```
array PDOStatement::fetchAll ([ int $fetch_style [, mixed $fetch_argument [, array $ctor_args
 = array() ]]] )
```

其中,参数 fetch_style 是可选项,其值及含义与 fetch()方法中的同名参数相同。若要返回单独一列的所有数据,可以指定参数 fetch_style 的值为 PDO::FETCH_COLUMN。

【例 9.20】 使用 fetchAll()方法获取查询数据。

(1) 启动 Zend Studio,在 example 工作区中选择项目 chapter09,并在该项目中添加 example9_20.php 文件。

(2) 双击打开 example9_20.php 文件,添加代码并访问文件,如图 9.28 所示。

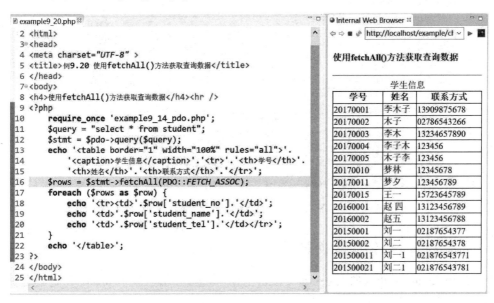

图 9.28　使用 fetchAll()方法获取查询数据

图 9.28 所示代码中的第 16 行获取结果集中所有行的数据,返回一个以数字为索引的二维数组,该二维数组中的每个元素又是一个关联数组,关联数组的键为数据表的字段名;第 17～21 行使用 foreach 循环逐行读出数据并显示。

9.5　综 合 实 例

视频讲解

在 PHP Web 应用开发过程中,用 PHP 对 MySQL 数据库进行操作是最核心的部分。

在前文的综合实例中,项目测试数据的存储采用的都是数组的方式,没有做到数据的长久保留与即时更新。本节继续完善第 8 章的项目,使用 PHP 对 MySQL 数据库进行操作,感受 PHP 与 MySQL 这对"黄金"组合的强大功能。

需求:用 MySQL 数据库存储第 8 章 pro08 项目数据,使用 PHP 对数据库进行操作。

目的:掌握 PHP 与 MySQL 数据库交互的方法。

9.5.1　数 据 库 设 计

第 8 章的 pro08 项目中实现了【近期关注】版块及用户登录/退出功能,使用的测试数据来自于项目 system/data/data.php。这里用 MySQL 数据库来存储这些测试数据,来实现相同的功能。

启动 Apache Web 服务器与 MySQL 数据库服务器,打开 phpmyadmin 数据管理工具,创建一个名为 db_phpweb 的数据库,并在其中创建两张新的数据表,如图 9.29 所示。

图 9.29　项目数据库及数据表

9.5.2　数据库操作基类设计

(1) 启动 Zend Studio,进入 exercise 项目工作区,复制/粘贴项目 pro08 并将其名称修改为 pro09。

(2) 在项目的 system/data 目录下创建一个名为 config.php 的配置文件,用来定义项目的配置参数,代码如下。

```php
<?php
//数据库配置
$config = array(
    'db' =>'mysql',
    'host' =>'localhost',
    'port' =>'3306',
    'dbname' =>'db_phpweb',
    'charset' =>'utf8',
    'user' =>'root',
    'psd' =>'wwp',
);
return $config;
```

(3) 在项目的 system/library 目录下创建一个名为 DBMySQL.class.php 的 PHP 文件,用来定义用于数据库连接的类,代码如下。

```php
<?php

class DBMySQL
```

```
{
    protected static $db = null;
    protected $params = array();
    public function __construct()
    {
        isset(self::$db) || self::_connect();
    }
    private function __clone(){}
    private static function _connect() {
        $config = require_once SYSTEM_PATH.'data/config.php';
        $dsn = "{$config['db']}:host={$config['host']};port={$config['port']};
        dbname={$config['dbname']};charset={$config['charset']}";
        try {
            self::$db = new PDO($dsn, $config['user'], $config['psd']);
        }catch (PDOException $e) {
            if(APP_DEBUG){
                wmerror('数据库连接失败:'. $e->getMessage());
            }else{
                wmerror('数据库连接失败!');
            }
        }
    }


    public function query($sql, $batch = FALSE) {
        $data = $batch ? $this->params: array($this->params);
        $this->params = array();
        $stmt = self::$db->prepare($sql);
        foreach ($data as $v) {
            if ($stmt->execute($v) === false) {
                exit('数据库操作失败:'. implode('-', $stmt->errorInfo()));
            }
        }
        return $stmt;
    }
    public function params($params) {
        $this->params = $params;
        return $this;
    }


    public function fetchRow($sql) {
        return $this->query($sql)->fetch(PDO::FETCH_ASSOC);
    }
    public function fetchAll($sql) {
        return $this->query($sql)->fetchAll(PDO::FETCH_ASSOC);
    }
    public function fetchColumn($sql) {
        return $this->query($sql)->fetchColumn();
    }
    public function lastInsertId() {
        return self::$db->lastInsertId();
    }
}
```

9.5.3　模型类设计

（1）打开项目 system/library 目录下的模型基类文件 Model. class. php，修改其代码如下。

```php
<?php

class Model extends DBMySQL
{
    protected $table = '';
    protected $error = array();

    public function __construct( $table = FALSE){
        parent::__construct();
        $this -> table = $table ? $table : '';
    }
    //获取全部数据
    public function getData(){
        $data = array();
        $sql = 'select * from '. $this -> table;
        $data = $this -> fetchAll( $sql);
        return $data;
    }
    //根据 ID 获取数据
    public function getDataById( $id) {
        $data = array();
        $sql = 'select * from '. $this -> table. ' where id = :id';
        $data = $this -> params(array('id' => $id)) -> fetchRow( $sql);
        return $data;
    }

    public function __get( $name) {
        return isset( $this -> data[ $name]) ? $this -> data[ $name] : null;
    }
    public function __set( $name, $value) {
        $this -> data[ $name] = $value;
    }
    public function getError() {
        return $this -> error;
    }
}
```

（2）打开项目 module/default/model 目录下的模型文件 FocusModel. class. php，修改代码如下。

```php
<?php

class FocusModel extends Model
{
    public function __construct(){
        parent::__construct('test_focus');
    }
    //更新浏览次数
    public function vists( $id) {
        $row = $this -> getDataById( $id);
        $v = $row['visits'] + 1;
        $sql = 'update '. $this -> table. ' set visits = :v where id = :id';
```

```
        $this −> params(array('v' => $v, 'id' => $id)) −> query( $sql);
    }
}
```

9.5.4 运行测试

打开浏览器访问项目 pro09 首页,单击【近期关注】版块中的超链接进行测试,运行效果如图 9.30 所示。注意观察"浏览"次数的变化。

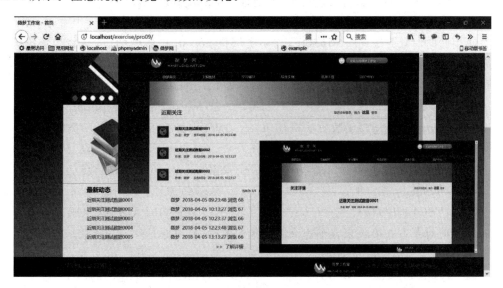

图 9.30 项目运行测试

习　　题

一、填空题

1. PHP 对数据库的支持,是通过安装相应的(　　)来实现的。PHP 的扩展库位于 PHP 根目录的(　　)子目录中。

2. 从 PHP 5.5 开始,原始的 MySQL 扩展已被废弃,取而代之的是(　　)或(　　)扩展,这两扩展的动态链接库文件分别是(　　)和(　　)。

3. 若要启用 PHP 的 MySQLi 扩展,必须在 PHP 配置文件中打开或添加(　　)语句。

4. 使用 PHP 访问 MySQL 数据库一般需要 5 个步骤,即(　　)、(　　)、(　　)、(　　)以及(　　)。

5. MySQL 数据库服务器的默认端口为(　　)。

6. 在 PHP 编程中,SQL 语句的执行是通过直接调用函数(　　),或者调用(　　)类的成员函数(　　)来实现的。

7. 在 PHP 中,用数组的方式接收来自于查询结果集的数据,可以使用的函数有(　　)、(　　)、(　　)和(　　)。

8. 执行 select 查询以后,常常需要知道返回的记录数,此时可以调用(　　)函数或访问(　　)类对象的(　　)属性。

9. 所谓 PDO,就是 PHP 的(   ),即(   );使用 PDO 可以很方便地进行(   )程序的开发以及实现不同数据库间的移植。

10. 在 PHP 中,通过 PDO 执行 SQL 查询与数据库进行交互,可以使用(   )类或(   )类的成员函数来实现。

二、选择题

1. 使用函数 mysqli_connect()建立 PHP 与 MySQL 的连接时,需要设置(   )等参数。
    A. MySQL 数据库服务器名称或 IP 地址　　B. MySQL 用户名
    C. MySQL 用户密码　　　　　　　　　　　D. 以上都是

2. 使用面向对象方法连接 MySQL,需要实例化 mysqli 扩展中的(   )类,该类的对象表示了 PHP 和 MySQL 数据库之间的一个连接。
    A. mysql　　　　　　　　　　　　　　　　B. mysqli
    C. PDO　　　　　　　　　　　　　　　　　D. mysqli_sql_exception

3. 使用 mysqli_query()函数成功执行 select 查询后,将返回一个(   )类的对象。
    A. mysqli　　　　B. mysqli_result　　　　C. mysqli_stmt　　　　D. PDO

4. 在下面的常量中,(   )不能指定函数 mysqli_fetch_array()返回数组的类型。
    A. MYSQLI_ASSOC　　　　　　　　　　　B. MYSQLI_NUM
    C. MYSQLI_BOTH　　　　　　　　　　　　D. MYSQLI_US_RESULT

5. 用面向对象方式接收来自于查询结果集的数据,使用的是(   )函数。
    A. mysqli_fetch_object()　　　　　　　　B. mysqli_num_rows()
    C. mysqli_affected_rows()　　　　　　　　D. mysqli_fetch_array()

6. 使用 stmt_init()函数可以创建准备语句类的对象,该函数是(   )类的成员函数。
    A. mysqli_stmt　　　　　　　　　　　　　B. mysqli
    C. mysqli_sql_exception　　　　　　　　　D. PDO

7. 通过调用 mysqli_stmt 类的(   )成员函数,可以绑定查询语句中的参数。
    A. prepare()　　　　B. bind_param()　　　　C. execute()　　　　D. close()

8. 通过创建(   )类的对象,可以实现与 MySQL 数据库的连接。
    A. PDO　　　　　B. PDORow　　　　C. PDOStatement　　　D. PDOException

9. 在 PHP 中,要通过 PDO 执行 SQL 查询与数据库进行交互,可以使用 PDO 类或 PDOStatement 类的(   )成员函数来实现。
    A. PDO::exec()　　B. PDO::query()　　C. PDOStatement　　D. 以上都是

10. PDO 的数据获取通常使用 PDOStatement 类的成员方法,比如(   )。
    A. fetch(PDO::FETCH_NUM)　　　　　　B. fetch(PDO::FETCH_ASSOC)
    C. fetchAll()　　　　　　　　　　　　　　D. 以上都是

三、程序阅读题

1. 假设 MySQL 数据库已启动,且用户名(root)与密码(123456)正确。请写出下列程序的执行结果,并说明语句1、2、3 的功能。

```php
<?php
$conn = mysqli_connect('localhost','root','123456');
$dataType = gettype( $conn);
$className = get_class( $conn);                    //语句1
```

```php
$classMehods = get_class_methods( $conn);           //语句2
$classVars = get_class_vars( $className);            //语句3
echo $dataType.'('. $className.')';
?>
```

2. 假设 MySQL 数据库已启动,若用户名(root)与密码(111111)不正确,下列程序的执行结果是什么?若用户名(root)与密码(111111)正确,程序的执行结果又是什么?

```php
<?php
$conn = @mysqli_connect('localhost','root','111111');
$conn or die('数据库连接失败!');
$sql = 'create database db_chapter09_xt3';
mysqli_query( $conn, $sql);
?>
```

3. 在下面的程序中,PHP 与 MySQL 数据库连接成功,程序执行后会产生什么结果?说明语句1、2的功能。

```php
<?php
$conn = @mysqli_connect('localhost','root','wwp');
$conn or die('数据库连接失败!');
$sql = 'use db_chapter09_xt3';
mysqli_query( $conn, $sql);                          //语句1
$sql = 'create table tb_user (
            id int auto_increment primary key ,
            name char(10) not null unique )';
mysqli_query( $conn, $sql);                          //语句2
?>
```

4. 在下面的程序中,PHP 与 MySQL 数据库连接成功,程序执行后会产生什么结果?若刷新浏览器页面,会再次插入数据吗?为什么?

```php
<?php
$conn = new mysqli('localhost','root','123456','db_chapter09_xt3');
$sql = "insert into tb_user (name) values ('李木子')";
$conn -> query( $sql);
?>
```

5. 在下面的程序中,PHP 与 MySQL 数据库连接成功,程序执行后会产生什么结果?说明语句1、2、3、4的功能。

```php
<?php
$conn = new mysqli('localhost','root','123456','db_chapter09_xt3');
$stmt = $conn -> stmt_init();                        //语句1
$sql = "insert into tb_user (name) values (?)";
$stmt -> prepare( $sql);                             //语句2
$name = '木子';
$stmt -> bind_param('s', $name);                     //语句3
$stmt -> execute();                                  //语句4
?>
```

315

第
9
章

四、操作题

针对上面"三、程序阅读题"中的数据库 db_chapter09_xt3,完成如下操作。

1. 编写 PHP 代码,实现对数据表 tb_user 的查询。要求以图 9.18 所示的表格形式输出。

2. 使用 PDO 完成本大题题 1 所述功能。

3. 编写 PHP 代码,删除数据表 tb_user 的最后一条记录。

4. 编写 PHP 代码,在数据表 tb_user 的前面添加一条新记录。

5. 编写 PHP 代码,实现数据库的备份。

第10章　PHP 的文件处理

使用 PHP 有两种主要的数据存储方式,即文件(和目录)和数据库。尽管基于数据库比基于文件的系统更强大也更安全,但是在某些时候,通过读写 Web 服务器上的简单文本文件来发送和检索信息,反而会来得更快捷、更容易。

本章将介绍 PHP 对文件的处理方法,包括文件的创建与删除、文件的打开与关闭、文件内容的查询与读写以及文件的上传与下载操作等。

10.1　目 录 处 理

视频讲解

使用 PHP 与文件交互时,离不开与目录的操作。PHP 对目录的操作,包括对目录的信息查询与目录的创建、删除等。

10.1.1　目录信息查询

目录信息就是指目录的属性以及其状态,包括是否为目录、名称是什么、是否为当前工作目录等。

1. 判断是否是目录

使用 is_dir()函数可以判断 PHP 变量所表示的是否为目录,语法格式:

```
bool is_dir ( string $filename )
```

其中,参数 filename 表示文件的名称。

如果文件名存在且为目录,则返回 true;如果 filename 是一个相对路径,则按照当前工作目录进行检查。

【例 10.1】　目录判断。

(1)启动 Zend Studio,在 example 工作区中创建一个新的 PHP 项目 chapter10,并在该项目中添加一个名为 mydata 的目录及名为 dir 的子目录。

(2)在项目中添加名为 example10_1.php 的 PHP 文件,并添加代码,如图 10.1 左侧所示。

(3)打开浏览器,访问 example10_1.php 页面,运行效果如图 10.1 右侧所示。

2. 显示目录名称

要在 PHP 中查看文件的目录信息,可以使用函数 dirname()与函数 realpath(),还可以通过 Directory 类的对象来访问 path 属性。

dirname()函数的声明格式:

```
string dirname ( string $path )
```

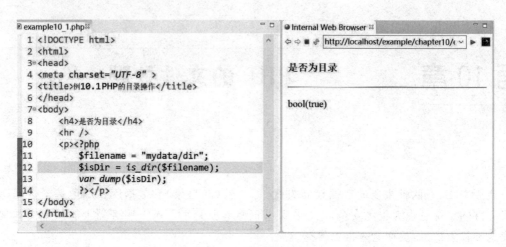

图 10.1　目录信息判断

该函数可返回文件路径中的目录部分。其中的参数 path 表示一个文件全路径字符串。注意,在 Windows 系统中,斜杠/和反斜杠\都可以用作目录分隔符,但在其他环境下只能用斜杠/来表示。

realpath()函数的声明格式:

```
string realpath ( string $path )
```

该函数可以返回规范化的绝对路径名称。其中的参数 path 表示需要检查的路径字符串。

realpath()函数可以扩展所有符号连接,并且处理输入的 path 中的/./、/../以及多余的/。

pathinfo()函数的声明格式:

```
mixed pathinfo ( string $path [, int $options = PATHINFO_DIRNAME | PATHINFO_BASENAME | PATHINFO_
EXTENSION | PATHINFO_FILENAME ] )
```

该函数以关联数组的形式返回 path 信息,信息类型取决于 options 参数设置。

【例 10.2】　查看目录名称。

(1) 启动 Zend Studio,在 example 工作区中选择项目 chapter10,并在该项目中添加一个 example10_2.php 文件。

(2) 在该项目的 mydata 文件夹中添加一个 test.txt 文件。

(3) 双击打开 example10_2.php 文件,并添加代码,如图 10.2 左侧所示。

图 10.2 所示代码中的第 12 行使用 dirname()函数获取文件相对路径;第 15 行使用 realpath()获取文件绝对路径;第 18 行构造了一个 Directory 类的对象;第 19 行通过对象访问类的公有特性 path;第 21 行使用 pathinfo()函数获取文件分类信息,其中就包括了文件所属的目录名称。

(4) 打开浏览器,访问 example10_2.php 页面,输出信息如图 10.2 右侧所示。

3. 获取当前工作目录

要取得当前工作目录,可以使用 getcwd()函数,语法格式:

```
string getcwd ()
```

该函数调用成功,可以返回当前工作目录;否则返回 false。

注意,在某些 UNIX 系统下,如果当前工作目录的任何父目录没有设定可读或搜索模式,

图 10.2　查看目录名称

即使当前工作目录设定了，getcwd()函数也会返回 false。

10.1.2　目录操作

对文件目录的操作包括创建、更改、删除以及打开、关闭等。

1. 创建目录

mkdir()函数用于创建目录，若成功，返回 true，否则返回 false。其语法格式：

```
mkdir( $path, $model, $recursive, $context)
```

其中，第 1 个参数 path 规定了要创建的目录名称；第 2 个参数 model 规定了目录权限，默认是 0777，在 Windows 下会被忽略；第 3 个参数 recursive 规定是否要使用递归模式；第 4 个参数 context 指定文件句柄的环境。

例如：

```
$newdir = 'mydata/dir/sub1';
mkdir( $newdir);
```

代码会在 mydata/dir 目录下创建新目录 sub1。此时，目录 mydata 及其下的子目录 dir 必须存在。该目录结构还可以写成./mydata/dir 的形式。

当然，还可以更改当前工作目录，然后再创建新目录，代码如下。

```
$newdir = 'sub1';
chdir('mydata/dir')
mkdir( $newdir);
```

在当前工作目录下创建新目录 depth1，代码如下：

```
$newdir = 'depth1';
mkdir( $newdir);
```

使用 mkdir()函数时，若只设置目录名称，则只能定义目录的一层；如果要创建两层或两

层以上的子目录,必须设置为递归模式,如下所示:

```
$newdir = 'depth1/depth2/depth3/';
mkdir( $newdir, 0, true);
```

【例 10.3】 创建目录。

(1) 启动 Zend Studio,在 example 工作区中选择项目 chapter10,并在该项目中添加一个 example10_3.php 文件。

(2) 双击打开 example10_3.php 文件,并添加代码,如图 10.3 右侧所示。

图 10.3 所示代码中的第 12 行在已经存在的目录下创建了子目录 sub1;第 14 行在当前目录下创建了 depth1 目录;第 16 行启用递归模式,创建了 depth1/depth2/depth3/目录层次结构。

(3) 打开浏览器,运行 example10_3.php 文件,结果如图 10.3 左侧所示。

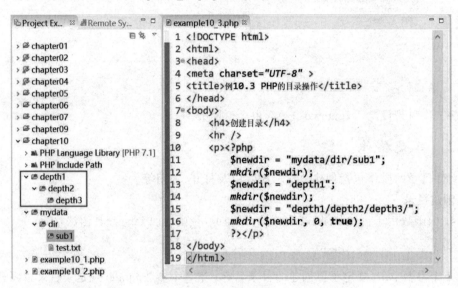

图 10.3　创建目录

2. 更改工作目录

使用 chdir()函数可以更改 PHP 的当前工作目录,该函数的声明格式:

```
bool chdir ( string $directory )
```

其中,参数 directory 表示新的当前目录。更改成功时返回 true,失败时返回 false。

3. 删除目录

使用 rmdir()函数可以删除目录。执行删除目录操作时,该目录必须是空目录,并且有相应的权限。该命令执行成功会返回 true,失败会返回 false,语法格式:

```
rmdir( $dirname);
```

其中,参数 dirname 是要删除的目录名称,该目录必须为空。

【例 10.4】 删除目录。

(1) 启动 Zend Studio,在 example 工作区中选择项目 chapter10,并在该项目中添加一个 example10_4.php 文件。

(2) 双击打开 example10_4.php 文件,并添加代码,如图 10.4 中图所示。

图 10.4 所示代码中的第 12 行删除了 mydata/dir 目录下的 sub1 子目录;代码中的第 13 行删除了 depth1/depth2 目录下的 depth3 子目录;代码中的第 16 行试图删除 depth1 目录,由于该目录下还有 depth2 子目录,所以删除失败,浏览器的提示信息清楚提示被删除的目录必须为空。

(3) 打开浏览器,运行 example10_4.php 文件,结果如图 10.4 左、右侧所示。

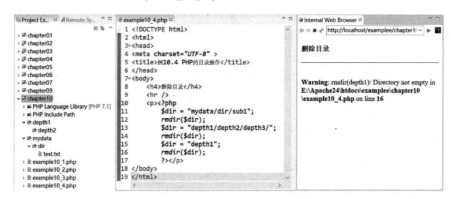

图 10.4　删除目录

4. 打开、读取与关闭目录

PHP 的内置函数 opendir()、readdir() 和 closedir() 可以分别用来执行目录的打开、读取与关闭操作,它们的用法都比较简单,这里不做详述。

【例 10.5】　打开、读取与关闭目录。

(1) 启动 Zend Studio,在 example 工作区中选择项目 chapter10,并在该项目中添加一个 example10_5.php 文件。

(2) 双击打开 example10_5.php 文件,并添加代码,如图 10.5 左侧所示。

图 10.5 所示代码中的第 12 行获取操作目录的句柄;代码中的第 13、第 16 行读取目录中的内容,包括目录和文件;代码中的第 18 行关闭目录。

(3) 打开浏览器,访问 example9_5.php 页面,输出结果如图 10.5 右侧所示。

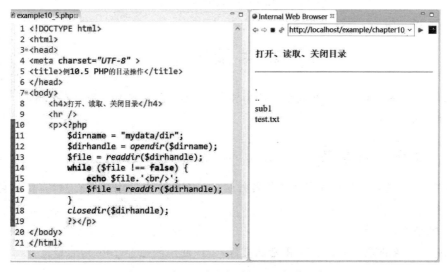

图 10.5　打开、读取与关闭目录操作示例

PHP 的文件处理

除可以使用 readdir()函数读取目录之外,在实际开发中,还常常使用 scandir()函数以及 glob()函数遍历目录中的内容。它们的使用方法及返回结果形式如例 10.6 所示。

【例 10.6】 读取目录。

(1) 启动 Zend Studio,在 example 工作区中选择项目 chapter10,并在该项目中添加一个 example10_6.php 文件。

(2) 双击打开 example10_6.php 文件,并添加代码,如图 10.6 左侧所示。

代码中的第 12 行使用 scandir()函数列出指定路径中的文件和目录;代码中的第 17 行使用 glob()函数通过模式匹配的方式读取目录中的内容。

(3) 打开浏览器,访问 example10_6.php 页面,输出结果如图 10.6 右侧所示。

```php
1  <!DOCTYPE html>
2  <html>
3  <head>
4  <meta charset="UTF-8" >
5  <title>例10.6 PHP的目录操作</title>
6  </head>
7  <body>
8      <h4>使用scandir()、glob()函数读取目录</h4>
9      <hr />
10     <p><?php
11         $dir = "mydata/dir";
12         $dirinfo1 = scandir($dir);
13         echo '<pre>';
14         print_r($dirinfo1);
15         echo '</pre>';
16
17         foreach (glob('mydata/dir/*') as $file) {
18             $dirinfo2[] = $file;
19         }
20         echo '<pre>';
21         print_r($dirinfo2);
22         echo '</pre>';
23     ?></p>
24 </body>
25 </html>
```

```
使用scandir()、glob()函数读取目录

Array
(
    [0] => .
    [1] => ..
    [2] => sub1
    [3] => test.txt
)
Array
(
    [0] => mydata/dir/sub1
    [1] => mydata/dir/test.txt
)
```

图 10.6　读取目录

10.2　文 件 操 作

视频讲解

在 Web 应用开发中,对文件的操作更为频繁,例如文件内容的读取、文件的写入和删除等。

10.2.1　查询文件信息

PHP 提供了很多函数来查询文件的各种信息。在程序中使用文件之前,需要对它有一个详细的了解。

1. 判断是否是文件

要判断给定文件名是否为一个正常的文件,可以使用函数 is_file(),原型:

```
bool is_file ( string $filename )
```

其中,参数 filename 为需要验证的文件名字符串。

使用函数 file_exists()可以检验文件或目录是否真的存在,原型:

```
bool file_exists ( string $filename )
```

参数 filename 为文件或目录名称字符串。

2. 显示文件类型、大小及状态

filetype()函数可用于取得文件类型,并成功返回文件的类型,可能的值有 fifo、char、dir、block、link、file 和 unknown;错误则返回 false。其语法格式:

```
filetype( $filename)
```

其中,参数 filename 为需要查询的文件路径。

1) 文件大小

文件的大小使用 filesize()函数来确定,语法格式:

```
filesize( $filename)
```

参数 filename 表示文件路径。该函数返回文件大小的字节数,如果出错,则返回 false,并生成一条 E_WARNING 级的错误信息。

注意,因为 PHP 的整数类型是有符号整型,而且很多平台使用的是 32 位整型,所以对于 2GB 以上的文件,一些文件系统函数可能会返回一个无法预期的结果。

2) 文件状态

文件的状态一般包括可读、可写和可执行,它们分别可以用函数 is_readable()、is_writable()或 is_writeable()、is_executable()来检验。

这些函数的用法都比较简单,并且返回的布尔值含义也非常明显,这里不做赘述。

3. 显示文件访问与修改时间

在 PHP 中,取得文件的最后访问时间可以使用 fileatime()函数,该函数可以返回指定文件的上次访问时间,以 UNIX 时间戳的方式返回;如果出错,则返回 false。

要获取文件上次被修改的时间,可以使用函数 filemtime()函数。该函数可以返回文件中的数据块上次被写入的时间,也就是,文件内容上次被修改的时间。

在 PHP 中,还可以使用函数 filectime()来获取一个文件的修改时间。在 UNIX 系统中,当一个文件的内容被修改,或者当其许可权限或所有者发生变化的时候,都会设置修改日期。在其他平台中,该函数返回的是文件的创建日期。

4. 获取文件权限

在 PHP 中,要获取文件或目录的权限,可使用 fileperms()函数,该函数可以返回文件或目录的权限。若成功,则返回文件的访问权限;若失败,则返回 false。

【例 10.7】 查询文件信息。

(1) 启动 Zend Studio,在 example 工作区中选择项目 chapter10,并在该项目中添加一个 example10_7.php 文件。

(2) 双击打开 example10_7.php 文件,并添加代码,如图 10.7 左侧所示。

图 10.7 所示代码中的第 12 行判断资源是否是文件;第 16 行显示文件类型;第 17 行显示文件大小;第 18 行显示文件最后访问时间;第 21 行显示文件最后修改时间;第 25 行显示文件的访问权限,关于访问权限的含义可以查询有关 UNIX 系统技术资料。

（3）打开浏览器，访问 example10_7.php 页面，输出结果如图 10.7 右侧所示。

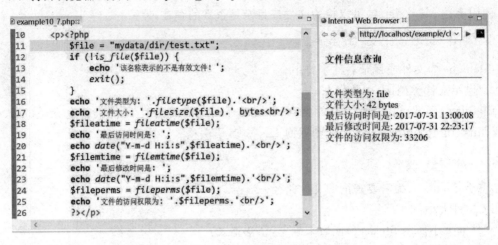

图 10.7　查询文件信息

10.2.2　打开/关闭文件

在 PHP 中，文件是一种资源，对资源的操作会消耗计算机内存，所以需要随时打开与关闭。

1. 打开文件

要打开文件或者 URL，可以使用 PHP 的 fopen()函数，该函数可以将指定的名字资源绑定到一个流上，语法格式：

```
resource fopen(string $filename, string $mode [, bool $use_include_path = false [, resource $context ]])
```

1）filename

该参数表示要打开的资源的名字。如果 filename 是 scheme://...格式，则会被当成一个 URL，PHP 将搜索协议处理器（也称为封装协议）来处理此模式。如果该协议尚未注册封装协议，PHP 将发出一条消息来帮助检查脚本中潜在的问题，并将 filename 当成一个普通的文件名继续执行下去。

如果 PHP 认为 filename 指定的是一个本地文件，将尝试在该文件上打开一个流。那么该文件必须是 PHP 可以访问的，因此需要确认文件访问权限。

如果 PHP 认为 filename 指定的是一个已注册的协议，而该协议被注册为一个网络 URL，PHP 将检查并确认 allow_url_fopen（配置文件 php.ini 中的属性）是否已被激活。如果关闭，PHP 将发出一个警告，fopen()函数的调用失败。

2）mode

该参数表示打开文件的方式，其取值如表 10.1 所示。

表 10.1　fopen()函数中参数 mode 的取值

方　　式	说　　明
r	只读方式打开，将文件指针指向文件头
r+	读写方式打开，将文件指针指向文件头

方　式	说　明
w	写入方式打开,将文件指针指向文件头,并将文件大小截为 0。如果文件不存在,则尝试创建
w+	读写方式打开,将文件指针指向文件头,并将文件大小截为 0。如果文件不存在,则尝试创建
a	写入方式打开,将文件指针指向文件末尾。如果文件不存在,则尝试创建
a+	读写方式打开,将文件指针指向文件末尾。如果文件不存在,则尝试创建
x	创建并以写入方式打开,将文件指针指向文件头。如果文件已存在,则 fopen()调用失败,并返回 false,生成一条 E_WARNING 级别的错误信息。如果文件不存在,则尝试创建
x+	创建并以读写方式打开,其他行为和 x 方式相同
b	以二进制方式打开文件
t	文本转换标记,UNIX 系统使用\n 作为行结束字符,Windows 系统使用\r\n 作为行结束字符。该方式可以透明地将\n 转换为\r\n,只是 Windows 下的一个选项

3) use_include_path

这是一个可选参数,其作用是,如果需要在 include_path 中指定的路径下搜索文件,可将该参数设置为 1 或者 true。

4) context

这也是一个可选参数,它规定了文件句柄的环境。context 是可以修改流的行为的一套选项。

2. 关闭文件

对文件操作结束后,需要将打开的文件资源释放,即关闭文件。关闭文件可使用 fclose()函数,语法格式:

```
bool fclose ( resource $handle )
```

其中,参数 handle 为已打开的文件资源,资源对象必须是有效的,否则返回 false。

【例 10.8】 打开和关闭文件。

(1)启动 Zend Studio,在 example 工作区中选择项目 chapter10,并在该项目中添加一个 example10_8.php 文件。

(2)双击打开 example10_8.php 文件,并添加代码,如图 10.8 左侧所示。

图 10.8 所示代码中的第 12 行,以只读方式打开一个文本文件;第 17 行关闭打开的文本文件;第 25 行打开一个远程的 PHP 文件;第 30 行显示远程文件效果;第 31 行关闭打开的远程 PHP 文件。

(3)打开浏览器,访问 example10_8.php 页面,输出结果如图 10.8 右侧所示。

10.2.3　读取文件

从文件中读取数据,可以一次读取一个字符、一行字符或者指定长度的字符,也可以一次读取整个文件。

1. 读取一个字符

要从打开的文件中读取一个字符,可以使用 fgetc()函数,语法格式:

图 10.8　文件的打开与关闭

```
string fgetc ( resource $handle )
```

其中参数 handle 为文件句柄。该文件句柄必须是有效的，必须指向由 fopen() 函数成功打开且还未由 fclose() 函数关闭的文件。

该函数返回一个包含一个字符的字符串，该字符从 handle 指向的文件中得到；若读取时碰到 EOF，则返回 false。

注意，此函数可能返回布尔值 false，但也可能返回等同于 false 的非布尔值。编程时应先使用全等运算符＝＝＝来进行测试。

2. 读取一行字符

如果文本内容很多，一般采用逐行读取文件的方式从打开的文件中读取一行字符，这时可以使用 fgets() 函数，语法格式：

```
string fgets ( resource $handle [, int $length ] )
```

其中参数 handle 与 fgetc() 函数中的同名参数含义相同；参数 length 为可选项，表示返回的字符串长度。

该函数从 handle 指向的文件中读取一行并返回长度最多为 length－1 字节的字符串。碰到换行符（包括在返回值中）、EOF 或者读取 length－1 字节后停止。如果没有指定 length 参数，则默认为 1KB，即 1024B。

【例 10.9】　读取文件中的一个或一行字符。

（1）启动 Zend Studio，在 example 工作区中选择项目 chapter10，并在该项目中添加一个 example10_9.php 文件。

（2）双击打开 example10_9.php 文件，并添加代码，如图 10.9 左侧所示。

图 10.9 所示代码中的第 16、第 23 行从打开的文件中读取一个字符，每读取一次，文件指针向后移动一个字符；代码中的第 29 行读取文件的一行字符，设置每行的最大长度为 100byte。代码中的第 28 行利用函数 feof() 检测文件指针是否已到文件末尾。

（3）打开浏览器，访问 example10_9.php 页面，输出结果如图 10.9 右侧所示。

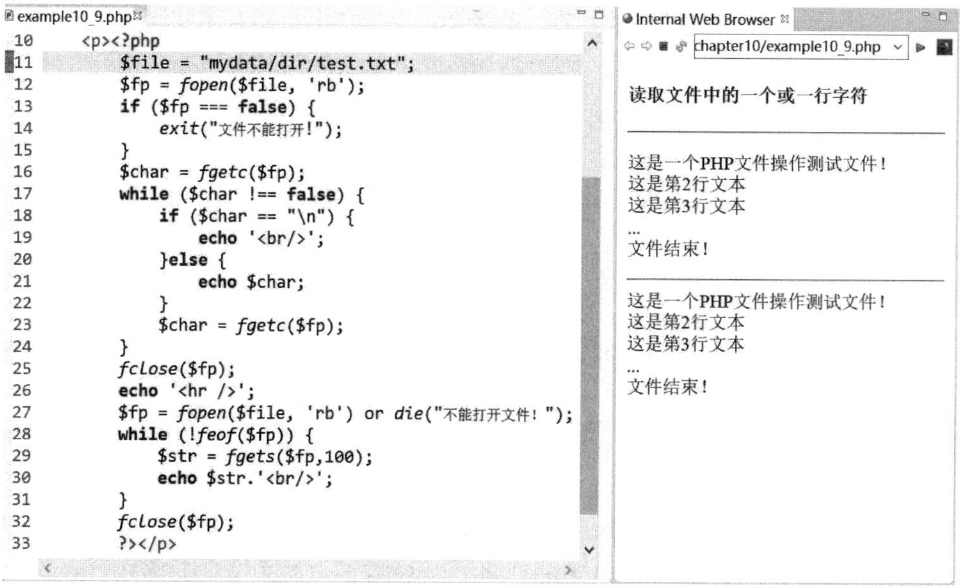

```php
10    <p><?php
11        $file = "mydata/dir/test.txt";
12        $fp = fopen($file, 'rb');
13        if ($fp === false) {
14            exit("文件不能打开！");
15        }
16        $char = fgetc($fp);
17        while ($char !== false) {
18            if ($char == "\n") {
19                echo '<br/>';
20            }else {
21                echo $char;
22            }
23            $char = fgetc($fp);
24        }
25        fclose($fp);
26        echo '<hr />';
27        $fp = fopen($file, 'rb') or die("不能打开文件！");
28        while (!feof($fp)) {
29            $str = fgets($fp,100);
30            echo $str.'<br/>';
31        }
32        fclose($fp);
33    ?></p>
```

图 10.9　读取文件

3. 读取一定长度的字符

使用 fread() 函数可以读取文件中的任意长度字符串，语法格式：

```
string fread ( resource $handle , int $length )
```

其中参数 handle 与前文函数中的同名参数含义相同；参数 length 表示每次读取的最大字节数。该函数在读取完 length 长度的字节数后，或文件指针到达 EOF 时停止。

4. 读取整个文件内容

若要一次性读取整个文件内容，可以使用 readfile()、file() 或 file_get_contents() 中的任意一个。

1) readfile() 函数

该函数用于读取整个文件内容，不需要打开/关闭文件，语法格式：

```
int readfile ( string $filename [, bool $use_include_path = false [, resource $context ]] )
```

其中，参数与函数 fopen() 中的同名参数含义相同。

该函数返回从文件中读取的字节数，如果出错，则返回 false，并在未使用错误抑制符@时还会显示错误信息。

2) file() 函数

该函数用于读取整个文件内容，不需要打开/关闭文件，语法格式：

```
array file(string $filename [, int $flags = 0 [, resource $context ]])
```

其中，参数与函数 fopen() 中的同名参数含义相同；参数 flags 为可选项，可以是常量 FILE_USE_INCLUDE_PATH、FILE_IGNORE_NEW_LINES 或 FILE_SKIP_EMPTY_LINES 中的一个或多个。这 3 个常量的含义分别是在 include_path 中查找文件、在数组每个元素的末

PHP 的文件处理

尾不要添加换行符、跳过空行。

　　该函数将文件作为一个数组返回,数组中的每个单元都是文件中相应的一行,包括换行符在内。如果失败,函数会返回 false。

　　3) file_get_contents()函数

　　该函数用于读取整个文件内容,不需要打开/关闭文件,语法格式:

```
string file_get_contents(string $filename [, bool $use_include_path = false [, resource $context [, int $offset = -1 [, int $maxlen ]]]] )
```

其中,参数与函数 fopen()中的同名参数含义相同;参数 offset 指定读取文件的起始位置;参数 maxlen 指定读取字符的最大长度。

　　该函数可将整个文件读入一个字符串返回,读取失败则返回 false。

　　【例 10.10】 读取整个文件。

　　(1) 启动 Zend Studio,在 example 工作区中选择项目 chapter10,并在该项目中添加一个 example10_10.php 文件。

　　(2) 双击打开 example10_10.php 文件,并添加代码,如图 10.10 左侧所示。

　　图 10.10 所示代码中的第 12 行,使用 readfile()函数读取整个文件并输出;第 14 行使用 file()函数读取整个文件,第 15~17 行输出文件内容;第 19 行使用函数 file_get_content()读取整个文件,并将其放入字符串变量 fileStr 中;第 20 行输出文件内容。

　　(3) 打开浏览器,访问 example10_10.php 页面,输出结果如图 10.10 右侧所示。

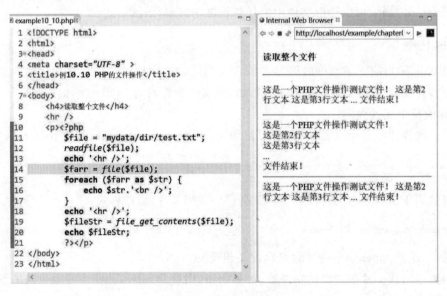

图 10.10　读取整个文件

10.2.4　写入文件

　　打开文件后,如果需要向文件中写入数据,可以使用 fwrite()或 file_put_contents()函数。

1. fwrite()函数

函数语法格式:

```
int fwrite ( resource $handle , string $string [, int $length ] )
```

其中,参数 handle 是打开文件的文件指针;参数 string 是待写入的字符串;参数 length 是可选项,指定写入数据的长度。该函数可把 string 的内容写入文件指针 handle 处,如果指定了 length,当写入了 length 字节或者写完了 string 以后,写入操作即刻停止。

fwrite()函数被调用后,返回写入的字符数,出现错误时则返回 false。该函数还有一个别名是 fputs()。

【例 10.11】 写入数据到文件。

(1) 启动 Zend Studio,在 example 工作区中选择项目 chapter10,并在该项目中添加一个 example10_11.php 文件。

(2) 双击打开 example10_11.php 文件,并添加代码,如图 10.11 左侧所示。

图 10.11 所示代码中的第 13 行判断文件是否可写;第 14 行以追加的方式打开文件;第 18 行使用 fwrite()函数将字符串 str 写入文件末尾;第 28~31 行显示文件内容。

(3) 打开浏览器,访问 example10_11.php 页面,输出结果如图 10.11 右侧所示。

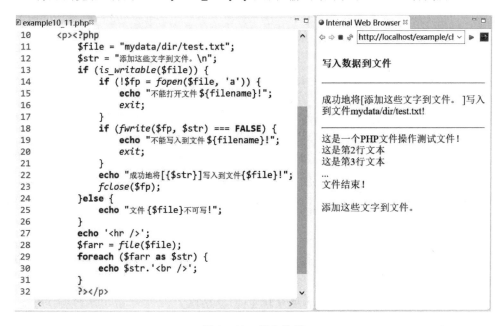

图 10.11 写入数据

从显示效果可以看出,字符串已被成功写入到指定的文件中。

2. file_put_contents()函数

语法格式:

```
int file_put_contents( string $filename , mixed $data [,int $flags = 0 [, resource $context ]] )
```

其中,参数 filename 为文件名;参数 data 是要写入的数据,类型可以是 string、array 或者 stream 资源;参数 flags 是可选项,可以是 FILE_USE_INCLUDE_PATH、FILE_APPEND、LOCK_EX 中的一种,也可以是它们的 OR (|)运算符组合。

【例 10.12】 向文件中写入数据。

(1) 启动 Zend Studio,在 example 工作区中选择项目 chapter10,并在该项目中添加一个 example10_12.php 文件。

PHP 的文件处理

（2）双击打开 example10_12.php 文件，并添加代码，如图 10.12 左侧所示。

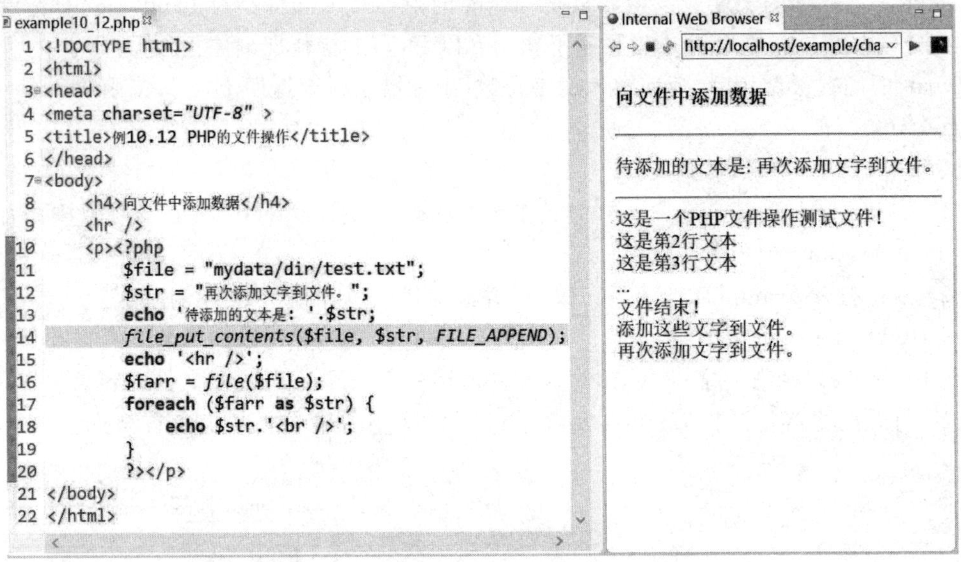

图 10.12　添加数据到文件

图 10.12 所示代码中的第 12 行为待写入文件的文本；第 14 行使用 file_put_contents()函数将数据写入指定的文件，FILE_APPEND 常量表示以追加的方式写入数据。

（3）打开浏览器，访问 example9_12.php 页面，输出结果如图 10.12 右侧所示。

从运行结果可以看出，写入数据操作是成功的。用函数 file_put_contents()向文件中写入数据，不需要打开/关闭文件，与依次调用函数 fopen()、fwrite()、fclose()功能相同。

10.2.5　复制与删除文件

文件的复制与删除是 Web 应用开发中的常用操作，PHP 为此提供了相应的操作函数。

1. 复制文件

在 PHP 中，可以使用 copy()函数来复制文件，语法格式：

```
bool copy ( string $source , string $dest [, resource $context ] )
```

其中，参数 source 为源文件；参数 dest 为目标文件；参数 context 与函数 fopen()中的同名参数含义相同。该函数将文件从 source 复制到 dest，如果目标文件 dest 已经存在，将会被覆盖。函数调用成功返回 true，调用失败则返回 false。

2. 删除文件

PHP 中的删除文件操作可以使用 unlink()函数来实现，语法格式：

```
bool unlink ( string $filename [, resource $context ] )
```

其中参数的含义与函数 fopen()中的同名参数相同。该函数调用成功会返回 true，调用失败则返回 false。

【例 10.13】　文件的复制与删除。

（1）启动 Zend Studio，在 example 工作区中选择项目 chapter10，并在该项目中添加一个 example10_13.php 文件。

（2）双击打开 example10_13.php 文件，并添加代码，如图 10.13 中间所示。

图 10.13 所示代码中的第 11 行为源文件，第 12 和第 16 行为目标文件；第 13 和第 17 行为文件的复制操作；第 20 行为文件的删除操作。

（3）打开浏览器，访问 example10_13.php 页面，输出结果如图 10.13 右侧所示。

图 10.13　文件的复制与删除

经过上述操作后，服务器上实际的文件视图如图 10.13 左侧所示。从这里可以看出，mydata 目录下新增了一个名为 testcopy.txt 的文件，这正是代码中第 13 行的执行结果；而在 dir 目录下并未出现名为 test.txt.bak 的文件，这并不是代码的第 17 行没有调用成功，而是因为代码中的第 20 行执行了文件的删除操作。

从图 10.13 右侧所示的浏览器输出结果也可以看出，上述的两次文件复制操作与 1 次文件删除操作均是成功的。

10.2.6　移动与重命名文件

PHP 中文件的移动与重命名，可以使用 copy()与 unlink()函数分两步来完成，也可以使用 rename()函数一次性完成。

rename()函数的语法格式：

```
bool rename(string $oldname , string $newname [, resource $context ])
```

其中，参数 oldname 为文件原名；参数 newname 为文件新名。如果文件新名的路径与文件原名路径相同，则可完成文件的重命名操作；如果两个路径不相同，则完成文件的移动操作。

该函数执行成功，返回 true；执行失败则返回 false。

【例 10.14】　文件的移动与重命名。

（1）启动 Zend Studio，在 example 工作区中选择项目 chapter10，并在该项目中添加一个 example10_14.php 文件。

（2）双击打开 example10_14.php 文件，并添加代码，如图 10.14 左侧所示。

图 10.14 所示代码中的第 11 行为原文件；第 12 行为重命名后的文件；第 13 行为移动后的文件；第 14 行代码实现文件的重命名操作；第 20 行代码实现文件的移动操作。

（3）打开浏览器，访问 example10_14.php 页面，输出结果如图 10.14 右侧所示。

图示代码执行完毕后，原文件 mydata/dir/test.txt 即被更名为 newtest.txt，并被移动到 mydata 目录下，如图 10.14 左侧所示。

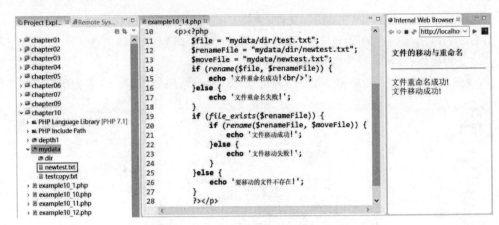

图 10.14   文件的移动与重命名示例

10.3   文件上传与下载

视频讲解

对文件的操作,如果是针对服务器上的文件的,需要较高的操作权限,一般是管理员与服务器的交互。对于普通 Web 应用的用户来说,对文件的操作一般仅限于特定文件的上传与下载。文件的上传与下载是 Web 应用与用户交互的一种途径,也可以看成是数据输入的一种方式,因此是 Web 应用的常用功能。

10.3.1   上传文件种类

PHP 可以上传多种类型的文件,如文本文件、Word 文件、Excel 文件、PPT 文件、二进制文件、PDF 文件、视频及音频文件等。它们的数据格式如表 10.2 所示。

表 10.2   常见上传文件数据类型

文 件 类 型	数 据 类 型
图片文件	image/gif、image/jpg、image/jpeg、image/png、image/x-png
纯文本和 HTML 文件	text/txt、text/plain、text/html
二进制或数据流文件	application/octet-stream
音频格式	audio/basic
视频格式	video/mpeg

10.3.2   文件上传配置

在 PHP 中进行文件的上传操作,需要先在 PHP 的配置文件 php.ini 中进行必要的配置。如图 10.15 所示。

配置文件中,第 817、第 822、第 826 和第 829 行为配置项。

1. file_uploads

该参数设定是否允许 HTTP 文件上传。

2. upload_tmp_dir

该参数设定上传文件的临时存放目录。如果不设置此项,则使用服务器系统默认的临时目录。

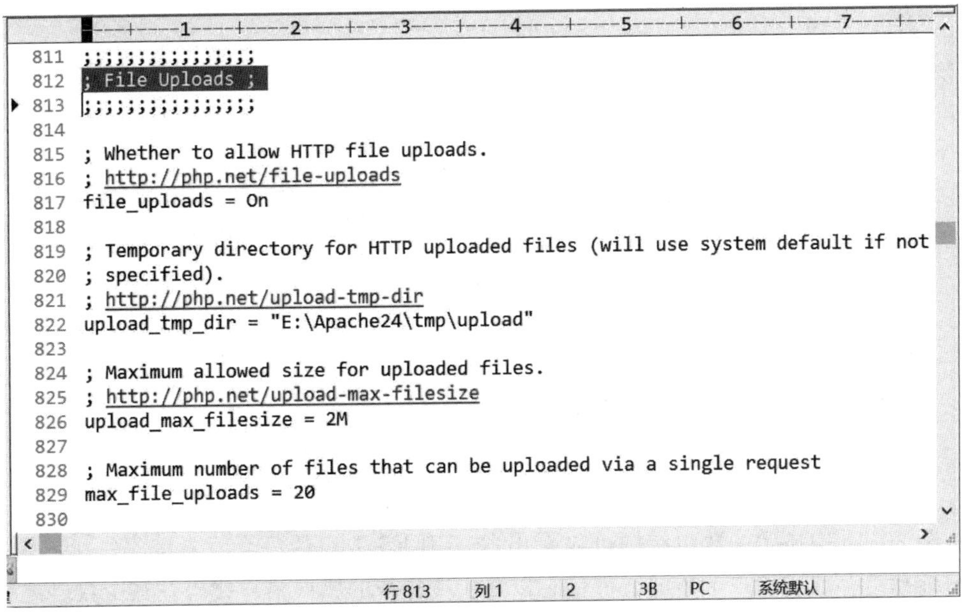

图 10.15　文件上传配置

3. upload_max_filesize

该参数设定上传文件的最大字节数。

4. max_file_uploads

该参数设定每次请求能够上传的最大文件数。

关于文件上传，除了上述主要配置以外，还有一些其他配置，比如上传进程的配置、上传 session 配置等，读者可借助技术文档自行理解，这里不做赘述。

10.3.3　上传文件表单

文件上传与 PHP 数据输入一样，使用 HTML 表单作为交互界面，示例代码：

```
<form action = "<?php echo $_SERVER['PHP_SELF']?>" method = "post"
enctype = "multipart/form - data" >
  <label>请选择要上传的文件: </label>
  <input type = "file" name = "file" id = "file"/>
  <input type = "submit" name = "sumbit" value = "上传">
</form>
```

上述代码中，表单的 method 属性必须为 post；enctype 属性必须为 multipart/form-data，这个值表示要上传二进制数据；表单元素 input 的 type 属性必须为 file，这样服务器才会将文本框中的数据作为上传文件来处理。

关于 HTML 表单的相关知识，可参考第 2、第 7 章中的部分章节。

10.3.4　上传文件接收变量

PHP 全局数组变量中，$_FILES 数组用于接收上传文件的信息。该数组是一个二维数组，它会保存表单中 type 属性为 file 的表单元素的值。

运行 10.3.3 小节中的表单页面，如图 10.16 所示。

333

第 10 章

PHP 的文件处理

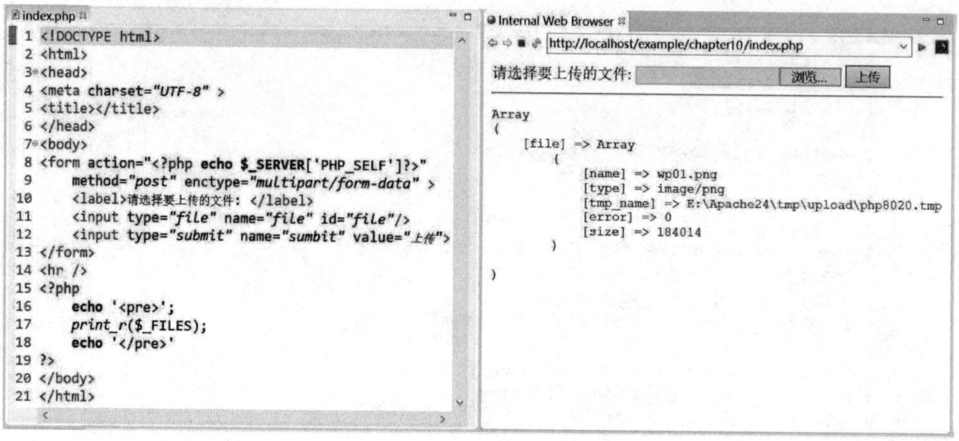

图 10.16　文件上传表单与接收数组

从图 10.16 中显示的数组结构可以看出，$_FILES 数组的每个元素都是一个一维数组，这个一维数组存放了用户上传的文件信息以及上传操作的错误信息代码。其中数组键名表示的含义如下所述。

- name：客户端文件系统的文件名称，也就是上传文件在计算机上的文件名。
- type：上传文件的数据类型，如表 10.2 所示。
- tmp_name：上传文件在服务器中的临时存放目录及文件名。图 10.16 中显示的目录是在配置文件中配置的，如图 10.15 所示。脚本执行完毕，临时目录中的文件就会被删除，所以必须使用 copy()函数将它复制到其他位置，以使其在服务器上永久保存。
- error：上传文件操作的错误信息代码，具体含义如表 10.3 所示。
- size：上传文件的大小。

表 10.3　文件上传操作错误信息代码

错误代码	对应的常量	说　　明
0	UPLOAD_ERR_OK	表示没有发生任何错误
1	UPLOAD_ERR_INI_SIZE	表示上传文件的大小超出了设定值
2	UPLOAD_ERR_FORM_SIZE	表示上传文件大小超出了 HTML 表单隐藏域属性的 MAX_FILE_SIZE 元素所指定的最大值
3	UPLOAD_ERR_PARTIAL	表示文件只被部分上传
4	UPLOAD_ERR_NO_FILE	表示没有上传任何文件

10.3.5　文件上传

PHP 既支持单文件上传，也支持多文件上传。

1. 单文件上传

图 10.16 所示的文件上传示例属于单文件上传。文件上传时，需要使用文件的复制或移到函数将其从临时目录中复制出来，并存放到指定的目录下。这个操作可以使用 10.2 节介绍的相关函数来实现，还可以使用 move_uploaded_file()函数来完成，语法格式：

```
bool move_uploaded_file ( string $filename , string $destination )
```

其中,参数 filename 为需要移动的文件;参数 destination 为文件的新位置。该函数检查并确保由 filename 指定的文件是合法的上传文件,即通过 PHP 的 HTTP POST 上传机制所上传的文件。如果文件合法,则将其移动为由 destination 指定的文件。

函数调用成功时返回 true;如果 filename 不是合法的上传文件,则不会进行任何操作,函数返回 false;如果 filename 是合法的上传文件,但由于某些原因无法移动文件,也不会进行任何操作,函数返回 false,此时,PHP 会发出一条警告信息。

【例 10.15】 单文件上传。

(1)启动 Zend Studio,在 example 工作区中选择项目 chapter10,并在该项目中添加一个 example10_15.php 文件。

(2)双击打开 example10_15.php 文件,并添加代码,如图 10.17 中图所示。

图 10.17 单文件上传示例

图 10.17 所示代码中的第 12 行判断文件是否已上传;第 16 行显示上传文件信息(实际编程中不会这样显示,这里只是为了学习);第 18 行判断上传文件是否已存在;第 21、第 22 行将上传文件移动到服务器指定的上传文件目录,这里假定上传文件目录为 mydata。

代码执行完毕后,浏览器上的显示效果如图 10.17 右侧所示。注意,实际编程中不会将表单与结果同时显示,这里是为了方便读者对知识点的理解而采用的临时显示方式。从图 10.17 左侧图所示服务器上的目录及文件信息显示结果可以看出,文件 640.jpg 已经被成功上传至服务器的指定目录中。

2. 多文件上传

多文件上传就是表单可以一次提交多个上传文件,它与单文件上传的区别主要在于表单的 input 元素个数及其 name 属性的设置。当然,接收数据的 $_FILES 数组也由二维变成了三维。

【例 10.16】 多文件上传。

(1)启动 Zend Studio,在 example 工作区中选择项目 chapter10,并在该项目中添加一个 example10_16.php 文件。

(2)双击打开 example10_16.php 文件,并添加代码,如图 10.18 中图所示。

图 10.18 所示代码执行完成后,会将文件 wp01.png、wp02.png、wp03.png 上传至服务器的 mydata 目录,如图 10.18 左侧所示。3 个上传文件的详细信息如图 10.18 右侧所示。

在图 10.18 中图所示的代码中,第 31～33 行是表单上传文件的输入框,它们的 name 属

PHP 的文件处理

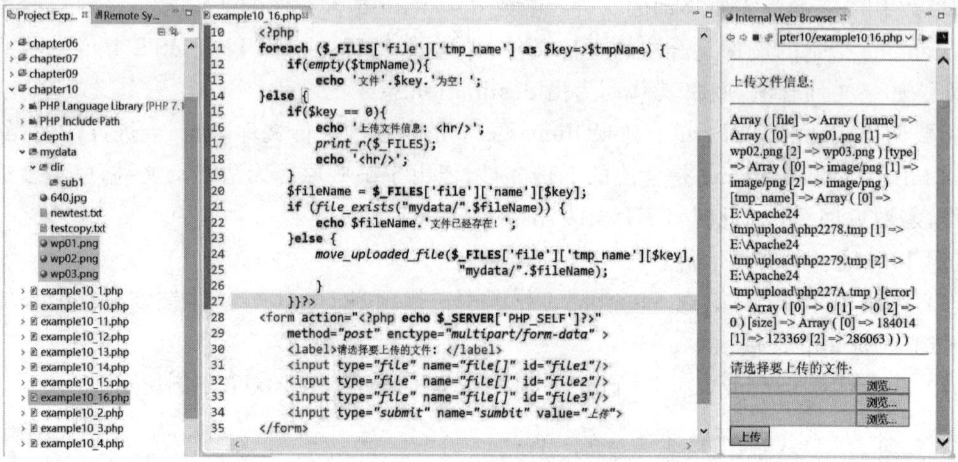

图 10.18　多文件上传示例

性是数组变量；第 11～27 行对每个上传文件进行遍历，进而决定下一步的操作；第 12～27 行，判断上传文件是否为空，若不为空，则进行文件的移动操作；第 15～19 行输出一次上传文件信息；第 20～26 行判断上传文件是否已经存在，若不存在，则进行文件的移动操作。

10.3.6　文件下载

与文件上传相比，文件的下载相对比较简单。在 PHP Web 应用开发中，可通过采用如下 3 种方法来实现文件的下载功能。

1. 直接添加文件链接

直接在 Web 页面的超链接中给出下载的文件全名，代码示例如下。

```
<a href = "http://localhost/filename.zip">点这里下载文件</a>
```

2. 传递参数查找并跳转到下载链接

通过页面中的超链接传递文件名，然后通过 PHP 代码查找文件并下载，代码示例如下。

```php
<a href = "http://localhost/?f = filename">点这里下载文件</a>
<?php
$download = $_GET['f'];               //获取文件参数
$filename = $download.'.zip';         //获取文件名称
$dir = "download/";                   //相对于应用根目录的下载目录路径
$down_host = $_SERVER['HTTP_HOST'].'/';  //当前域名
//判断如果文件存在,则跳转到下载路径
if(file_exists(__DIR__.'/'. $dir. $filename)){
    header('location:http://'. $down_host. $dir. $filename);
}else{
    header('HTTP/1.1 404 Not Found');
}
```

3. 使用 head()和 fread()函数把文件直接输出到浏览器

通过使用 PHP 的文件操作函数与重定向函数，可把文件直接输出到用户浏览器，代码示例如下。

```php
<?php
$file_name = "down";
$file_name = "down.zip";                    //下载文件名
$file_dir = "./down/";                      //下载文件存放目录
//检查文件是否存在
if (!file_exists ( $file_dir. $file_name )) {
    header('HTTP/1.1 404 NOT FOUND');
} else {
    //以只读和二进制模式打开文件
    $file = fopen ( $file_dir. $file_name, "rb" );
    //告诉浏览器这是一个文件流格式的文件
    Header ( "Content - type: application/octet - stream" );
    //请求范围的度量单位
    Header ( "Accept - Ranges: bytes" );
    //Content - Length 是指定包含于请求或响应中数据的字节长度
    Header( "Accept - Length: " .filesize ( $file_dir. $file_name ));
    //用来告诉浏览器,文件是可以当作附件被下载,下载后的文件名称为 $file_name 该变量的值
    Header("Content - Disposition: attachment; filename = " . $file_name);
    //读取文件内容并直接输出到浏览器
    echo fread ( $file, filesize ( $file_dir. $file_name ) );
    fclose ( $file );
    exit ();
}
```

10.4　应用实例

视频讲解

需求:实现第 9 章 pro09 项目的用户登录/退出功能,并使用文件对用户头像等信息进行保存。

目的:进一步熟悉 PHP 对 MySQL 数据库的操作,掌握 PHP 的文件处理方法。

10.4.1　数据库设计

启动 Apache Web 服务器与 MySQL 数据库服务器,打开 phpmyadmin 数据管理工具,在 db_phpweb 数据库中新建 test_user 数据表,并添加测试数据,如图 10.19 所示。

10.4.2　用户登录与退出

(1) 启动 Zend Studio,进入 exercise 项目工作区,复制、粘贴项目 pro09,并将其名称修改为 pro10。

(2) 在项目 module/default/model 目录下添加模型文件 UserModel. class. php,代码如下。

```php
<?php
class UserModel extends Model
{
    public function __construct(){
        parent::__construct('test_user');
    }
}
```

337

第 10 章

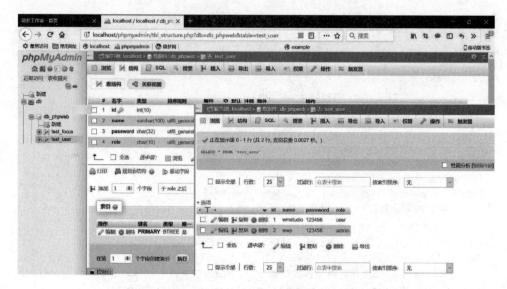

图 10.19　数据表设计

（3）打开项目 module/default/controller 目录下的控制器文件 UserController. class. php,并修改代码如下。

```php
<?php
class UserController extends Controller
{
    public function __construct(){
        parent::__construct();
        $this->model = new UserModel();
    }
    …
    public function loginAction() {
        //判断是否为登录表单提交
        if ( $_POST) {
            //接收表单字段
$username = isset( $_POST['username']) ? trim( $_POST['username']) : '';
            $password = isset( $_POST['password']) ? $_POST['password'] : '';
            //将用户名转换为小写
            $username = strtolower( $username);
            //获取用户数据
            $user_data = $this->model->getData();
            //到用户数组中验证用户名和密码
            foreach( $user_data as $key =>$v){
              if( $v['name'] == $username && $v['password'] == $password){
                    //开启 Session 会话,将用户 ID 和用户名保存到 Session 中
                    $_SESSION['user'] = $v;
                    //重定向到用户中心个人信息页面
                    header('Location: ./?c = user');
                    exit; //重定向后停止脚本继续执行
              }
            }
            wmerror('登录失败!用户名或密码错误,请刷新页面重试。'); //验证失败
```

```
        }
        $title = '用户登录';
        require ACTION_VIEW;
    }
    public function logoutAction() {
        //清除 Session 中的用户信息
        unset( $_SESSION['user']);
        //退出成功,自动跳转到主页
        header('Location: ./');
        exit;
    }
}
```

（4）在项目 module/default/view/user 目录中添加视图文件 login. html,并编写代码。代码详情请参见教材源码。

10.4.3 用户信息的保存与显示

（1）打开项目 module/default/controller 目录下的控制器文件 UserController. class. php,添加 editAction 与 photoAction,实现用户信息的编辑,代码如下。

```
public function editAction(){
    if (!ISLOGIN) {
        header('Location:./?c = user&a = login');
        exit();
    }
    $user = $this -> user;
    //信息保存文件
    $userinoFile = PUBLIC_PATH. 'tmp/userinfo/'. $user['name']. '.txt';
    //数据初始化
    $blood = array('未知','A','B','O','AB','其他');
    $hobby = array('跑步','游泳','登山','旅游','看电影','读书','唱歌');
    //有表单提交时,接收表单数据并输出
    if( $_POST){
        //定义需要接收的字段
$fields = array('description', 'gender', 'blood', 'hobby', 'gender');
        //通过循环自动接收数据并进行处理
        $user_data = array();          //用于保存处理结果
        foreach( $fields as $v){
            $user_data[ $v] = isset( $_POST[ $v]) ? $_POST[ $v] : '';
        }
        //转义可能存在的 HTML 特殊字符
$user_data['description'] = htmlspecialchars( $user_data['description']);
        //验证性别是否为合法值
        if( $user_data['gender']!='男' && $user_data['gender']!='女'){
            exit('保存失败,未选择性别。');
        }
        //验证血型是否为合法值
        if(!in_array( $user_data['blood'], $blood)){
            exit('保存失败,您选择的血型不在允许的范围内。');
        }
        //判断表单提交的"爱好"值是否为数组
```

```
                    if(is_array( $user_data['hobby'])){
                        //过滤掉不在预定义范围内的数据
            $user_data['hobby'] = array_intersect( $hobby, $user_data['hobby']);
                    }elseif(is_string( $user_data['hobby'])){
                        $user_data['hobby'] = array( $user_data['hobby']);
                    }
                    //验证完成,保存文件
                    //将数组序列化为字符串
                    $data = serialize( $user_data);
                    //将字符串保存到文件中
                    file_put_contents( $userinoFile, $data);
                    //保存成功
                    $success = true;
                }


            //定义表单默认数据
            $user_data = array(
                'name' => $user['name'],
                'gender' =>'男',
                'blood' =>'未知',
                'hobby' => array(),
                'description' =>''
            );
            //判断文件是否存在
            if(is_file( $userinoFile)){
                //文件存在,从文件中读取用户数据,并与默认数据合并
                $user = array_merge( $user_data,unserialize(file_get_contents( $userinoFile)));
            }
            $title = '编辑用户信息';
            require ACTION_VIEW;
        }


    public function photoAction(){
            //判断用户是否登录,如果登录,获取用户 ID
            $user_id = checkLogin();              //如果没有登录,自动跳转到登录

            //根据用户 id 拼接头像文件保存路径
            $save_path = PUBLIC_PATH."uploads/photo/thumb_ $user_id.jpg";
            //判断是否上传头像
            if(isset( $_FILES['pic'])){
                //获取用户上传文件信息
                $pic = $_FILES['pic'];
                //判断文件上传到临时文件时是否出错
                checkUpload( $pic);
                //判断是否为合法的图片文件类型
                checkUploadPhoto( $pic);
                //验证成功,为头像生成缩略图
                thumb(150,150, $pic['tmp_name'], $save_path);
            }
            $title = '用户头像上传';
            require ACTION_VIEW;
        }
```

上述代码中的自定义函数请参见教材源码。

（2）在项目 module/default/view/user 的目录中添加视图文件 edit.html 与 photo.html，用于显示用户信息。文件详情请参见教材源码。

10.4.4　运行测试

打开浏览器访问项目 pro10 首页，单击【用户中心】菜单项，运行效果如图 10.20 所示。注意观察服务器上文件的变化。

图 10.20　项目运行测试

习　　题

一、填空题

1. PHP Web 应用的数据存储方式主要有（　　）和（　　）。

2. PHP 对文件的操作通常都是针对（　　）上的文件，需要较高的操作权限。

3. PHP 的（　　）函数创建目录，使用该函数创建两层或两层以上的子目录，必须设置为（　　）模式。

4. 在 PHP 中可以使用（　　）函数来删除目录，此时该目录必须为（　　）。

5. 使用 PHP 的（　　）函数打开文件时，其只读打开方式参数为（　　）。

6. 在 PHP 中，若要一次性读取整个文件，可以使用（　　）、（　　）或（　　）函数。

7. 在 PHP 中进行文件的上传操作时，配置项（　　）、（　　）分别表示上传文件的临时存放目录和最大字节数。

8. 对于文件上传表单，表单的 method 属性必须为（　　），表单元素 input 的 type 属性必须为（　　）。

9. 在 PHP 的全局数组中，（　　）数组用于接收上传文件的信息。

10. 将上传文件从临时目录复制到指定目录，通常使用 PHP 的（　　）函数。

PHP 的文件处理

二、选择题

1. 使用下面的（　　）函数可以判断 PHP 变量所表示的是否为目录。
   A. is_string()　　　　B. is_array()　　　　C. is_dir()　　　　D. is_file()
2. 在下面的 PHP 内置函数中,（　　）函数可以用来删除目录。
   A. opendir()　　　　B. readdir()　　　　C. rmdir()　　　　D. closedir()
3. 使用 PHP 的内置函数（　　）可以检验文件或目录是否真存在。
   A. isset()　　　　　B. file_exists()　　　C. empty()　　　　D. is_null()
4. 下面的（　　）不是 fopen()函数的文件打开方式参数值。
   A. r　　　　　　　B. r+　　　　　　　C. w+　　　　　　D. b+
5. 从打开的文件中读取一行字符,可使用下面的（　　）函数。
   A. fgetc()　　　　　B. fgets()　　　　　C. fread()　　　　D. readfile()
6. 使用 file_get_content()函数读取整个文件内容时,返回的是一个（　　）型数据。
   A. 字符串　　　　　B. 数组　　　　　　C. 资源　　　　　D. 布尔
7. 在 PHP 中可以上传的文件类型包括（　　）等。
   A. 文本文件　　　　B. PDF 文件　　　　C. 视频文件　　　D. 以上都是
8. PHP 的全局数组 $_FILES 接收到的上传文件信息包括文件的（　　）等。
   A. 客户端名称　　　B. 数据类型　　　　C. 大小　　　　　D. 以上都是
9. 在 PHP 中,单文件上传与多文件上传的区别主要在于表单的（　　）元素个数及其（　　）属性的设置上。
   A. input　　　　　　B. type　　　　　　C. name　　　　　D. value
10. 在 PHP 中,通过超链接下载文件时,下载的文件不能是（　　）文件。
    A. zip　　　　　　B. ara　　　　　　　C. txt　　　　　D. php

三、程序阅读题

某 PHP Web 应用程序的配置文件内容如下。

```
;应用程序配置文件 config.ini
[application]
;应用程序配置
appName = PHP Web 应用开发
[database]
;数据库配置
host = 127.0.0.1
username = root
password = 123456
```

假设该文件与下面各小题的 PHP 代码文件位于同一目录下,完成下列问题。

1. 写出下列程序的输出结果,并说明语句 1、2 的功能;语句 2 与语句 3 完全相同,它们的输出是否相同? 为什么?

```php
<?php
$filename = './config.ini';
if (file_exists( $filename)) {
  $file = fopen("./config.ini", "r");
}else {
  die('配置文件不存在!');
```

```
}
$configs = fgetc( $file);                        //语句 1
echo $configs.'< br />';
$configs = fgets( $file);                         //语句 2
echo $configs.'< br />';
$configs = fgets( $file);                         //语句 3
echo $configs;
fclose( $file);
?>
```

2. 执行下面的程序会输出什么？语句 1 有什么作用？

```
<?php
$filename = './config.ini';
$fp = fopen("./config.ini", "r");
$content = fread( $fp, filesize( $filename));
$content = str_replace("\r\n","< br />", $content);//语句 1
echo $content;
fclose( $fp);
?>
```

3. 运行下面的程序会输出什么？语句 1 与语句 2 有什么区别？

```
<?php
$filename = './config.ini';
$content = @file_get_contents( $filename);
echo $content;                                   //语句 1
echo '< br />';
echo nl2br( $content);                           //语句 2
?>
```

4. 写出下面程序的输出结果,并与本大题题 2 中的文件读取方式进行比较。

```
<?php
$filename = './config.ini';
$configs = parse_ini_file( $filename);
foreach ( $configs as $key => $value) {
    echo $key.' =>'. $value ;
    echo '< br />';
}
?>
```

5. 运行下面的程序会输出什么？该段代码与本大题题 2 代码相比有什么优点？

```
<?php
$filename = './config.ini';
$fp = fopen( $filename, "r");
$file_info = fstat( $fp);
$buffer = 1024;
$file_count = 0;
$file_size = $file_info['size'];
while(!feof( $fp) && ( $file_size - $file_count > 0)){
    $file_data = fread( $fp, $buffer);
    $file_count += $buffer;
```

```
        $file_data = str_replace("\r\n","< br />", $file_data);
        echo $file_data;
    }
    fclose( $fp);
?>
```

四、操作题

针对"三、程序阅读"题中的配置文件 config.ini 编程完成如下操作。

1. 在当前目录下新建名为 config 的文件夹,将配置文件 config.ini 移至该文件夹中。

2. 在配置文件的 application 小节中添加配置项 date,其值为"2018 年 5 月"。

3. 通过单击页面中的【下载配置文件】超链接,下载配置文件 config.ini。

4. 将配置文件 config.ini 上传到当前目录下的 config 目录中,文件名更改为 myconfig.ini。

5. 新建一个名为 db_xt10_4_5 的 MySQL 数据库,通过读取 config.ini 配置文件的用户名与密码的值,实现 PHP 与数据库 db_xt10_4_5 的连接。

第11章 PHP 的其他扩展

PHP 是一门神奇的程序设计语言,它既健壮、灵活,且友好。这里的友好,是指 PHP 能够集成大量免费的、基于外部源文件编译的扩展库。PHP 能够和许多不同的 Web 之外的软件良好结合,从而实现其强大的功能。

本章将简要介绍 PHP 的几个实用扩展库,包括图像、电子邮件以及 PDF 等,并讨论如何使用这些工具来增强 PHP 的 Web 应用开发功能。

11.1 图　像

视频讲解

PHP 并不仅限于创建 HTML 输出,它也可以创建和处理包括 GIF、PNG、JPEG、WBMP 以及 XPM 在内的多种格式的图像。更加方便的是,PHP 可以直接将图像数据流输出到浏览器。

11.1.1 启用图像扩展

PHP 支持用内置的 GD 扩展动态生成图像,该扩展库在配置文件中的加载项:

```
extension = php_gd2.dll
```

如果需要用 PHP 操作图像元数据,还要开启 EXIF 扩展,它的配置项:

```
extension = php_mbstring.dll
extension = php_exif.dll
```

以及:

```
exif.encode_unicode = ISO - 8859 - 15
exif.decode_unicode_motorola = UCS - 2BE
exif.decode_unicode_intel = UCS - 2LE
exif.encode_jis =                           //默认为空值
exif.decode_jis_motorola = JIS
exif.decode_jis_intel = JIS
```

11.1.2 动态生成图像

在 PHP 中动态生成图像,就是指通过运行 PHP 程序来创建图像,而不是像以往的页面通过 HTML 的<img>标签的 href 属性去向 Web 服务器请求已有的图像。

先看一个使用 PHP 动态生成图像的实例。

【例 11.1】 使用 PHP 函数生成一个图像。

（1）启动 Zend Studio，在 example 工作区中创建一个新的 PHP 项目 chapter11，并在该项目中添加 example11_1.img.php 文件。

（2）双击打开 example11_1.img.php 文件，并添加代码，如图 11.1 所示。

```php
<?php
    $img = imagecreate(100, 100);

    $background = imagecolorallocate($img, 0, 0, 0);
    $white = imagecolorallocate($img, 255, 255, 255);
    $red = imagecolorallocate($img, 255, 0, 0);

    imagerectangle($img, 10, 10, 90, 90, $white);
    imagefilledrectangle($img, 20, 20, 80, 80, $white);
    imageellipse($img, 50, 50, 30, 30, $red);

    header("Content-Type: image/png");
    imagepng($img);

    imagedestroy($img);
?>
```

图 11.1　创建 PHP 图像

（3）在项目中添加一个名为 example11_1.php 的 PHP 文件，通过<img>标签在页面中显示上述 PHP 图像，如图 11.2 左侧所示。

（4）打开浏览器，访问 example11_1.php 页面，运行效果如图 11.2 右侧所示。

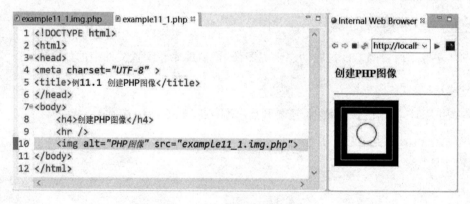

图 11.2　显示 PHP 图像

仔细观察图 11.1 所示的代码可以看出使用 PHP 代码动态生成图像的大致步骤。

1. 创建图像

在 PHP 中，可以使用 imagecreate()及 imagecreatetruecolor()函数来新建一个基于调色板的图像。

imagecreate()函数的语法格式：

```
resource imagecreate ( int $x_size , int $y_size )
```

其中，参数 x_size、y_size 表示图像的大小。该函数可返回一个 PHP 图像标识符，表示一幅大小为 x_size 和 y_size 的空白图像。

在图 11.1 所示代码中，第 2 行调用 imagecreate()函数创建了一幅大小为 100×100 的空白图像,返回的图像标识符存储于变量 img 中。

imagecreatetruecolor()函数的语法格式:

```
resource imagecreatetruecolor ( int $width , int $height )
```

其中,参数 width 与 height 分别表示图像宽度和高度。该函数可以新建一个真彩色图像,返回值是图像标识符。调用该函数会创建一幅宽、高分别为 width、height 的黑色图像。

在如图 11.1 所示的代码中,若将第 2 行使用的函数换成 imagecreatetruecolor(),其他代码不变,图示代码的第 2~4 行应变为:

```
// $img = imagecreate(100, 100);
$img = imagecreatetruecolor(100, 100);
// $background = imagecolorallocate( $img, 0, 0, 0);
```

2. 准备颜色

图像本质上是一张由各种颜色组成的区域,所以,绘制图像实质上就是设置不同形状的颜色区域。

在如图 11.1 所示的代码中,第 4~6 行调用 imagecolorallocate()函数为图像分配颜色。这里的颜色采用 RGB 模式表示,RGB 分别为颜色的红、绿、蓝颜色分量值。

imagecolorallocate()函数的语法格式:

```
int imagecolorallocate(resource $image, int $red, int $green, int $blue)
```

该函数可以返回一个标识符,代表由给定的 RGB 分量组成的颜色。函数中的参数 red、green、blue 分别是所需颜色的红、绿、蓝颜色分量,这些分量值是 0 至 255 范围内的整数或者十六进制的 0x00 至 0xFF;参数 image 是被应用的图像标识。

在如图 11.1 所示的代码中,第 4~6 行分别生成了黑色、白色和红色 3 种颜色。注意,第 1 次对 imagecolorallocate()函数的调用会给基于调色板的图像填充背景色,所以在多次使用该函数时,请注意函数调用语句的顺序。从图 11.2 右图所示的输出结果可以看出,示例图像的背景颜色为黑色。

3. 绘制图形

创建了 PHP 图像,准备好了颜色以后,就可以绘制各种图形了。在 PHP 中,各种绘图元素是采用不同的函数来完成的。例如图 11.1 所示的代码中,第 8~10 行分别绘制了一个白色的矩形框、一个白色的矩形块和一个红色的圆。

除了例 11.1 中使用的绘图函数外,PHP 的图形绘制函数还有很多,这些函数的使用方法将在 11.1.3 小节中详细介绍。

4. 输出图像

如图 11.1 所示,PHP 图像的输出需要分两个步骤完成,一是向浏览器发送图像类型头信息;然后是调用相应图像类型的函数输出图像。图 11.1 所示代码中的第 12 行向浏览器发送 png 图像类型头信息;第 13 行调用 imagepng()函数输出图像。

PHP 支持的图像格式通常用图片格式常量来表示,这些常量的名称及值如图 11.3 所示。

如果要编写支持不同图片格式的跨平台通用代码,需要使用 imagetypes()函数检查支持的类型。imagetypes()函数可以返回一个位字段,可以用按位与(&)运算符来检查给出的位字段是否匹配图 11.3 所示常量表示的相应类型。

PHP 的其他扩展

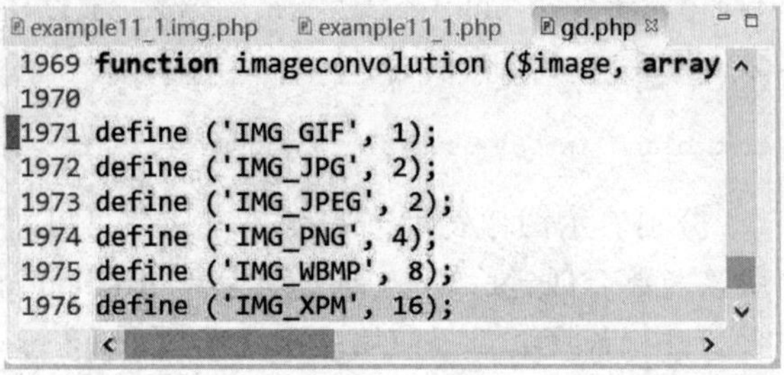

图 11.3 PHP 图像格式常量

例如,若要对图 11.1 所示代码中的第 12 和第 13 行增加图像类型检查,可以使用 PHP 的按位与运算,代码修改如下。

```php
if (imagetypes() & IMG_PNG) {
    header("Content - Type: image/png");
    imagepng( $img);
}elseif (imagetypes() & IMG_GIF){
    header("Content - Type: image/gif");
    imagegif( $img);
}elseif (imagetypes() & IMG_JPEG){
    header("Content - Type: image/jpeg");
    imagejpeg( $img);
}
```

11.1.3 基本绘图函数

在 PHP 中,图像的绘制都是由函数来实现的,本小节将简单介绍 GD2 中支持的基本绘图函数。

1. 点

使用函数 imagesetpixel()可以画一个单一像素点,语法格式;

```php
bool imagesetpixel ( resource $image , int $x , int $y , int $color )
```

在 image 图像中使用 color 颜色在(x、y)坐标(图像左上角为坐标为 0)上画一个点。

2. 线

使用函数 imageline()可以绘制一条线段,语法格式:

```php
bool imageline ( resource $image , int $x1 , int $y1 , int $x2 , int $y2 , int $color )
```

用 color 颜色在图像 image 中从坐标(x1、y1)到(x2、y2)绘制一条线段。

使用函数 imagearc()可以绘制一条弧线,语法格式:

```php
bool imagearc ( resource $image , int $cx , int $cy , int $w , int $h , int $s , int $e , int $color )
```

以(cx,cy)为中心,在 image 所代表的图像中画一条椭圆弧。参数 w 和 h 分别指定椭圆的宽度和高度,起始和结束点以 s 和 e 参数以角度指定。0°位于三点钟位置,以顺时针方向绘画。

3. 矩形

使用函数 imagerectangle()可以绘制一个矩形,语法格式:

```php
bool imagerectangle ( resource $image , int $x1 , int $y1 , int $x2 , int $y2 , int $col )
```

用 col 颜色在 image 图像中画一个矩形,其左上角坐标为(x1,y1),右下角坐标为(x2,y2)。如图 11.1 中的代码第 8 行。

4. 椭圆

使用函数 imageellipse()可以绘制一个椭圆,语法格式:

```
bool imageellipse ( resource $image , int $cx , int $cy , int $width , int $height , int $color )
```

用 color 颜色在 image 图像中画一个椭圆,其中心坐标为(cx,cy)、宽度为 width 、高度为 height。例如图 11.1 所示代码的第 10 行。

5. 多边形

使用函数 imagepolygon()可以绘制一个多边形,语法格式:

```
bool imagepolygon ( resource $image , array $points , int $num_points , int $color )
```

在图像 image 中创建一个多边形。参数 points 是一个 PHP 数组,包含了多边形的各个顶点坐标,即 points[0]=x0、points[1]=y0、points[2]=x1、points[3]=y1,以此类推;参数 num_points 是顶点的总数。

6. 填充图形

要绘制填充图形,可使用相应的填充函数,这些函数主要有 imagefill()、imagefilledarc()、imagefilledellipse()、imagefilledpolygon()、imagefilledrectangle()及 imagefilltoborder()等。

【例 11.2】 使用已有文件创建 PHP 图像。

(1) 启动 Zend Studio,在 example 工作区中选择项目 chapter11,并在该项目中添加 example11_2.img.php 文件。

(2) 双击打开 example11_2.img.php 文件,并添加代码,如图 11.4 所示。

```php
1 <?php
2    $image = imagecreatefromjpeg("images/img.jpg");
3    $info = getimagesize("images/img.jpg");
4    $width = $info[0];
5    $height = $info[1];
6    $black = imagecolorallocate($image, 0, 0, 0);
7    $white = imagecolorallocate($image, 255, 255, 255);
8    $red = imagecolorallocate($image, 255, 0, 0);
9    $yellow = imagecolorallocate($image, 255, 255, 0);
10   $cx = $width - 40;
11   $cy = $height- 140;
12   imagefilledellipse($image, $cx, $cy, 40, 40, $yellow);
13   imagearc($image, $cx-10, $cy, 10, 10, 210, 330, $black);
14   imagearc($image, $cx+10, $cy, 10, 10, 210, 330, $black);
15   imagearc($image, $cx, $cy+5, 20, 20, 30, 150, $red);
16   imagesetstyle($image, array($black,$white));
17   imageline($image, 2, 85, 2, $info[1]-5, IMG_COLOR_STYLED);
18   imageline($image, 10, 90, 50, 90, IMG_COLOR_STYLED);
19   imageline($image, 10, 100, 40, 100, IMG_COLOR_STYLED);
20   imageline($image, 10, 110, 30, 110, $red);
21   header("Content-Type: image/jpeg");
22   imagejpeg($image);
23   imagedestroy($image);
24 ?>
```

图 11.4　使用已有文件创建 PHP 图像

图 11.4 所示代码的第 2 行调用 imagecreatefromjpeg()函数,以已有的图像文件 images/img.jpg 为基础,创建了一个 PHP 图像;第 3～5 行获取图像文件的宽和高;第 6～9 行准备

图像颜色；第 10~15 行绘制图像中的笑脸元素，其中第 12 行绘制黄色脸庞，第 13 和第 14 行绘制一对弯眉，第 15 行绘制笑嘴；第 16~20 行绘制图形左侧的 3 条虚线及一条实线，其中第 16 行设置线型参数，第 17~19 行绘制虚线，第 20 行绘制红色实线。

（3）继续在项目中添加 example11_2.php 文件，通过<img>标签显示上述 PHP 图像，代码如图 11.5 左侧所示。

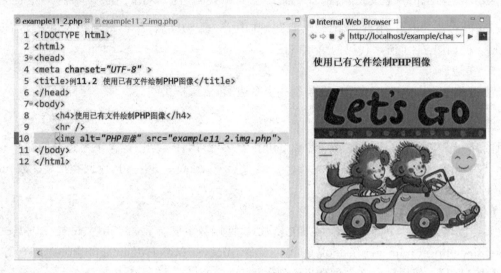

图 11.5　PHP 图像效果

注意，右侧的笑脸以及左侧的虚线、红色实线由 PHP 绘图函数实现，其他为原图像。PHP 的绘图函数非常多，使用方法都比较简单，读者可以自行实践，这里不再赘述。

11.1.4　图像处理

PHP 可以对图像进行简单的处理，主要有缩放、旋转、添加文本以及调整颜色等。在对图像进行处理之前，有时还需要获取图像的一些属性参数。下面对这些知识点做简单介绍。

1. 信息查询

在如图 11.4 所示的代码中，第 3 行调用函数 getimagesize()获取到了图像的一些信息，包括图像的大小、类型等。该函数不需要 GD 图像库的支持，语法格式：

```
array getimagesize ( string $filename [, array & $imageinfo ] )
```

其中，参数 filename 为图像文件名称；参数 imageinfo 为可选项，存储从图像文件中提取的一些扩展信息。

getimagesize()函数可以用于检测任何 GIF、JPG、PNG、SWF、SWC、PSD、TIFF、BMP、IFF、JP2、JPX、JB2、JPC、XBM 或 WBMP 格式图像文件的大小，并返回图像的尺寸以及文件类型与一个可以用于普通 HTML 文件中 IMG 标记中的 height/width 文本字符串；如果不能访问参数 filename 指定的图像或者其不是有效的图像，函数将返回 false，示例如图 11.6 所示。

2. 图像缩放

有两种方式可以改变图像的尺寸，即调用 imagecopyresized（ ）函数，或者调用 imagecopyresampled()函数。这两个函数的原型：

```
bool imagecopyresized ( resource $dst_image , resource $src_image , int $dst_x , int $dst_y ,
```

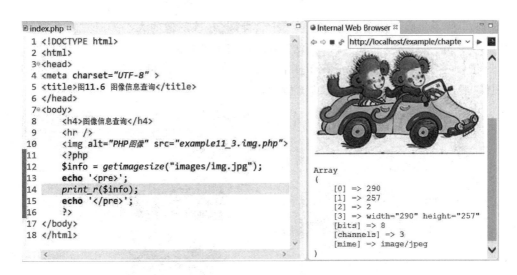

```
index.php ⊠
 1 <!DOCTYPE html>
 2 <html>
 3 <head>
 4 <meta charset="UTF-8" >
 5 <title>图11.6 图像信息查询</title>
 6 </head>
 7 <body>
 8     <h4>图像信息查询</h4>
 9     <hr />
10     <img alt="PHP图像" src="example11_3.img.php">
11     <?php
12     $info = getimagesize("images/img.jpg");
13     echo '<pre>';
14     print_r($info);
15     echo '</pre>';
16     ?>
17 </body>
18 </html>
```

```
Internal Web Browser ⊠
  http://localhost/example/chapte

Array
(
    [0] => 290
    [1] => 257
    [2] => 2
    [3] => width="290" height="257"
    [bits] => 8
    [channels] => 3
    [mime] => image/jpeg
)
```

图 11.6   图像信息查询结果示例

```
int $src_x , int $src_y , int $dst_w , int $dst_h , int $src_w , int $src_h )
bool imagecopyresampled ( resource $dst_image , resource $src_image , int $dst_x , int $dst_y ,
int $src_x , int $src_y , int $dst_w , int $dst_h , int $src_w , int $src_h )
```

可以看出,它们的参数是相同的。其中,参数 dst_image 表示目标图像;参数 src_image 表示源图像;参数 dst_x 表示目标图像 X 坐标;参数 dst_y 表示目标图像 Y 坐标;参数 src_x 表示源图像 X 坐标;参数 src_y 表示源图像 Y 坐标;参数 dst_w 表示目标图像宽度;参数 dst_h 表示目标图像高度;参数 src_w 表示源图像宽度;参数 src_h 表示源图像的高度。

这两个函数不仅参数相同,其功能也是一样的,都是将一幅图像中的一块区域复制到另一个图像中。它们的区别在于,imagecopyresized()函数快速、粗暴,有可能会在新图像上造成边缘锯齿;而 imagecopyresampled()函数速度稍慢,但像素插值功能会让调整后的图像边缘平滑且清晰。

【例 11.3】 调整图像大小。

(1) 启动 Zend Studio,在 example 工作区中选择项目 chapter11,并在该项目中添加 example11_3. img. php 文件。

(2) 双击打开 example11_3. img. php 文件,并添加代码,如图 11.7 所示。

```
example11_3.img.php ⊠   example11_3.php
 1 <?php
 2     $src_image = imagecreatefromjpeg("images/img.jpg");
 3     $info = getimagesize("images/img.jpg");
 4     $width = $info[0];
 5     $height = $info[1];
 6     $dst_w = $width/4;
 7     $dst_h = $height/4;
 8     $dst_image = imagecreatetruecolor($dst_w, $dst_h);
 9     imagecopyresampled($dst_image, $src_image, 0, 0, 0, 0,
10                        $dst_w, $dst_h, $width, $height);
11     header("Content-Type: image/jpeg");
12     imagejpeg($dst_image);
13     imagedestroy($src_image);
14     imagedestroy($dst_image);
15 ?>
```

图 11.7   调整图像大小代码示例

PHP 的其他扩展

图 11.7 所示代码中的第 8 行创建了一个目标图像,该图像的大小为原图的 1/4;第 9 和第 10 行调用 imagecopyresampled()函数完成图像缩小操作。

(3)继续在项目中添加 example11_3.php 文件,通过<img>标签显示原图和上述 PHP 创建的图像,然后访问文件,效果如图 11.8 所示。

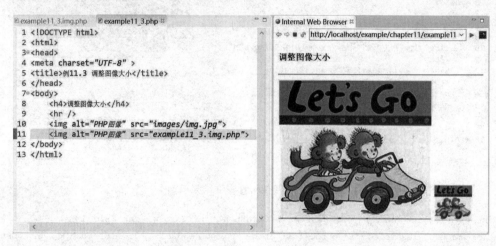

图 11.8 图像缩放效果示例

图 11.8 所示代码中的第 10 行显示原图;第 11 行显示缩小后的图像。从浏览器输出的结果可以看出,图像大小的调整是成功的。

3. 图像旋转

旋转图像可以使用 imagerotate()函数,语法格式:

```
resource imagerotate ( resource $image , float $angle , int $bgd_color [, int $ignore_transparent = 0 ] )
```

其中,参数 image 表示要旋转的图像,是由图像创建函数(比如 imagecreate())返回的图像资源;参数 angle 为需要旋转的角度;参数 bgd_color 指定图像旋转后未被覆盖区域的背景颜色;参数 ignore_transparent 是可选项,表示透明色的保留特性,如果该参数值为非零,则透明色被忽略,否则被保留。

该函数将 image 图像用给定的 angle 角度旋转,返回旋转后的图像资源,或者在失败时返回 false。

使用 imagerotate()函数对图像进行旋转时,其旋转中心为原图像的中心,旋转后的图像会按比例缩放以适合目标图像的大小。

【例 11.4】 图像的旋转。

(1)启动 Zend Studio,在 example 工作区中选择项目 chapter11,并在该项目中添加 example11_4.img.php 文件。

(2)双击打开 example11_4.img.php 文件,并添加代码,如图 11.9 左侧所示。

图 11.9 所示代码中的第 9 行调用 imagerotate()函数将图像 img 旋转 45°。注意,旋转后的图像为一幅新的图像。

(3)继续在项目中添加 example11_4.php 文件,通过<img>标签显示 PHP 图像。浏览器输出效果如图 11.9 右侧所示。

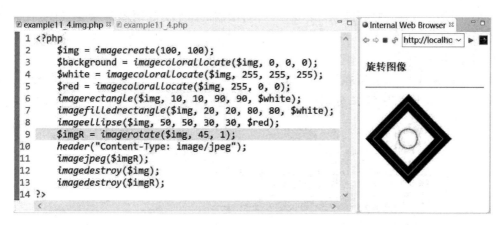

图 11.9　图像的旋转

4. 颜色处理

PHP 所使用的 GD 图像库支持 8 位调色板(256 色)图像以及带透明 alpha 通道的真彩色图像。

使用 imagecreate()函数可以创建一个 8 位调色板图像,其背景颜色将会用接下来使用的 imagecolorallocate()函数分配的第一个颜色来填充,如图 11.9 所示;使用 imagecreatetruecolor()函数创建带 7 位 alpha 通道的真彩色图像,包含透明度的颜色索引由 imagecolorallocatealpha()函数创建,图像的混色模式由 imagealphablending()函数设置。

【例 11.5】　图像颜色处理。

(1) 启动 Zend Studio,在 example 工作区中选择项目 chapter11,并在该项目中添加 example11_5.img.php 文件。

(2) 双击打开 example11_5.img.php 文件,并添加代码,如图 11.10 左侧所示。

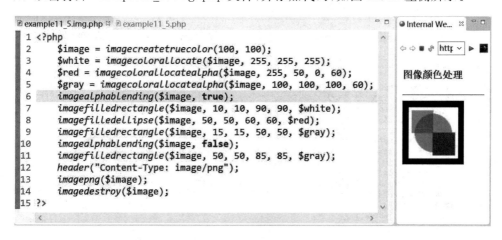

图 11.10　图像颜色处理

图 11.10 所示代码中的第 2 行创建一个 100×100 像素的真彩色图像;第 3~5 行准备白色、橙色、灰色 3 种颜色的画刷;第 6 行打开混色模式;第 7~9 行分别绘制白色正方形、橙色圆和灰色正方形;第 10 行关闭混色模式;第 11 行再次绘制灰色正方形。

(3) 继续在项目中添加 example11_5.php 文件,通过<img>标签显示 PHP 图像。浏览器输出效果如图 11.10 右侧所示。

353

PHP 的其他扩展

从浏览器中显示的图像可以看出,第 7~9 行绘制的图形为透明模式,而第 11 行代码绘制图像则为非透明模式。

5. 添加文本

在创建图像时,常常需要在图像上添加一些文本,为此,GD 图像库内建了自己的字体。GD 图像库中的字体共有 5 种,分别用 1~5 的 5 个整数 ID 来标识,如图 11.11 所示。

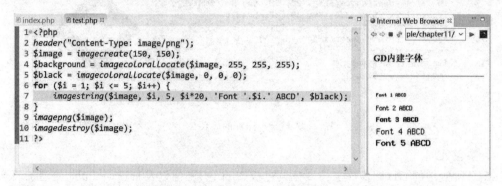

图 11.11　GD 图像库内建字体

图 11.11 所示代码中的第 7 行,调用 imagestring()函数为图像 image 添加文本。该函数添加文本时使用的是 GD 内置字体,语法格式:

```
bool imagestring ( resource $image , int $font , int $x , int $y , string $s , int $col )
```

其中,参数 image 为图像资源;参数 font 为内置字体 ID;参数 x 和 y 为待添加的字符串左上角坐标;参数 s 为待添加的字符串;参数 col 为字体颜色。

【例 11.6】 带文本的图像。

(1) 启动 Zend Studio,在 example 工作区中选择项目 chapter11,并在该项目中添加 example11_6.img.php 文件。

(2) 双击打开 example11_6.img.php 文件,并添加代码,如图 11.12 左侧所示。

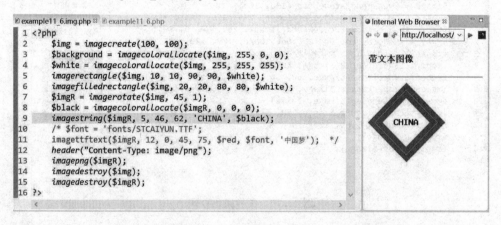

图 11.12　向图像中添加文本

图 11.12 所示代码中的第 9 行调用 imagestring()函数为图像 imgR 添加文本,文本内容为 CHINA,使用 GD 内置的第 5 种字体,画笔颜色为黑色。

(3) 在项目中添加 example10_6.php 文件,通过<img>标签显示 PHP 图像。浏览器输出效果如图 11.12 右侧所示。

imagestring()函数不支持中文,如果要在图像中添加中文文本,请使用 imagettftext()函数。该函数可以把 TrueType 字体的文本添加到图像中,语法格式:

```
array imagettftext ( resource $image , float $size , float $angle , int $x , int $y , int $color, string $fontfile , string $text )
```

其中参数 image 为图像资源;参数 size 为字体大小;参数 angle 为文本旋转角度;参数 x 和 y 是文本第一个字符的左上角坐标;参数 color 为文本颜色;参数 fontfile 为字体文件;参数 text 为文本内容。

TrueType 字体是一种标准的轮廓字体,它对渲染字符提供了更精确的控制。使用 imagettftext()函数时,需要提供所使用的 TrueType 字体的字体文件。

如果要在如图 11.12 右侧图所示的图像中添加文本"中国梦",需要完成如下步骤。

1) 添加字体文件

向项目中添加字体文件,该文件扩展名一般为.ttf,可以从网络上下载,也可以用字体软件创建,或者直接从系统的字体库中复制。这里从 Windows 系统的字体库中复制一个名为 STCAIYUN.TTF 的字体文件存放在项目主目录下的 fonts 子目录中,如图 11.13 所示。

2) 修改添加文本代码

将如图 11.12 所示代码中的第 9 行注释启用第 10 和第 11 行代码。其中第 10 行代码获取导入项目中的字体文件名;第 11 行代码调用 imagettftext()函数在图像中的指定位置以规定的字体大小和画笔将中文文本添加到图像中。

3) 输出图像

访问 example11_6.php 页面,即可在浏览器中显示带中文文本的图像,效果如图 11.14 右侧所示。

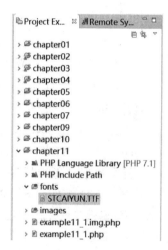

图 11.13　添加字体文件

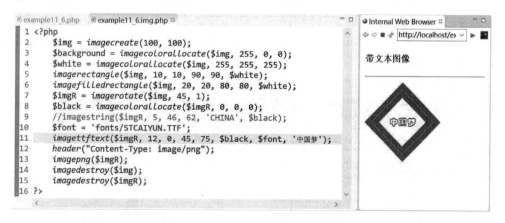

图 11.14　带中文文本的图像

在 PHP 图像技术应用中,最典型的,也是大家最熟悉的,就是上网登录时使用的图形验证码,它就是一张带有文本的图像。

11.2 电子邮件

电子邮件的发送是 Web 应用的一种常用功能,也可以说是一种必备功能。在日常工作中,人们常常使用电子邮件的客户端来收发信件,但在 PHP Web 应用中,则需要使用 PHP 的内置函数和一些功能扩展来实现对电子邮件的操作功能。

在 PHP 中收发电子邮件的方法有很多种,可以使用 PHP 自带的 mail()函数来发送邮件,可以使用 PHP 的 IMAP 扩展来接收邮件,还可以使用其他第 3 方的 PHP 库来对邮件进行管理与操作,比如 PHPMailer 库。下面简单介绍一下这些方法。

11.2.1 使用 mail()函数

PHP 内置了一个名为 mail()的邮件函数,它能够使用简单邮件传输协议(Simple Mail Transfer Protocol,SMTP)对外发送电子邮件,语法格式:

```
bool mail ( string $to , string $subject , string $message [, string $additional_headers [,
string $additional_parameters ]] )
```

其中,参数 to 是必选项,表示电子邮件的收件人或收件人列表,也就是收件人邮箱或邮箱列表;参数 subject 也是必选项,表示邮件主题;参数 message 为必选项,是所要发送的邮件信息;参数 additional_headers 是可选项,表示邮件额外的报头,比如 From、Cc 以及 Bcc;参数 additional_parameters 是可选项,指定邮件传输代理程序的额外参数。

该函数允许从 PHP 程序中直接对外发送电子邮件,而不需要进入一些邮件客户端,比如 outlook 等。如果邮件的投递被成功地接收,则返回 true,否则返回 false。

mail()函数在使用之前还需要进行适当的准备,包括邮件传输代理程序的安装、邮件服务器的选择、邮箱 SMTP 服务的开启以及相应的配置。

1. 选择邮件服务器

电子邮件的传输遵循 SMTP,是从服务器到服务器的,而且每个用户必须拥有服务器上存储信息的空间,即电子邮箱。这里选择网易的 163 邮件服务器作为 PHP 代码发送邮件的服务器,注册邮箱为 **** @163.com。163 邮箱可以到网易官方网站免费注册。当然,也可以使用其他邮件服务器,比如腾讯公司的 QQ 邮件服务器,此时,应使用有效的 QQ 邮箱。

(1) 开启 163 邮箱的 SMTP 服务,如图 11.15 所示。

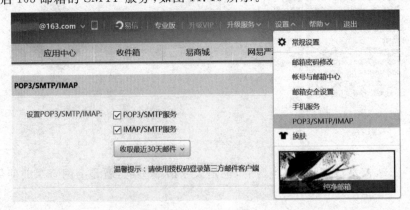

图 11.15 开启 163 邮箱 POP3/SMTP/IMAP 服务

（2）登录网易 163 邮箱，单击【设置】菜单项，选择 POP3/SMTP/IMAP 命令，根据提示进行操作，即可开启该邮箱的 POP3/SMTP/IMAP 服务，并设定登录授权码。请认真保管好这个授权码，在 PHP 代码中要通过该授权码登录 163 邮箱，并发送邮件。

也就是说，使用 PHP 代码发送邮件，实际上是通过经过授权的有效邮箱发送，所以在这个邮箱的【已发送邮件】文件夹中是可以看到 PHP 代码发送的邮件的。

2. 安装邮件传输代理程序

由于邮件服务器不在本机上，所以，若要在本机上测试 mail() 函数，需要安装一个邮件传输代理程序，这里使用 sendmail。

平时发送电子邮件需要打开一个邮件客户端，比如 Outlook、Gmail 等，或者通过网络登录到邮箱界面，其实，这个"邮箱界面"也就是一个网络版的邮件客户端。在邮件客户端中填写好收件人、主题、内容等信息后，单击【发送】按钮即可完成邮件的发送。

邮件客户端接收到用户的邮件后，不是将邮件直接发送到收件人邮箱所在的服务器，而是试图去寻找一个邮件传输代理，把用户邮件提交给它。邮件传输代理得到用户邮件后，首先将其保存在自身的缓冲队列中，然后根据邮件的目标地址寻找相应的邮件传输代理服务器，并且通过网络将邮件传送给它。对方的邮件服务器接收到用户邮件之后，将其缓冲存储在本地，直到电子邮件的接收者查看自己的电子信箱。sendmail 就是这样一种邮件传输代理程序。

在网络上下载 sendmail 压缩包，然后将其解压到一个目录中。该目录可以是任意位置，不一定位于 PHP 安装目录中，如图 11.16 所示。

软件 (E:) > sendmail			
名称 ^	修改日期	类型	大小
source	2017/8/20 14:45	文件夹	
error.log	2017/8/20 19:31	文本文档	1 KB
license.txt	2008/1/2 18:42	文本文档	2 KB
ReadMe.html	2008/4/24 14:48	HTML 文件	4 KB
sendmail.exe	2008/4/24 14:48	应用程序	845 KB
sendmail.ini	2017/8/20 19:34	配置设置	2 KB

图 11.16 sendmail 资源目录

可以看到，目录中有一个可执行文件和一个配置文件，名为 sendmail.exe 的可执行文件就是电子邮件传输代理程序，其配置通过修改 sendmail.ini 文件来完成。

用文本编辑器打开 sendmail 目录中的 sendmail.ini 配置文件，根据自己所使用的邮件服务器类型进行相应配置。如上所述，这里使用的是网易 163 邮件服务器，配置如下。

```
[sendmail]
smtp_server = smtp.163.com
smtp_port = 25
error_logfile = error.log
auth_username = **** @163.com
auth_password = ******
```

代码中的配置项 smtp_server 是邮件服务器地址；配置项 smtp_port 是端口号；配置项 auth_username 与 auth_password 分别为开启 163 邮箱 SMTP 服务时的有效邮箱及授权码。特别要注意的是，这里配置的密码是 163 邮箱的登录授权码，而不是邮箱的登录密码。

3. 对 PHP 进行配置

sendmail 邮件传输代理程序安装及配置完成后，再配置 PHP 应用服务器。打开 PHP 主目录中的配置文件 php. ini，找到 sendmail_path，并作如下修改。

```
sendmail_path = "E:\sendmail\sendmail.exe -t -i"
```

这里的 E:\sendmail 目录是作者计算机上的 sendmail 程序所在目录，如图 11.16 所示。读者可根据自己的实际情况进行更改。

注意，PHP 的配置修改完成后，一定要重启 Apache 服务器。

【例 11.7】 使用 mail()函数发送邮件。

(1) 启动 Zend Studio，在 example 工作区中选择项目 chapter11，并在该项目中添加 example11_7. php 文件。

(2) 双击打开 example11_7. php 文件，添加代码并访问页面，如图 11.17 所示。

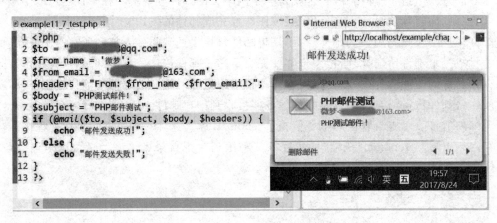

图 11.17　使用 mail()函数发送邮件

图 11.17 所示代码中的第 2 行指定收件人；第 3 行设置发件人名称；第 4 行设置发件人邮箱，也就是 sendmail. ini 中配置的 auth_username 的值；第 5 行设置发送邮件的头部信息；第 6 行表示发送的邮件内容；第 7 行表示发送的邮件主题；第 8～12 行调用 mail()函数完成邮件的发送。

接收到的测试邮件效果如图 11.18 所示。

图 11.18　mail()函数发送的邮件接收效果示例

11.2.2　使用 PHP 的 IMAP 扩展

IMAP 是互联网消息访问协议，即 Internet Message Access Protocol，对于电子邮件来说，它就是一款邮件交互访问的协议。PHP 的 IMAP 扩展对该协议提供了支持。

在 Windows 系统中使用 PHP 的 IMAP 扩展功能，需要打开 php.ini 配置文件中的相应扩展模块，设置如下代码所示：

```
extension = php_imap.dll
```

并检查 PHP 扩展目录 ext 中是否存在 php_imap.dll 库文件。若库文件存在，则重启 Apache 服务器即可；若库文件不存在，则需要首先获取该库文件。

使用 PHP 的 IMAP 扩展函数获取某电子邮箱总体信息的示例，如例 11.8 所示。

【例 11.8】　使用 PHP 的 IMAP 扩展函数获取电子邮箱总体信息。

（1）启动 Zend Studio，在 example 工作区中选择项目 chapter11，并在该项目中添加 example11_8.php 文件。

（2）双击打开 example11_8.php 文件，添加代码并访问页面，如图 11.19 所示。

图 11.19　php_imap 扩展函数的使用

图 11.19 所示代码中的第 11 行表示邮箱所属的电子邮件服务器的地址及端口；第 12 行指定需要访问的有效邮箱；第 13 行设置邮箱登录授权码；第 14 行调用 imap_open() 函数打开邮箱并获取邮箱信息，该函数返回的是一个资源类型；第 15 行调用 imap_mailboxmsginfo() 函数获取邮箱总体信息，该函数返回的是一个对象；第 16~20 行输出邮箱信息明细；第 21 行关闭邮箱。

从图 11.19 右侧所示的输出结果可以看出，使用 PHP 代码对电子邮箱的操作是成功的。目标邮箱中共有 3 封信件，共占用 49236 字节的空间，最新信件到达日期为 2017 年 8 月 25 日上午 9 点。

需要说明的是，要使用 PHP 的 imap 函数对邮箱进行操作，目标邮箱必须启用 IMAP 协议，并通过安全访问验证。比如，针对上述示例中使用的 ****@163.com 邮箱，在图 11.15 所示页面中开启了 IMAP 协议，并通过访问 http://config.mail.163.com/settings/imap/index.jsp? uid= ****@163.com 链接通过了安全访问验证。注意，如果没有通过安全访问验证，网易系统会阻止 PHP 代码对邮箱的访问。

PHP 的 IMAP 扩展功能非常强大，因此定义的函数也非常多。鉴于本教程重点为 PHP 应用开发基础，这里不深究 IMAP 扩展函数的详细用法，只要能让程序成功运行就可以了。

PHP 的其他扩展

11.2.3　使用 PHPMailer 库

使用 mail()函数可以实现简单的邮件发送,但该函数的功能相当有限,根本不能满足日常邮件操作的需要。比如,要发送带附件的邮件,mail()函数就显得有点力不从心了。因此,在 PHP 的 Web 应用开发中,常常都会使用一些优秀的、由第 3 方开发的库来实现邮件的收发与管理功能。这里我们使用 PHPMailer。

下载 PHPMailer 库资源,如图 11.20 所示。

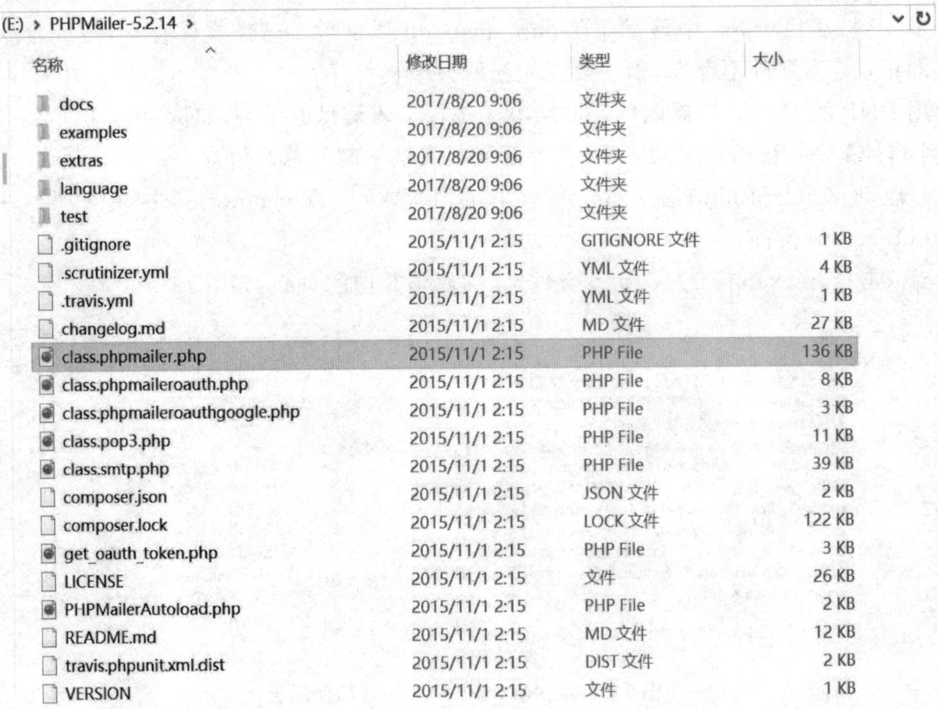

图 11.20　PHPMailer 库资源

基于本教材定位,这里只简单演示 PHPMailer 库资源的使用方法。

【例 11.9】　使用 PHPMailer 库完成电子邮件的发送。要求该邮件带附件,并指定快捷回复邮箱。

(1) 启动 Zend Studio,在 example 工作区中选择项目 chapter11,并在该项目中添加 example11_9.php 文件。

(2) 双击打开 example11_9.php 文件,添加代码并访问页面,如图 11.21 所示。

图 11.21 所示代码中的第 11 和第 12 行包含 PHPMailer 库文件,这里先要将需要的库文件从图 11.20 所示所在的目录复制到项目中;第 13 行创建一个 PHPMailer 对象;第 14 行设置 SMTP 协议(发送邮件);第 16 行设置邮件服务器地址;第 17～19 行设置授权用户及密码;第 20 和第 21 行设置发件邮箱及发件人名称;第 22 行设置收件人;第 23 行设置快捷回复邮箱;第 24 行设置附件;第 25 行设置邮件为 HTML 格式;第 28 行是非 HTML 格式内容;第 29 行调用成员函数 send()完成邮件的发送。

由图 11.21 右图所示程序运行效果可以看出,目标 QQ 邮箱收到了由 PHP 程序发送的邮件,邮件主题为“PHPMailer 邮件测试”,并带有附件。

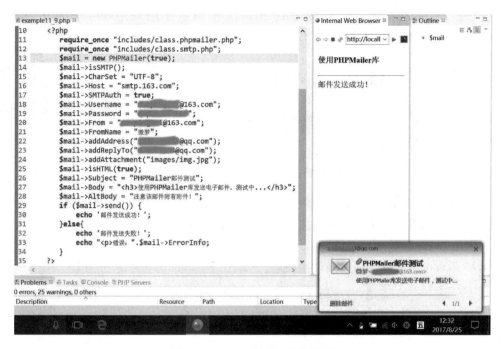

图 11.21　PHPMailer 库的使用

（3）登录目标邮箱，并打开上述邮件，如图 11.22 所示。

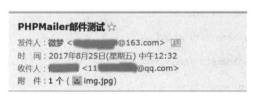

使用PHPMailer库发送电子邮件，测试中...

图 11.22　使用 PHPMailer 库发送邮件效果

从收到的邮件可以看出，邮件的发送是成功的。图 11.22 中的邮件内容采用了 HTML 的 h3 标题字体及格式，附件文件显示正常，图 11.22 中最下面的快捷回复地址与收件地址也是不相同的。所谓"快捷回复地址",就是打开邮件,单击【回复】按钮后,回信界面中"收件人"的地址。所有这些特征都符合图 11.21 左侧所示代码中的相关设置。

11.3　XML 与 JSON

XML 与 JSON 是两种重要的网络数据交换格式,应用非常广泛。本节简单介绍 PHP 对它们的支持。

11.3.1　在 PHP 中访问 XML

在 PHP 中,对 XML 文档的解析一般采用两种方法,一种是使用 DOM 函数,另一种是使用 SimpleXML 函数。使用这两种方法得到的结果基本相同的,性能上略有差异。

1. 使用 DOM 函数

DOM 函数以类的成员函数方式存在,位于 PHP 的 dom.php 文件中,如图 11.23 所示。

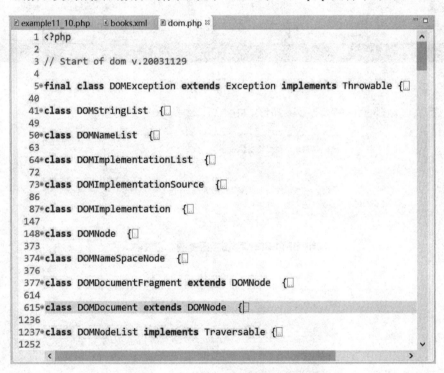

```php
📄example11_10.php    📄books.xml    📄dom.php ⊠
 1 <?php
 2
 3 // Start of dom v.20031129
 4
 5⊕final class DOMException extends Exception implements Throwable {□
40
41⊕class DOMStringList {□
49
50⊕class DOMNameList {□
63
64⊕class DOMImplementationList {□
72
73⊕class DOMImplementationSource {□
86
87⊕class DOMImplementation {□
147
148⊕class DOMNode {□
373
374⊕class DOMNameSpaceNode {□
376
377⊕class DOMDocumentFragment extends DOMNode {□
614
615⊕class DOMDocument extends DOMNode {□
1236
1237⊕class DOMNodeList implements Traversable {□
1252
```

图 11.23　PHP 中的 XML 文档解析相关类

从图 11.23 中可以看出,针对 XML 文档,PHP 提供的 DOM 解析器涉及的类非常多,因而其中的成员函数也非常复杂,但它们使用起来其实还是非常简单的。

【例 11.10】　使用 DOM 函数读取 XML 文件内容。

(1) 启动 Zend Studio,在 example 工作区中选择项目 chapter11,在该项目中添加一个名为 books.xml 的 XML 文件,并插入测试数据,如图 11.24 所示。

(2) 在项目中添加 example11_10.php 文件,添加代码并访问页面,如图 11.25 所示。

图 11.25 所示代码中的第 11~20 行定义了一个递归函数,对 XML 进行解析;第 21 行代码创建 DOMDocument 类的对象;第 22 行代码使用 DOMDocument 对象调用其成员函数

图 11.24　XML 测试文档

```
📄example11_10.php  📄books.xml   📄dom.php                          ● Internal Web Browser ✕
 1 <!DOCTYPE html>                                                  ⇦ ⇨ ■ ◉  10/example11_10.php  ▼  ▶ ▣
 2 <html>
 3 <head>                                                           使用DOM函数解析XML文档
 4 <meta charset="UTF-8" >
 5 <title>例11.10 使用DOM函数解析XML文档</title>                     ────────────────────────
 6 </head>                                                          面向对象程序设计
 7 <body>                                                           马石安
 8     <h4>使用DOM函数解析XML文档</h4>                               清华大学出版社
 9     <hr />                                                       北京
10     <?php                                                        2012
11         function processNodes($node) {
12             foreach ($node->childNodes as $child){
13                 if($child->nodeType == XML_TEXT_NODE){           Visual C++程序设计
14                     echo $child->nodeValue;                      马石安
15                 }else if($child->nodeType == XML_ELEMENT_NODE){  清华大学出版社
16                     processNodes($child);                        北京
17                     echo '<br/>';                                2007
18                 }
19             }
20         }
21         $dom = new DOMDocument();                                PHP Web应用开发基础案例教程
22         $dom->load("datas/books.xml");                           马石安
23         processNodes($dom->documentElement);                     清华大学出版社
24     ?>                                                           北京
25 </body>                                                          2017
26 </html>
```

图 11.25　使用 DOM 解析 XML 文档

load()，从文件中加载 XML 文档；第 23 行代码调用自定义函数对加载的 XML 文档进行解析。

从图 11.25 右侧图示的输出结果可以看出，PHP 程序通过 DOM 成功获取到了 XML 文档中的数据信息。

2. 使用 SimpleXML 函数

使用 SimpleXML 函数也可以获取 XML 文档中的数据信息,如例 11.11 所示。

【例 11.11】 使用 SimpleXML 函数,读取例 11.10 中 books. xml 文档内容。

(1) 启动 Zend Studio IDE,在 example 工作区中选择项目 chapter11,在该项目中添加名为 example11_11.php 的文件。

(2) 双击打开 example11_11.php 文件,添加代码并访问页面,如图 11.26 所示。

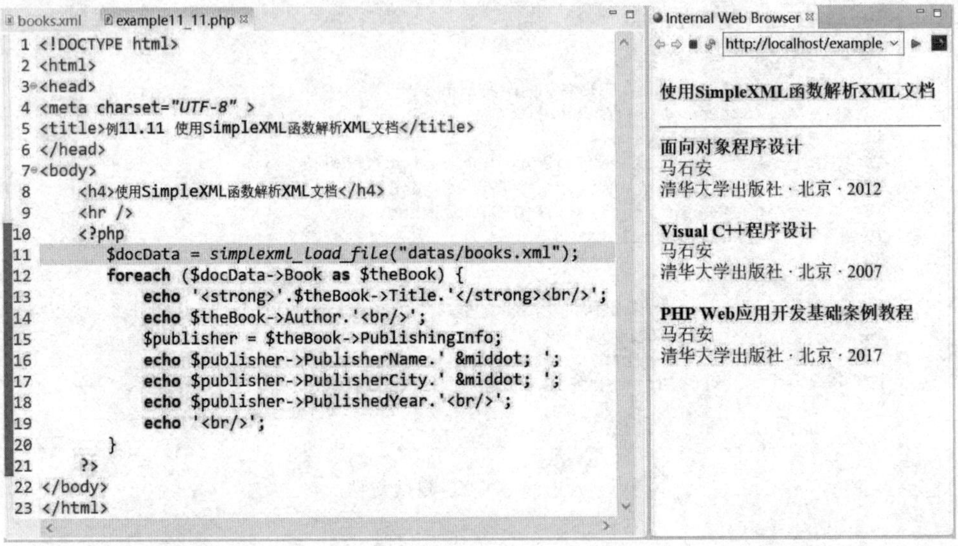

图 11.26 使用 SimpleXML 函数解析 XML 文档

图 11.26 所示代码中的第 11 行使用 simplexml_load_file()函数把 books. xml 文档内容载入一个名为 docData 的 SimpleXMLElement 对象中;第 12 行把 \$docData—> Book 的内容,即所有单个记录,放入一个名为 theBook 的对象中;第 13~20 行获取具体的数据值并输出。

将本例代码与图 11.25 左侧所示代码进行比较可以发现,使用 SimpleXML 函数解析 XML 文档要比使用 DOM 函数更简单一些。实际应用开发过程中,涉及的业务逻辑会更复杂,读者可以在实践中进一步提高,这里只是做一个引导,不再赘述。

11.3.2 使用 JSON

JSON 是 JavaScript Object Notation 的缩写,表示 JavaScript 对象。与 XML 一样,JSON 也是一种轻量级的数据交换格式,它是基于 ECMAScript(W3C 制定的 JS 规范)的一个子集,采用完全独立于编程语言的文本格式来存储和表示数据。简洁和清晰的层次结构使得 JSON 成为理想的数据交换语言,易于人阅读和编写,同时也易于机器解析和生成,并可有效提升网络传输效率。

在 JavaScript 中,一切都是对象。因此,任何支持的类型都可以通过 JSON 来表示,例如字符串、数字、对象、数组等。在 JSON 数据中,对象表示为键/值对、数据由逗号分隔、用花括号保存对象、用方括号保存数组。

若将图 11.24 所示的 XML 测试文档表示成 JSON 格式,则应如图 11.27 所示。

【例 11.12】 使用 JSON 数据。

(1) 启动 Zend Studio,在 example 工作区中选择项目 chapter11,在该项目中添加一个名为 books. txt 的文本文件,并添加如图 11.27 所示的代码。

```
books.txt ⊠  example11_12.php
 1{
 2    "book":[
 3        {
 4            "title":"面向对象程序设计",
 5            "author":"马石安",
 6            "publisherName":"清华大学出版社",
 7            "publisherCity":"北京",
 8            "publisherYear":"2012"
 9        },
10        {
11            "title":"Visual C++程序设计",
12            "author":"马石安",
13            "publisherName":"清华大学出版社",
14            "publisherCity":"北京",
15            "publisherYear":"2007"
16        },
17        {
18            "title":"PHP Web应用开发基础案例教程",
19            "author":"马石安",
20            "publisherName":"清华大学出版社",
21            "publisherCity":"北京",
22            "publisherYear":"2017"
23        }
24    ]
25}
```

图 11.27 JSON 数据示例

（2）在项目中添加 example11_12.php 文件，添加代码并访问页面，如图 11.28 所示。

```
books.txt  example11_12.php ⊠
 7 <body>
 8     <h4>使用JSON数据</h4>
 9     <hr />
10     <?php
11         $theData = file_get_contents("datas/books.txt");
12         $jData = json_decode($theData);
13         foreach ($jData->book as $theBook) {
14             echo '<strong>'.$theBook->title.'</strong><br/>';
15             echo $theBook->author.'<br/>';
16             echo $theBook->publisherName.' &middot; ';
17             echo $theBook->publisherCity.' &middot; ';
18             echo $theBook->publisherYear.'<br/>';
19             echo '<br/>';
20         }
21     ?>
22 </body>
23 </html>
```

使用JSON数据

面向对象程序设计
马石安
清华大学出版社 · 北京 · 2012

Visual C++程序设计
马石安
清华大学出版社 · 北京 · 2007

PHP Web应用开发基础案例教程
马石安
清华大学出版社 · 北京 · 2017

图 11.28 使用 JSON 数据

图 11.28 所示代码中的第 11 行获取文本数据；第 12 行代码调用 json_decode()函数将数据转换成 JSON 格式；第 13～20 行代码取出并显示数据。

11.4 PDF 文档

视频讲解

PDF 是 Portable Document Format 的简称，即便携式文档格式，是一种用与应用程序、操作系统、硬件无关的方式进行数据交换的文件格式。PDF 文件以 PostScript 语言图像模型为基础，无论在哪种打印机上都可保证精确的颜色和准确的打印

365

第11章

PHP 的其他扩展

效果,即 PDF 会忠实地再现原稿的每一个字符、颜色以及图像。

在 PHP Web 应用中,动态创建 PDF 文档为应用功能的扩展提供了极大的便利,可以创建任何类型的商业文档,包括信函、发票或者收据等,促使日常工作中大部分需要填写纸质表单的文书工作实现了电子化、自动化。

11.4.1　PDF 扩展

在 PHP 中,有很多用于支持 PDF 文档的库,比如 FPDF、TPDF、TCPDF 等,这里使用较为流行且相对简单的 FPDF 库。该库是一个 PHP 的代码集,可以用包含的方式直接将其导入 PHP 代码文件,不需要进行任何服务器端配置或支持。FPDF 库的下载地址为 http://www.fpdf.org。

图 11.29 是作者下载的 FPDF 库目录结构,版本号为 1.81。

(F:) › temporary › fpdf181 ›			
名称 ^	修改日期	类型	大小
doc	2017/8/30 7:43	文件夹	
font	2017/8/30 7:43	文件夹	
makefont	2017/8/30 7:43	文件夹	
tutorial	2017/8/30 7:43	文件夹	
changelog.htm	2015/12/20 17:52	HTM 文件	9 KB
FAQ.htm	2015/11/29 19:22	HTM 文件	12 KB
fpdf.css	2008/7/19 21:04	层叠样式表文档	2 KB
fpdf.php	2015/12/20 17:23	PHP File	49 KB
fpdf181.zip	2017/8/27 12:45	WinRAR ZIP 压缩文件	189 KB
install.txt	2011/6/18 20:47	文本文档	1 KB
license.txt	2008/8/3 16:52	文本文档	1 KB

图 11.29　FPDF 库目录结构

图 11.29 中 fpdf181.zip 是下载的压缩包,其他为解压出来的文件及文件夹。其中,doc 为帮助文档;font 为字体库;makefont 为不同字符集的字符映射文件及字体生成文件;tutorial 是一些示例程序;fpdf.php 是 FPDF 的库文件。

11.4.2　FPDF 库的使用

如下为一个简单示例程序,该程序在浏览器上输出一个 PDF 页面,页面内容包括文本、图片等常见的 PDF 文档元素。

【例 11.13】　PDF 文档简单示例。

(1) 启动 Zend Studio,在 example 工作区中选择项目 chapter11,将图 11.29 所示的 FPDF 库目录复制到项目中;删除该库目录中除 font 和 makefont 文件夹以及 fpdf.php 文件之外的所有其他文件。

(2) 在 Chapter11 项目中添加一个名为 example11_13.php 的 PHP 文件,并添加用于演示的图片资源。

(3) 双击打开 example11_13.php 文件,并添加代码,如图 11.30 左图所示。

图 11.30 所示代码中的第 2 行定义了字体文件路径;第 3 行包含 FPDF 库文件;第 4 行创建了一个 PDF 文档对象,该 PDF 文档为纵向页面方向、A4 幅面,页面度量单位为 mm;第 5 行在 PDF 文档中增加了一个页面;第 6 行在页面中添加了图像;第 7 行设置字体为

```
 2    define('FPDF_FONTPATH','fpdf/font');
 3    require_once 'fpdf/fpdf.php';
 4    $pdf = new FPDF('p','mm','A4');
 5    $pdf->AddPage();
 6    $pdf->Image('images/fpdf_logo.jpg',5,5,30,10);
 7    $pdf->SetFont('helvetica','',10);
 8    $pdf->SetXY(160, 15);
 9    $pdf->Cell(50,20,'by Mashian, Weiwping');
10    $pdf->SetFont('courier','B',16);
11    $pdf->SetXY(70, 10);
12    $pdf->Cell(100,20,'FPDF Example 001');
13    $pdf->Line(5, 30, 200, 30);
14    $pdf->SetFont('times','',12);
15    $pdf->SetXY(10, 35);
16    $content = <<<EOD
17 FPDF 1.81 Reference Manual
18 __construct - constructor
19 AcceptPageBreak - accept or not automatic page break
20 AddFont - add a new font
21 EOD;
22    $pdf->Write(8, $content);
23    $width = $pdf->GetPageWidth();
24    $height = $pdf->GetPageHeight();
25    $pdf->Line(5, $height-20, $width-10, $height-20);
26    $pdf->Output();
27 ?>
```

图 11.30 PDF 文档简单示例

helvetica 体、普通字体、大小为 10；第 8 行设置了后续文本起始位置；第 9 行在页面中添加了单元格，用于显示文本；第 10～12 行在页面中添加了另一个单元格，用于显示文本；第 13 行绘制了一条水平线；第 14～22 行添加了文档正文到页面中；第 23～25 行为页面添加了页脚分隔线，其中获取了文档页面尺寸；第 26 行将 PDF 文档输出到浏览器中。

（4）在浏览器中访问 example11_13.php 文件，动态生成的 PDF 页面效果如图 11.30 右图所示。注意，浏览器上须安装 PDF 文档阅读器插件。

从演示结果可以看出，用 PHP 动态生成 PDF 文档，应经过加载 PDF 扩展库、初始化文档、添加页面、添加文档元素及输出文档等几个步骤。

1. 文档初始化

将 FPDF 库文件加载完成后，创建一个 FPDF 类的对象，并调用 FPDF 类的构造方法对其初始化。FPDF 类的构造方法声明格式：

```
function __construct( $orientation = 'P', $unit = 'mm', $size = 'A4')
```

其中，参数 orientation 表示页面方向，P 表示纵向，L 表示横向；参数 unit 表示度量单位，可以取毫米、厘米、英寸等；参数 size 表示页面大小，可以是 A3、A4、A5、Letter 等，还可以是自定义尺寸。

一个 PDF 文档是由一个或多个页面组成的，所以在对象创建完成后，至少需要向该对象添加一个 PDF 页面。页面的添加由 FPDF 类的成员方法 AddPage() 来完成。

2. 输出文本

文本是 PDF 文档的主要元素，文本的输出通过单元格形式来实现。在 FPDF 库中，单元格就是页面上的一个矩形区域，它有高、宽、边框等属性，当然还包括文本。调用 FPDF 类的成员函数 cell()，在页面中添加一个单元格元素，语法格式：

```
function Cell( $w, $h = 0, $txt = '', $border = 0, $ln = 0, $align = '', $fill = false, $link = '')
```

其中，参数 w、h 分别为单元格的宽度与高度；参数 txt 是要输出的文本；参数 border 定义是否显示边框；参数 ln 是换行控制；参数 align 是对齐方式；参数 fill 设定是否填充；参数 link 设置文本是否为 HTML 链接。

单元格的输出位置由 PDF 文档的坐标来确定，如图 11.30 左图所示代码中的第 8、第 11、第 15 行所示。在 FPDF 库中，文档的坐标原点(0,0)定义在页面的左上角。

文本的字体、属性、大小通过 FPDF 类的 SetFont()函数设置，语法格式：

```
function SetFont( $family, $style = '', $size = 0)
```

其中，参数 family 为已定义的字体；参数 style 为字体属性，包括常规、粗体(B)、下画线(U)、斜体(I)；参数 size 为字符大小。

FPDF 库中可用的字体样式位于 font 子目录中，包括 Courier、Helvetica 以及 Times 等，当然也可以包括自定义的任何其他字体。自定义字体的操作方法将在 11.4.3 小节中详细介绍。

3. 页眉与页脚

FPDF 类中定义了 PDF 文档的页眉与页脚函数，分别是 Header()和 Footer()。由于需求不同，PDF 文档页眉与页脚中的内容也是不同的，所以，在使用时需要根据自己的业务逻辑重载这两个函数。

【例 11.14】 PDF 文档的页眉与页脚。

(1) 启动 Zend Studio，在 example 工作区中选择项目 chapter11，添加一个名为 example11_14.class.php 的文件。在该文件中编写代码，通过继承的方式定义一个名为 MyPDF 的子类，并重载父类中的 Header()和 Footer()函数，如图 11.31 所示。

```php
1 <?php
2    require_once 'fpdf/fpdf.php';
3    class MyPDF extends FPDF {
4        function Header() {
5            global $title;
6            $this->SetFont("Times",'',12);
7            $this->SetDrawColor(0,0,128);
8            $this->SetFillColor(230,0,230);
9            $this->SetTextColor(0,0,255);
10           $this->SetLineWidth(1);
11           $width = $this->GetStringWidth($title)+150;
12           $this->Cell($width,9,$title,1,1,'C',1);
13           $this->Ln(10);
14       }
15       function Footer() {
16           $this->SetY(-15);
17           $this->SetFont("Arial",'I',8);
18           $str = 'This is the page footer -> Page ';
19           $this->Cell(0,10,$str.$this->PageNo()."/{nb}",0,0,'C');
20       }
21   }
22 ?>
```

图 11.31 MyPDF 类的定义示例

图 11.31 所示代码中的第 3 行定义了一个名为 MyPDF 的类，它继承于 FPDF；第 4～14 行重载了 FPDF 类的 Header()成员函数；第 14～21 行重载了 FPDF 类的 Footer()成员函数。

（2）在项目中添加名为 example11_14.php 的另一个 PHP 文件，并编写代码，如图 11.32 所示。

```php
<?php
    define('FPDF_FONTPATH','fpdf/font');
    require_once 'example11_14.class.php';
    $title = 'FPDF Library Page Header';
    $pdf = new MyPDF('P','mm','Letter');
    $pdf->AliasNbPages();
    $pdf->AddPage();
    $pdf->SetFont("Times",'',24);
    $pdf->Cell(0,0,'some text at the top of the page',0,0,'L');
    $pdf->Ln(225);
    $pdf->Cell(0,0,'More text toward the bottom',0,0,'C');
    $pdf->AddPage();
    $pdf->SetFont("Arial",'B',15);
    $pdf->Cell(0,0,'Top of page 2 after header',0,1,'C');
    $pdf->Output();
?>
```

图 11.32　PHP 文件代码示例

图 11.32 所示代码中的第 5 行创建了一个 PDF 文档对象；第 7、第 12 行，向文档中添加了两个页面；第 15 行向浏览器输出了 PDF 文档。其他代码行用不同的字体、字形、字号，在不同的页面及位置添加文本内容。

（3）打开浏览器，访问 example11_14.php 页面，效果如图 11.33 所示。

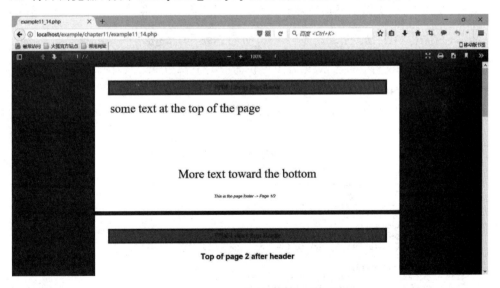

图 11.33　PDF 文档的页眉与页脚示例

4. 图片与链接

除了实现上述功能外，使用 FPDF 库还可以实现 PDF 文档中图片的插入、内部或外部网页的链接等。所谓内部链接，就是在 PDF 文档内指向同文档的另外一个位置。

【例 11.15】　PDF 文档的图片与链接。

（1）启动 Zend Studio，在 example 工作区中选择项目 chapter11，添加一个名为 example11_15.class.php 的文件。在该文件中编写代码，通过继承的方式定义一个名为

PHP 的其他扩展

MyPDFClass 的子类,并重载父类中的 Header()和 Footer()函数,如图 11.34 所示。

```php
example11_15.class.php
1  <?php
2      require_once 'fpdf/fpdf.php';
3      class MyPDFClass extends FPDF {
4          function Header() {
5              global $title;
6              $this->SetFont("Times", '', 12);
7              $this->SetDrawColor(0, 0, 128);
8              $this->SetFillColor(230, 0, 230);
9              $this->SetTextColor(0, 0, 255);
10             $this->SetLineWidth(0.5);
11             $width = $this->GetStringWidth($title) + 150;
12             $this->Image('images/fpdf_logo.jpg',10,10.5,15,8,'','http://www.fpdf.org');
13             $this->Cell($width, 9, $title, 1, 1, 'C');
14             $this->Ln(10);
15         }
16         function Footer() {
17             $this->SetY(-15);
18             $this->SetFont("Arial", 'I', 8);
19             $str = 'This is the page footer -> Page ';
20             $this->Cell(0,10,$str.$this->PageNo()."/{nb}", 0, 0, 'C');
21         }
22     }
23  ?>
```

图 11.34   MyPDFClass 类的定义示例

图 11.34 所示代码与图 11.31 所示代码相似,第 12 行向 PDF 文档中添加了图片,并将图片设置成外链接,链接地址由 image()函数的第 7 个参数确定。

image()是向 PDF 文档中添加图片时使用的成员函数,语法格式:

function Image($file, $x = null, $y = null, $w = 0, $h = 0, $type = '', $link = '')

其中,参数 file 为图像文件;参数 x、y 为图像位置坐标;参数 w、h 为图片大小;参数 type 、link 分别为图像类型及链接地址。

(2) 在项目中添加名为 example11_15.php 的另一个 PHP 文件,并编写代码,如图 11.35 所示。

```php
example11_15.php
1  <?php
2      define('FPDF_FONTPATH','fpdf/font');
3      require_once 'example11_15.class.php';
4      $title = 'FPDF Library Page Header';
5      $pdf = new MyPDFClass('P','mm','Letter');
6      $pdf->AliasNbPages();
7      $pdf->AddPage();
8      $pdf->SetFont("Times",'',14);
9      $pdf->Write(5, "For a link to the next page - Click");
10     $pdf->SetFont('','U');
11     $pdf->SetTextColor(0,0,255);
12     $linktopage2 = $pdf->AddLink();
13     $pdf->Write(5, 'here', $linktopage2);
14     $pdf->AddPage();
15     $pdf->SetLink($linktopage2);
16     $pdf->Ln(20);
17     $pdf->SetTextColor(1);
18     $pdf->Cell(0, 5, 'Click the following link, or click on the image', 0, 1, 'L' );
19     $pdf->SetFont('','U');
20     $pdf->SetTextColor(0,0,255);
21     $pdf->Write(5, 'http://www.fpdf.org', 'http://www.fpdf.org');
22     $pdf->Output();
23  ?>
```

图 11.35   使用链接的 PHP 文件代码

图 11.35 所示代码中的第 5 行创建了一个 MyPDFClass 类的对象,并进行了初始化;第 7、第 14 行向 PDF 文档中添加了两个页面;第 12～13 行在第 1 页中添加了一个内部链接;第 15 行在第 2 页中添加了内部链接目标位置;第 21 行在页面中添加了一个文本型的外链接。

(3) 打开浏览器,访问 example11_15.php 页面,效果如图 11.36 所示。

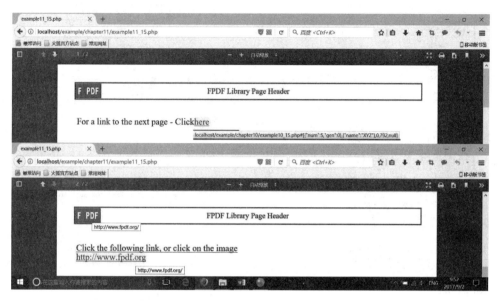

图 11.36 PDF 的图像与链接

效果图的上半部分是生成的 PDF 文档的第 1 页,文本 here 是一个内部链接,单击它可以跳转到文档的第 2 页页面;效果图的下半部分是 PDF 文档的第 2 页,单击页面中的图片及 http://www.fpdf.org 文本,都可以跳转到 FPDF 库的官方主页面,这里设置的是 PDF 文档的外链接。

11.4.3 扩充 FPDF 字库

上述示例中,文本的字体都是 FPDF 库自带的,那么怎样在 PDF 中使用新的字体呢? 下面通过例题来说明这个问题的解决办法。

【例 11.16】 在 PDF 文档中使用自定义字体。

(1) 打开 Windows 系统中的字体(Fonts)文件夹,找到想要使用的字体 TTF 文件,例如 BRUSHSCI.TTF。当然也可以从其他地方下载字体文件。

(2) 启动 Zend Studio,在 example 工作区中选择项目 chapter11,将字体文件复制到项目的 fonts 文件夹中。也可以放在其他目录下。

(3) 在项目的 fpdf/makefont 文件夹中添加一个名为 createFont.php 的文件,并编写代码,如图 11.37 中间的代码编辑器窗格所示。

(4) 在浏览器中访问 createFont.php 页面,生成两个字体资源文件,分别是 brushsci.php 和 brushsci.z,如图 11.37 左、右窗格所示。将这两个文件复制到项目文件夹 fpdf/font 中。

(5) 在项目中添加一个名为 example11_16.php 的文件,并编写代码,如图 11.38 所示。

图 11.38 所示代码中的第 6 行调用了 FPDF 类的成员函数 AddFont(),添加了名为 brushsci 的自定义字体;第 7 行使用了新字体,并设置字体属性及大小;第 8 行使用新字体输出文本。

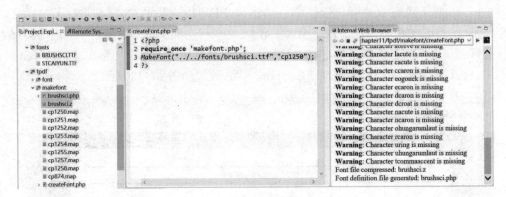

图 11.37　创建自定义字体

（6）在浏览器中访问 example11_16. php 页面，PDF 文本字体效果如图 11.38 右侧所示。

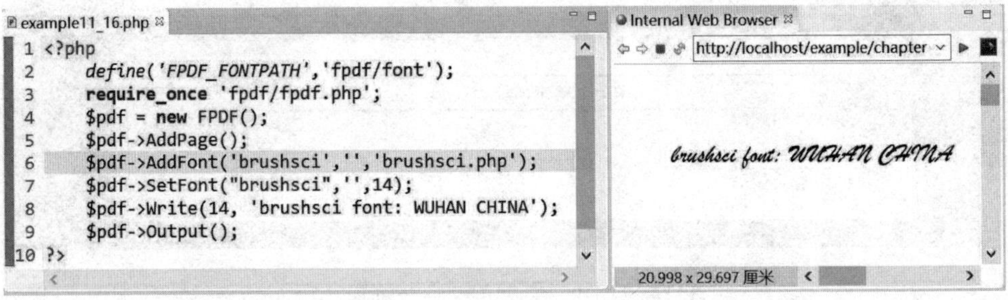

图 11.38　在 PDF 文档中使用新字体

11.4.4　FPDF 库的中文支持

FPDF 库本身并不支持中文，若要在 PHP 程序生成的 PDF 文档中使用中文，必须对类 FPDF 进行扩展。

从网络上下载一个 FPDF 库的中文支持文件 chinese. php，如图 11.39 所示。

该文件中定义了一个名为 PDF_Chinese 的 FPDF 派生类，其中的成员函数用于支持中文字体的设置。

除了对 FPDF 类进行扩展之外，生成中文字体文件还需要下载一个中文字符集映射文件。这里使用名称为 ttf2pt1 的中文字体转换包中的 ugbk. map 映射文件。

【例 11.17】　在 PDF 文档中使用中文。

（1）打开 Windows 系统中的字体（Fonts）文件夹，找到想要使用的中文字体文件，这里使用 STCAIYUN. TTF（华文彩云）。

（2）启动 Zend Studio，在 example 工作区中选择项目 chapter11，将字体文件复制到项目的 fonts 文件夹中。

（3）将中文字体转换包中的 ugbk. map 映射文件复制到项目的 fpdf/makefont 文件夹中，并修改 createFont. php 文件中的代码如下。

```php
<?php
    require_once 'makefont.php';
    MakeFont("../../fonts/stcaiyun.ttf","ugbk.map");
?>
```

```php
1  <?php
2  require_once 'fpdf.php';
3
4  $Big5_widths = array(' '=>250,'!'=>2
5      '('=>240,')'=>240,'*'=>417,'+'=>
6      '2'=>500,'3'=>500,'4'=>500,'5'=>
7      '<'=>667,'='=>667,'>'=>667,'?'=>
8      'F'=>552,'G'=>771,'H'=>802,'I'=>
9      'P'=>563,'Q'=>823,'R'=>729,'S'=>
10     'Z'=>635,'['=>344,'\\'=>520,']'=
11     'd'=>521,'e'=>438,'f'=>271,'g'=>
12     'n'=>531,'o'=>500,'p'=>521,'q'=>
13     'x'=>479,'y'=>458,'z'=>427,'{'=>
14
15 $GB_widths = array(' '=>207,'!'=>276
16     '('=>374,')'=>374,'*'=>423,'+'=>
17     '2'=>462,'3'=>462,'4'=>462,'5'=>
18     '<'=>605,'='=>605,'>'=>605,'?'=>
19     'F'=>511,'G'=>729,'H'=>793,'I'=>
20     'P'=>544,'Q'=>772,'R'=>628,'S'=>
21     'Z'=>607,'['=>374,'\\'=>333,']'=
22     'd'=>529,'e'=>415,'f'=>264,'g'=>
23     'n'=>527,'o'=>524,'p'=>524,'q'=>
24     'x'=>466,'y'=>452,'z'=>407,'{'=>
25
26 class PDF_Chinese extends FPDF
```

图 11.39　FPDF 中文支持文件

　　运行 createFont. php 文件,生成 brushsci. php 和 brushsci. z 文件,将它们复制到项目文件夹 fpdf/font 中。

　　(4) 将下载的 chinese. php 文件复制到项目的 fpdf 文件夹下,然后在项目中添加一个名为 example11_17. php 的文件,并编写代码,如图 11. 40 所示。

```php
1  <?php
2      define('FPDF_FONTPATH','fpdf/font');
3      require_once 'fpdf/chinese.php';
4      $pdf = new PDF_Chinese('p','mm','A4');
5      $font = iconv('UTF-8', 'GBK', '华文彩云');
6      $pdf -> AddGBFont('stcaiyun', $font);
7      $pdf -> AddPage();
8      $pdf -> SetFont('stcaiyun', '', 50);
9      $str = iconv('UTF-8', 'GBK', '中国梦,我的梦! ');
10     $pdf->Ln(50);
11     $pdf -> Write(10, $str);
12     $pdf -> Output();
13 ?>
```

图 11.40　在 PDF 文档中使用中文

　　图 11. 40 所示代码中的第 4 行创建了一个 PDF_Chinese 类的对象;第 5、第 9 行实现了字符集转换;第 6 行添加了"华文彩云"中文字体。

　　(5) 在浏览器中访问 example11_17. php 页面,PDF 文档的中文效果如图 11. 40 右侧所示。

PHP 的其他扩展

11.5 应用实例

需求：实现第 10 章 pro10 项目的用户登录验证功能。

目的：掌握 PHP 图像扩展功能的应用。

11.5.1 设计验证码类

（1）启动 Zend Studio，进入 exercise 项目工作区，复制、粘贴项目 pro10，并将其名称修改为 pro11。

（2）在项目 system/library 目录下添加验证码类文件 Captcha.class.php，代码如下。

```php
<?php
class Captcha
{
    private $name = 'captcha';
    private $len = 5;
    private $charset = 'ABCDEFGHJKLMNPQRSTUVWXYZ23456789';
    public function __construct(){ }
    public function create() {
        $im = imagecreate( $x = 250, $y = 62);
        $bg = imagecolorallocate( $im, rand(50,200), rand(0,155), rand(0,155));
        $fontColor = imagecolorallocate( $im, 255, 255, 255);
        $fontStyle = LIBRARY_PATH.'font'.DS.'captcha.ttf';
        $captcha = $this->createCode();
        //生成指定长度的验证码
        for( $i = 0; $i<$this->len; ++ $i){
            //随机生成字体颜色
            imagettftext (
                $im,                              //画布资源
                30,                               //文字大小
                mt_rand(0,20) - mt_rand(0,25),    //随机设置文字倾斜角度
                32 + $i * 40,mt_rand(30,50),      //随机设置文字坐标,并自动计算间距
                $fontColor,                       //文字颜色
                $fontStyle,                       //文字字体
                $captcha[ $i]                     //文字内容
                );
        }
        isset( $_SESSION) || session_start();
        $_SESSION[ $this->name] = $captcha;
        //绘制干扰线
        for( $i = 0; $i<8; ++ $i){
            //随机生成干扰线颜色
            $lineColor = imagecolorallocate( $im,mt_rand(0,255),mt_rand(0,255),mt_rand(0,255));
            //随机绘制干扰线
            imageline( $im,mt_rand(0, $x),0,mt_rand(0, $x), $y, $lineColor);
        }
        //为验证码图片生成彩色噪点
        for( $i = 0; $i<250; ++ $i){
            //随机绘制干扰点
            imagesetpixel( $im,mt_rand(0, $x),mt_rand(0, $y), $fontColor);
        }
        header('Content-Type: image/gif'); //输出图像
        imagepng( $im);
        imagedestroy( $im);
```

```
    }

    private function createCode() {
        $code = '';
        $_len = strlen( $this -> charset) - 1;
        for ( $i = 0; $i < $this -> len; $i++) {
            $code . = $this -> charset[mt_rand(0, $_len)];
        }
        return $code;
    }

    public function verify( $input) {
        if (!empty( $_SESSION[ $this -> name])) {
            $captcha = $_SESSION[ $this -> name];
            $_SESSION[ $this -> name] = '';
            return strtoupper( $captcha) == strtoupper( $input);
        }
        return false;
    }
}
```

11.5.2　生成并检查验证码

（1）打开项目 module/default/controller 目录下的控制器文件 UserController. class.
php，添加 captchaAction，代码如下。

```
public function captchaAction(){
    $captcha = new Captcha();
    $captcha -> create();
}
```

（2）修改 UserController 的 loginAction，实现验证码验证。

```
…
//接收表单字段
$username = isset( $_POST['username']) ? trim( $_POST['username']) : '';
$password = isset( $_POST['password']) ? $_POST['password'] : '';
$captcha = isset( $_POST['captcha']) ? $_POST['captcha'] : '';
//判断验证码是否正确
if (!$this -> _checkCaptcha( $captcha)) {
    wmerror('验证码输入错误!');
}
…
```

（3）修改 view/user/login. html 视图文件，实现验证码的显示。

```
…
<tr><td>验证码: </td><td>< input type = "text" name = "captcha" /></td></tr>
<tr><td>  </td><td class = "captcha">< img src = "./?c = user&a = captcha" id = "captcha" />
<a>单击图片更<br/>换验证码</a></td></tr>
…
```

（4）在 view/user/login. html 视图文件中添加 JavaScript 代码，实现单击图片更换验证码
的功能。

```
…
< script >
```

```
$(function(){
    var $img = $("#captcha");
    var src = $img.attr("src") + "&_=";
    $img.click(function(){
        $img.attr("src", src + Math.random())});
});
</script>
...
```

11.5.3 运行测试

（1）打开浏览器访问项目 pro11 首页，单击【用户中心】菜单项，显示【用户登录】页面，如图 11.41 所示。

图 11.41 用户登录页面

（2）单击验证码图片，更换验证码；接着输入用户名、密码及验证码，登录到系统，如图 11.42 所示。

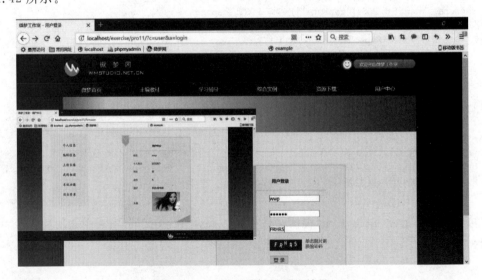

图 11.42 用户登录成功页面效果

习 题

一、填空题

1. PHP 支持用内置的（　　　）扩展动态生成图像，该扩展的动态库文件为（　　　）。

2. 在 PHP 中动态生成图像，就是指（　　　），而不是像以往的页面通过 HTML 的（　　　）标签的（　　　）属性去向 Web 服务器请求已有的图像。

3. 使用 PHP 代码动态生成图像，大致可以分为（　　　）、（　　　）、（　　　）和（　　　）4 个步骤。

4. PHP 对图像进行的简单处理主要有（　　　）、（　　　）、（　　　）以及（　　　）等。

5. 在 PHP Web 应用中，可以使用 PHP 自带的（　　　）函数来发送邮件，可以使用 PHP 的（　　　）扩展来接收邮件，还可以使用第 3 方的（　　　）来对邮件进行管理与操作。

6. 电子邮件的传输遵循（　　　）简单邮件传输协议，若使用网易的 163 邮件服务器作为 PHP 代码发送邮件的服务器，必须开启 163 邮箱的（　　　）服务。

7. 在 PHP Web 应用中，（　　　）是使用 PHP 动态生成图像的典型应用。

8. PHP 对两种重要的网络数据交换格式，即（　　　）和（　　　）提供支持。

9. PHP 对 XML 文档的解析一般采用两种方法，一种是（　　　），另一种是（　　　）。

10. PHP 对 PDF 文档的支持，不是通过内置（　　　）库，而是通过第 3 方的（　　　）库来实现的。

二、选择题

1. PHP 可以动态生成（　　　）等多种格式的图像。

    A. png　　　　　　　　B. jpg　　　　　　　　C. gif　　　　　　　　D. 以上都是

2. 在 PHP 中，可以使用（　　　）函数来新建一个基于调色板的图像。

    A. imagecreate()　　　　　　　　　　　　B. imagecolorallocate()

    C. imagerectangle()　　　　　　　　　　　D. imagepng()

3. 用 PHP 创建的动态图像的数据类型为（　　　）。

    A. array　　　　　　B. object　　　　　　C. resource　　　　　D. string

4. 图像的背景色是由（　　　）调用 imagecolorallocate()函数时设置的。

    A. 第 1 次　　　　　B. 第 2 次　　　　　C. 最后一次　　　　　D. 以上都不是

5. 在 PHP 中，若要旋转一个椭圆图像，应使用下面的（　　　）函数。

    A. imageellipse()　　　　　　　　　　　B. imagefillellipse()

    C. imagerotate()　　　　　　　　　　　D. imagecopyresized()

6. PHP 对电子邮件的支持，是通过内置的（　　　）扩展来实现的。

    A. SMTP　　　　　B. POP3　　　　　C. IMAP　　　　　D. HTTP

7. 在 PHP 中可以使用（　　　）函数或（　　　）函数来解析 XML 文档，前者是 PHP 的（　　　）函数，后者是 PHP 的（　　　）函数。

    A. DOM　　　　　B. SimpleXML　　　　C. 类成员　　　　D. 内置

8. 在 JSON 数据中，对象表示为键/值对，数据由（　　　）分隔，用（　　　）保存对象，用（　　　）保存数组。

    A. ,　　　　　　　　B. []　　　　　　　　C. {}　　　　　　　　D. :

PHP 的其他扩展

9. 在 PHP 中,下面的(　　)函数能够将数组和对象数据转换为 JSON 格式的数据。

　　A. json_encode()　　　　　　　　　　B. json_decode()

　　C. json_last_error_msg　　　　　　　　D. json_last_error

10. PHP 对 PDF 文档的支持,是由第 3 方的 PHP 库来完成的,比如(　　)库等。

　　A. FPDF　　　　　　B. TPDF　　　　　　C. TCPDF　　　　　　D. 以上都是

三、程序阅读题

1. 执行下面的程序会怎样?为什么会这样?

```php
<?php
 $image = imagecreate(100, 100);
 imagepng( $image);
?>
```

2. 访问下面的 Web 页面会如何?为什么会这样?

```html
<html>
<head>
<meta charset = "UTF-8">
<title></title>
</head>
<body>
<?php
 $image = imagecreate(100, 100);
 imagecolorallocate( $image, 0, 0, 0);
 imagepng( $image);
?>
</body>
</html>
```

3. 画出下列代码输出的图像,并标明各部分的颜色。

```php
<?php
 $image = imagecreate(100, 100);
 $c1 = imagecolorallocate( $image, 255, 255, 255);
 $c2 = imagecolorallocate( $image, 0, 0, 0);
 $c3 = imagecolorallocate( $image, 255, 0, 0);
 imagerectangle( $image, 2, 2, 98, 98, $c3);
 imageellipse( $image, 50, 50, 50, 50, $c2);
 imagefilledellipse( $image, 50, 50, 25, 25, $c3);
 imagepng( $image);
?>
```

4. 根据如下 XML 格式的配置文件 config.xml,写出下面 PHP 程序的运行结果。

```xml
配置文件 Config.xml:
<?xml version = "1.0" encoding = "UTF-8"?>
<configs>
  <application>
      <appName> PHP Web 应用开发</appName>
  </application>
  <database>
      <host> localhost </host>
```

```
        <user>root</user>
        <password>123456</password>
    </database>
</configs>
PHP 代码:
<?php
$xml = simplexml_load_file('./config.xml');
$type = gettype($xml);
$class = get_class($xml);
$configs = get_object_vars($xml);
$appName = $configs['application'] -> appName;
$password = $configs['database'] -> password;
echo $type.'<br />'. $class.'<br />';
echo $appName.'<br />'. $password;
?>
```

5. 针对本大题前 4 个小题中的配置文件 config.xml,写出如下程序的运行结果。

```
<?php
$xml = simplexml_load_file('./config.xml');
$jsonData = json_encode($xml);
$configs = json_decode($jsonData, true);
echo $configs['application']['appName'].'<br />';
echo $configs['database']['password'];
?>
```

四、操作题

编程实现一个简单的用户登录功能,要求如下。

1. 用户登录需要输入用户名、密码以及验证码。

2. 图形验证码为 4 位数字或字母组成的字符串,验证码输入不区分大小写。

3. 对于图形验证码,应附有"看不清换一张"的功能。

4. 对登录用户进行验证。有效用户名(user)及密码(password)从第三大题第 4 小题的配置文件 config.xml 中提取。

5. 用 AJAX 技术实现登录用户的验证,并在登录页面中给出验证信息。

第 12 章　PHP 的模板引擎

　　Web 应用开发过程中需要关注两个问题,分别是图形用户界面和业务逻辑。图形用户界面一般由前端设计人员来完成,而业务逻辑则由程序员来实现,二者的工作往往是分离的。Web 程序设计的基本原则之一是要尽力将表现与逻辑相分离,否则修改用户界面时会导致应用程序错误,也会给应用程序的后期扩展与维护带来困难。

　　在实际的 PHP Web 应用开发过程中,开发流程常常是这样的:在提交了项目计划文档之后,前端设计人员(前端或美工)制作应用的外观模型,然后把它交给后台程序员。程序员使用 PHP 实现商业逻辑,同时使用外观模型做成基本架构。然后工程被返回到前端设计人员继续完善。就这样工程可能在后台程序员和前端设计人员之间来来回回好几次。由于后台程序员不喜欢干预任何有关 html 标签的页面设计,同时也不希望美工人员修改 PHP 代码,而美工设计人员只需要配置文件、动态区块和其他界面部分,不必去接触那些错综复杂的 PHP 程序。因此,这时候有一个很好的模板支持就显得很重要了。

　　本章将介绍 PHP 的 Smarty 模板引擎,包括它的安装配置、基本语法、简单应用及部分高级特性。

12.1　PHP 模板简介

　　目前,可以在 PHP 中应用,并且比较成熟的模板有很多,如 Smarty、PHPLIB、IPB 等几十种,目前业界最著名的 PHP 模板引擎为 Smarty。

视频讲解

12.2　Smarty 模板

　　Smarty 是一个基于 PHP 开发的 PHP 模板引擎,是目前业界最著名的 PHP 模板引擎之一。它提供了业务逻辑与页面内容分离的完美解决方案。

视频讲解

12.2.1　安装 Smarty

　　安装 Smarty 非常简单,首先到 Smarty 的官方网站 https://www.smarty.net/download 下载最新的稳定版本,例如 smarty-3.1.30,然后按照如下步骤进行安装与配置即可。

　　1. 解压缩下载包

　　将下载的 smarty-3.1.30.zip 压缩包解压,在解压后的目录中可以看到一个名为 libs 的文件夹,这就是 smarty 的库文件,如图 12.1 所示。安装 Smarty,实际上就是让应用程序能够使用 libs 文件夹中的库文件,所以在实际开发过程中,只需要使用这个库文件夹就可以了,解压包中的其他文件都是不需要的。

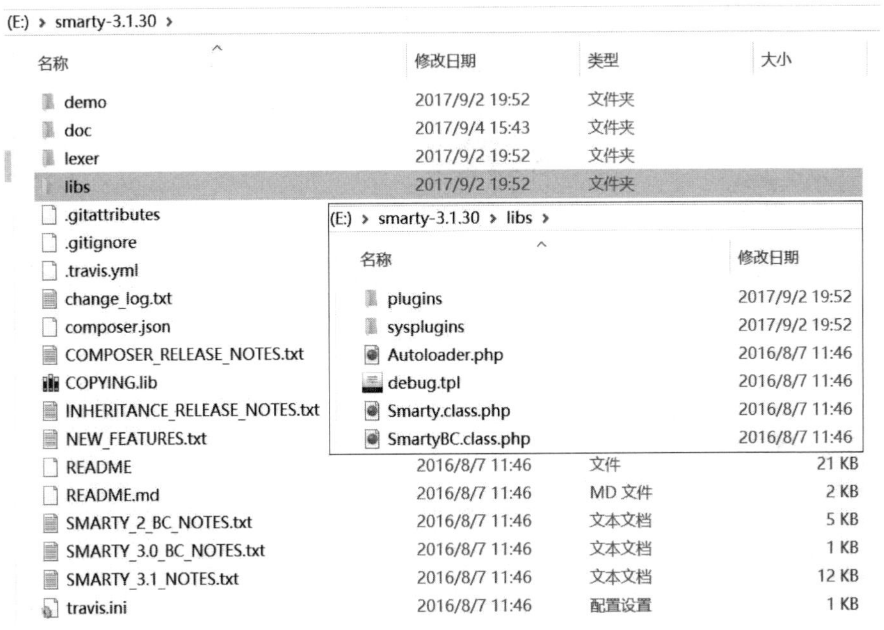

图 12.1　Smarty 安装包目录结构

2. 存放 Smarty

解压缩后的 Smarty 文件夹可以放在 Web 服务器的任何位置,只要 PHP 能够找到库文件即可。一般情况下,都是直接将图 12.1 所示目录中的 libs 文件夹复制到应用程序的主文件夹下,这样应用程序实际运行或迁移过程中,可以避免因 Web 服务器没有安装 Smarty 而导致错误。

如果将 Smarty 存放在 Web 服务器文档目录之外,例如图 12.1 所示的 E:\smarty-3.1.30 目录,则需要修改 PHP 的配置文件 php.ini 中的相应内容,代码如下。

```
; Windows: "\path1;\path2"
include_path = ".;e:\smarty-3.1.30\libs"
```

注意,修改 PHP 的配置文件后,需要重启 Apache 服务器。

3. 测试 Smarty

启动 Zend Studio,在 example 工作区中创建一个名为 chapter12 的 PHP 项目;将图 12.1 所示目录中的 libs 文件夹复制到该项目主目录下,并在 index.php 文件中添加代码,如图 12.2 所示。

在浏览器中访问 chapter12 项目的 index.php 文件,若在页面中没有错误信息输出,则说明下载的 Smarty 库是有效的,并且安装成功,如图 12.2 右下图所示。

12.2.2　Smarty 简单示例

Smarty 安装成功以后,就可以简单地使用它了。

【例 12.1】　Smarty 应用简单示例。

（1）启动 Zend Studio,选择 example 工作区中的 chapter12 项目,在项目中添加一个名为 example12_1 的文件夹。

PHP 的模板引擎

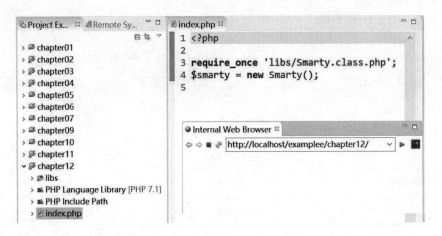

图 12.2　Smarty 安装测试

（2）在新建的 example12_1 文件夹中添加一个名为 templates 的子文件夹，在该子文件夹中添加一个名为 login.html 的文件，编写代码如图 12.3 所示。

```
login.html
1 <!DOCTYPE html PUBLIC "-//W3C//DTD HTML 4.01 Transitic
2 <html>
3 <head>
4 <meta http-equiv="Content-Type" content="text/html; ch
5 <title>{$title}</title>
6 </head>
7 <body>
8     <h3>用户登录</h3><hr>
9     <p>你好, <span style='color:red'>{$username}</span>
10    <p>{$content}
11 </body>
12 </html>
```

图 12.3　Smarty 模板文件

文件 login.html 即为 Smarty 的模板文件，其扩展名可以是任意有效的 PHP 标识符，例如 tpl、htm 等。Smarty 的模板文件默认存放于 templates 文件夹内，其代码由前端开发人员或美工来实现。

Smarty 的模板文件是 Web 应用的表现层，也就是网页界面。模板文件内用大括号（{}）括起来的部分需要由 Smarty 模板引擎处理。图 12.3 所示的代码中，用大括号包围的变量 title、username、content 称为模板变量，它们的值由相应的 PHP 脚本文件传递。

（3）在 example12_1 文件夹中添加一个名为 login.php 的 PHP 文件，并编写代码，如图 12.4 所示。

文件 login.php 为 Smarty 模板引擎的 PHP 脚本文件，表示 Web 应用的业务逻辑，其代码由程序员编写。在图 12.4 所示的代码中，第 2 行包含 Smarty 模板库；第 3 行创建 Smarty 模板对象；第 8、第 9、第 15 行通过 Smarty 模板对象调用其成员函数 assign()，分配模板变量到相应的模板文件，例如图 12.3 所示的模板变量；第 10～14 行为业务逻辑代码，这里模拟的是登录验证过程；第 16 行加载模板文件，并将其输出到浏览器。

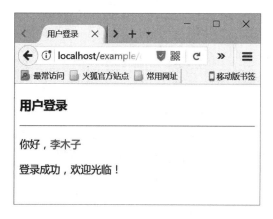

```php
1  <?php
2      require_once '../libs/Smarty.class.php';
3      $smarty = new Smarty();
4      $title = '用户登录';
5      $username = '李木子';
6      $content = '';
7      //$username = '李木';
8      $smarty -> assign('title', $title);
9      $smarty -> assign('username', $username);
10     if ($username == '李木子') {
11         $content = '登录成功，欢迎光临！';
12     }else {
13         $content = '登录失败，请重新登录！';
14     }
15     $smarty -> assign('content', $content);
16     $smarty -> display('login.html');
17 ?>
```

图 12.4　Smarty 模板的 PHP 文件

（4）在浏览器中访问 example12_1 文件夹中的 login.php 页面，输出效果如图 12.5 所示。

图 12.5　Smarty 应用运行效果

从浏览器上的输出结果可以看出，Smarty 模板引擎成功加载了模板文件，并准确地实现了相应的业务逻辑。由此，通过使用 Smarty 模板引擎，可以很好地实现 Web 应用的业务逻辑与表现层的分离。

图 12.4 左侧所示为 Smarty 项目目录结构，请注意其层次关系以及程序运行后其目录中所发生的相应变化。

12.2.3　Smarty 流程

通过上述示例可以认识到，在 PHP 程序中，使用 Smarty 需要经过以下 5 个步骤。

（1）加载 Smarty 模板引擎。

（2）创建 Smarty 对象。

（3）修改 Smarty 的默认行为，例如修改模板默认存放目录、开启缓存等。

（4）将程序中动态获取的变量通过 Smarty 对象中的 assign() 方法置入模板。

（5）利用 Smarty 对象中的 display()方法将模板内容输出。

实际开发过程常常将这 5 个步骤中的前 3 步定义在一个公共文件中,之后的步骤中每个 PHP 脚本中只要将这个文件包含进来就可以了。

Smarty 程序执行流程如图 12.6 所示。

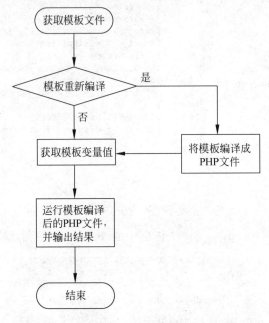

图 12.6　Smarty 流程图

与其他 PHP 模板引擎比较,Smarty 最大的特点是"模板编译"。从图 12.6 所示的流程图上可以看到,对于一个模板,Smarty 会将它编译成 PHP 文件,最后输出的时候执行的是编译过的 PHP 程序,这样比普通的模板变量正则替换在效率方面有了很大的提高。

Smarty 编译后的模板 PHP 文件存放在 templates_c 文件夹中,如图 12.4 所示。

12.2.4　Smarty 配置

通过上述示例可以发现,其实 Smarty 模板引擎并非如此简单,它的功能强大,使用起来也非常复杂。因此,在实际的开发过程中,考虑到软件的性能及安全,往往还需要进行一些个性化的配置。

Smarty 模板引擎的配置是通过设置 Smarty 类的成员属性来实现的。Smarty 类中几个主要的成员变量的含义及配置方法说明如下。

1. template_dir

该变量定义默认的模板目录名称。在 PHP 程序中,当使用 include 等包含语句包含模板文件时,如果不提供一个源地址,程序将会到模板目录中寻找目标文件。默认情况下,Smarty 的模板目录是"./templates",即与 PHP 执行脚本相同目录下的 templates 子目录。在实际开发过程中,模板目录一般放在 web 服务器根目录之外。

该变量的声明格式:

```
protected $template_dir = array('./templates/');
```

设置变量值的成员函数：

```
public function setTemplateDir( $template_dir, $isConfig = false)
```

获取变量值的成员函数：

```
public function getTemplateDir( $index = null, $isConfig = false)
```

2. compile_dir

该变量定义 Smarty 的编译模板目录。默认情况下该目录为"./templates_c"，即与 PHP 执行脚本相同目录下的 templates_c 子目录。

注意，在 Linux 服务器上需要修改编译目录的操作权限，使 Web 服务器用户能够对这个目录拥有"写"的权限。建议将 Smarty 的编译模板目录放在 Web 服务器文档根目录之外。

该变量的定义格式：

```
protected $compile_dir = './templates_c/';
```

设置变量值的成员函数：

```
public function setCompileDir( $compile_dir)
```

获取变量值的成员函数：

```
public function getCompileDir()
```

3. config_dir

该变量定义用于存放 Smarty 模板配置文件的目录，默认情况下，此目录为"./configs"，即与 PHP 执行脚本相同目录下的 configs 子目录。在实际开发过程中，为了安全起见，建议将该目录放在 Web 服务器文档根目录之外。

该变量的定义格式：

```
protected $config_dir = array('./configs/');
```

设置变量值的成员函数：

```
public function setConfigDir( $config_dir)
```

获取变量值的成员函数：

```
public function getConfigDir( $index = null)
```

4. cache_dir

在启动 Smarty 缓存特性的情况下，这个变量所指定的目录中放置缓存的所有模板。默认时它的值为"./cache"。也就是说，在与 PHP 执行脚本相同目录下可以寻找缓存目录。当然，也可以用自己的自定义缓存处理函数来控制缓存文件，此时程序将会忽略该项设置。

与 Smarty 的 compile_dir 编译目录一样，除了创建目录外，在 Linux 服务器上还需要修改权限，使 Web 服务器用户能够对这个目录拥有"写"的权限，同样建议将 Smarty 的缓存目录放在 Web 服务器文档根目录之外。

该变量的定义格式：

第12章

```
protected $cache_dir = './cache_c/';
```

设置变量值的成员函数：

```
public function setCacheDir( $cache_dir)
```

获取变量值的成员函数：

```
public function getCacheDir()
```

5. caching

通过此变量可以告诉 Smarty 是否缓存模板的输出。默认情况下，该变量的值设为 0 或无效。如果模板产生冗余内容，建议打开缓存，这样有利于获得良好的软件运行性能。也可以为同一模板设置多个缓存，当值为 1 或 2 时启动缓存。值 1 告诉 Smarty 使用当前的 cache_lifetime 变量判断缓存是否过期；值 2 告诉 Smarty 使用生成缓存时的 cache_lifetime 值。用这种方式正好可以在获取模板之前设置缓存生存时间，以便较精确地控制缓存何时失效。

如果启动了编译检查，一旦任一模板文件或配置文件（有关缓存部分的配置文件）被修改，缓存的内容都将会重新生成；如果启动了强迫编译，缓存的内容将总会重新生成。建议在项目开发过程中关闭缓存，将 caching 变量的值设置为 0。

6. cache_lifetime

该变量定义模板缓存有效时间段的长度（单位为秒），一旦这个时间失效，缓存将会重新生成。如果要想实现所有效果，变量 caching 必须因 cache_lifetime 需要而设为 true。当该变量的值为 -1 时，强迫缓存永不过期；0 值时，将导致缓存总是重新生成，这种设置仅用于测试。另外一个更有效的使缓存无效的方法是将变量 caching 的值设置为 false。

7. left_delimiter

该变量设置模板语言中的左结束符，默认是左大括号{。但这个默认设置会与模板中使用的 JavaScript 代码结构发生冲突，通常需要修改其默认行为，例如<{等。

8. right_delimiter

该变量与上述 left_delimiter 变量相对应，设置模板语言中的右结束符，默认是右大括号}。为了避免冲突，这个默认设置通常也需要修改，比如}>等。

【例 12.2】 Smarty 的配置简单示例。

（1）Smarty 库及相关目录准备。首先，在 Web 服务器的文档目录之外新建一个名为 smartyDir 的文件夹，将 Smarty 库目录中的 libs 文件夹复制到该目录下；然后在 smartyDir 目录下新建存放模板文件、模板编译文件、缓存文件以及配置文件的子目录，如图 12.7 所示。

（2）在新建的子目录 templates 中添加一个名为 login.html 的文件，并编写代码，如图 12.8 所示。

这里要特别注意图 12.8 所示代码的第 5、第 9、第 10 行，其中的模板变量采用了<{…}>形式的结束符。

（3）启动 Zend Studio，选择 example 工作区中的 chapter12 项目，在项目中添加一个名为 example12_2 的文件夹。

（4）在新建的 example12_2 文件夹中添加一个名为 smartyConfig.php 的文件，并编写代码，如图 12.9 所示。

图 12.7　Smarty 配置目录结构

```
login.html
1  <!DOCTYPE html PUBLIC "-//W3C//DTD HTML 4.01 Transitiona
2  <html>
3  <head>
4  <meta http-equiv="Content-Type" content="text/html; cha
5  <title><{$title}></title>
6  </head>
7  <body>
8      <h3>用户登录</h3><hr>
9      <p>你好，<span style='color:red'><{$username}></span>
10     <p><{$content}>
11 </body>
12 </html>
```

图 12.8　Smarty 模板文件

```php
smartyConfig.php
1  <?php
2      require_once 'E:/Apache24/smartyDir/libs/Smarty.class.php';
3      $smarty = new Smarty();
4      define('SMARTY_ROOT', 'E:/Apache24/smartyDir/');
5      $smarty = new Smarty();
6      $template_dir = SMARTY_ROOT.'templates/';
7      $compile_dir = SMARTY_ROOT.'templates_c/';
8      $config_dir = SMARTY_ROOT.'config/';
9      $cache_dir = SMARTY_ROOT.'cache/';
10     $left_delimiter = '<{';
11     $right_delimiter = '}>';
12     $smarty -> setTemplateDir($template_dir);
13     $smarty -> setCompileDir($compile_dir);
14     $smarty -> setConfigDir($config_dir);
15     $smarty -> setCacheDir($cache_dir);
16     $smarty -> setLeftDelimiter($left_delimiter);
17     $smarty -> setRightDelimiter($right_delimiter);
18 ?>
```

图 12.9　Smarty 模板的配置文件

387

第
12
章

（5）在新建的 example12_2 文件夹中添加一个名为 login. php 的文件，并编写代码，如图 12.10 所示。

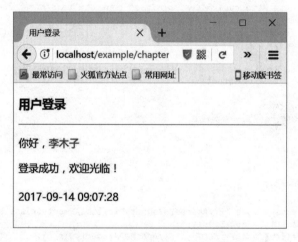

```php
1 <?php
2     require_once 'smartyConfig.php';
3     $title = '用户登录';
4     $username = '李木子';
5     $content = '';
6     //$username = '李木';
7     $smarty -> assign('title', $title);
8     $smarty -> assign('username', $username);
9     if ($username == '李木子') {
10        $content = '登录成功, 欢迎光临! <br/><br/>';
11        $content .= date("Y-m-d H:i:s",time());
12    }else {
13        $content = '登录失败, 请重新登录! ';
14    }
15    $smarty -> assign('content', $content);
16    $smarty -> display('login.html');
17 ?>
```

图 12.10　Smarty 模板的 PHP 文件

（6）在浏览器中访问 login. php 页面，输出效果如图 12.11 所示。

图 12.11　Smarty 应用运行效果图

从输出结果可以看出程序运行正常，说明图 12.9 中的所有配置都是成功的。打开 E:\Apache24\smartyDir\templates_c 目录，可以看到由 Smarty 模板引擎生成的模板编译文件。

12.3　Smarty 基本应用

12.3.1　模板设计基本语法

视频讲解

每一个 Smarty 模板文件都是通过 Web 前台语言，比如 XHTML、CSS 和 JavaScript 等，结合 Smarty 引擎的语法共同开发的。Smarty 引擎的语法主要有两种，一种是变量，另一种就是在模板中使用函数。

1. 模板中的注释

模板中的注释有两种，一种是 HTML 等前端语言的注释，另一种是 Smarty 的注释。若使用前者，用户可以通过浏览网页源代码的方式查看到注释内容；若使用后者，则注释内容只在模板文件中可见，用户无法在网页源代码中看到，这是因为在模板编译时会去掉模板注释内容。

Smarty 模板注释语法格式：

左结束符 * … * 右结束符

例如：

{ * … * }或<{ * … * }>

2. 模板中的变量

Smarty 模板变量的形式主要有 3 种，分别是分配变量、配置变量和保留变量。

1）分配变量

分配变量就是指从 PHP 文件中通过使用 Smarty 对象的 assign()函数分配到模板中的变量，是 Smarty 模板变量的主要应用形式。在 Smarty 程序中，不仅可以将普通的标准类型数据分配到模板中，也可以将数组、对象等复合类型变量分配到模板中。

分配变量用美元符号 $ 开始，可以包含数字、字母和下画线，与 PHP 变量相似。若在 Smarty 模板文件中使用默认的结束符，则分配变量可以用如下的形式进行访问。

普通分配变量：{ $title}、{ $content}
数组分配变量：索引数组{ $info[0]}，关联数组{ $tv['name']}、{ $tv.name}
对象分配变量：{ $person -> name}

2）配置变量

开发软件基本上都要给用户提供配置文件，让用户在不改变软件源代码的情况下，就可以改变一些软件的运行行为。在配置文件中声明的变量就是配置变量。Smarty 模板中的配置变量可以直接使用，而不需要使用 PHP 代码去读取，如下所示。

{config_load file = "config.ini"}{ * 加载配置文件中的全局变量 * }
{config_load file = "config.ini" section = 'db'}{ * 加载配置文件中的局部变量 * }
{♯username♯}{ * 使用全局变量 * }
{ $smarty.session.user}{ * 使用局部变量 * }

3）保留变量

Smarty 模板中的保留变量就是不需要从 PHP 文件中分配，也不需要从配置文件中读取，直接在模板中就存在的变量，通常用于访问一些特殊的模板变量。例如，直接在模板中访问页面请求变量（get、post、session、server、env、cookies 等）、获取访问服务器端的时间戳变量、直接访问 PHP 中的常量等。Smarty 模板中的保留变量存储在{ $smarty}数组中，需要以关联数组的形式进行访问，格式如下。

{ * 访问 session 中的 user * }
{ $smarty.session.user}

3. 忽略 Smarty 解析

有时，忽略 Smarty 对某些语句段的解析是很有必要的，特别是嵌入模板中的 JavaScript

或 CSS 代码,原因在于这些语言使用与 Smarty 默认定界符一样的符号。忽略 Smarty 解析的方法有以下 3 种。

1) 使用空格

在 Smarty 模板中,如果大括号里包括有空格,那么整个大括号内的内容将被忽略。

2) 使用块函数

在 Smarty 中内置了{literal}…{/literal}块函数,其中的内容可以被忽略。例如:

```
{literal}{ $title}{/literal}
```

3) 使用标签

在 Smarty 中,也可以使用{ldelim}、{rdelim}标签来代替默认的{、}作为左右结束符。例如:

```
{ldelim} $title{rdelim}
```

4) 使用变量

在 Smarty 中,还可以使用{ $smarty. ldelim}、{ $smarty. rdelim}变量来忽略个别大括号。例如:

```
{ $smarty. ldelim} $title{ $smarty. rdelim}
```

【例 12.3】 Smarty 模板基本语法。

(1) 启动 Zend Studio,选择 example 工作区中的 chapter12 项目,在项目中添加一个名为 example12_3 的文件夹。

(2) 在新建的 example12_3 文件夹中添加 configs、templates、templates_c 子文件夹,在 configs 子文件夹中添加一个名为 config. ini 的配置文件,如图 12.12 所示。图中下部分是项目目录结构。

文件 config. ini 中的第 1 行是配置文件注释,说明接下来的配置项为全局项,该注释可以省略;第 2 行配置变量 appName,它是一个全局变量;第 4 行设定名为 db 的配置文件节(section),下面的配置项属于该特殊节,就像一个分组一样;第 5 行配置变量 username,它是一个局部变量。

(3) 在 templates 子文件夹中添加一个名为 main. tpl 的模板文件,如图 12.13 所示。

Smarty 模板文件的扩展名可以是任意有效的 PHP 标识符,前文使用的是 html,这里使用 tpl。注意,Smarty 的模板文件默认存放于 templates 文件夹内。

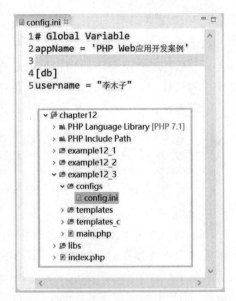

图 12.12 配置文件

代码中的第 10 行是 Smarty 模板注释与 HTML 注释;第 15~17 行是分配变量的引用;第 18、第 19 行是配置变量的应用,在 Smarty 模板中使用配置变量前需要加载配置文件,如第 12、第 13 行代码所示;第 20 行是保留变量的引用,这里输出了 session 中的 user 的值;第 24~27 行示例了忽略 Smarty 解析的 3 种常用方法。

```
 main.tpl 
 5<title>{$title}</title>
 6</head>
 7<body>
 8    <h3>Smarty基本语法</h3><hr>
 9    <h4>1. 注释</h4>
10    <p> {*这里是Smarty注释*} <!-- 这里是HTML注释 -->
11    <h4>2. 变量</h4>
12    {config_load file="config.ini"}
13    {config_load file="config.ini" section='db'}
14    <ul>
15        <li>分配变量: 普通 - {$title}</li>
16        <li>分配变量: 索引数组 - {$info[0]}</li>
17        <li>分配变量: 关联数组 - {$tv['name']} 或 {$tv.name}</li>
18        <li>配置变量: 应用名称 - {#appName#}【或】{$smarty.config.appName}</li>
19        <li>配置变量: 数据库用户名 - {#username#}</li>
20        <li>保留变量: 登录用户名 - {$smarty.session.user}</li>
21    </ul>
22    <h4>3. 忽略Smarty解析</h4>
23    <ul>
24        <li>大括号里包含有空格, 整个 {} 内容会被忽略: { $title }</li>
25        <li>使用内置块函数:{literal} {$title}{/literal}</li>
26        <li>使用标签:{ldelim}$title{rdelim}</li>
27        <li>使用变量:{$smarty.ldelim}$title{$smarty.rdelim}</li>
28    </ul>
29</body>
30</html>
```

图 12.13 main. tpl 模板文件

（4）在 example12_3 文件夹中添加一个名为 main. php 的 PHP 文件，并编写代码，如图 12.14 所示。

```
 main.php 
 1 <?php
 2     require_once '../libs/Smarty.class.php';
 3     $smarty = new Smarty();
 4     $title = 'Smarty基本语法';
 5     $info = array('武汉','长沙','南昌');
 6     $tv = array('id'=>'tv201701','name'=>'海信HS8');
 7     session_start();
 8     $_SESSION['user'] = '木子';
 9     $smarty -> assign('title', $title);
10     $smarty -> assign('info', $info);
11     $smarty -> assign('tv', $tv);
12     $smarty -> display('main.tpl');
13 ?>
```

图 12.14 Smarty 模板的应用程序文件

代码中的第 4～6 行，分别为普通类型及数组类型的分配变量；第 9～11 行通过 Smarty 对象的 assign()成员函数将分配变量加载到模板文件中；第 7、第 8 行开启 session 并设置 user 变量，该变量不需要通过 assign()分配，它属于 Smarty 的保留变量，可以直接在模板文件中引用，例如图 12.13 中第 20 行代码所示。

（5）在浏览器中访问 main. php 页面，输出效果如图 12.15 所示。

4. 模板中的函数

Smarty 模板中的函数分为内置函数与自定义函数。内置函数在 Smarty 内部工作，不能

PHP 的模板引擎

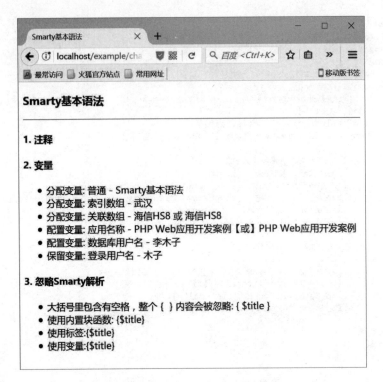

图 12.15 Smarty 应用运行结果图

对其进行修改；自定义函数通过插件机制起作用，它们是附加函数，可以根据设计需要随意修改和自行添加。如何将 PHP 函数转换成 Smarty 标签（扩充插件），是 Smarty 模板设计的重点内容，本书将在稍后的小节中详细介绍。这里先简单介绍 Smarty 函数的类型和一些基本的使用方法。

在 Smarty 中，常用的函数类型有 3 种，即函数、块函数和变量调节函数。

1）函数

Smarty 模板中函数的调用有两种形式，一种是直接使用模板变量符号{与}引用 PHP 函数，另一种是采用类似 HTML 标签的形式。前者只适合由程序员开发模板时使用，一般不推荐。

在模板中直接调用 PHP 函数与在 PHP 文件中调用函数的方法完全相同，调用形式：

```
{date("Y-m-d",time())} {*调用 PHP 系统函数 date()和 time()*}
{myTime()} {*调用用户自定义函数 myTime()*}
```

该方法要求被调用的函数应有返回值。

使用类似 HTML 标签形式调用 PHP 函数的格式：

```
{config_load file="config.ini"} {*调用 Smarty 内置 config_load()函数*}
{assign var="username" value="李木子"}{*调用 Smarty 自定义 assign()函数*}
```

该方法相当于 HTML 的独立标签形式，例如：

```
<input type="text" name="username" value="wuhan" />
```

比较上述两种格式可以发现，Smarty 函数名相当于 HTML 标签名称，调用函数传递的参数相当于 HTML 标签的属性。该方法非常适合熟悉 HTML 的前端或美工技术人员应用。

2）块函数

Smarty 中的块函数也是函数的一种形式，Smarty 函数相当于 HTML 独立标签，Smarty 的块函数则相当于 HTML 的闭合标签。

Smarty 模板中块函数调用格式：

```
{capture name = 'user'}木子{/capture} {∗ 调用函数 capture,给变量 user 赋值 ∗}
{$smarty.capture.user} {∗ 输出变量 user 的值"木子" ∗}
{if $login}登录成功!{else}登录失败!{/if} {∗ 调用函数 if ∗}
```

类似于 HTML 的闭合标签形式，例如：

```
<div style = "color:red">CHINA</div>
```

3）变量调节函数

从前文的示例中可以看出，Smarty 模板中的变量都是直接输出的，但有时需要在变量输出前对其进行简单的调整，比如时间日期格式的调整、数值精确度的调整、给变量赋默认值等，这就需要使用 Smarty 变量调节函数。Smarty 变量调节器是 Smarty 模板引擎的重要内容，将在稍后的小节中详细介绍。

给模板变量赋默认值的 default 函数：

```
{$title|default:'无标题'}
```

该语句执行时，若变量 title 没有被赋值，则输出默认值"无标题"。

【例 12.4】 Smarty 模板中的函数应用。

（1）启动 Zend Studio，选择 example 工作区中的 chapter12 项目，在项目中添加一个名为 example12_4 的文件夹。

（2）在新建的 example12_4 文件夹中添加 configs、templates、templates_c 子文件夹，将例 12.3 中的 config.ini 配置文件复制到 configs 子文件夹中。

（3）在 templates 子文件夹中添加一个名为 main.tpl 的模板文件，并编写代码，如图 12.16 所示。

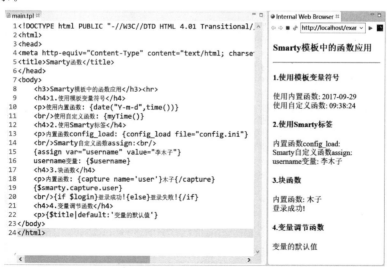

图 12.16 模板文件

代码中的第 10、第 11 行使用模板变量符号{与}直接调用 PHP 函数,其中第 10 行的函数为系统内置函数,第 11 行为用户自定义的 PHP 函数;第 13、第 15 行使用独立标签的形式调用函数;第 18、第 20 行使用闭合标签的形式调用函数;第 22 行使用了变量调节器。

(4) 在 example12_4 文件夹中添加一个名为 main.php 的 PHP 文件,并编写代码,如图 12.17 所示。

```php
1 <?php
2   require_once '../libs/Smarty.class.php';
3   $smarty = new Smarty();
4   function myTime() {
5       return date("H:i:s");
6   }
7   $login = true;
8   $smarty -> assign('login',$login);
9   $smarty -> display('main.tpl');
10 ?>
```

图 12.17　Smarty 模板应用程序

图 12.17 所示代码中的第 4～6 行自定义了 myTime()函数;第 7、第 8 行向模板分配变量;第 9 行输出模板内容。

(5) 在浏览器中访问 main.php 页面,输出效果如图 12.16 右图所示。

12.3.2　变量调节器

Smarty 中的变量调节器也称为变量调解器、变量修改器或变量修饰符,它其实是一些预先定义的 PHP 函数,所以也称为变量调节器函数。

Smarty 中的变量调节器可以是系统内置的,也可以是用户自定义,不管是哪一种形式,它们均以函数插件的方式存在。默认情况下,插件文件位于 Smarty 库文件夹 libs 下的 plugins 目录中,如图 12.18 所示。

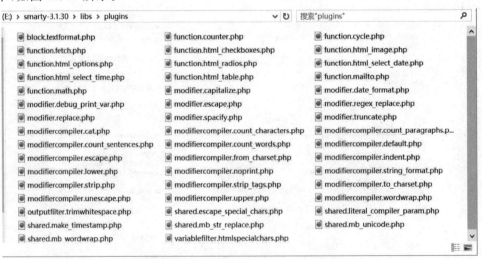

图 12.18　Smarty 内置变量调节器文件

可以看出，Smarty 系统内置的变量调节器函数非常多，但在实际开发过程中，其实只有一部分是经常使用的，比如 default、date_format、truncate 等。而有一些变量调节器是用来处理英文文本的，和中文文本的处理方式不尽相同，所以很少会用到。常用的 Smarty 默认变量调节器如表 12.1 所示。

表 12.1　Smarty 常用变量调节器

成员方法名	描　述
capitalize	将变量里的所有单词首字母大写
count_characters	计算变量里的字符个数
cat	将 cat 里的参数值连接到给定的变量后面
count_paragraphs	计算变量里的段落数
count_sentences	计算变量里的句子数
count_words	计算变量里的单词数
date_format	日期格式化
default	设置变量默认值。当变量为空或者未分配时，由给定的默认值代替
escape	用于 html 转码、url 转码，在没有转码的变量上转换单引号、十六进制转码、十六进制美化或者 JavaScript 转码。默认是 html 转码
indent	在每行缩进字符串，第 1 个参数指定缩进多少个字符，默认是 4 个字符；第 2 个参数指定缩进用什么字符代替。如果是在 HTML 中，则需要使用 （空格）来代替缩进，否则没有效果
lower	将变量字符串小写
nl2br	所有换行符将被替换成< br />，功能与 PHP 中的 nl2br()函数相同
regex_replace	寻找和替换正则表达式，功能与 PHP 的 preg_replace()函数相同
replace	简单的搜索和替换字符串
spacify	在字符串的每个字符之间插入空格或其他字符串
string_format	格式化浮点数
strip	用一个空格或一个给定字符替换所有重复空格、换行符和制表符
strip_tags	去除所有 HTML 标签
truncate	从字符串开始处截取指定长度的字符，默认是 80 个
upper	将变量字符串大写
wordwrap	指定段落的宽度（也就是多少个字符一行，超过这个字符数换行），默认为 80。第 2 个参数可选，可以指定在约束点使用什么字符（默认是换行符\n）。默认情况下 smarty 将截取到词尾，如果想精确到设定长度的字符，请将第 3 个参数设为 true

在 Smarty 模板中使用变量调节器语法格式：

{ $var|modifier}

或

{ $var|modifier:"param1":"param2":…}

或

{ $var|modifier1|modifier2|modifier3|…}

其中，var 为需要输出的变量；modifier 为变量调节器；param 为变量调节器参数。

【例 12.5】 Smarty 变量调节器的使用。

(1) 启动 Zend Studio,选择 example 工作区中的 chapter12 项目,在项目中添加一个名为 example12_5 的文件夹。

(2) 在新建的 example12_5 文件夹中添加 templates、templates_c 子文件夹,在 templates 子文件夹中添加一个名为 main.tpl 的模板文件,并编写代码,如图 12.19 所示。

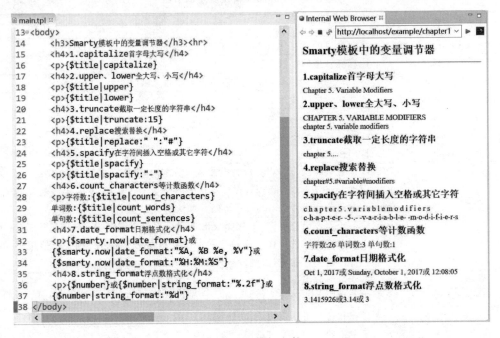

图 12.19　模板文件

(3) 在 example12_5 文件夹中添加一个名为 main.php 的 PHP 文件,并编写代码,如图 12.20 所示。

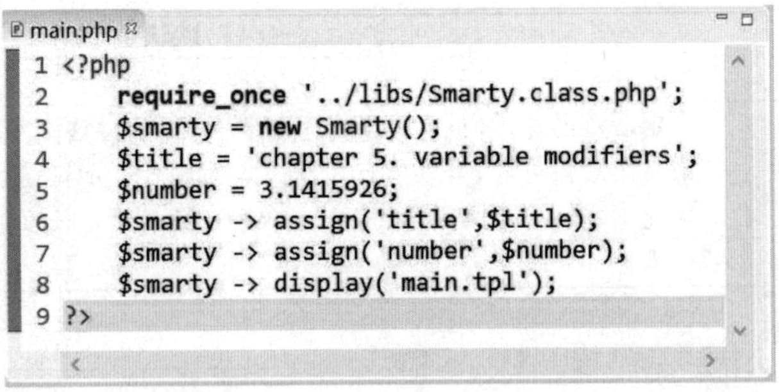

```php
<?php
    require_once '../libs/Smarty.class.php';
    $smarty = new Smarty();
    $title = 'chapter 5. variable modifiers';
    $number = 3.1415926;
    $smarty -> assign('title',$title);
    $smarty -> assign('number',$number);
    $smarty -> display('main.tpl');
?>
```

图 12.20　Smarty 模板应用程序

(4) 在浏览器中访问 main.php 页面,输出效果如图 12.19 右图所示。

12.3.3　控制结构

与 PHP 语言类似,Smarty 也提供了几种控制模板内容输出的结构,能够按条件或迭代处理传入的数据。Smarty 的控制结构实际上是一些内置的函数,其定义位于 Smarty 安装目录的 libs\sysplugins 子目录中。

1. {if}语句

Smarty 模板中的{if}语句与 PHP 中的 if else 语句基本相同,语法格式:

{if (条件表达式或逻辑表达式)}…{/if}

或者

{if (条件表达式或逻辑表达式)} … {else} … {/if}

或者

{if (条件表达式或逻辑表达式)} … {elseif} … {else} … {/if}

其中,包围条件表达式或逻辑表达式的小括号是可选的,且每一个{if}必须与一个{/if}成对出现。注意这里与 PHP 语言 if 结构的差异。

与 PHP 语言相同,在 Smarty 模板{if}结构的条件表达式或逻辑表达式中,同样要使用条件运算符与逻辑运算符,这些运算符在这里称为"条件修饰符"或"条件限定符",如表 12.2 所示。

表 12.2　Smarty 中的条件修饰符

条件修饰符	说　　明	示　　例
eq、==	相等	$a eq $b、$a==$b
ne、neq、!=	不相等	$a ne $b、$a neq $b 、$a !=$b
gt、>	大于	$a gt $b、$a > $b
lt、<	小于	$a le $b、$a < $b
le、lte、<=	小于或等于	$a le $b、$a let $b 、$a <=$b
ge、gte、>=	大于或等于	$a ge $b、$a gte $b 、$a >=$b
is even	是否为偶数	$a is even、10 is even(结果为真)
is odd	是否为奇数	$a is odd、11 is odd(结果为真)
is not even	是否不为偶数	$a is not even、11 is not even(结果为真)
is not odd	是否不为奇数	$a is not odd、10 is not odd(结果为真)
not	非	not $a
mod	求模	$a mod $b、10 mod 3(结果为 1)
isdiv by	是否能被整除	$a is div by $b、10 is div by 5(结果为真)
is notdiv by	是否不能被整除	$a is not div by $b、10 is not div by 3(结果为真)
is even by	商是否为偶数	$a is even by $b、10 is even by 5(结果为真)
isnot even by	商是否不为偶数	$a is not even by $b、10 is not even by 3(结果为真)
isodd by	商是否为奇数	$a is odd by $b、10 is odd by 3(结果为真)
is not odd by	商是否不为奇数	$a is not odd by $b、10 is not odd by 5(结果为真)

从表 12.2 中可以看出,Smarty 模板中的条件修饰符有"符号"及"备用词"两种形式,使用时要尽量使用备用词的书写形式,这样可以避免与 HTML 标记符号相冲突。另外,Smarty 模板中的条件修饰符必须与变量或常量用空格进行分隔。

2. {for}循环

Smarty 模板中的{for}循环与 PHP 中的 for 语法存在较大的差别,这里使用{for}、{forelse}及{/for}标签组成一个简单的循环,当循环无迭代时,会执行{forelse}语句。

{for}循环的语法格式:

```
{for $var = $start to $end} ··· {/for}
```

或者：

```
{for $var = $start to $end step $step} ··· {/for }
```

或者：

```
{for $var = $start to $end max = $max} ··· {/for}
```

或者：

```
{for $var = $start to $end} ··· {forelse} ··· {/for}
```

其中，参数 var 是自定义的索引变量；start 是索引变量的初值；end 是索引变量的终值；step 是循环的步长；max 为最大循环次数。

例如：

```
{for $i = 1 to 10}{ $i} {/for}
{for $i = 1 to 10 step 2}{ $i} {/for}
{for $i = 1 to 10 max = 6}{ $i} {/for}
{for $i = 10 to 1}{ $i} {forelse}循环输出错误!{/for}
```

输出结果：

```
1 2 3 4 5 6 7 8 9 10
1 3 5 7 9
1 2 3 4 5 6
循环输出错误!
```

3. ⟨while⟩循环

Smarty 模板中的⟨while⟩循环与 PHP 中的 while 结构相似,并与内置函数⟨if⟩具有相同的条件修饰符和使用格式。

⟨while⟩循环属于 Smarty 的内置块函数,语法格式：

```
{while (条件表达式或逻辑表达式)}
    ...
{/while}
```

例如：

```
{ $i = 1}
{while $i lt 11}
  { $i++} 
{/while}
```

输出结果：

```
1 2 3 4 5 6 7 8 9 10
```

4. ⟨foreach⟩函数

Smarty 模板的内置函数⟨foreach⟩用于遍历数组,它的语法格式与 PHP 语言中的 foreach 语法结构基本相同。

假设用变量 $array、$key、$value 分别表示数组、数组元素的键、数组元素的值,则使用

{foreach}函数遍历数组的语法格式可以有 3 种形式：

{foreach $array as $value}…{foreachelse}…{/foreach}

或者：

{foreach $array as $key=>$value}…{foreachelse}…{/foreach}

或者：

{foreach from=$array key=$key item=$value}…{foreachelse}…{/foreach}

其中，{foreachelse}子句是可选项，其功能与{forelse}子句相似。第 3 种格式中的 from、key、item 为{foreach}函数的属性参数，含义如表 12.3 所示。

表 12.3 foreach 函数属性参数

参　数　名	说　　　明	类　　型
from	数组名称。决定循环次数，是必选参数	数组变量
key	当前处理的数组元素键名，是可选参数	字符串
item	当前元素的变量名称，是必选参数	字符串
name	循环名称，用于访问该循环。这个名称是任意的，该参数为可选参数	字符串

在{foreach}函数的 3 种格式中，前两种为兼容格式，随着软件版本的更新，这些格式可能会不再被支持。所以，在实际开发过程中应尽量使用第 3 种格式形式。

使用{foreach}函数遍历数组示例：

{* $daysofweek = array('Mon','Tues','Weds','Thurs','Fri','Sat','Sun') *}
{foreach $daysofweek as $day}{$day} {/foreach}
{foreach $daysofweek as $day}{$day@key}:{$day} {/foreach}
{foreach $daysofweek as $key=>$day}{$key+1}:{$day} {/foreach}
{foreach from=$daysofweek item=day}{$day}{foreachelse}空{/foreach}
{foreach from=$daysofweek key=week item=day}{$week}:{$day}{/foreach}

输出结果：

Mon Tues Weds Thurs Fri Sat Sun
0:Mon 1:Tues 2:Weds 3:Thurs 4:Fri 5:Sat 6:Sun
1:Mon 2:Tues 3:Weds 4:Thurs 5:Fri 6:Sat 7:Sun
MonTuesWedsThursFriSatSun (当数组 daysofweek 为空时,输出"空"文本)
0:Mon1:Tues2:Weds3:Thurs4:Fri5:Sat6:Sun

5. {section}函数

在 Smarty 模板中，除内置函数{foreach}外，{section}函数也可以用来遍历数组，语法格式：

{section name=name loop=$varName[, start=$start, step=$step, max=$max, show=true} …
{sectionelse} … {/section}

其中，参数 loop、name 与{foreach}函数的 from、name 参数含义相同；参数 show 为 boolean 数据类型，确定是否对数据进行显示，默认值为 true；其余参数与{for}函数中的同名参数含义相同。

例如：

```
{ * $daysofweek = array('Mon','Tues','Weds','Thurs','Fri','Sat','Sun') * }
{section name = week loop = $daysofweek}
   { $daysofweek[week]} 
{sectionelse}
   没有需要显示的信息! { * 当 loop 参数为 null 时被输出 * }
{/section}
```

输出结果：

Mon Tues Weds Thurs Fri Sat Sun

【例 12.6】 Smarty 模板的控制结构。

（1）启动 Zend Studio，选择 example 工作区中的 chapter12 项目，在项目中添加一个名为 example12_6 的文件夹。

（2）在新建的 example12_6 文件夹中添加 templates、templates_c 子文件夹，并在 templates 子文件夹中添加一个名为 main.tpl 的模板文件，并编写代码，如图 12.21 所示。

图 12.21 模板文件示例

（3）在 example12_6 文件夹中添加一个名为 main.php 的 PHP 文件，并编写代码，如图 12.22 所示。

```php
<?php
require_once '../libs/Smarty.class.php';
$smarty = new Smarty();
$login = true;
$username = '李木子';
$daysofweek = array('Mon.','Tues.','Weds.',
    'Thurs.','Fri.','Sat.','Sun.');
//$daysofweek = null;
$smarty -> assign('login',$login);
$smarty -> assign('username',$username);
$smarty -> assign('daysofweek',$daysofweek);
$smarty -> display('main.tpl');
?>
```

图 12.22 Smarty 模板应用程序示例

（4）在浏览器中访问 main. php 页面,输出效果如图 12.21 右图所示。

12.3.4 Smarty 函数

Smarty 的函数分为内置函数与自定义函数,它们的使用语法是完全一样的。变量调节器、控制结构均为 Smarty 的内置函数,这些内置函数是 Smarty 模板引擎的组成部分,它们会被编译成相应的内嵌 PHP 代码,以获得最优的性能。

Smarty 的自定义函数由用户自己定义,并以插件的形式存在。Smarty 提供了两种插件扩充机制,一种是通过 Smarty 对象中的 registerPlugin()方法将 PHP 中编写的函数注册到 Smarty 对象中,并在模板中使用;另一种方法是像系统内置函数一样通过创建一个特定的文件来扩展一个插件。

1. 自定义变量调节器

如果有一些变量在模板中需要特殊处理,系统中默认的变量调节器又没有提供这样的功能,就可以自定义变量调节器,以插件的形式进行扩展。

1) 使用 registerPlugin()方法

使用 Smarty 对象中的 registerPlugin()方法可以动态注册插件,函数原型:

```
public function registerPlugin( $type, $name, $callback, $cacheable = true, $cache_attr = null)
```

其中,参数 type 表示插件类型;参数 name 为插件函数名称;参数 callback 表示定义的 PHP 回调函数。

例如,将 PHP 函数 setFont 注册为名为 myFont 的 Smarty 变量调节器,函数调用格式:

```
$smarty -> registerPlugin('modifier', 'myFont', 'setFont');
```

代码中的 modifier 表示此处注册的是 Smarty 变量调节器。

2) 使用文件方式

使用 registerPlugin()方法扩充 Smarty 插件虽然方便,但函数在 PHP 程序中声明,而又不在 PHP 程序中调用,与 PHP 代码的其他函数混杂在一起,会导致 PHP 程序逻辑混乱,且可读性差。所以,在实际开发过程中,这种动态注册的方法极少使用,而普遍使用特定文件的方式来扩充插件。

通过声明特定文件的方式来扩充 Smarty 插件,需要遵循 Smarty 插件管理规则,包括插件声明位置、文件的命名、函数的命名、参数的规则等。

（1）插件声明位置。Smarty 模板的所有内置插件默认存放在 Smarty 类库下的 plugins 目录下,如果将自定义的插件也存放在该目录下,不仅显得混乱,而且感觉好像在修改 Smarty 内置函数。鉴于此状况,Smarty 的高版本中提供了用户自定义插件目录的方式,可以调用 Smarty 对象中的 addPluginsDir()方法添加新的插件目录。例如将插件目录定义到 Smarty 类库下的 myPlugins 子目录下,代码格式:

```
$smarty -> addPluginsDir("../libs/myPlugins");
```

（2）文件命名方式。设置好自定义插件目录以后,文件的命名也十分关键,不能让 Smarty 程序加载插件时去遍历整个插件目录。如果按照规则为 Smarty 插件命名,在模板中使用插件时,就能直接找到插件函数所在的文件。

例如声明 Smarty 变量调节器插件,文件命名格式:

modifier.变量调节器名称.php

其中,modifier 表示文件为变量调节器函数声明。

(3) 函数命名规则。Smarty 插件函数的命名,除了要符合 PHP 函数的定义语法外,还必须遵循 Smarty 插件的命名规则。

例如声明 Smarty 变量调节器插件,函数命名格式:

smarty_modifier_变量调节器名称()

其中,smarty_modifier_表示函数为变量调节器插件函数。

(4) 参数说明。根据 Smarty 变量调节器的使用规则,函数的第一个参数会自动传入要作用的变量,变量调节器中用到的其他参数则从第 2 个参数开始声明。

【例 12.7】 自定义 Smarty 变量调节器。

(1) 启动 Zend Studio,选择 example 工作区中的 chapter12 项目,在项目中添加一个名为 example12_7 的文件夹。

(2) 在 example12_7 文件夹中添加一个名为 main. php 的 PHP 文件,并编写代码,如图 12.23 所示。

本案例自定义两个变量调节器函数,一个名为 myFont,用动态注册的方式创建;另一个名为 myFontTxt,以文件的方式创建;插件文件存放在 chapter12 项目下的 libs\myPlugins 子目录中。

```php
1 <?php
2     require_once '../libs/Smarty.class.php';
3     $smarty = new Smarty();
4     $smarty -> addPluginsDir("../libs/myPlugins");
5     function setFont($var, $color, $size) {
6         return '<span style = "color:'.$color.';
7                 font-size:'.$size."\">".$var.'</span>';
8     }
9     $type = 'modifier';
10    $name = 'myFont';
11    $smarty -> registerPlugin($type, $name, 'setFont');
12    $username = '李木子';
13    $smarty -> assign('username',$username);
14    $smarty -> assign('myFonts','李木子');
15    $smarty -> display('main.tpl');
16 ?>
```

图 12.23 Smarty 模板应用程序

图 12.23 所示代码中的第 5~8 行定义了一个名为 setFont 的 PHP 函数,用来设置输出变量的字体颜色与大小;第 9 行设置了插件类型,这里为变量调节器;第 10 行定义了新变量调节器的名字;第 11 行调用了 smarty 对象的 registerPlugin() 成员函数,注册新的变量调节器;第 4 行添加了自定义插件目录,为调用自定义变量调节器 myFontTxt 做准备。

(3) 在 chapter12 项目下的 libs 目录中创建一个名为 myPlugins 的子目录,并在该子目录中添加一个名为 modifier. myFontTxt. php 的文件,如图 12.24 所示。

这里须注意文件名、函数名的命名规范以及函数参数的顺序,被作用的变量必须是函数的

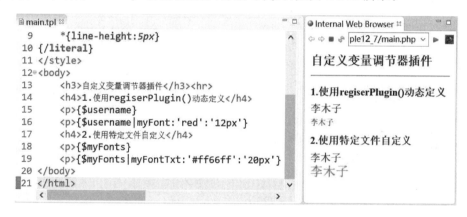

```
modifier.myFontTxt.php ☒
 1 <?php
 2 /**
 3  *  自定义变量调节器插件
 4  * Type:        modifier<br>
 5  * Name:        myFontTxt<br>
 6  * Purpose:     设置变量的字体颜色与大小
 7  *
 8  * @author
 9  *
10  * @param
11  *
12  * @return
13  */
14  function smarty_modifier_myFontTxt($var, $color, $size) {
15  return '<span style = "color:'.$color.';
16              font-size:'.$size."\">".$var.'</span>';
17  }
18 ?>
```

图 12.24　变量调节器插件文件示例

第 1 个参数,使用时系统会自动加载。

（4）在 example12_7 文件夹中添加 templates、templates_c 子文件夹,并在 templates 子文件夹中添加一个名为 main.tpl 的模板文件,并编写代码,如图 12.25 所示。

```
main.tpl ☒
 9         *{line-height:5px}
10 {/literal}
11 </style>
12 <body>
13     <h3>自定义变量调节器插件</h3><hr>
14     <h4>1.使用regiserPlugin()动态定义</h4>
15     <p>{$username}
16     <p>{$username|myFont:'red':'12px'}
17     <h4>2.使用特定文件自定义</h4>
18     <p>{$myFonts}
19     <p>{$myFonts|myFontTxt:'#ff66ff':'20px'}
20 </body>
21 </html>
```

```
Internal Web Browser ☒
⇦ ⇨ ■ ⟳ | ple12_7/main.php ∨ | ▶ |

自定义变量调节器插件
────────────────────
1.使用regiserPlugin()动态定义
李木子
李木子

2.使用特定文件自定义
李木子
李木子
```

图 12.25　模板文件示例

（5）在浏览器中访问 main.php 页面,输出效果如图 12.25 右图所示。

从图 12.25 中可以看出,自定义变量调节器 myFont 和 myFontTxt 成功处理了变量 $username 和 $myFonts 的输出,显示的字体大小与颜色符合预期效果。

2. 自定义函数

Smarty 中的自定义函数与变量调节器一样,通过插件的方式存在。它们是附加函数,在模板文件中通过标签来引用。

Smarty 中的自定义函数有"函数"及"块函数"两种形式,它们的自定义方式与变量调节器完全相同,只是插件文件及函数的命名前缀略有差异。具体操作步骤参见例 12.8。

【例 12.8】　自定义 Smarty 函数。

（1）启动 Zend Studio,选择 example 工作区中的 chapter12 项目,在项目中添加一个名为 example12_8 的文件夹。

（2）在 example12_8 文件夹中添加一个名为 main.php 的 PHP 文件，并编写代码，如图 12.26 所示。

本案例自定义了 3 个 Smarty 函数，第 1 个函数名称为 myFontFunc，用动态注册的方式创建；第 2 个函数名称为 myFontTxtFunc，以文件的方式创建；第 3 个函数 myFontTxtBloFunc 是一个块函数，以文件的方式创建。函数插件文件均存放在 chapter12 项目下的 libs\myPlugins 子目录中。

```php
1 <?php
2   require_once '../libs/Smarty.class.php';
3   $smarty = new Smarty();
4   $smarty -> addPluginsDir("../libs/myPlugins");
5   function setFontFunc($params, $template) {
6     return '<span style = "color:'.$params['color'].';
7       font-size:'.$params['size']."\">".$params['var'].'</span>';
8   }
9   $type = 'function';
10  $name = 'myFontFunc';
11  $smarty -> registerPlugin($type, $name, 'setFontFunc');
12  $username = '李木子';
13  $smarty -> assign('username',$username);
14  $smarty -> display('main.html');
15 ?>
```

图 12.26　Smarty 模板应用程序

（3）在 chapter12 项目 libs 目录下的 myPlugins 子目录中添加两个 PHP 文件，一个文件名为 function.myFontTxtFunc.php，它是自定义函数 myFontTxtFunc 的插件声明文件；另一个文件名为 block.myFontTxtBloFunc.php，是块函数 myFontTxtBloFunc 的声明文件，如图 12.27 和图 12.28 所示。

```php
1 <?php
2 /**
3 * 自定函数{myFontTxtFunc}插件
4 * Type:      function<br>
5 * Name:      myFontTxtFunc<br>
6 * Purpose:   设置变量的字体大小与颜色
7 *
8 * @author
9 *
10 * @param
11 *
12 * @return
13 */
14 function smarty_function_myFontTxtFunc($params, $template) {
15   return '<span style = "color:'.$params['color'].';
16     font-size:'.$params['size']."\">".$params['var'].'</span>';
17 }
18 ?>
```

图 12.27　函数 myFontTxtFunc 的插件声明文件

注意，函数插件文件名为"function.函数名.php"，函数名为"smarty_function_函数名"。
注意，块函数插件文件名为"block.函数名.php"，块函数名为"smarty_block_函数名"。

```php
  1 <?php
  2⊖ /**
  3  * 自定义块函数插件{myFontTxtBloFunc}{/myFontTxtBloFunc}
  4  * Type:       block function<br>
  5  * Name:       myFontTxtBloFunc<br>
  6  * Purpose:    设置变量的字体大小与颜色
  7  *
  8  * @author
  9  *
 10  * @param
 11  *
 12  * @return
 13  */
 14⊖ function smarty_block_myFontTxtBloFunc($params, $content, $template, &$repeat) {
 15      if (!isset($params['color'])) {
 16          $params['color'] = "#000000";
 17      }
 18      if (!isset($params['size'])) {
 19          $params['size'] = "16px";
 20      }
 21      return '<span style = "color:'.$params['color'].';
 22          font-size:'.$params['size']."\">".$content.'</span>';
 23 }
 24 ?>
```

图 12.28 块函数 myFontTxtBloFunc 的插件声明文件

（4）在 example12_8 文件夹中添加 templates、templates_c 子文件夹，在 templates 子文件夹中添加一个名为 main.tpl 的模板文件，并编写代码，如图 12.29 所示。

```
  3 <head>
  4     <meta http-equiv="Content-Type" content="text/html; charset=
  5     <title>自定义函数</title>
  6 </head>
  7⊖ <body>
  8     <h3>自定义函数插件</h3><hr>
  9     <h4>1.为Smarty模板扩充函数插件</h4>
 10     <p>原文本:{$username}
 11     <p>调用动态方式定义的函数:
 12     {myFontFunc var={$username} color='red' size='12px'}
 13     <p>调用文件方式定义的函数:
 14     {myFontTxtFunc var={$username} color='#ff00ff' size='20px'}
 15     <h4>2.为Smarty模板扩充块函数插件</h4>
 16     <p>{myFontTxtBloFunc}{$username}{/myFontTxtBloFunc}
 17     <p>{myFontTxtBloFunc color='#ff00ff'}
 18         {$username}
 19         {/myFontTxtBloFunc}
 20     <p>{myFontTxtBloFunc size='10px'}
 21         {$username}
 22         {/myFontTxtBloFunc}
 23     <p>{myFontTxtBloFunc color='#0000ff' size='15px'}
 24         中国梦，我的梦！
 25         {/myFontTxtBloFunc}
 26 </body>
```

自定义函数插件

1.为Smarty模板扩充函数插件

原文本:李木子

调用动态方式定义的函数: 李木子

调用文件方式定义的函数: 李木子

2.为Smarty模板扩充块函数插件

李木子

李木子

李木子

中国梦，我的梦！

图 12.29 模板文件示例

（5）在浏览器中访问 main.php 页面，输出效果如图 12.29 右图所示。

12.4 Smarty 的缓存

由于 HTTP 协议具有无状态性，用户每次对 PHP Web 应用的访问都是独立的，都要经历数据的获取、数据的处理、生成 HTML 响应代码等相同的过程。

如果数据库里的数据没有发生变化,重复执行这些相同的操作不仅会浪费资源,同时也会增加程序运行开销,从而影响应用程序的运行效率。

为了让 Web 应用程序能够高效运行,最有效的解决方案就是将动态页面转换为静态页面,只有在页面内容发生变化后才重新构建,或者定期重新构建。Smarty 就提供了这样的特性,称为缓存或页面缓存。

12.4.1　Smarty 的缓存控制

在 Smarty 中使用缓存,虽然可以提高应用程序的运行效率,但也降低了数据更新的实时性。所以,要根据应用的具体业务逻辑对缓存进行合理、有效的控制。

1. 启用缓存

Smarty 缓存的启用非常简单,通过 Smarty 类的对象将其属性 caching 设置为 true 即可,具体语法:

```
$smarty = new Smarty();
$smarty -> caching = true;
$smarty -> setCacheDir('缓存文件目录');
$smarty -> display('模板文件');
```

其中,属性 caching 的值也可以赋为 1。

启用缓存后,第 1 次调用 Smarty 对象的 display()方法时,不仅会把模板返回原来的状态(没有缓存时),还会把输出复制到指定的缓存文件目录下,保存为缓存文件;再次调用 display()方法时,保存的缓存会被用来代替原来的模板。

2. 关闭缓存

缓存的关闭分为整体关闭与局部关闭。Smarty 的缓存默认是关闭的,如果启用后再关闭,则需要通过 Smarty 类的对象将其属性 caching 设置为 false 或 0。

对于 Smarty 引擎来说,缓存是必不可少的,所以,在实际开发过程中使用的缓存关闭一般都是局部的。例如,在页面中如果有时间显示,很明显需要将显示时间位置的缓存关闭,而页面的其他地方启用缓存。

针对局部缓存,Smarty 提供了如下两种关闭控制方式。

1) 使用{insert}函数

{insert}函数是 Smarty 的内置函数,其功能类似于 include,与之不同的是,insert 所包含的内容不会被缓存,每次调用该模板都会重新执行该函数。也就是说,每次访问页面,{insert}函数所包含的内容都会被动态加载,相当于在模板的局部关闭了缓存。

2) 使用 Smarty 类的 registerPlugin()方法

通过 Smarty 类的对象调用其 registerPlugin()方法,可以有效阻止插件从缓存中输出。该方法的声明格式:

```
public function registerPlugin( $type, $name, $callback, $cacheable = true, $cache_attr = null)
```

其中,参数 cacheable 就是用来控制是否缓存的,它的默认值为 true,表示默认缓存。将参数 cacheable 的值设置为 false 可以关闭局部缓存。

3. 清除缓存

如果开启了缓存,则 Web 应用的页面在缓存时间内的输出结果是固定不变的。要更新缓存,需要先清除缓存文件,然后再重新创建。

使用 Smarty 类的 clearAllCache() 或 clearCache() 方法可以清除所有缓存或某个缓存。例如:

```
$smarty = new Smarty();
$smarty -> caching = true;
$smarty -> clearAllCache();                     //清除所有缓存
$smarty -> clearCache('模板文件');               //清除某一模板的缓存
$smarty -> clearCache('模板文件','缓存标识符');   //清除模板多个缓存中的某个缓存
```

4. 设置缓存生命周期

如果被缓存的页面永远不更新,就失去了动态数据的效果,显然是不现实的。通过给缓存指定一个生存时间,可以实现缓存页面的间歇更新。

缓存的生存时间也被称为缓存的生命周期,以秒为单位,通过 Smarty 对象的属性 cache_lifetime 来指定,默认为 3600 秒。

例如,将缓存的生命周期设置为 1 周,示例代码:

```
$smarty = new Smarty();
$smarty -> caching = true;
$smarty -> cache_lifetime = 60 * 60 * 24 * 7;
```

【例 12.9】 使用 Smarty 缓存。

(1) 启动 Zend Studio,选择 example 工作区中的 chapter12 项目,在项目中添加一个名为 example12_9 的文件夹。

(2) 在 example12_9 文件夹中添加一个名为 main. php 的 PHP 文件,并编写代码,如图 12.30 所示。

```php
1 <?php
2    require_once '../libs/Smarty.class.php';
3    $smarty = new Smarty();
4    function smarty_block_cacheless($param, $content, &$smarty) {
5        return $content;
6    }
7    $smarty->registerPlugin('block', 'cacheless', 'smarty_block_cacheless',false);
8    $smarty->caching = true;
9    $smarty -> cache_lifetime = 10;
10   $cache_dir = 'cache/';
11   $smarty -> setCacheDir($cache_dir);
12   $time = date("H:i:s",time());
13   $smarty -> assign('time', $time);
14   $smarty -> display('main.tpl');
15 ?>
```

图 12.30　Smarty 模板应用程序示例

图 12.30 所示代码中的第 4~6 行定义了一个块函数,其功能是原样输出被包围的内容;第 7 行通过 Smarty 对象调用 registerPlugin() 方法,动态注册块函数插件;第 8 行开启 Smarty 缓存;第 9 行设置缓存生命周期为 10 秒;第 10~11 行设置缓存文件存放目录;第 12~14 行准备数据并加载模板。

注意,代码第 7 行函数的最后一个参数设置为 false,表示函数的输出不缓存。

(3) 在 example12_9 文件夹中添加 templates、templates_c、cache 子文件夹,并在 templates 子文件夹中添加一个名为 main. tpl 的模板文件,并编写代码,如图 12.31 所示。

407

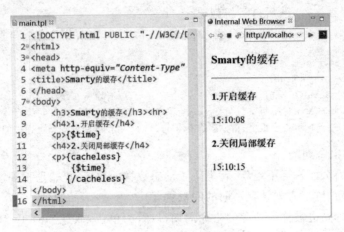

图 12.31　模板文件示例

（4）在浏览器中访问 main.php 页面，输出效果如图 12.31 右图所示。

从图 12.31 中可以看出，页面中两次输出的时间并不相同。这是因为第 1 次输出的时间"15:10:08"是缓存页面上的时间，而第 2 次输出的时间"15:10:15"才是访问页面时的真正系统时间。

12.4.2　Smarty 模板的多缓存

在 PHP 的 Smarty 应用程序中，同一个模板可能被不同的模板应用程序调用，生成不同的页面实现。如果开启缓存，则通过同一个模板生成的多个实例都需要被缓存，这就是 Smarty 中模板的多缓存问题。

在 Smarty 中，实现模板的多个缓存非常容易，只需要在调用 display()方法加载模板时，通过在第 2 个可选参数中提供一个值即可。这个参数值实际上就是为每一个实例指定的一个唯一标识符，每一个标识符对应着一个缓存文件。

【例 12.10】　使用 Smarty 的多缓存。

（1）启动 Zend Studio，选择 example 工作区中的 chapter12 项目，在项目中添加一个名为 example12_10 的文件夹。

（2）在 example12_10 文件夹中添加两个 PHP 文件，一个名为 main.php，另一个名为 main_other.php，如图 12.32 和图 12.33 所示。

```php
<?php
    require_once '../libs/Smarty.class.php';
    $smarty = new Smarty();
    function smarty_block_cacheless($param, $content, &$smarty) {
        return $content;
    }
    $smarty->registerPlugin('block', 'cacheless', 'smarty_block_cacheless',false);
    $smarty->caching = true;
    $smarty -> cache_lifetime = 10;
    $cache_dir = 'cache/';
    $smarty -> setCacheDir($cache_dir);
    $time = date("H:i:s",time());
    $smarty -> assign('time', 'main访问输出:'.$time);
    $smarty -> assign('cache_lifetime', $smarty -> cache_lifetime);
    $smarty -> display('main.tpl','main');
?>
```

图 12.32　Smarty 模板的应用程序示例 1

注意,图 12.32 所示代码中的第 15 行加载模板 main.tpl 时,设置该模板实例的标识符为main。

```php
1  <?php
2      require_once '../libs/Smarty.class.php';
3      $smarty = new Smarty();
4      function smarty_block_cacheless($param, $content, &$smarty) {
5          return $content;
6      }
7      $smarty->registerPlugin('block', 'cacheless', 'smarty_block_cacheless',false);
8      $smarty->caching = true;
9      $smarty -> cache_lifetime = 100;
10     $cache_dir = 'cache/';
11     $smarty -> setCacheDir($cache_dir);
12     $time = date("H:i:s",time());
13     $smarty -> assign('time', 'main_other访问输出:'.$time);
14     $smarty -> assign('cache_lifetime', $smarty -> cache_lifetime);
15     $smarty -> display('main.tpl','main_other');
16  ?>
```

图 12.33　Smarty 模板的应用程序示例 2

注意,图 12.33 所示代码中的第 15 行加载模板 main.tpl 时,设置该模板实例的标识符为main_other。

(3) 在 example12_10 文件夹中添加 templates、templates_c、cache 子文件夹,在 templates子文件夹中添加一个名为 main.tpl 的模板文件,并编写代码,如图 12.34 所示。

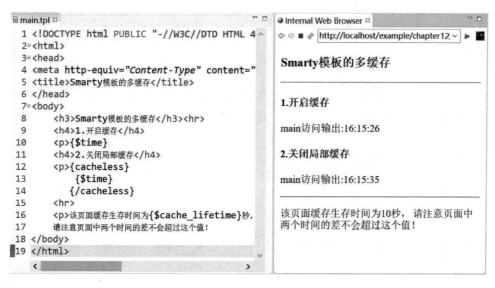

图 12.34　模板文件

(4) 在浏览器中分别访问 main.php 及 main_other.php 页面,并不断地刷新页面,输出效果如图 12.34 右图及图 12.35 所示。

12.4.3　消除缓存实例处理开销

所谓处理开销,是指在 PHP 脚本中动态获取数据和处理操作等的开销,如果启用了缓存,就要消除这些处理开销。因为页面已经被缓存了,直接请求的是缓存文件,不需要再执行

图 12.35　页面输出效果

动态获取数据和处理操作了。如果禁用缓存,这些处理开销则总是会发生的。

在缓存启用的情况下,为了消除缓存实例的处理开销,需要把处理指令放在 if 条件中,并执行 Smarty 对象的 is_cached()方法。

例如:

```
$smarty = new Smarty();
$smarty - > caching = true;
if(!$smarty - > is_cached('模板文件')){
    …                                          //调用数据库,并对变量进行赋值
}
$smarty - > display('模板文件');
```

如果同一个模板有多个缓存实例,每个实例都要消除数据处理开销,可以在 is_cached()方法中通过第 2 个可选参数指定缓存标识符来实现,例如:

```
$smarty = new Smarty();
$smarty - > caching = true;
if(!$smarty - > is_cached('模板文件','缓存标识符')){
    …                                          //调用数据库,并对变量进行赋值
}
$smarty - > display('模板文件','缓存标识符');
```

注意,代码中 is_cached()和 display()方法使用相同的参数,表示是对同一模板中的特定缓存实例进行操作。

12.5　应 用 实 例

视频讲解

需求:用 PHP 的 Smarty 模板开发教程案例项目。
目的:熟悉 PHP Web 应用开发的 Smarty 模板技术。

12.5.1　项目目录结构规划

(1) 启动 Zend Studio,进入 exercise 项目工作区,创建一个名为 pro12 的 PHP Web 应用

项目。

（2）规划项目的目录结构，如图 12.36 所示，各目录功能如表 12.4 所示。

表 12.4　项目文件夹及部分文件功能

文件夹名称	功　　能
admin	用于存储项目后台文件
default	用于存储项目前台文件
default/cache	用于存储项目缓存文件
default/configs	用于存储项目自定义的配置文件
default/system	用于存储项目各个功能模块的 PHP 文件
default/templates	用于存储项目各个功能模块的模板文件
default/templates_c	用于存储模板编译文件
incs	用于存储项目中的类定义等公共的 PHP 文件
libs	用于存储项目的库文件
public	用于存储项目中的公共文件，包括 CSS 样式、图像等
index. php	项目的前端控制文件

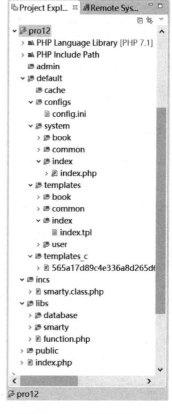

图 12.36　项目目录结构

12.5.2　项目 PHP 文件设计

（1）编写项目配置文件，文件名为 config.ini，代码如下。

```
#项目配置
appName = "微梦工作室"
[path]
CSS_PATH = './public/common/css/'
JS_PATH = './public/common/js/'
IMG_PATH = './public/common/image/'
DEFAULT_PATH = './default/'
ADMIN_PATH = './admin/'
[database]
…
```

（2）定义模板类，并进行初始设置，文件名为 incs/smarty.class.php，代码如下。

```
<?php
require_once './libs/smarty/Smarty.class.php';
class SmartyProject extends Smarty{
    public function __construct(){
```

411

第 12 章

PHP 的模板引擎

```
        parent::__construct();
        self::init();
    }
    //配置 Smarty 模板
    private function init() {
        $this->template_dir = "./default/templates";
        $this->compile_dir = "./default/templates_c/";
        $this->config_dir = "./default/configs/";
        $this->cache_dir = "./default/cache/";
    }
}
…
```

（3）编写项目首页 PHP 文件，文件名为 system/index/index.php，代码如下。

```php
<?php
require './default/system/common/init.php';
//测试数据
$data = array(
    array(
        'title' =>'近期关注测试数据 0001',
        'author' =>'wwp',
        'pub' =>'2018 - 04 - 05',
        'visits' => 100
    ),
    array(
        'title' =>'近期关注测试数据 0002',
        'author' =>'wwp',
        'pub' =>'2018 - 04 - 06',
        'visits' => 200
    ),
);
//从数据库中获取数据
/* 请利用前面章节中定义的数据库类完成相应的操作 */
$smarty->assign('title','首页');
$smarty->assign('username', $username);
$smarty->assign('data', $data);
//视图模板
$view = 'index/index.tpl';
```

（4）编写项目前端控制文件，文件名为 index.php，代码如下。

```php
<?php
require_once './incs/smarty.class.php';
$smarty = new SmartyProject();
switch (@ $_GET['p']) {
    case 'book':
        include './default/system/book/index.php';
    break;
    case 'user':
        …
    break;
    default:
```

```
        include './default/system/index/index.php';
        break;
    }
    $smarty -> display( $view);
```

12.5.3 项目模板文件设计

由于篇幅的限制，这里只展示项目首页模板文件，代码如下。其他模板文件请参考教材源码。

```
{include file = "common/header.tpl"}
{config_load file = "config.ini" section = "path"}
<! -- 主体部分 -->
<div class = "content">
    <div class = "main">
        <div class = "container">
            <! -- 焦点图部分 -->
            <div class = "hot">
                <div class = "hot - pics">
                    <ul>
                        <li><img src = "{#IMG_PATH#}banner1.jpg" /></li>
                        <li><img src = "{#IMG_PATH#}banner2.jpg" /></li>
                        <li><img src = "{#IMG_PATH#}banner3.jpg" /></li>
                        <li><img src = "{#IMG_PATH#}banner4.jpg" /></li>
                        <li><img src = "{#IMG_PATH#}banner5.jpg" /></li>
                    </ul>
                </div>
                <div class = "hot - bar">
                    …
            </div>
            <! -- 主编教材版块部分 -->
            <div class = "box1">
                <div class = "img1">
                    <img src = "{#IMG_PATH#}icon_book.png" />
                </div>
                <div class = "txt">
                    <h2><a>主编教材</a></h2>
                    <div class = "txt2">
                        <p>这里是主编教材版块这里是主编教材版块这里是主编教材版块</p>
                    </div>
                    <div class = "at2">
                        <span><a>   >>   了解详情</a></span>
                    </div>
                </div>
                <div class = "clear"></div>
            </div>
            <! -- 资源下载版块部分 -->
            <div class = "box1">
                <div class = "img1">
                    <img src = "{#IMG_PATH#}icon_res.png" />
                </div>
                <div class = "txt">
```

```
        <h2><a>资源下载</a></h2>
        <div class = "txt2">
            <p>这里是资源下载版块这里是资源下载版块这里是资源下载版块</p>
        </div>
        <div class = "at2">
            <span><a>   >>   了解详情</a></span>
        </div>
    </div>
    <div class = "clear"></div>
</div>
<div class = "clear"></div>
<div><hr></div>
<!-- 近期关注版块部分 -->
<div class = "box2">
    <h2 class = "title1">   最新动态</h2>
    <ul class = "menu1">
        {foreach $data as $f}
        <li><a href = "">{ $f['title']}</a>
            <span>{ $f['author']}  { $f['pub']} 浏览  { $f['visits']}
</span>
        </li>
        {/foreach}
    </ul>
        <div>
        <a href = "">   >>   了解详情</a>
        </div>
</div>
<!-- 信息发布版块部分 -->
<div class = "box3">
        <!-- "信息发布"版块部分 -->
        <div>  </div>
</div>
<div class = "clear"></div>
</div>
</div>
{include file = "common/footer.tpl"}
```

12.5.4 运行测试

打开浏览器,访问项目 pro12 首页,单击【主编教材】菜单项,对项目各功能模板进行测试。测试结果与前文测试结果相同,这里不再展示。

习 题

一、填空题

1. Web 程序设计的基本原则之一是要尽力将(   )与(   )相分离,PHP 的(   )模板就是为了实现这一原则而开发的。

2. Smarty 是基于(   )开发的(   ),实际上就是由第 3 方开发的一个 PHP 库。

3. Smarty 模板文件的扩展名一般为(   )或(   ),用户也可以自定义。

4. Smarty 的模板文件在运行时需要编译成（　　　）文件,在默认设置情况下,该编译文件位于名为（　　　）的文件夹中。

5. Smarty 模板类的类名为（　　　）,其成员函数（　　　）用于分配模板变量,（　　　）用于输出模板。

6. Smarty 模板变量主要有 3 种,即（　　　）变量、（　　　）变量和（　　　）变量。

7. Smarty 的分配变量以（　　　）符号开头,若使用默认的结束符,则分配变量 username 可以用（　　　）的形式进行访问。

8. 下面的 Smarty 模板代码的输出结果是（　　　）。

```
{for $i = 1 to 10 step 2}{$i} {/for}
```

9. 下面的 Smarty 模板代码的输出结果为（　　　）。

```
{$smarty.session.username}
```

10. Smarty 模板变量不是 PHP 变量,输出时（　　　）使用<? php echo $var; ? >格式。

二、选择题

1. 默认情况下,Smarty 模板文件位于（　　　）中。

 A. templates   B. templates_c   C. template   D. template_c

2. 下面是 Smarty 程序中某些文件的后缀名称,其中（　　　）可能是模板文件;（　　　）可能是模板编译后的文件。

 A. html   B. htm   C. tpl   D. php

3. Smarty 类的成员变量（　　　）表示默认的模板目录名称。

 A. template_dir   B. compile_dir   C. config_dir   D. cache_dir

4. 在下面的注释中,（　　　）是 Smarty 模板注释。

 A. <!-- … -->   B. // …   C. / * … * /   D. { * … * }

5. 若 Smarty 模板的分配变量 username 值非空,下面的（　　　）能正确输出变量的值。

 A. {$username}   B. { $username }

 C. {ldelim} $username{rdelim}   D. { # username # }

6. 若要在 Smarty 模板中以"2018-05-18"的格式输出当前系统时间,下面的（　　　）格式是正确的。

 A. {date()}   B. {date('Y-m-d')}

 C. { date('Y-m-d') }   D. {time()}

7. Smarty 类的成员函数（　　　）可以加载模板文件。

 A. assign()   B. display()   C. configLoad()   D. registerPlugin()

8. Smarty 中的选择结构由{if}…（　　　）构成。（选项 B 表示空）

 A. {/if}   B.   C. {endif}   D. {/endif}

9. 在 Smarty 模板中,下面的（　　　）输出结构能够遍历数组。

 A. {for}   B. {while}   C. {foreach}   D. 以上都是

10. 要启用 Smarty 缓存,只需要将模板对象的属性（　　　）设置为 true 即可。

 A. cache   B. caching

 C. cache_lifetime   D. cache_dir

415

第12章

PHP 的模板引擎

三、程序阅读题

针对下面的模板文件 user. html 以及 PHP 文件 user. php 回答下列问题。假设初始时 Smarty 为默认设置,模板库位于 user. php 文件目录下的 libs 子目录中。

模板文件 user. html:

```html
<!DOCTYPE html>
<html>
<head>
<meta charset = "UTF - 8">
<title>{$title}</title>
</head>
<body>
<h3>用户信息</h3><hr/>
{if $users}
<table>
    <tr><th>序号</th><th>姓名</th></tr>
    {foreach $users as $user}
    <tr><td>{$user.id}</td><td>{$user.name}</td></tr>
    {/foreach}
</table>
{else}
<p>用户信息为空!</p>
{/if}
<hr /><p>现在是 {date('Y年 m月 d日 H:i:s',time())}</p>
</body>
</html>
```

PHP 文件 user. php:

```php
<?php
include './libs/smarty.class.php';        //语句 1
$smarty = new Smarty();
$users = array(
    array('id' => 1001, 'name' =>'李木子'),
    array('id' => 1002, 'name' =>'李木')
);
$title = "学生信息";
$smarty -> assign('title', $title);
$smarty -> assign('users', $users);
$smarty -> display('user.html');
?>
```

1. 若 user. php 文件能够正常运行,请问模板文件 user. html 在哪个文件夹中?

2. 程序运行后,是否在 user. php 文件目录中有新的子目录生成? 若有,目录名称是什么? 该新目录下是否有新文件生成? 若有,请问是什么文件?

3. 访问 user. php 时,浏览器页面标题是什么? 页面内容有哪些?

4. 若要启动 user 页面的缓存,应该在 user. php 文件的什么位置添加什么样的代码?

5. 在上述 4 小题正确操作的情况下,访问 user. php 文件,应用程序目录结构会不会发生变化? 若再次刷新页面,页面内容会变化吗? 为什么?

四、操作题

使用 Smarty 模板编程实现一个网站的用户登录功能,要求如下。

1. 模板库目录设置为 smarty,模板目录设置为 html,页面缓存目录设置为 page。

2. 在网站主页上显示用户状态的提示信息,若用户未登录,显示【用户登录】按钮;若用户已登录,则显示用户名。

3. 用户单击主页上的【用户登录】按钮,可进入【用户登录】页面,该页面不允许已登录用户进入。

4. 用户登录成功,返回网站主页;登录失败,进入【登录失败信息提示】页面,该页面上设置【重新登录】按钮,引导用户再次登录。

5. 若用户登录成功,单击网站主页上显示的用户名,可以进入"用户信息"显示页面,该页面显示用户的个人信息。

附录 综合案例

　　PHP Web 应用开发是一项综合性的软件工程,涉及前端、后端以及数据库等多项技术。为了帮助大家综合应用这些基础技术,我们在这里给出 3 个简单的综合案例。这 3 个案例紧扣教材前述知识点,由浅入深,分别介绍 PHP Web 应用开发的 3 种程序设计方法,即面向过程、面向对象以及模板引擎。希望通过这些综合案例的实践,能够让大家更熟练地掌握教材前述理论知识,同时为日后的深入学习和中大型项目的开发做好准备。

　　本附录综合案例项目开发环境为:服务器端 Windows 10(64 位)、Apache 2.4.25、PHP 7.1.5、MySQL 5.7.17;客户端 IE 11.0.65、Firefox 60.0.1、Googel Chrome 74.0.3729.131;开发工具 Zend Studio 13.6、phpMyAdmin 4.7.6 等。

综合案例一　计算机学院信息中心网站

　　案例简介:本系统项目名称为【计算机学院信息中心网站】,简称【信息网】。该信息网是某高等学校计算机学院行政办公系统的一部分,负责学院各类信息数据的发布与管理,主要功能包括信息的发布、信息的审核、信息的检索等。本系统采用面向过程的程序设计方法。

　　具体的视频讲解和程序源码请扫描下方的二维码观看。

视频及源码

运行效果如图 A.1～图 A.7 所示。

图 A.1　系统封面主页

图 A.2　系统封面内页

图 A.3　前台主页

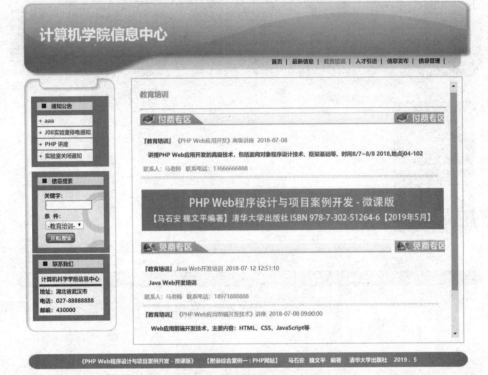

图 A.4 "教育培训"页面

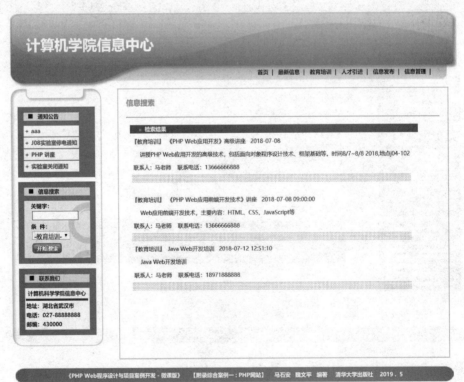

图 A.5 "信息搜索"页面

图 A.6 "信息发布"页面

图 A.7 后台信息检索页面

综合案例二　学生日常事务管理系统

　　案例简介：本系统项目名称为【学生日常事务管理系统】,简称【事务管理系统】。本系统是一款专门为在校大学生打造的 Web 应用,用于对日常事务的网络化管理,主要功能包括课表管理、日程安排管理、财务信息管理与娱乐休闲事务管理等。本系统采用面向对象的程序设计方法。

　　具体的视频讲解和程序源码请扫描下方的二维码观看。

视频及源码

运行效果如图 A.8~图 A.15 所示。

图 A.8　系统封面主页

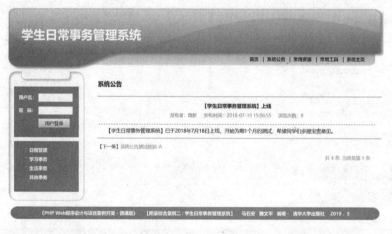

图 A.9　系统主页

图 A.10　系统公告翻页效果

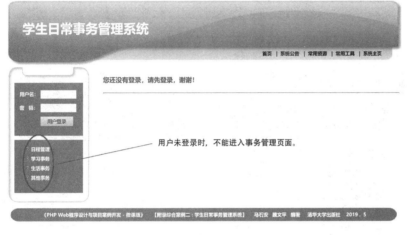

图 A.11　用户访问控制

图 A.12　日程管理主页

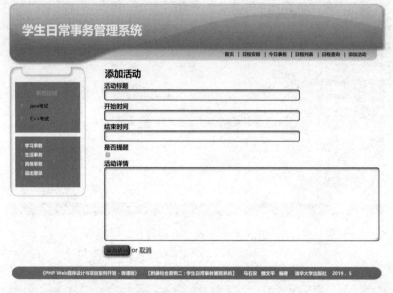

图 A.13　日程管理"添加活动"页面

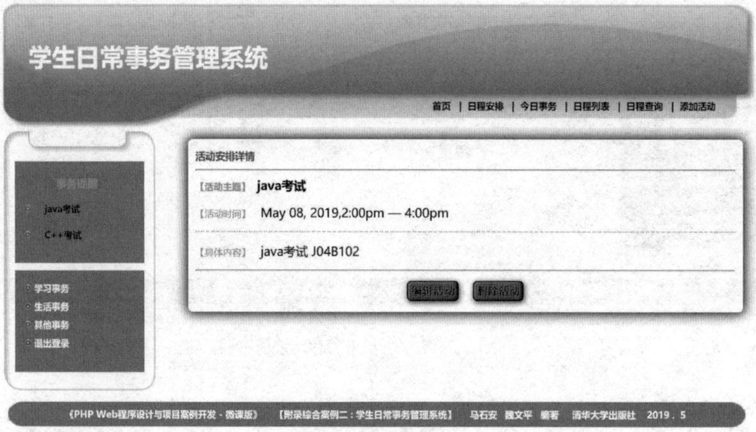

图 A.14　日程管理"活动详情"页面

图 A.15　日程管理"删除活动"页面

综合案例三　微梦在线课程系统

案例简介：本系统项目名称为【微梦在线课程系统】，简称【在线课程系统】。本系统是一款面向在校大学生的网络课程 Web 应用，用于对学校所开设的网络课程的管理，主要功能包括课程管理、在线学习、在线答疑与在线测试管理等。本系统使用 Smarty 模板构架，并采用面向对象的程序设计方法进行开发。

具体的视频讲解和程序源码请扫描下方的二维码观看。

视频及源码

运行效果如图 A.16～图 A.28 所示。

图 A.16　系统封面主页

图 A.17　系统主页

图 A.18　课程浏览页面

图 A.19　课程信息分类查询

图 A.20　"课程概况"页面

图 A.21　"用户注册"页面

图 A.22　用户中心模块首页

图 A.23　"课程学习"页面

图 A.24 "课后作业"页面

图 A.25 "在线测试"页面

图 A.26 试题浏览页面

图 A.27　试题库页面

图 A.28　"在线答疑-信息浏览"页面

参 考 文 献

[1] 马石安,魏文平.面向对象程序设计教程(C++语言描述)(微课版)[M].3 版.北京:清华大学出版社,2018.

[2] 马石安,魏文平.数据结构与应用教程(C++版)[M].北京:清华大学出版社,2012.

[3] 马石安,魏文平.PHP Zend Framework 项目开发基础案例教程[M].北京:清华大学出版社,2015.

[4] 道尔.PHP 5.3 入门经典[M].吴文国,黄海降,译.北京:清华大学出版社,2010.

[5] Jason Lengstorf.深入 PHP 与 jQuery 开发[M].魏忠,译.北京:人民邮电出版社,2011.

[6] 王志刚,朱蕾.PHP 5 应用实例详解[M].北京:电子工业出版社,2010.

[7] 高洛峰.细说 PHP[M].北京:电子工业出版社,2009.

[8] 威利·汤姆森.PHP 和 MySQL Web 开发[M].北京:机械工业出版社,2009.

[9] Larry UIIman.PHP 基础教程[M].4 版.贾菡,刘彦博,译.北京:电子工业出版社,2011.

[10] 明日科技,刘中华,潘凯华,等.PHP 项目开发案例全程实录[M].2 版.北京:清华大学出版社,2011.

[11] PHP 技术团队.PHP 7.1.5 技术手册.https://www.zend.com.

[12] W3C 组织.W3school PHP 教程.http://www.w3school.com.cn/php/.

图 书 资 源 支 持

感谢您一直以来对清华版图书的支持和爱护。为了配合本书的使用，本书提供配套的资源，有需求的读者请扫描下方的"书圈"微信公众号二维码，在图书专区下载，也可以拨打电话或发送电子邮件咨询。

如果您在使用本书的过程中遇到了什么问题，或者有相关图书出版计划，也请您发邮件告诉我们，以便我们更好地为您服务。

我们的联系方式：

地　　址：北京市海淀区双清路学研大厦 A 座 701

邮　　编：100084

电　　话：010－62770175－4608

资源下载：http://www.tup.com.cn

客服邮箱：tupjsj@vip.163.com

QQ：2301891038（请写明您的单位和姓名）

用微信扫一扫右边的二维码，即可关注清华大学出版社公众号"书圈"。

资源下载、样书申请

书 圈

扫一扫，获取最新目录